轻质蜂窝结构力学

Mechanics of Lightweight Honeycomb Structure

王中钢　著

科学出版社

北　京

内 容 简 介

本书以工程需求为牵引，重点介绍轻质蜂窝结构力学行为，包括蜂窝结构的屈服和破坏、蜂窝结构低速动态冲击响应、蜂窝结构高速冲击力学行为、含缺陷蜂窝结构力学性能、填充型蜂窝结构、串联型蜂窝结构、新颖构型蜂窝结构的力学特性等内容。在传统正六边形蜂窝结构的基础上，重点介绍国际前沿研究领域的蜂窝结构高速冲击响应，填充型、串联型、新颖构型蜂窝结构的力学特征及设计方法，讨论蜂窝复合式结构的填充效应、匹配效应，展示最新的研究成果，为轻质金属蜂窝结构的设计及工程应用提供理论与工程应用参考。

本书可供铁路、航空、航天、汽车、机械、材料领域的高年级本科生、研究生、教师及相关从业人员参考使用。

图书在版编目(CIP)数据

轻质蜂窝结构力学/王中钢著. —北京：科学出版社, 2019.9
ISBN 978-7-03-062154-2

Ⅰ. ①轻… Ⅱ. ①王… Ⅲ. ①蜂窝结构-结构力学 Ⅳ. ①TU399

中国版本图书馆 CIP 数据核字 (2019) 第 181928 号

责任编辑: 刘信力 崔慧娴／责任校对: 邹慧卿
责任印制: 吴兆东／封面设计: 无极书装

科学出版社 出版
北京东黄城根北街 16 号
邮政编码：100717
http://www.sciencep.com
北京虎彩文化传播有限公司 印刷
科学出版社发行 各地新华书店经销
*
2019 年 9 月第 一 版 开本: 720 × 1000 1/16
2022 年 5 月第二次印刷 印张: 21 插页: 2
字数: 408 000
定价: 158.00 元
(如有印装质量问题，我社负责调换)

前　言

蜂窝结构是大自然奇妙的发明。人造金属、纸蜂窝结构，因其独有的特征及卓越的力学性能，成为轻量化材料的宠儿，已被广泛地应用到工业、工程的诸多领域，成为高速列车、航天飞船、大飞机、家用汽车、轮船潜艇等高端运载装备研究的热点。

自 2000 年前勤劳智慧的中国人民将人造纸蜂窝应用于家庭装饰开始，人造蜂窝便逐步纳入了家用、工业应用的视野。1945 年，第一块人造全铝蜂窝得以生产制造并成功应用于国防军工领域，迅速延扩至机械、车辆、包装等重点工程，催生了一批国际知名的研究团队及产品供应商。人造金属蜂窝产品的研究、设计、开发与应用从此走向了新的繁荣。

针对蜂窝结构力学的研究，从最开始对其结构基本力学性能的了解，到冲击载荷作用下动态响应分析，再到围绕其实施的应用设计与工程优化，内容充盈，成果丰硕。1997 年剑桥大学出版社出版了 Lorna J. Gibson 和 Michael F. Ashby 教授合著的 *Cellular Solids: Structure and Properties*；1998 年国际著名蜂窝生产商 Hexcel 公司 Tom Bitzer 研究员撰书 *Honeycomb Technology: Materials, Design, Manufacturing, Applications and Testing*；2001 年香港科技大学余同希教授和斯威本科技大学卢国兴教授合作撰书出版 *Energy Absorption of Structures and Materials*，在部分章节详细地总结了蜂窝结构的有关研究成果。

近年来，作者及其所在的中南大学轨道交通安全教育部重点实验室一直从事轨道车辆轻质结构冲击动力学研究。在此过程中，发现蜂窝结构在适应新一代高端轨道交通运载装备局部高速冲击、耐撞性、复杂环境服役安全等方面仍存在不足，尚有很多工作有待进一步深入探讨，对蜂窝及以此为基础的系列复合式结构的设计与研究需求迫切。作者一直希求与领域从业人员、专家学者一道，百尺竿头、更进一步，更大程度地促进人造蜂窝结构的理论研究与工程应用。

事实上，作为典型的二维周期有序结构，蜂窝结构特征鲜明、力学性能稳定、产品的发展如火如荼。针对蜂窝复合式结构的力学行为、变形模式、合理匹配、工程设计等有待进一步总结与发展。在这一框架下，本书以工程需求为牵引，较系统地总结了蜂窝复合式结构的力学设计与方法。其中，第 1 章绪论部分，重点分析了蜂窝构造的智慧与科学性，介绍了制造工艺与应用，思考和展望了蜂窝结构的研究与发展方向；第 2~5 章细述了蜂窝结构在静态、动态载荷作用下的变形与破坏，介绍了单轴、多轴、高低温、强冲击等载荷对蜂窝力学行为的影响；第 6 章细述了缺陷对蜂窝结构力学性能的影响；第 7~8 章重点讨论了填充型、串联型蜂窝复合结构的力学行为与吸能特性；第 9 章总结了近年发展的先进蜂窝结构诸如类蜂窝结构、梯度蜂窝结构、层级蜂窝结构、负泊松比蜂窝结构的力学性能。所述工作除本人及本人所在团队开展的有关研究工作以外，还凝聚了大量知名专家、同行学者的智慧与辛劳。本书各章后附参考文献虽然相当广泛，但远不是全部。由于文献浩繁，难免挂一漏万，对该领域的部分工作可能未曾提及，对此深表歉意。

本书的工作得到了国家自然科学基金青年科学基金项目 (51505502)、国家自然科学基金面上项目 (51875581)、中国博士后科学基金面上一等资助项目 (2017M620-358)、中国博士后科学基金特别资助项目 (2018T110707)、湖南省自然科学基金青年基金项目 (2019JJ50811) 以及长沙市杰出创新青年培养计划项目 (kq1802004) 的资助与支持，在此特别表示感谢。本书在撰写过程中得到田红旗院士、梁习锋教授等的谆谆教导、鼎力支持与悉心鼓励，并得到课题组同事、在读研究生的大力帮助，在此一并致以诚挚的感谢。

在研究与不断总结的过程中，作者认识到蜂窝复合结构的各种科学性问题相当复杂，该领域研究充满挑战，所开展的研究刚刚开始，以此抛砖引玉，期待各位同仁的关注与共同努力。

由于作者水平有限，书中难免存在不足之处，希望读者批评指正。

作　者

2019 年 5 月于长沙　橘子洲

目　　录

第 1 章 绪 论

1.1 蜂窝结构的智慧与科学性

蜂窝结构是自然赐予人类的瑰宝。南宋著名文学家、史学家、爱国诗人陆游在《晚春》中写道“寻巢燕熟频穿户，酿蜜蜂喧不避人”，将蜜蜂与美丽春光紧密相联；“唐宋八大家”之一苏轼所作著名的《蜜酒歌》写道“君不见南园采花蜂似雨，天教酿酒醉先生”，表达了蜜蜂辛劳采花、酿就甜浆的优良品格。辛勤劳作的蜜蜂是大自然的精灵，它们用集体智慧构筑的蜂窝是大自然鬼斧神工的代表作，为现今人造轻质蜂窝结构的开发与应用提供了重要的基础理论指导。

早在公元 4 世纪，古希腊数学家佩波斯 (Pappus) 便提出了著名的“蜂窝猜想”：人们所见到的截面呈六边形的蜂窝状结构，是蜜蜂采用最少量的蜂蜡建成的。1999 年美国密执安大学数学家黑尔 (Hale) 对“蜂窝猜想”证实 (宣称) 为：蜂窝是一座十分精密的建筑工程。蜜蜂建巢时，青壮年工蜂负责分泌片状新鲜蜂蜡，每片只有针头大小；而另一些工蜂则负责将这些蜂蜡仔细地摆放到一定的位置，每一面蜂蜡隔墙厚度及误差都非常小，形成一个完美的几何图形。

通过观察发现，蜂窝结构是一种周期有序对称的六边形结构，由一个个规则的正六边形单房背对背对称排列组合而成，构造非常精巧，令人拍案叫绝，如图 1.1(a) 所示。其每个房孔基本均为圆柱形，其内切圆直径与蜜蜂的身体圆柱直径相一致，既无多余亦不拥挤。科学家通过观测发现，蜂窝底面有 3 个相等的菱形组成的锥形，每个菱形的钝角均为 $109°28'$，锐角均为 $70°32'$，如图 1.1(b) 所示。每个工蜂蜂巢体积几乎均为 0.25 m^3。更令人惊叹的是，世界上几乎所有蜜蜂的蜂窝都是按照这个统一的角度和模式建造的。大量事实与理论证明，蜜蜂所建造的蜂巢的确采用了最少的蜂蜡，占有最大的空间，而结构稳定性最佳。由此可见，六边形蜂巢结构是自然界的最佳选择，代表了最有效的劳动成果。

早在 20 世纪初，蜂房的结构便引起了世界各国科学家的极大兴趣。理论分析表明，蜂窝结构是最经济的承载结构。1943 年，匈牙利数学家陶斯 (Taos) 巧妙地证明了在所有首尾相连的多边形中，能够连续排列同样面积的几何图形最多有六个边，且只有正六边形的周长是最小的。黑尔教授考虑了周边是曲线时，无论是外突曲线，还是内凹曲线，都证明了由许多正六边形组成的图形周长最小，并得出蜂窝定理：以同等面积的区域对一个平面进行分隔，周长最小的几何形状是蜂窝状的正六边形。受其启迪，通过长期研究和分析，人类创造性地开发了各种蜂窝的生产工艺，材质涉及铝合金、用树脂浸渍的玻璃纤维织物、芳族纤维纸、牛皮纸、石墨纤维和凯夫拉纤维等，形态包括六边形、矩形、瓦楞增强形等，发明了包括夹层蜂窝板、蜂窝芯块、蜂窝纸板、蜂窝梁、蜂窝筒、蜂窝滤网、蜂窝棉等一系列复合结构及其制品。有的用于新材料和新产品的研发，有的用来改善现有产品的特性，解决结构设计中面临的种种难题等，在工程应用的各种场合大显身手，发挥着重要的作用 [1–3]。

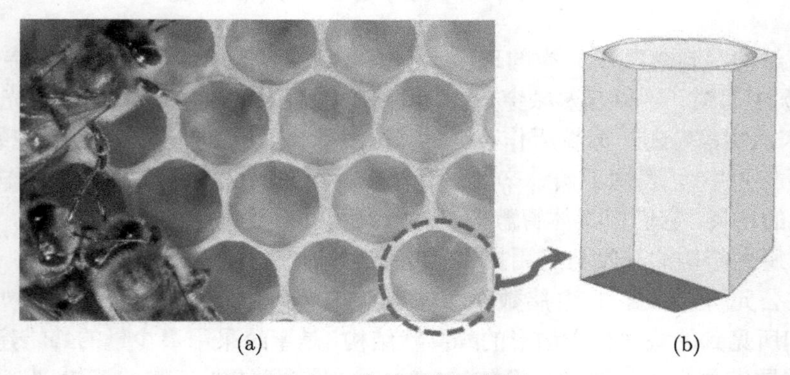

图 1.1 自然蜂窝结构图

(a) 实际蜂巢图; (b) 胞元几何图

1.2 蜂窝结构研究的意义

科学证明，与常规结构相比，以蜂窝为芯材的夹层结构，具有非常优异的综合性能及优势，它类似于连续排列的工字钢结构，以其极佳的抗压、抗弯特性和超轻型结构特征而闻名于世。蜂窝结构具有许多优越的性能，从力学角度分析，封闭的正六边形蜂窝结构相比其他结构，能以最少的材料获得最大的受力。而蜂窝结构板承受垂直于板面的载荷时，它的弯曲刚度与同材料、同厚度的实心板相差无几，甚至更高，但其质量却轻 70%~90%，且不易变形，不易开裂和断裂，并具有减震、隔音、隔热和极强的耐候性等优点，是军用产品的优选。近 30 年来，随着经济水平和科学技术的不断发展，同时基于节约能源及环境保护的要求，蜂窝结构产品被更多地推广应用于民用领域，应对着工程中的种种复杂需求，主要体现在以下几个方面。

1) 轻量化的需求

蜂窝作为一种二维周期性多孔结构，实体部分的截面积很小，等效密度非常低，且壁板薄，结构整体质量轻。蜂窝夹层结构实际上相当于大量的工字梁结构的集合，蜂窝芯相当于工字梁的腹板，面板相当于工字梁的翼板，因此具有很高的抗压强度、抗弯刚度和优良的结构稳定性 [4,5]。与同类实心材料相比，蜂窝结构的强度重量比及刚度重量比在已知材料中均是优越级的。同时，还可通过增加蜂窝芯高度与面板厚度比值来达到提升其刚度的目的。在蜂窝夹层结构中，蜂窝芯的高度通常比面板高出几倍甚至几十倍；而且蜂窝夹层板在蜂窝芯的支持下，刚度随之成 3 次方增大，因此其剪切强度更高、稳定性更好。在轻量化应用过程中有关蜂窝结构的服役安全问题需高度重视 [6,7]。

2) 冲击吸能防护的需求

金属蜂窝结构在运载装备能量吸收装置中得到了广泛应用 [8]。比如，轨道车辆前端碰撞吸能装置、汽车前端保险杠、神舟飞船返回舱着陆器、柔性防撞护栏等，用于保护乘员或关键仪器设备。除此以外，大部分的包装纸板采用了蜂窝结构，以缓和运输过程中的冲击，保障货物运输安全。对于包装、电子器械缓冲问题，重点关心碰撞初始峰值力，需确保冲击载荷在结构耐受阈值以下；而对于大吨位运载装备而言，不仅需保证碰撞发生时相对较低的冲击减速度，还期待吸能行程长、能量吸收高、历程曲线近矩形、产品模块化的轻质结构。这些能量吸收结构设计的关键在于如何实现冲击动能的有序耗散和冲击水平的高效保持。高速列车、新能源汽车，以及适应更高速度需求的高速磁悬浮列车、超高速真空管道列车等一系列新兴装备的快速发展，对轻质、稳定、比吸能更好的吸能材料和元件的需求更迫切。

3) 吸声降噪的需求

绿色环保是运载工具的核心技术需求。以高速列车为例，经过十几年的建设和发展，我国高速铁路技术取得的成就举世瞩目。随着列车运行速度的提高，列车噪声对乘坐舒适性的影响日益突出。在生态友好性轨道交通系统发展热潮的推动下，高速列车运行声品质成为近年研究新热点。蜂窝结构因其特殊的孔隙，在吸声降噪方面具有显著优势。在蜂窝夹层结构中，蜂窝芯实体体积仅占 1%~3%，其余空间内为密封状态的空气，由于空气隔音性能优于任何固体材料，声波传播受到极大限制，因此蜂窝夹层板具有良好的隔音效果。研究表明，蜂窝芯及夹层结构的几何参数对其整体力学和隔声性能具有显著影响，蜂窝夹层板的固有频率、隔声性能和基于力辐射模态的低噪声结构设计需求进一步突显。

4) 吸波隐身的需求

金属蜂窝结构为中空结构，据此可结合吸波理念，开展波透性设计，实现透波层、吸收层、反射层的分层分布 [9]。同时，还可以通过在中空结构中填充特殊的吸波材料，降低雷达的界面反射，起到屏蔽电磁波的作用，特别是对高频电磁波的屏蔽效果更好。还可以采用金属蜂窝制成电子设备外壳、防电磁辐射器、静电防护器等。目前，已经成功实现工程化，并得到广泛应用。据了解，美国 B-2 隐形轰炸机即应用了这种类型吸波结构，在机身与机翼部位，用整个蜂窝夹芯结构作为一层蒙皮，实现对入射电磁波的大量吸收。

5) 绝缘等功能性复合需求

蜂窝结构具有优越的可设计性，可利用各种形式的材料，如铝、钢、不锈钢、铜、钛合金等金属材料，亦可采用非金属绝缘性材料，如玻璃纤维、碳纤维、芳纶纤维 (如 Kavlar)，还有陶瓷类等。以 Nomex (一种间位芳纶，也称芳纶 1313) 蜂窝为例，与铝蜂窝相比，Nomex 蜂窝局部失稳的问题要小得多，而且 Nomex 材料不导电，不存在电化腐蚀问题，还能够满足烟雾毒性等要求，所以在航空制造上具有广泛的应用。此外，Nomex 夹层蜂窝结构的防热性能也较为突出。

另外，蜂窝复合材料可满足环境保护和可持续发展的需要。现在的一些聚苯乙烯泡沫 (EPS) 缓冲材料受环境保护的严格要求，在一些领域的应用得到限制，而蜂窝板材可以回收再利用，是替代聚苯乙烯材料的合理选择。

1.3 人造蜂窝芯的生产过程

2000 年以前勤劳智慧的中国人民将蜂窝这一精巧的结构制成纸板用于装饰房间，开启了人造蜂窝使用的先河。然而，20 多个世纪以来，蜂窝结构并未真正得到大面积的工业应用。以蜂窝为芯层的夹层板的工业应用始于航空工业。二战期间德国制造的四引擎 Havilland Albatross 飞机率先采用蜂窝夹层板结构，英国的蚊式轰炸机圆形机身外壳也部分地应用了此种结构，在减轻飞机质量的同时，还提高了飞机的运载能力。1940 年，英国的希尔 (Hill) 教授采用巴萨木单片做蜂窝格子，用桃木单片做面板，制成蜂窝夹层结构，并成功应用于英国“飞翼”型飞机上。接着美国人用桃木片做蜂窝格子，以铝蒙皮为面板，制成“铝木蜂窝夹层结构”。直到 1945 年，第二次世界大战几近结束时，一种完全由金属制作 (格子与面板均为金属，主要是镁铝合金) 的蜂窝夹层结构得以问世 (图 1.2(a))，迅速推广应用至航天器室内幕墙、隔板、装饰板以及建筑外墙翻新与室内装修等。到 20 世纪 50 年代，随着塑料纤维工艺技术的发展，玻璃钢蜂窝结构逐渐走进人们的生活。

创新驱动发展。勤劳的人类通过不断地摸索与努力，使各种新型蜂窝夹层结构不断涌现。1972 年美国杜邦公司 (Du Pont) 研究开发了芳纶纸蜂窝，即 Nomex 蜂窝 (图 1.2(b))，并大量投入使用。20 世纪 90 年代初，杜邦公司通过改变芳纶分子结构和改善浸胶方法，又开发了 Korex 蜂窝。研究表明，新型高性能 Korex 蜂窝芯比 Nomex 蜂窝芯和玻璃布蜂窝芯具有更好的性能，可满足航空航天等高技术发展对蜂窝芯的新要求。1994 年，日本学者对钎焊蜂窝板进行研究，拓新了一条钎焊生产蜂窝结构的思路。近年来，俄罗斯研制了热膨胀系数近于零的蜂窝产品和在 1200~1500 ℃ 高温环境下仍不燃烧的蜂窝，因此金属蜂窝夹层结构受到越来越多的重视。

(a) (b)

图 1.2 人造蜂窝结构

(a) 铝蜂窝; (b) Nomex 蜂窝

虽然我国蜂窝产品研制起步晚、总体技术落后国外，但通过多年研究，逐步具备了相关产品开发的技术能力，高端产品主要由与航空航天有关的高等院校、科研院所和飞机公司等进行研制、开发和应用。北京航空材料研究院针对我国直-9 直升机用 Nomex 蜂窝依赖进口的瓶颈，对国内传统蜂窝制造工艺进行改进，制备了性能更优良的蜂窝。通过开发新型蜂窝材料及新型蜂窝孔格技术来提高蜂窝产品的力学性能。北京航空航天大学和航天材料及工艺研究所在蜂窝芯成型及铝、纸蜂窝板整板制造工艺方面有多项研究成果。大连理工大学采用镁合金箔材，利用塑性精确成型法制备蜂窝芯，以 AZ31 镁合金板材做面板，用胶结法制备了蜂窝板。方大集团创新应用了复合热熔胶膜黏接技术，利用平面连续热复合工艺成功研制高性能热塑性胶黏剂连续复合的铝蜂窝板。中国航空制造技术研究院等一大批实力强劲的企业，通过创新研发、技术革新，逐渐攻克了不锈钢、钛合金及高温合金蜂窝夹层结构制造技术，对各项性能开展了较为全面的测试及分析，积累了大量的工艺和实验数据，在金属蜂窝夹层结构用高强/高韧钎焊料研制、蜂窝芯体加工、金属蜂窝夹层结构钎焊、结构钎焊质量无损检测、大面积变截面变曲率金属蜂窝夹层结构制造等领域的技术成熟度大幅提升。在国内首次实现了不锈钢、钛合金、高温合金蜂窝壁板结构在多种重大装备的成功应用，极大地提升了我国大型轻量化结构的综合制造技术水平。目前，国产蜂窝已经实现了产品品种、产能规模、应用领域的全面升级，甚至批量出口。

对蜂窝产品的生产过程，主要的生产方法有传统的拉伸法 (胶接法)、成型法和新兴的 3D 打印法三种。对不同的产品需求，所用的工艺路线也不一样 [10]。

1) 拉伸法

拉伸法制造蜂窝是通过将一张张薄箔片胶压、裁切后拉伸得到的，类似于手风琴。首先将卷装材料输送到送料架上，在箔片上均匀地、错位地涂覆胶料 (s1)，黏接形成蜂窝层，经裁切、叠压成块 (s2)，再切割成片 (s3)，最后拉伸成型 (s4)，如图 1.3 所示。由于拉伸法所得产品在拉伸端板附近可能存在大面积斜孔，蜂窝块体拉伸后，需采用电锯、线切割等机械切割的方式，切取中间部位，作为最终取用的工业产品。在拉伸法中，胶的重量仅约为 1%，甚至更小，所以拉伸法是最常用的方法。几乎 95%以上的纸蜂窝、低强度金属蜂窝芯由此方法生产而来。在生产 Nomex 蜂窝时，工艺流程略有差别，在蜂窝孔定型后需进行特殊的浸胶、净化、烘干及固化处理，最终形成 Nomex 蜂窝产品。

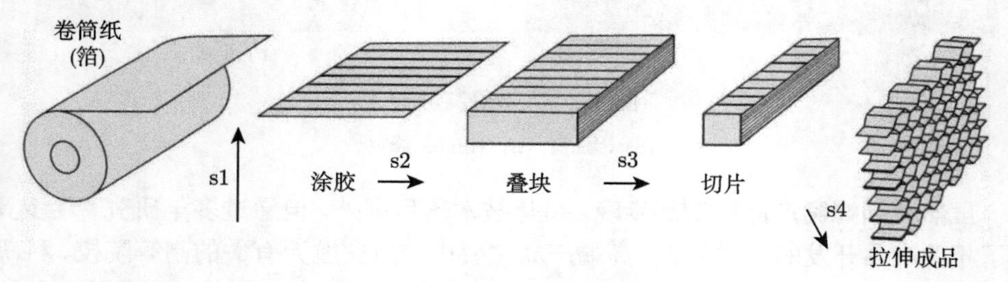

图 1.3　拉伸法生产蜂窝的过程

2) 成型法

对于由壁厚较大的金属、非金属材料制成的或具有特殊的非正六边形孔格，且对尺寸精度要求较高的蜂窝产品通常采用成型法制备，主要用于航空航天等具有高精度、高强度需求领域。其加工过程是先将箔片材料压制成六角波纹状 (s1)，再将波纹状材料叠合胶接 (s2)，堆积后进行烘烤，并施以适当压力，最后对所需的产品进行相应的裁切 (s3)，获得最终需求的产品，如图 1.4 所示。由于施加的压力不能太大，所以涂胶量通常约达蜂窝总重的 10%，这也是成型法不能被广泛应用的原因之一。另外，由于需要先将材料辊轧或冲压成波纹状，然后将波纹状材料叠合胶结，工序效率相对比较低。

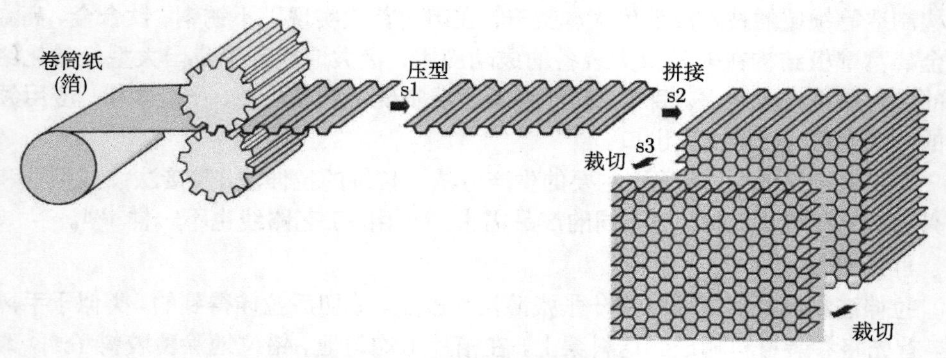

图 1.4　成型法生产蜂窝的过程

为保证蜂窝间的胶接强度，也可以采用钎焊法来代替高强度胶接剂，连接各相邻的蜂窝片层。很多高温合金蜂窝就是采用此方法生产制造的。

3) 3D 打印法

对于需求特异、构型新颖、结构复杂的新型蜂窝，主要采用 3D 打印技术进行生产制造。哈佛大学工程与应用科学学院 WYSS 生物启发工程研究所 Leewis 教授团队利用此技术成功打印了复合材料蜂窝结构 [11]。她们利用软木中空、比刚度和比强度好的特点，在环氧树脂中添加金刚砂晶须 (carborundum whisker) 和碳纤维，然后用此树脂 3D 打印蜂窝结构，通过控制填料的沉积方向来模拟软木的抗张强度。据报道，这种新兴的 3D 打印材料比轻质木材更硬，比商业 3D 打印聚合物要硬 10~20 倍，比当前最佳的打印聚合物复合材料还要硬 2 倍。这种轻质材料同样可以应用于汽车领域，达到政府规定的燃油经济性标准。受限于 3D 打印技术的成熟度，目前该方法并未广泛推广。

蜂窝结构的研究热潮也带动了蜂窝产业技术的发展，在我国即形成了以佛山、常州等为中心的大型工业蜂窝产品制造产业园。当前，国外知名的蜂窝生产厂家主要有 Hexcel、Gill、Plascore 及 Euro-composites 等，国内主要有佛山市华瑞蜂窝科技有限公司、西安雅西复合材料有限公司、江苏骏源新材料有限公司、深圳市乾行达科技有限公司等，每个公司都有自己独特的产品类型和工艺特色，相关资料可查阅本章末尾附表 (仅罗列部分代表性企业，无排名先后)。

1.4 人造蜂窝芯的应用

正因为人造蜂窝强度好、抗压、抗弯曲和超轻型结构的特性，其工业应用领域越来越广。人造蜂窝芯自从诞生起，就以它独特的结构形式服务于全人类，并在工程技术发展大潮中占据了重要的位置。

1) 在航空航天中的应用

蜂窝结构起源于仿生学，并最早用于航空航天领域。在航空工业发达国家，蜂窝夹层结构复合材料已成功地大量应用于飞机的主、次承力结构，如机翼、机身、尾翼、发动机叶片、雷达罩及客舱地板、内饰等，如图 1.5 和表 1.1 所示。美国康维尔 (Convair) 公司研制的一型三角翼超音速战略轰炸机 B-58 率先使用全金属钎焊蜂窝夹层结构，大约有 111.5 m^2 的发电机机舱和机翼面板都是由不锈钢蜂窝板制作的，其蜂窝板应用面积占整个飞机外形面积的 85% 以上，而结构重量只占总起飞重量的 16.5%。美国波音公司生产的 Boeing 747 采用一种芯材为尼龙纸、面材为碳纤维增强塑料的非金属蜂窝材料做地板，所减轻的重量足以增加 7 位乘客。我国直-9 直升机曾大量采用 Nomex 蜂窝芯与碳纤维、Kevlar 纤维、高强玻璃纤维、铝合金等面板复合组成的夹层结构，共计 280 余处，单机蜂窝用量达 260 m^2，占整机 80%覆盖面积，大幅降低飞机重量，节能效果非常可观。目前，世界上最大、最先进的商用客机 —— 空客 A380 就大量采用了轻质的蜂窝复合结构，代替了原来使用的芳纶纸蜂窝，其在 A380 上的典型应用包括腹部整流罩 (超过 300 m^2)、飞机内部地板及各种内饰板材等大尺寸结构部件。

图 1.5　蜂窝在航空工程中的应用 (网络图片)

表 1.1　蜂窝在航空工程中的应用情况

机型	应用部位	蜂窝材料
F-15	机翼前缘、襟、副翼、垂尾、平尾	铝蜂窝
F-16	平尾	铝蜂窝
F/A-18E/F	方向舵、平尾	铝蜂窝
F-35	襟、副翼、垂尾前缘、平尾前缘、方向舵	Kevlar
A340	方向舵、襟翼导轨整流罩、腹部整流罩等	Nomex
Starship	机翼、机身	Nomex
Hawker 4000	机身	Nomex
Learjet85	机身	Nomex
RQ-4	鼻锥整流罩、机翼前/后缘	Nomex
MQ-1	机身、机翼	Nomex
ARH-70	桨叶、前机身	Nomex、铝蜂窝
A380	襟、副翼、机翼滑轨整流罩、地板机内饰等	Nomex 等
B787	升降舵、方向舵、发动机整流罩、机翼翼尖等	Nomex

2) 在车辆工程中的应用

(1) 在轨道交通方面。蜂窝结构已大量应用于轨道交通装备，例如，列车的舱壁、控制面板、行李架、天花板垫板、盥洗室、厕所单元、地板和舱门等车辆内饰板均可以采用蜂窝板制造。另外，车辆前端、车顶、护板、整车体等构件也可以使用蜂窝板材料。日本新一代高速车辆采用钎焊铝蜂窝板 (BHP) 制造新型车体结构，该类型材料是在以 A6951 为基材的硬钎焊薄板 (JIS3263) 上滚压一 A4045 包层金属，制成面板和芯材。在真空中加热到约 600℃ 时，包层金属 A4045 被熔化，进入面板与芯材、芯材与芯材的接触面，形成焊脚得以固定。近年来，高速动车组等轨道车辆也多采用蜂窝夹芯板。数据表明，一个 8 mm 厚的铝蜂窝板每平方米仅重 1.6 kg。如果用 Nomex 蜂窝板代替玻璃钢作为内饰，每节车厢可减重 800～1000 kg，大大减少了列车自重和运营能耗。意大利 ETR 500 列车所有的内墙板、顶板及行李间全部由夹层蜂窝板制造 (图 1.6)，可以进一步减重达 30%～40%。此外，还可将蜂窝芯安装于高速列车车头，作为碰撞缓冲吸能装置使用，发生意外时可保护司乘人员安全。

图 1.6 蜂窝在轨道交通方面的应用

(2) 在道路车辆方面。除为汽车车身提供材料外，蜂窝结构还可在车前端、尾部用作“保险杠”等装置 (图 1.7(a)，防撞蜂窝块)，蜂窝结构轮胎也被装配到越野车上，可取得比较好的减震、减重效果，如图 1.7(b) 所示。

(a) (b)

图 1.7 蜂窝在道路车辆中的应用

(a) 防撞蜂窝块; (b) 蜂窝结构轮胎

3) 在建筑工程中的应用

(1) 在外表及幕墙框架设计方面。蜂窝结构从外面看来为正六边形，具有独特的形式，因此常常用作建筑外表皮单元，通过大小、颜色、形式的变化产生丰富的立面效果。

(2) 在建筑外围护结构及内隔墙设计方面。石材薄板与铝蜂窝基材通过胶黏剂复合到一起的超薄石材蜂窝复合板，既节省石料又减轻重量，较好地将石材效果体现在对承重有较高要求的建筑中，克服了天然石材重量大、易碎裂等不足。

(3) 在建筑造型及结构设计方面。采用基本受力结构为正六棱柱的模块固定连接构成的建筑物整体的蜂窝式建筑，视觉冲击强、结构稳定、施工期短、工效高。例如，位于天津市中钢国际广场的中钢大厦将建筑形态、结构受力及文化符号统一在“蜂巢”状的六边形原型中 (图 1.8(a))。整个建筑的外立面由五种不同尺寸的六边形窗构成，这也是对中国古典建筑中最经典的“六棱窗”的一种全新的发展与创新。再如，墨西哥城的 Soumaya 博物馆 (图 1.8(b))，其位于塞万提斯剧院旁边，是一座曲线建筑，外壳由 28 个大小和形状不同的弧形钢体组成，外表皮是由耐久的六边形铝制模块组合而成，几乎没有表皮开窗。还有时间元素的典型代表 ——U2 建筑蜂巢幕墙 (图 1.8(c))，流行、动感、舒适、实用。另外，墨西哥市圣达菲地区的蜂巢大厦 (Howers)，冰岛 Harpa 音乐厅与会议中心、深圳湾体育中心等都是蜂窝结构在建筑上应用的杰作。

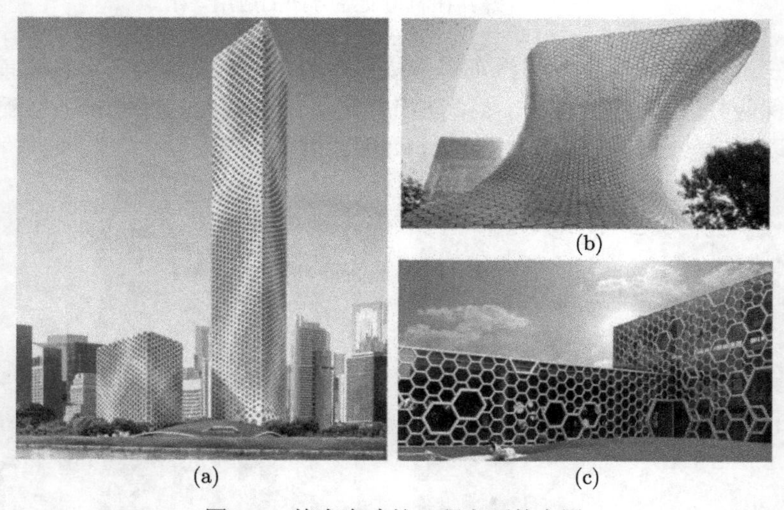

(a)　(b)　(c)

图 1.8　蜂窝在建筑工程方面的应用

(a) 中钢大厦; (b) Soumaya 博物馆; (c) U2

4) 在家具家装中的应用

新型轻质框架蜂窝板工艺相比传统框架结构具有很多优越性，它可以大批量、机械化生产出所需的不同规格的家具板件，并且具有与同样厚度的刨花板相同的抗压强度和抗破碎性能。例如，家用床可以采用复合铝质蜂窝板材料制成床屏板，在制作时，铝蜂窝芯材四周用铝合金方型管材加强，保证床屏板整体的牢固性；家用抽屉的面板和门板采用复合铝质蜂窝板制成；我们熟悉的入户门，其内部可填充大量的蜂窝状材料 (图 1.9(a))，进行增强与隔音；还可以采用轻型石材蜂窝夹芯板，制作茶几、桌案、柜台、吧廊等，如图 1.9(b) 所示。

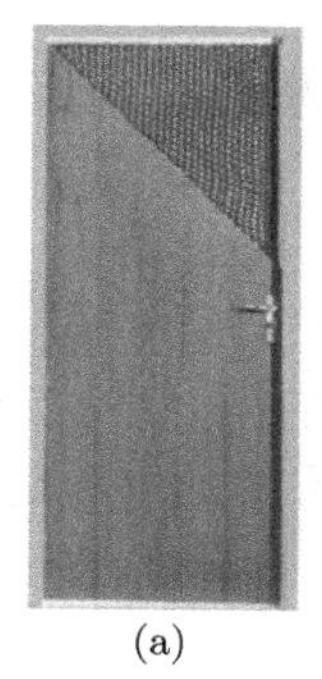
(a)

(b)

图 1.9 蜂窝在家具家装方面的应用

(a) 蜂窝填充门; (b) 蜂窝板制作茶几

5) 在包装方面的应用

包装用蜂窝复合板材是由很薄的人造板、纸板与再生纸蜂窝芯黏结制成，非常适合用作夹层材料，成为一类性能优良、结构简单独特、节省资源的重要新兴材料。蜂窝纸板具有较高的耐压强度及抗弯强度，也具有良好的缓冲性能，可用来生产包装箱、托盘、轻质建材制品等。就蜂窝纸板及其制品在我国包装行业的应用情况看，目前主要用于制作缓冲衬垫、纸托盘、蜂窝复合托盘、角撑与护棱及其他缓冲结构件等，并用作运输包装件，如图 1.10 所示。

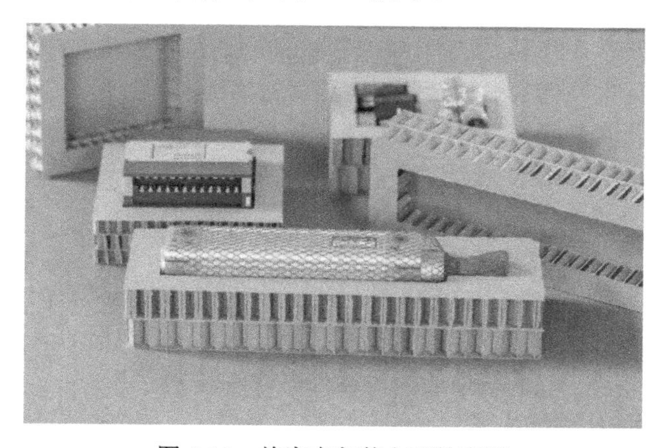

图 1.10 蜂窝在包装方面的应用

1.5 未来发展方向

蜂窝结构由自然仿生到工程实践，近年来，其科学理论、技术开发与工程应用均取得了长足发展。在未来，围绕蜂窝结构力学的研究，建议进一步从需求出发，从理论创新、功能拓展、创构设计等方面展开。

1) 面向轻质高效的蜂窝类结构设计

蜂窝类结构是以六边形蜂窝为原始概念的系列轻质新颖多孔周期排列结构群体。在这些结构设计的过程中，两类问题需重点考虑：一个是如何保持和发挥结构固有优势，进一步优化其力学特性；另一个则是从结构效率的角度出发，寻找更为高效的缓冲结构，因为最有效的结构设计是所有蜂窝结构力学研究人员的共同期望。那么怎样界定“有效”呢？实际工程中，多在确保结构应具有的功能的约束条件下最大程度地减轻结构的重量，或在给定材料用量的前提下最大效率地提升所要追求的材料性能，围绕此开展的蜂窝类结构设计意义非凡。

2) 面向复杂功能的蜂窝结构宏、细观多尺度设计

面对减震、吸声、抗冲击等问题，需要从宏、细观相结合的手段入手，在蜂窝已有结构特征的基础之上，开展结构多尺度分析与设计，从细观尺度揭示蜂窝宏观力学响应的微观机制，开展结构与功能的一体化设计，找到结构在宏观尺度上均匀分布的蜂窝优化构型。

3) 面向曲面构型的蜂窝结构协同设计

蜂窝结构的应用多以夹芯结构形式来呈现。通常所见的夹芯结构多为平面结构。然而，在工程实际问题中，诸如高速列车表面、汽车车身、飞机机翼等多为弧形曲面结构。在弧形条件下，蜂窝孔径与面板间的切线关系将影响蜂窝的面内与面外性能，受力特性也更趋复杂。工程载荷具有随机性，往往承受来自不同角度的载荷作用，需考评几何角度与蜂窝力学响应间的关联机制；同时，小曲率半径的曲面蜂窝结构还面临生产制造的难题，需要协同开展曲面设计。

4) 面向产品可靠性的结构稳定性设计

工程蜂窝产品往往存在整体平面的翘曲，还可能出现胞孔规则度差以及大面积胞元畸形等，甚至出现局部胞孔缺失。这些结构性缺陷对蜂窝结构的力学性能具有较大的潜在影响。目前，有关蜂窝产品质量检测及品质把控的研究有待深入，相关的评价方法有待建立，系统性的检测标准有待制订。

5) 面向环境适应性的多场耦合设计

随着服役环境的日益严苛，对以高速列车、飞机、轮船等为代表的高端运载装备提出了更高的服役要求，既面临空气动力与结构振动、模态间的复杂耦合关系，还可能面临热传递、噪声控制等综合挑战，需耦合流—固—热—声开展多场耦合设

计，全面提升蜂窝结构的环境适应性。

附表　国内外代表性的知名蜂窝生产厂商（未区分顺序）

公司名称	所在地	简介
Hexcel https://www.hexcel.com	美国	世界知名的商用飞机、发动机、航天卫星和运载火箭用夹芯复合材料制造商。产品丰富，子公司遍布世界各地[12]
Gill https://www.thegillcorp.com	美国	世界知名的 Nomex 蜂窝生产商，为商业飞行器和宇航公司提供各类齐全的高性能复合材料产品[13]
Plascore https://www.plascore.com	荷兰	世界知名、可信赖的工程蜂窝夹层材料供应商。除提供常规蜂窝外，还可提供聚碳酸酯、聚丙烯蜂窝等[14]
Euro-composites https://www.euro-composites.com	美国	为客户提供世界级的工程服务和航空领域咨询业务，生产各种尺寸和密度的蜂窝，产品丰富，尤其是其具有生产造型独特的 3D 蜂窝的能力[15]
Cellbond https://www.cellbond.com	英国	主要提供拉伸法制作的蜂窝，并且可提供依托蜂窝而设计的系列能量吸收装置[16]
CEL COMPONENTS SRL. https://www.cel.eu	意大利	拥有 20 多年的蜂窝及蜂窝夹芯复合结构生产经验，产品丰富，可生产聚碳酸酯、聚丙烯、聚醚酰亚胺材质的蜂窝芯，以及高品质的打孔蜂窝等[17]
Econcore http://www.econcore.com/en	比利时	国际知名的高性能热塑性蜂窝生产商，EconHP 集团旗舰子公司，可生产聚碳酸酯、聚丙烯、聚醚酰亚胺材质的蜂窝芯、碳纤维蜂窝等[18]
Thermoplastic honeycomb cores https://thermhex.com	德国	国际知名的热塑性蜂窝芯生产厂商，EconHP 集团旗舰子公司，拥有成熟的流水化生产线，可提供丰富的热塑性蜂窝产品[19]
华瑞蜂窝 http://www.hrhoneycomb.com	中国	国内知名的蜂窝生产厂商，产品覆盖面广。生产能力达到微孔级，强度高、产品规整性好，开发了一系列适用于汽车、轨道车辆及建筑暖通领域的蜂窝产品
西安雅西复材 http://www.axac.cn	中国	国内知名的航空级蜂窝生产商，可提供丰富的蜂窝产品门类，生产的打孔蜂窝性价比高
江苏骏源 http://www.cnjunyuan.com	中国	国内知名芳纶蜂窝复合材料供应商，产品遍及高速列车、飞机、船艇等
乾行达科技 http://www.cansinga.com	中国	具备各种类型主流蜂窝产品的生产能力；可生产高强度不锈钢蜂窝、交错式蜂窝以及蜂窝式吸能防爬器等特色产品

6) 面向智能快捷制造的拓扑结构设计

目前，新颖蜂窝构型的产品多数仅从力学层面考虑，并未考虑实际的生产制造与产业化，现实中主要依赖 3D 打印技术来实现单个样品制造，价格较昂贵，尚无法批量化生产。随着新技术的发展，新颖蜂窝批量低价制造、快速高效制造、绿色精确制造技术有望突破。同时，在设计实施过程中，探索应用结构反向设计思想，采用先进拓扑优化技术，将制造要素整合为设计的约束条件，实施快捷制造的拓扑优化设计，希求更高效的工程化产品方案。

参 考 文 献

[1] Gibson L J, Ashby M F. Cellular Solids: Structure and Properties. 2nd ed. Cambridge: Cambridge University Press, 1997.

[2] Gibson L J, Ashby M F, Harley B A. Cellular Materials in Nature and Medicine. Cambridge: Cambridge University Press, 2010.

[3] Wang Z. Recent advances in novel metallic honeycomb structure. Composites Part B: Engineering, 2019, 166: 731-741.

[4] Carless L A, Kardomates G A. Structural and Failure Mechanics of Sandwich Composites. Berlin: Springer, 2011.

[5] Gladwell G M L. Dynamic Failure of Composite and Sandwich Structures. Berlin: Springer, 2011.

[6] Davies J M . Lightweight Sandwich Construction. Oxford: Blackwell Science, 2001.

[7] Vautrin A. Mechanics of Sandwich Structures// Proceedings of the Euromech 360 Colloquium held in Saint-Etienne, France. Berlin: Springer, 1997.

[8] Lu G, Yu T X. Energy Absorption of Structures and Materials. Amsterdam: Elsevier, 2003.

[9] Lu T, Xin F. Vibro-acoustics of Lightweight Sandwich Structures. Berlin: Springer Berlin Heidelberg, 2014.

[10] Bitzer T N. Honeycomb Technology: Materials, Design, Manufacturing, Applications and Testing. Berlin: Springer, 1997.

[11] Compton B G, Lewis J A. 3D-printing of lightweight cellular composites. Advanced Materials, 2014, 26(34): 5930-5935.

[12] Hexcel Company. Hex Web Honeycomb Attributes and Properties, 2016.

[13] Gillcore. Gillcore®HA Honeycomb, 2018.

[14] Plascore Company. Honeycomb Panels: Engineered Honeycomb Solutions and Services. Plascore Product, 2018.

[15] Euro-composites. Core Details & 3D Honeycomb, 2018.

[16] Cellbond. Calibrated Honeycomb, 2017.

[17] Cel Components S R L. Sandwich Panels and Honeycomb, 2008.
[18] Econcore. Technologies for Economic Honeycomb Cores and Sandwich Materials, 2018.
[19] ThermHex. The New Generation of Lightweight Core Materials Thermhex Polypropylene Honeycomb Cores, 2018.

第 2 章　蜂窝结构的力学特征与分析方法

蜂窝结构的基本力学性能是反映蜂窝物性关系的基础。优良的蜂窝吸能产品需同时满足轻质、高强、压缩历程稳定、平台区波动小的要求。其吸能特性的常用评定指标分为力学指标与能量指标两类。蜂窝的物性与力学指标主要包括等效密度、弹性模量、泊松比、剪切模量、平台强度、密实应变、压缩载荷效率、平台载荷均匀度等。此外，还有一些反映吸能能力的指标，如吸能量、比吸能、Janssen 因子、Cushion 因子、Rusch 曲线、能量吸收图等。在研究过程中，理论分析主要采用超级折叠单元法，结合最小能量原理、刚塑性定理、位移协调法则等；实验主要采用准静态实验、低速压缩实验、高速冲击实验等；在数值仿真方面，可以采用胞元法、小规格全尺度法、扩胞等效法、均匀化方法，以及针对超高速模拟的光滑粒子动力学 (SPH) 方法。

2.1　蜂窝结构的特征

2.1.1　几何特征

六边形蜂窝作为人造蜂窝中最常用的一种结构形式，其几何结构有宽度、长度及厚度三个总体尺寸，分别采用 W、L、T 来表示，具体如图 2.1 所示。对于单个蜂窝胞元，可采用箔片厚度 t、边长 l、边高 h，以及内平角 θ 四个主要几何参数来表达。正六边形蜂窝结构同时满足 $h=l, \theta=30^\circ$。对于黏接法生产的商用蜂窝产品，其制作过程中存在共邻边胶接，由此导致每个六边形蜂窝胞元中有两个胞元壁具有双倍箔片厚度，亦即 $2t$，这也大大影响了其结构的力学性能。根据壁厚的差异，通常也将这两类六边形蜂窝分为双壁厚蜂窝 (图 2.1(b)) 与等壁厚蜂窝 (图 2.1(c)) 两种。

厚跨比是蜂窝几何特征的重要表征参数，其定义为蜂窝胞元壁面厚度与边高、边长的比值，计算公式为

$$\mu = \frac{t}{h} \tag{2.1}$$

$$\eta = \frac{t}{l} \tag{2.2}$$

厚跨比反映了蜂窝的几何跨度关系。通常工业生产的铝蜂窝，壁厚 t 为 0.03～0.15 mm，边长 l (边高 h) 为 0.5～10 mm。对于特殊的蜂窝产品，壁厚 t 和跨度可能不在此范围内。

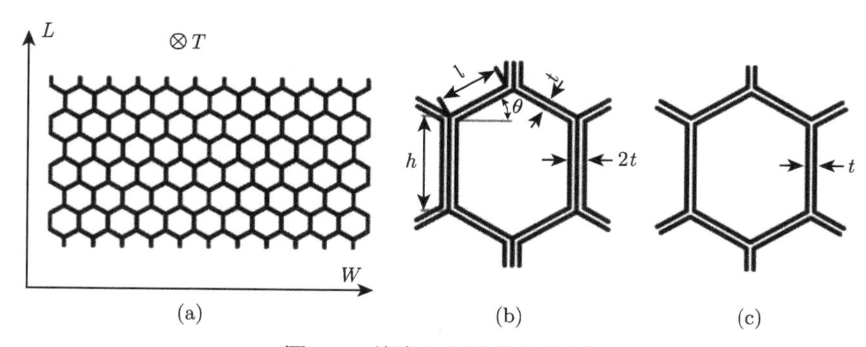

图 2.1 蜂窝几何结构示意图

(a) 方向定义; (b) 双壁厚蜂窝的胞元; (c) 等壁厚蜂窝的胞元

从蜂窝的几何构造可以看出，蜂窝属于典型的二维周期有序结构，存在典型的各向异性。根据载荷源方向的不同，蜂窝的受载可分为面内加载与面外加载 (也分别称为共面加载与异面加载)。蜂窝的 W 方向与 L 方向对应为面内方向，T 方向对应为面外方向。部分文献采用 x_1、x_2 与 x_3 或 X、Y 与 Z 来表示，分别对应 W、L 和 T 方向。

2.1.2 等效密度

等效密度 ρ_c，是描述多胞材料物理特性的重要参数，反映了孔隙的比重，亦可用相对密度来表示，相对密度的定义为 ρ_c/ρ_0，其中，ρ_0 为蜂窝箔片材料的密度。

考虑最小的 “Y” 形胞元，如图 2.2 所示。

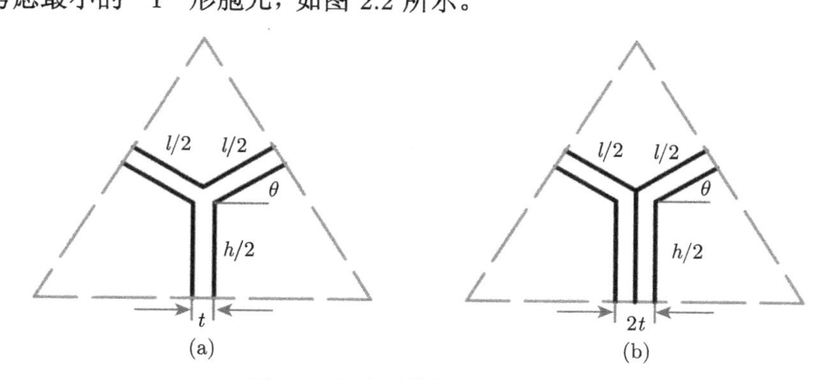

图 2.2 蜂窝结构的 “Y” 形胞元

(a) 等壁厚蜂窝; (b) 双壁厚蜂窝

在一个有代表性的 “Y” 形胞元中，包括两条斜边和一条直边，其长度分别为 $l/2$ 和 $h/2$，根据体积关系，蜂窝结构等效密度的理论计算公式为

$$\rho_c = \frac{W_c}{V_c} \tag{2.3}$$

其中，W_c 为代表性的 "Y" 形单元的质量；V_c 为此单元的体积。根据几何关系，V_c 可以由下列公式计算得到

$$V_c = \frac{1}{2}\left(\frac{h}{2} + \frac{h}{2} + l\sin\theta\right) \times 2l\cos\theta T \tag{2.4}$$

式中，T 为蜂窝芯厚度。于是

$$W_c = \left(\frac{h}{2} + l\right)\rho_0 tT \tag{2.5}$$

将式 (2.4) 和式 (2.5) 代入式 (2.3)，可计算得到等效密度 ρ_c 为

$$\rho_c = \frac{(h+2l)t}{2\left(h + l\sin\theta\right) l\cos\theta}\rho_0 \tag{2.6}$$

当孔穴为规则正六边形时 ($h = l, \theta = 30°$)，式 (2.6) 可以进一步简化为

$$\rho_c = \frac{2}{\sqrt{3}}\frac{t}{h}\rho_0 \tag{2.7}$$

对于商用蜂窝材料，在每一个完整的正六边形胞元中，存在两个壁面为双倍壁厚的情况。采用相同的方法，其等效密度 ρ_{cs} 可以计算为

$$\rho_{cs} = \frac{8}{3\sqrt{3}}\frac{t}{h}\rho_0 \tag{2.8}$$

表 2.1 列出了典型正六边形蜂窝的等效密度，其中 μ_{hr} 为等壁厚蜂窝等效密度比例系数；μ_{sr} 为双壁厚蜂窝等效密度比例系数。从表中可以看出，蜂窝结构的孔隙率较大、等效密度非常低。资料显示，铝蜂窝的密度一般为 16~192 kg/m^3，Nomex 蜂窝密度为 24~144 kg/m^3，玻璃布蜂窝为 32~192 kg/m^3。

表 2.1 典型正六边形蜂窝的等效密度

材质	t/mm	$h = l$/mm	ρ_0/(kg/m^3)	μ_{hr}/%	ρ_c/(kg/m^3)	μ_{sr}/%	ρ_{cs}/(kg/m^3)
3003H18	0.06	3	2700	2.77	75.16	3.70	100.21
	0.10	4		3.47	93.95	4.62	125.27
5052H18	0.06	2	2680	4.16	111.49	5.55	148.66
	0.06	3		2.77	74.33	3.70	99.10
	0.06	4		2.08	55.75	2.77	74.33
	0.10	5		2.77	74.33	3.70	99.10
	0.10	6		2.31	61.94	3.08	82.59

2.2 蜂窝结构力学表征

2.2.1 力学参数

蜂窝结构力学特性主要由其加载力–位移曲线表征。关键指标包括：峰值力、平台力、密实应变等。以铝蜂窝材料为例，不同铝箔材料其力学性能各不相同。表 2.2 所示为室温条件下，常见国产商用铝蜂窝铝箔材料的力学性能参考值。

表 2.2 商用铝蜂窝材料的力学性能参考值

材质	弹性模量 E_s/GPa	泊松比	屈服强度 σ_0/MPa	抗剪强度 σ_s/MPa	剪切模量 G_s/GPa
3003H18	70.0	0.33	185	110	25.9
5052H18	69.8	0.33	215	165	25.0

蜂窝结构在 L 方向、W 方向和 T 方向上的差异，导致蜂窝在三个方向呈现不同的力学性能 (标准正交各向异性)，且在面内与面外冲击情况下，吸能性能差异明显，一般面外吸能性能显著高于面内受载时的吸能性能。但总体而言，对于正六边形铝蜂窝结构，其塑性压缩的典型应力–应变曲线 (对应为名义应力水平，为压缩载荷除以截面的初始几何面积；有时亦作 F-S 曲线，F 为压缩载荷，S 为压缩位移)，通常如图 2.3 所示。

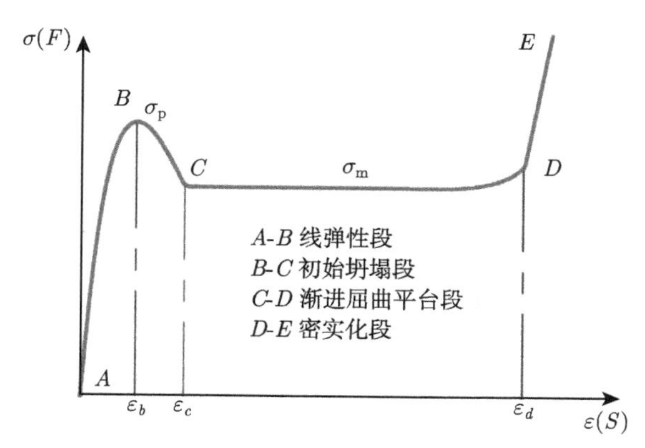

图 2.3 蜂窝结构典型应力–应变曲线

从曲线可以看出，蜂窝的变形主要分为：线弹性 (A-B)、初始坍塌 (B-C)、渐进屈曲平台 (C-D) 和密实化 (D-E) 四个阶段。在线弹性阶段，应力–应变关系满足广义胡克定律，初始撞击力出现较大峰值，在材料屈服后进入相对较为平稳的塑性平台区。随压缩深入，蜂窝结构进入密实阶段，此时撞击力迅速增大，孔格间隙迅速减小，至最终完全密实。

表征以上加载历程曲线的主要力学指标有以下四个。

1) 平台强度 σ_m

通过对其加载条件下的名义应力–应变曲线渐进屈曲平台段 (图 2.3 中 C-D 段) 的名义应力值求平均值得到

$$\sigma_\mathrm{m}=\frac{F_\mathrm{m}}{A_0} \tag{2.9}$$

根据理论分析 (见式 (3.95))，有

$$\frac{\sigma_\mathrm{m}}{\sigma_0}\approx 6.6\left(\frac{t}{l}\right)^{\frac{5}{3}} \tag{2.10}$$

其中，σ_0 为箔片材料的屈服强度。该指标是反映轻质结构与材料吸能水平的重要因子，直接关系到吸能能力的大小。

2) 密实应变 ε_d

该指标为蜂窝压缩时历经平台区后转向密实区的转折应变，很难通过理论公式来直接推导。实际上，蜂窝在该状态后仍然具有可压缩的应变，直至锁定应变 ε_s(locking strain)。锁定应变理论上应当等于结构的孔隙度，其计算公式为

$$\varepsilon_\mathrm{s}\approx 1-\frac{t(h+2l)}{2l\cos\theta(h+l\sin\theta)} \tag{2.11}$$

但在实践中发现，ε_s 比上式相对还要小。因为一旦蜂窝压缩进入密实区后，即便发生微小的应变增量，应力也将陡增，对结构保护带来潜在的破坏威胁，建议选取密实应变作为参照指标。在结构设计时，尽量保障冲击吸能行程控制在 ε_d 以内。

3) 压缩载荷效率 φ_CFE

该指标是平台力 F_m(或 σ_m) 与峰值力 P_max(或 σ_p) 的比值：

$$\varphi_\mathrm{CFE}=\frac{F_\mathrm{m}}{P_\mathrm{max}} \quad 或 \quad \varphi_\mathrm{CFE}=\frac{\sigma_\mathrm{m}}{\sigma_\mathrm{p}} \tag{2.12}$$

用以考评蜂窝初始峰值力与平台力之间的差异。φ_CFE 越大，结构峰均比越高，预示着该结构有过高的初始压缩载荷。当然，最为理想的结果是尽可能地使 φ_CFE 接近于 1，说明其峰值力越接近于平台力，结构的受力越平稳。

4) 平台载荷均匀度 ω_f

反映平台区峰峰值的波动程度，计算公式如下：

$$\omega_\mathrm{f}=\frac{F_\mathrm{max}-F_\mathrm{min}}{F_\mathrm{m}} \tag{2.13}$$

其中，F_max 和 F_min 分别为平台区段内载荷的最大值和最小值。从公式可知，F_max 越接近 F_min，则 ω_f 越接近于 0，说明平台载荷的波动性越小，其均匀度越好。

除了以上的峰值力、平台强度 σ_{m}、密实应变 ε_d、压缩载荷效率 φ_{CFE}、平台载荷均匀度 ω_{f} 以外，还有反映面内与面外的关键力学参数，包括线弹性变形的弹性模量 E_1^*、E_2^*、E_3^*，泊松比 v_{12}^*、v_{21}^*、v_{31}^*，剪切模量 G_{12}^*、G_{13}^*、G_{23}^*，弹性屈曲 $(\sigma_{\mathrm{el}}^*)_1$、$(\sigma_{\mathrm{el}}^*)_2$、$(\sigma_{\mathrm{el}}^*)_3$，塑性坍塌 $(\sigma_{\mathrm{pl}}^*)_1$、$(\sigma_{\mathrm{pl}}^*)_2$、$(\sigma_{\mathrm{pl}}^*)_3$，$(\tau_{13}^*)_{\mathrm{el}}$、$(\tau_{23}^*)_{\mathrm{el}}$、$(\tau_{\mathrm{pl}}^*)_{12}$ 等，具体含义与推导过程将在后续章节中详细介绍。

2.2.2 吸能特征

蜂窝结构具有理想的能量吸收特性，与传统工程结构一样，在较小的载荷作用下仅发生很小的弹性变形，在较高载荷时才体现出结构失效和破坏，这多是过载疲劳、腐蚀，或者是长时间使用引起材料的性能变化，亦或是瞬时强动载作用所致。另外，当蜂窝作为主要的能量吸收元件使用时，涉及几何大变形、应力强化、应变率效应以及变形模式 (如弯曲和拉伸) 之间的各种交互作用。

在考虑以蜂窝为主体的吸能结构设计时，必须遵循理想能量吸收设计的准则，尽量满足以下要求。

1) 吸能不可逆

以蜂窝为基础设计的专用能量耗散装置，与弹簧、橡胶等弹性装置实施缓冲设计的不同之处在于，在冲击载荷作用下，外部冲击动能是通过蜂窝孔壁的塑性拉伸、弯曲、移动甚至箔片的撕裂得以消耗掉，而不是以弹性能形式得以存储。在此过程中，能量的转换是不可逆的。

2) 力特性平稳

蜂窝撞击力特性平稳体现在载荷阈值与平台区波动两个方面。实现碰撞保护的前提是专用能量吸收器的反作用峰值力应持续低于一个阈值，以避免过高的冲击减速度；另外，在运载工具的碰撞过程中，持续的载荷波动必然带来更大程度的伤亡。如果减速度保持常数，碰撞加权加速度指数 (GSI) 将最小。由此，在碰撞中为了使所引起的损伤和破坏最小，来自碰撞结构的抵抗力应当保持恒定。在这个意义上，能量吸收器起到了特殊的载荷限制作用，理想地说，应具有一个近似矩形的力位移特性，如图 2.4(a) 所示。

3) 缓冲行程长

众所周知，专用能量吸收结构冲击载荷作用下所耗散的塑性能等于外部载荷在压缩行程上所做的功，即为 F-S 曲线下方阴影部分的面积，如图 2.4(b) 所示。如上所述，能量吸收结构的反作用力大小必须受到冲击耐受度的限制，并尽量使之为常数。由此，实现更高能量吸收的条件在于，设法延长压缩行程。压缩行程越长，时间越长，力就越小，即所谓的“以时间买距离，以距离买力”。力作用的时间越长，所要求的制动力就越柔和，所遭受的损伤就越小。

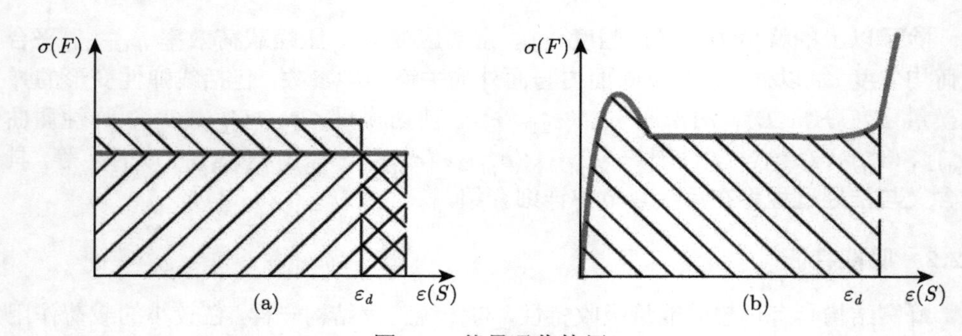

图 2.4 能量吸收特征

(a) 理想的矩形历程; (b) 蜂窝的典型历程曲线吸能量

4) 变形有序可控

稳定的载荷依赖于碰撞、冲击过程中变形的有序可控，并与预期设计的位形变化过程吻合。例如，列车碰撞过程中，列车前端流线型外形势必导致碰撞过程中非平直面碰撞，诱发失稳、爬车，甚至脱轨倾覆。结构塑性变形可控设计是实现冲击载荷稳定有序的重要保障。同时，为了应对不确定的外部载荷 (大小、形式、角度等)，所设计结构的变形模式和能量吸收能力应当稳健，具有较好的可重复性。

5) 比吸能高、模块化好

为满足轻量化的要求，装备制造企业在提高耐撞性能的同时，必然考虑由此增加的额外重量。蜂窝式专用能量吸收结构应该是轻便的，与薄壁金属管等相比，蜂窝材料的轻量化优势突显，但亦需注意把控与之配套的附属结构的质量。另外，不同的碰撞速度带来的破坏效果也不一样，模块化好的产品，可以依据不同碰撞导致的伤损程度进行局部更换和维护，大大节约成本。

从图 2.3 与图 2.4 可知，影响蜂窝结构吸能能力的最关键因子是平台强度和密实应变，稳定的平台应力和较大的结构吸能行程直接关系到结构整体的吸能能力。这就是在蜂窝的设计过程中，评价蜂窝结构平台强度 σ_{m} 的同时还需尽可能提升密实应变 ε_d 的原因。

2.2.3 主要吸能指标

反映蜂窝结构吸能能力的指标主要包括以下几个。

1) 吸能量 (E_{TEA})

吸能量是在整个压缩过程中载荷 F 与位移 S 的乘积，计算公式如下：

$$E_{\mathrm{TEA}} = \int_0^{d_{\mathrm{e}}} F\mathrm{d}S \tag{2.14}$$

其中，d_{e} 为位移的积分终止点。由于密实段加载后，其反作用力急剧增加，且在该区段，不同的受载情况，蜂窝达到的密实程度也不相同。直接将终点应变作为位移积分的终点，比较结果并不是在同一基准线上得到的。通常蜂窝结构的总吸能量为从初始压缩时刻开始至其进入初始密实时刻为止，蜂窝结构所吸收的能量。

实际工程中，蜂窝结构的压缩过程不可能完全趋近于理想的水平线，尤其对于孔格较大的蜂窝结构，其在近密实阶段往往会出现平台区下掉，再平缓过渡至密实段的现象，因而蜂窝结构密实段的起点很难直接确定。到目前为止，共有四种取值方法，如图 2.5 所示。

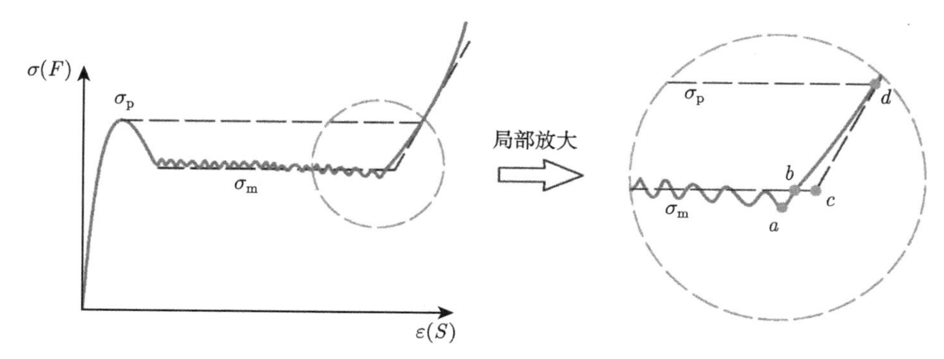

图 2.5 积分终止点取值

图中圆圈内放大区域绘制了蜂窝结构过渡段的复杂位置，共有 a、b、c 和 d 四个取位点。a 点为蜂窝结构历程曲线平台段最后一个谷点，b 点为密实化段与平台强度 σ_{m} 水平线的交点，c 点为平台强度 σ_{m} 水平线与密实化段曲线切线的交点，d 点为密实化段曲线与峰值载荷 σ_{p} 的交点。以该四点作为能量积分的终点都符合专用吸能结构设计的要求。事实上，a、b 和 c 三点较为接近，积分计算的总吸能量相差不大。

2) 比吸能 (E_{SEA})

比吸能是反映结构轻量化吸能能力优越性的重要指标，通过载荷位移历程曲线 (F-S) 中蜂窝所受到的实时载荷 F 对位移增量 $\mathrm{d}S$ 积分得到蜂窝总吸能量后，再除以蜂窝芯块的总质量 Q 得到质量比吸能：

$$E_{\mathrm{SEA}} = \frac{E_{\mathrm{TEA}}}{Q} = \int_{s_{\mathrm{s}}}^{s_{\mathrm{e}}} \frac{F}{Q}\mathrm{d}S \tag{2.15}$$

其中，s_{e} 与 s_{s} 分别对应受压方向的位移起点与位移终点。比吸能亦可以表达为

$$E_{\mathrm{SEA}} = \frac{\displaystyle\int_0^{d_{\mathrm{e}}} F\mathrm{d}S}{Q} \tag{2.16}$$

当因安装空间有限而受体积量约束时，尤其对于飞机、航天飞船等的翅翼结构，以及高铁流线型头车前端、底架等狭小空间结构，也需比较体积比吸能，用以

表征结构有效破坏长度单位体积内吸收的能量。体积比吸能可以计算为

$$E_v = \frac{E_{\mathrm{TEA}}}{V} = \int_{s_s}^{s_e} \frac{F}{V} \mathrm{d}S \tag{2.17}$$

其中，V 为蜂窝芯块的总体积。

3) Janssen 因子 (J_{m})

Janssen 因子在评价包装防护用料时作用突显 [1]。它更多地用于泡沫材料，同样也可以用于蜂窝类多孔结构，主要用于表征载荷强度与吸能量之间的关系。正如前所述，蜂窝专用吸能装置的峰值力应该限定在结构耐受阈值以下。即将它产生的峰值负加速度 a_{p} 和理想蜂窝 (矩形平台) 对给定冲击能产生的负加速度 a_{i} 进行比较，理想蜂窝结构是在恒定的负加速度 a_{i} 之下吸收能量的，则 Janssen 因子可定义为

$$J_{\mathrm{m}} = \frac{a_{\mathrm{p}}}{a_{\mathrm{i}}} \tag{2.18}$$

式中，a_{i} 可通过建立动能 (速度为 v_{a}) 与蜂窝体内恒定力所做功之间的方程计算 $\left(\frac{1}{2}m_{\mathrm{a}}(v_{\mathrm{a}})^2 = m_{\mathrm{a}}a_{\mathrm{i}}T_{\mathrm{a}}\text{，}T_{\mathrm{a}}\ \text{为蜂窝厚度，亦即作用位移}\right)$。由此得

$$a_{\mathrm{i}} = \frac{(v_{\mathrm{a}})^2}{2T_{\mathrm{a}}} \tag{2.19}$$

由式 (2.18) 可知，蜂窝材料的 J_{m} 因子取决于冲击的能量；它在低能量和高能量时都是高的，而在某一中间能量时达到最小值；其典型变化曲线如图 2.6(a) 所示，图中 E_v 为单位体积蜂窝的冲击能。然而，该因子是一种经验性度量，需要收集大量的数据，并且仅表达了加速度关系，忽略了吸能量与变形机制间的有机联系。

4) Cushion 因子 (C_{m})

根据图 2.3 所示的历程曲线，直接对应力本身绘出能量吸收至给定应力 σ_{p} 的图线，采用峰应力 σ_{p} 对该能量进行标准化，并将峰应力除以吸收至 σ_{p} 的能量后对应力作图。该图线即为蜂窝结构的 Cushion 因子 [2]，典型曲线如图 2.6(b) 所示。

5) Rusch 曲线

Rusch 改进了 Cushion 因子的表征方式，提出利用 Rusch 曲线来评价 [3]。根据实验，将蜂窝结构的应力–应变曲线形状采用经验性的形状因子来确定。

$$\sigma = E^* \varepsilon (m\varepsilon^{-n} + r\varepsilon^{s}) \tag{2.20}$$

式中，σ 为应力，E^* 是蜂窝体的模量，ε 是应变，m、n、r 和 s 是特定的蜂窝材料常数。该方程确定了蜂窝结构的应力–应变曲线的形状。Rusch 定义 K 为理想蜂窝

产生的最大负加速度除以蜂窝体的最大负加速度 a_{p}，即

$$K=\frac{(v_{\mathrm{a}})^2}{2T_{\mathrm{a}}a_{\mathrm{p}}} \tag{2.21}$$

式中，T_{a} 为压缩行程。蜂窝材料模量进行标准化的蜂窝内产生的应力为

$$R_{\mathrm{us}}=\frac{E_v}{KE^*}=\frac{2T_{\mathrm{a}}a_{\mathrm{p}}}{v^2}\frac{mv^2}{2A_0T_{\mathrm{a}}E^*}=\frac{ma_{\mathrm{p}}}{A_0E^*}=\frac{\sigma}{E^*} \tag{2.22}$$

其中，A_0 为承载面面积。因而对于吸收给定数量的能量具有最大允许峰应力的最佳蜂窝结构，可由蜂窝模量标准化的峰应力对蜂窝体模量标准化的单位体积冲击能作图来确定，典型的曲线如图 2.6(c) 所示。

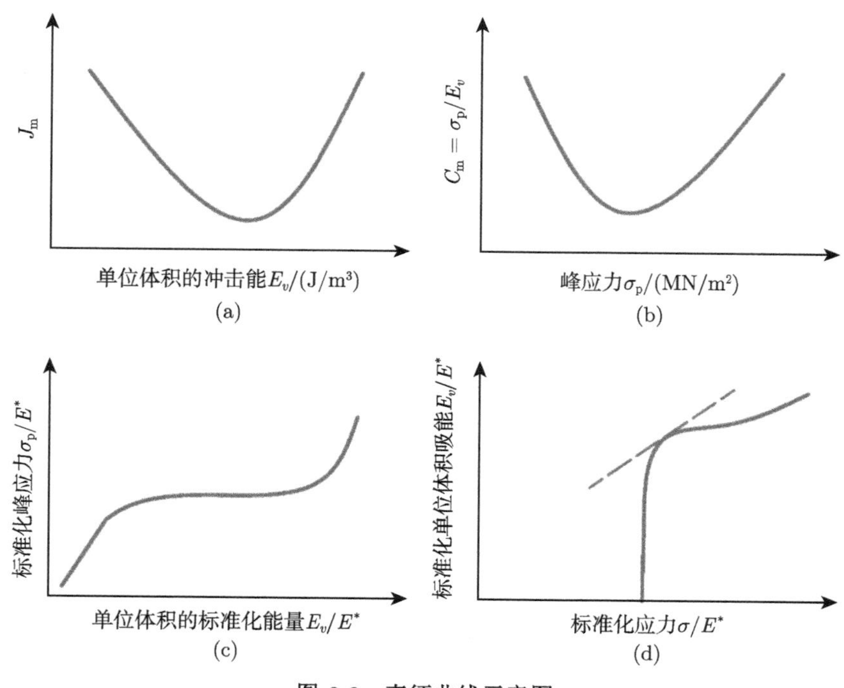

图 2.6 表征曲线示意图

(a) J_{m} 因子; (b) C_{m} 因子; (c) Rusch 曲线; (d) 能量吸收图曲线

6) 能量吸收图

能量吸收图也是很好的评定不同材料吸能特性的方法，是当前主流的用于评价多孔类材料吸能特性的关键因子之一，现今多用于包装工程领域抗冲击优化设计，其首先被 Maiti 和 Gibson 提出 [4]，Wang 将其应用于瓦楞纸蜂窝吸能性能评估 [5]，通过蜂窝受压时的应力–应变曲线来构建，主要反映蜂窝所承受的应力与能

量吸收之间的关系，由大量的能量吸收曲线簇组成。肩点是单一能量吸收曲线的最典型特征，它反映了不同构型蜂窝的最佳吸能性能。

在通过实验或仿真手段获取了不同构型蜂窝的名义应力–应变曲线后，其对应力 σ 以下每条曲线的面积即可取为该蜂窝单位体积吸收的能量 E_v。在直角坐标系上，做出各 E_v 对 σ 的关联曲线，并采用标准固体基材弹性模量 E^* 进行标准化，即可得到多簇曲线构建而成的能量吸收图 (图 2.6(d))。

2.3　蜂窝结构力学分析方法

蜂窝结构力学的研究涉及材料科学、塑性力学、工程力学、车辆工程等多学科门类，需综合运用理论分析、实物实验、数值仿真等手段进行全面系统的研究与评价。根据蜂窝结构特征，这三种方法各有特点，互为补充。

2.3.1　理论分析

蜂窝结构受力的理论分析主要用来研究蜂窝的基本力学行为，如静态、动态作用下的弹性与塑性变化，常用的基础方法主要包括极限分析和界限定理、能量法等。

1. 极限分析和界限定理

在设计中把加载的极限状态作为设计准则的分析方法，称为极限分析。理想刚塑性结构的极限载荷，是指载荷增加到某一数值时，结构达到极限状态，此时外载荷保持不变而结构将继续其塑性变形。相应的载荷称为极限载荷，与之相关的塑性变形机构称为结构的破损机构。极限载荷与材料的屈服应力成正比，而与其杨氏模量无关。因此，具有相同构形和相同屈服应力的结构，其理想弹塑性结构和理想刚塑性结构的极限载荷相同。所以，结构的极限载荷和破损机构可以通过刚塑性分析方便地得到。

对于刚塑性材料应变问题的真实解，在应力方面，应满足平衡方程、屈服条件和应力边界条件，而在几何方面应满足体积不变条件和速度边界条件，并使外力对速度场做正功。然而，在实际问题中，要同时满足全部条件是非常困难的。如果只满足应变和位移条件所求得的速度场，称为运动许可速度场，由此求得的载荷为真实极限载荷的上限。如果只满足应力方面的条件，所得到的应力场称为静力许可应力场。根据这个应力场求得的载荷为真实极限载荷的下限。如果上下限载荷相等，所求得的载荷即为真实的极限载荷。

由于求解弹塑性结构极限状态对应的极限载荷比较复杂，因此需要寻求一种计算极限载荷的近似方法，即利用极限分析上下限定理来估计极限载荷的近似值范围。在分析中，把材料假定为理想刚塑性体。

上限定理：任一与运动许可速度场相对应的载荷，恒大于或等于极限载荷。在塑性状态下，任一运动许可速度场上所做功的功率，恒大于或等于极限载荷表面力在真实应变速度场上所做功的功率，即

$$\int \sigma_{ij}^{*}\varepsilon_{ij}^{*}\mathrm{d}V+\int |\Delta V|\,\mathrm{d}S_D-\int T_iV_i^{*}\mathrm{d}S_T\geqslant\int T_iV_i\mathrm{d}S_V \tag{2.23}$$

式中，V_i^* 为任一运动许可速度场；S_D 为速度不连续面；S_T 为载荷边界面；ΔV 为 S_D 面上速度不连续量；σ_{ij}^* 和 ε_{ij}^* 是由 V_i^* 导出的应力和应变速率。

下限定理：由任何静力许可应力场所求得的载荷，恒小于或等于极限载荷。在塑性状态下，物体发生一微小变形速度 V_i 时，在非作用力表面 S_V 上，任一静力许可应力场所引起的表面力 T_i' 所做的功率，恒小于或等于极限载荷表面力 T_i 所做的功率，即

$$\int T_i'V_i\mathrm{d}S_V\leqslant\int T_iV_i\mathrm{d}S_V \tag{2.24}$$

2. 能量法

能量法是采用能量原理描述结构的平衡与变形连续条件。能量法把求解问题的过程转变为一种极值问题，它比直接求解偏微分方程边值问题能更方便地得到近似解。能量法建立了应力–应变与外力所做的功之间的关系。以弹性问题为例：定义单位体积的应变能称为应变能密度，以 W_{y} 表示，它是应变分量 ε_{ij} 的函数，可用脚标形式表示为

$$W_{\mathrm{y}}=\int \sigma_{ij}\mathrm{d}\varepsilon_{ij}\quad (i,j=x,y,z) \tag{2.25}$$

由此，线弹性体的总应变能为

$$U_{\mathrm{y}}=\int W_{\mathrm{y}}\mathrm{d}V=\frac{1}{2}\int \sigma_{ij}\varepsilon_{ij}\mathrm{d}V\quad (i,j=x,y,z) \tag{2.26}$$

如果弹性体在变形过程中无能量耗损，则弹性体内的应变能在数值上等于外力在变形过程中所做的功，即

$$U_{\mathrm{y}}=Q_{\mathrm{e}} \tag{2.27}$$

式中，Q_{e} 为外力所做的功，包括体积力和面力所做的功。

根据虚位移原理，弹性体在外力作用下处于平衡状态时，体内各点如果发生一虚位移 δu_i，则外力对虚位移所做的功 (虚功) 等于虚位移所引起的弹性体的虚应变能，即

$$\delta Q_{\mathrm{e}}=\delta U_{\mathrm{y}} \tag{2.28}$$

式中，虚功 $\delta Q_{\rm e}$ 包括体积力 f_i 和面力 P_i 在虚位移 δu_i 上所做的功，即

$$\delta Q_{\rm e}=\int f_i\delta u_i{\rm d}V+\int P_i\delta u_i{\rm d}S \tag{2.29}$$

因虚位移而引起的虚应变能为

$$\delta U_{\rm y}=\int \sigma_{ij}\delta\varepsilon_{ij}{\rm d}V \quad (i,j=x,y,z) \tag{2.30}$$

式 (2.28) 称为虚功原理或虚位移原理。虚位移原理等价于平衡条件。如结构上的外力在虚位移上所做的虚功等于结构的应变能，则结构必处于平衡状态。在虚位移原理推导过程中并未应用胡克定律，由此可知，虚位移原理也适用于非弹性体。

如果外力可由一个势函数 $V_{\rm y}$ 导出，外力势 $V_{\rm y}=-Q_{\rm e}$，则 $\delta V_{\rm y}=-\delta Q_{\rm e}$。由式 (2.28)，得变分方程

$$\delta \varPi=\delta u+\delta V=0 \tag{2.31}$$

式中

$$\varPi=U_{\rm y}+V_{\rm y}-Q_{\rm e}=\int W_{\rm y}{\rm d}V-\left(\int f_iu_i{\rm d}V+\int P_iu_i{\rm d}S\right) \tag{2.32}$$

$\varPi$ 称为系统的总势能，是位移的函数。式 (2.31) 表明：弹性体处于平衡状态时，其内力和外力的总势能取驻值。可以证明，线弹性体处于平衡状态时，其总势能取最小值。因此，式 (2.31) 称为最小势能原理。也就是说，在所有几何容许位移中，满足势能驻值条件 $\delta\varPi=0$ 的位移解，使总势能 $\varPi$ 取最小值。

对于横向加载的梁和板，初始破损机构只含有弯曲变形。但是在大变形时，其他形式的能量耗散可能变得比较重要，甚至是主要的，所以内部能量耗散 $E_{\rm TEA}$ 一般可以写成

$$E_{\rm TEA}=E_{\rm b}+E_{\rm m}+E_{\rm fri}+E_{\rm fra}+\cdots \tag{2.33}$$

其中，$E_{\rm b}$、$E_{\rm m}$、$E_{\rm fri}$ 和 $E_{\rm fra}$ 分别代表弯曲、薄膜变形、摩擦和断裂引起的能量耗散。

基于最小能量原理的思想，可求取蜂窝压缩、弯曲等变形状态下应力、应变等各种力学参数。

2.3.2 实物实验

全尺度蜂窝样品实验是观察和分析蜂窝结构力学行为的重要手段。依据实验速度的不同，主要有准静态实验、低速动态冲击实验、高速冲击实验等。

1. 准静态实验

对于设计承受动载荷的蜂窝结构，工程中经常使用一种准静态的分析方法，它是一种相对简化的实验技术，在适当的情形下能获得蜂窝结构响应的主要特征。虽然准静态加载是介于纯静态加载与动态加载的中间状态，但该方法已在轻质结构领域得到充分证明与认可，准确性已被广泛接受，尤其是在材料的动态性能、结构的支撑条件和动态加载的性质不确定的情况下。在准静态分析中，即便对于一个现实中处于动态加载的场景，如碰撞、跌落冲击、着陆等过程，忽略其变形随时间的变化，假定其变形场与时间无关，也可获取缓慢加载情况下结构的变形过程。

准静态实验就是采用通用的实验平台，对待测试件进行加载，以测定压缩过程中的力与位移变化。常用的设备有美国 MTS (mechanical testing and sensing) 公司和英斯特朗 (Instron) 公司万能材料力学性能实验机 (图 2.7(a))，该类实验装置多采用液压伺服系统提供动力源，实现各种工况的加载。根据载荷吨位的不同，可选择不同力级和精度的实验系统。将蜂窝试件放置于两平整大刚度钢制平板之间，在液压油缸推动下，下钢板向上运动，压缩蜂窝，直至密实 (图 2.7(b) 和 (c))。通过计算机及配套软件输出压缩过程试件的力–位移 (F-S) 曲线。对于蜂窝结构的其他基础力学量，如弹性模量、剪切模量、剪切强度极限、偏载强度等的实验测定，则需通过增设专用的实验夹具来实现。

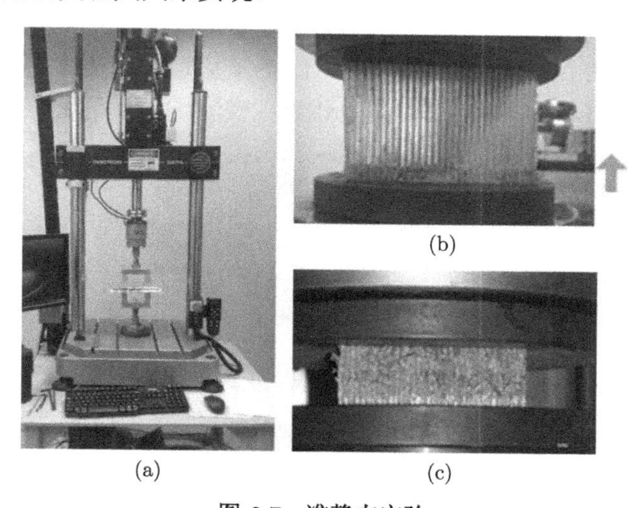

(a) (b) (c)

图 2.7 准静态实验

(a) Instron 公司万能材料力学性能实验机; (b) 加载过程; (c) 蜂窝密实状态

蜂窝的准静态压缩实验、弯曲实验、剪切实验等，可参照相应的规范进行，如《GB/T 1453—2005 夹层结构或芯子平压性能试验方法》《GB/T 1456—2005 夹层结构弯曲性能试验方法》和《GB/T 1455—2005 夹层结构或芯子剪切性能试验方法》。蜂窝样品的制作与选择也有一定的规定，以蜂窝芯准静态压缩实验为例，在选材时，蜂窝胞元数无需过多，但也不能过少。根据《GB/T 1453—2005 夹层结构或芯子平压性能试验方法》规定："对于蜂窝、波纹等格子型芯子，试样的边长 (L、W) 或直径应为 60 mm，或至少应包括 4 个完整格子。"

2. 低速动态冲击实验

普遍流行的蜂窝低速动态冲击实验方法主要有摆锤实验系统、水平冲击部件实验系统等。水平冲击实验系统样式各异，主要依靠在结构件的关键部位布设加速度传感器来间接测定动态冲击力。

1) 摆锤冲击实验机

摆锤冲击实验机，又名智能摆锤冲击仪，利用摆锤势能转变为动能，形成对结构的外部加载，可用于蜂窝板、蜂窝芯、蜂窝梁以及其他的金属箔片、复合材料、塑料、薄膜、纸张等的冲击性能精确测定。主要采用电子式设备，配有专业的软件，自动化程度非常高，轻巧灵活。

2) 部件实验系统

部件动态实验系统，主要是利用台车加速后释放，台车装载待实验部件，通过台车的撞击，测试冲击过程中的载荷–位移历程曲线，测定加速度等 [6]。通常部件实验系统为水平分布式，可避免垂向加速度对实验结果带来的附加影响。此类系统主要由台车 (图 2.8(a))、刚性墙 (图 2.8(b))、高速摄影仪及光源 (图 2.8(c))、测速装置 (图 2.8(d))、轨道 (图 2.8(e)) 组成，代表性实验场景如图 2.8(f) 所示。

图 2.8　车辆部件水平冲击实验系统 [6]

(a) 台车; (b) 刚性墙; (c) 高速摄影仪及光源; (d) 测速装置; (e) 轨道; (f) 实验场景

蜂窝结构低速冲击实验的主要步骤包括：首先将蜂窝试件固定于台车的前端，

采用电机牵引将台车拉至预先设定的距离 (据预先估计的实验速度反算) 后释放，台车经加速至预定速度后与牵引机构脱离，与装载的蜂窝元件一同撞向刚性墙面，全过程采用高速摄影捕捉蜂窝的变形过程；同时，同步触发的测力系统记录下刚性墙撞击力时程响应。图 2.9 描绘了蜂窝低速冲击实验撞击前 (侧视) 和压缩中 (俯视) 的实验场景，通过对高速摄影仪拍摄到的关键序列中蜂窝表面标识点捕捉分析，可获得所关心的部位的速度变化、变形过程等。利用高速摄影系统所捕捉的图像序列与专用图像处理软件提取蜂窝压缩历程曲线，结合撞击刚性墙所测得的响应曲线，合并形成力–位移曲线，即可根据数学积分方法计算出蜂窝在此动态冲击实验中所吸收的能量 [7]。

(a)

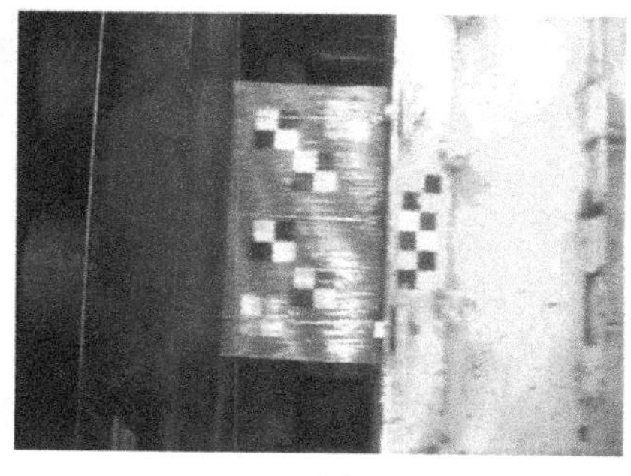

(b)

图 2.9 蜂窝低速冲击实验

(a) 撞击前 (侧视); (b) 压缩中 (俯视)

另一类与之相似的装置是汽车冲击实验系统，如图 2.10 所示。在该类系统中，蜂窝主要作为可移动变形壁障 [8,9] (mobile deformable barrier，MDB)，扮演 “另一辆汽车” 的角色。这种实验系统与前述车辆部件实验系统一样，是水平式的低速冲击实验系统，可模拟大面积使用的碰撞吸能用蜂窝元件及复合式结构的冲击响应特性，考评其耐撞性，再现或识别实际碰撞过程中蜂窝结构的位形姿态与变形过程。

图 2.10 汽车冲击实验系统

3. 高速冲击实验

高速冲击实验装置可满足蜂窝结构高应变率加载的需要。与常规准静态实验装置、低速冲击实验装置的重要区别在于，高应变率状态的加载，需利用电力、气压等方式将能量预先蓄积，然后再突然释放。常见的有气锤试验机、落锤试验机、分离式 Hopkinson 压杆、水平高速弹射系统、轻气炮实验系统以及超高速飞弹实验系统等 [10]。

1) 气锤、落锤试验机

气锤试验机是利用压缩空气储能，瞬时释放后形成强大动载荷的实验装置。它主要利用可移动的活塞穿过气缸，并用千斤顶将活塞顶起。触发后，千斤顶被突然释放，辅助气缸里的空气受压，活塞向下加速落下，直至以一定速度撞击预先放置于基座上的待测试件。在此强动载作用下，蜂窝试件被快速压缩。

落锤试验机的基本原理是利用重物自由落体对待测试件进行冲击实验。落锤预先被固定于一定高度，待触发器接收信号后，落锤被释放，在下落过程中不断加速，直至撞击蜂窝试件，完成实验。该方法可以通过调节落锤的高度、落锤质量来实现预期的速度与冲击动能。另外，需要说明的是，落锤试验机除自由落体的效果外，还可通过气动、机械等辅助装置实现额外加速，以达到提升撞击速度、增加冲击动能的目的。当然，该实验不仅要保证落锤运行迹线与试件平面的垂直度，保证实验的对心撞击，还需要做好必要的防护，防止回弹。

目前，蜂窝结构力学研究常用的落锤冲击试验机有美国 MTS 公司生产的 Dynatup 落锤冲击试验机等，开发了多款适用于各不同载荷等级的实验装备，相应地配置了测试用高精度传感器及数据采集分析软件。整套仪器包括试验机机架、DSP 电子仪器、自动识别载荷传感器、冲量控制和数据采集软件，其最大冲击速度可达 20 m/s。

2) 分离式 Hopkinson 压杆

分离式 Hopkinson 压杆 (Hopkinson pressure bar, HPB) 技术，是中、高应变率 $10^2 \sim 10^4\ \mathrm{s}^{-1}$ 范围内普遍认可、广为应用的动态测试技术 [11]。它起源于 1914 年 Hopkinson 提出的压杆、飞片摆动式脉冲波测试技术。20 世纪 40 年代末，Kolsky 和 Davis 等对 Hopkinson 压杆进行了改进，采用撞击杆作为压杆的动力源，并将原来 Hopkinson 压杆分离成两根长杆，将待测试件夹在两根长杆之间使之受到脉冲加载并发生动态变形，形成了今天普遍采用的分离式 Hopkinson 压杆 (SHPB) 技术，装置示意图如图 2.11 所示。后经改进，相继提出了 Hopkinson 拉杆和 Hopkinson 扭杆。

分离式 Hopkinson 压杆的实验原理是以弹性波理论为基础的。当撞击杆以一定速度撞击输入杆时，两杆中均产生弹性压缩波，并由撞击面向两侧传播。当撞击杆自由端反射回来的拉伸波返回至两杆接触面时，两杆分开。此时，压缩脉冲在输入杆中由右向左传播，脉冲的幅值与撞击速度成正比，但仍在弹性范围内。通过改变撞击杆的长度和初速度，就能够在入射杆中产生不同长度和幅值的矩形脉冲；它传至试件时，即实施对试件的脉冲加载。

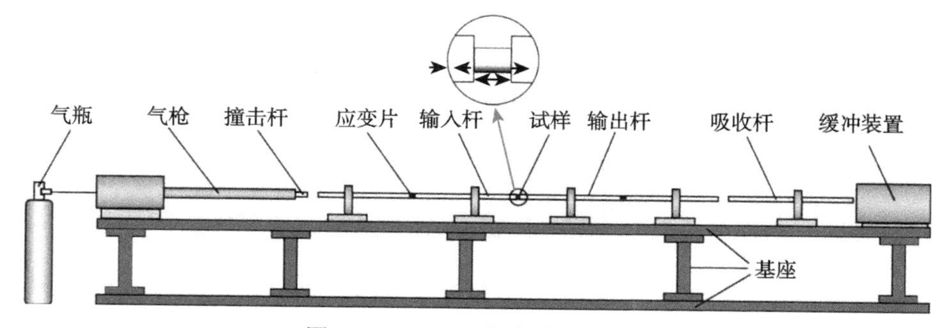

图 2.11 SHPB 实验系统原理图

为了使各杆中应力波尽量接近一维纵波，撞击管、输入杆和透射杆都应该是细长、同轴的，且屈服强度高，使得各杆仅传递弹性波，而非塑性波。当弹性压缩波穿过输入杆进入试件中时，该脉冲应力幅值应足以使试件发生塑性变形，部分脉冲穿过试件进入透射杆，一部分脉冲反射回输入杆。从输入杆和透射杆适当位置上粘贴的应变片，可测得入射应力和透射应力随时间的变化曲线。这样可以直接测定入射脉冲、透射脉冲和反射脉冲，进一步得到试件应力、应变和应变率之间的关系。

目前常用的 SHPB 的杆径通常为 10~70 mm。对于蜂窝结构的 SHPB 实验，受杆直径的限制，在实验过程中所用的胞元数较少，这对蜂窝的力学性能的反映可能存在影响。当使用小杆径进行蜂窝结构的动态冲击实验时，需注意评估实验结果与胞元孔数之间的收敛性关系，排除蜂窝胞元数过少带来的结果失准的情况。

3) 水平高速弹射系统

水平高速弹射系统依托图 2.8 所示的部件动态实验系统，利用弹射助力，使模型台车加速至预设速度后，助力系统与台车分离，台车正向撞击静止于刚性墙前端的待测蜂窝样品，完成高速冲击实验。通过提取端面撞击力，分析高速冲击下的蜂窝图像关键帧序列，评估待测试件的吸能特性。实验过程中除使用刚性测力墙及测力系统、高速摄影及照明系统、速度测试与触发系统、安全监视系统、加速轨道及牵引系统外，还配备了高精度高频线阵采集系统。其实验原理图、蜂窝试样安装实景及移动小车如图 2.12 所示 [12]。

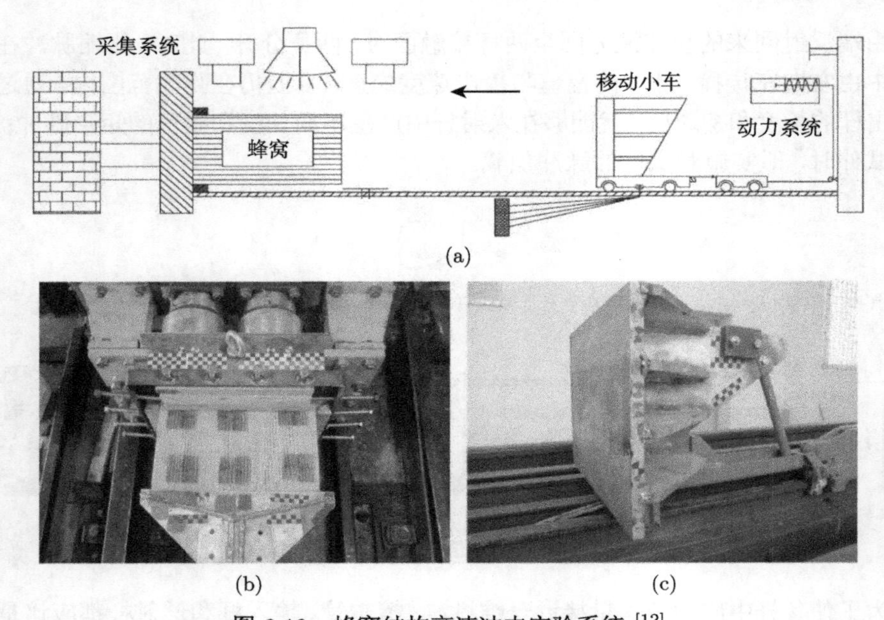

(a) (b) (c)

图 2.12 蜂窝结构高速冲击实验系统 [12]

(a) 原理图; (b) 蜂窝试样安装实景; (c) 移动小车

4) 轻气炮实验系统

轻气炮实验系统是实现脉冲式高速动态加载的主要方法，可用于材料层裂实验、材料中应力波传播规律研究，以及材料的高压状态方程确定、应力传感器标定等。它以轻质量的压力气体 (氦气或氢气) 作为原驱动力推动弹丸在炮膛中加速，至预设速度后，弹丸高速撞击待测试件，测试蜂窝试件的冲击响应。常用的击发机构可以是活塞式，也可以是破膜式。活塞式一般只适用于口径较小的炮，其直径一般在 60 mm 以下。破膜式又分为单破膜和双破膜两种，单破膜击发机构由于受膜片材质不均匀的影响，往往不能保证精确的破膜压力而妨碍重复性，双破膜击发机构就克服了上述缺点。击发前，在高压气腔中充气至设定的压力，两个膜片之间充气至设定压力的一半。击发时，只要把膜间的压力放空，膜片瞬间被所设定压力的气体冲破，膜片前方的弹丸在压力气体推动下向前运动并逐渐加速，到达炮膛出口处，弹丸基本处于匀速状态，继而撞击待测试件。

与传统应力传感器测试技术相比，该系统具有更高的可靠性，传感器在测得完整信号之前不会损坏；同时，其时间分辨率更高，容易捕捉到弹性前驱波等具有短瞬时且自由表面质点速度剧烈变化特征的动态过程。

5) 超高速飞弹实验系统

蜂窝结构的超高速碰撞研究主要针对航天工程空间碎片对航天器的冲击破坏。

蜂窝板是构成航天器舱壁的主要结构，对航天器内部设备起到保护作用，有必要开展碎片、冰粒等超高速撞击对蜂窝板损伤情况的分析研究 [13,14]。

二级轻气炮即是为实现此类超高速撞击实验而研制的，它是一种特殊的可控高速发射装置，通常由火药室、泵管、高压段、发射管和靶室组成。二级轻气炮作为压缩级来推动活塞、动态地压缩泵管中低分子量气体 (通常为氢气和氦气)，使其压力可达上百兆帕斯卡，从而可将数十克的弹丸驱动到很高的速度。该装置可用于研究材料高压状态方程、冲击相变与熔化、材料在高压下的电磁性能、冲击合成新材料以及高速碰撞现象等。与其他加载设备相比，气体炮可发射各种形状的弹丸，弹丸的质量、材料和尺寸有很大的适应范围，最突出的优点是弹丸在发射过程中加速度历程较长，在获得高速度的同时弹丸所承受的加速度和应力较低，这有利于弹丸材料和外形保持良好的初始状态。法国国家空间研究中心 (Centre National d'Etudes Spatiales，CNES) 采用二级轻气炮完成了速度为 5818 m/s 的蜂窝夹芯结构的冲击实验 [15,16]。

2.3.3 数值仿真

与其他结构力学行为研究方法一样，数值仿真是用以分析蜂窝结构各种力学特性经济、高效、可靠的方法。根据蜂窝规格的不同，可分为胞元法、小规格全尺度法、扩胞等效法、均匀化方法以及光滑粒子流体动力学方法。这五种方法各有优劣，且分别应用于不同的场合。

1. *胞元法*

在开展蜂窝结构的轴向压缩仿真时，需对蜂窝单胞结构的六个规则边等分为细小的单元，才能保障足够的模拟精度，而这就必须要求蜂窝在面外方向选用很小的网格尺度，以真实地模拟胞壁屈曲特性。这将导致蜂窝的数值模型规格成指数次增加，直接采用显式有限元方法开展蜂窝芯块全尺寸模拟因单元规模浩大而遇到巨大挑战，因而需从胞元级模型认知角度入手，开展相应的间接仿真工作。

胞元法主要根据蜂窝的周期性特征，通过建立基础单元的数值模型，实施模拟，可以采用 “Y” 形胞元 (图 2.13)[17−19]，亦可以采用六边形胞元进行模拟 (图 2.14)[20−23]。这种方法简化了蜂窝胞元间的相互作用关系，在复杂问题的模拟中可能会带来仿真误差，影响仿真的结果。

对于胞元法，需重点处理好两个问题：一是选择合理的单元，对于薄壁蜂窝结构的力学行为模拟仿真而言，面外压缩时，多采用薄壁壳单元，面内压缩时，可采用梁单元，亦可采用壳单元；二是要科学准确地确定蜂窝的边界条件，包括对称边界、约束边界等。图 2.15 分别描绘了蜂窝结构 “Y” 形胞元轴向压缩、六边形胞元轴向压缩和六边形弯曲加载的边界条件。

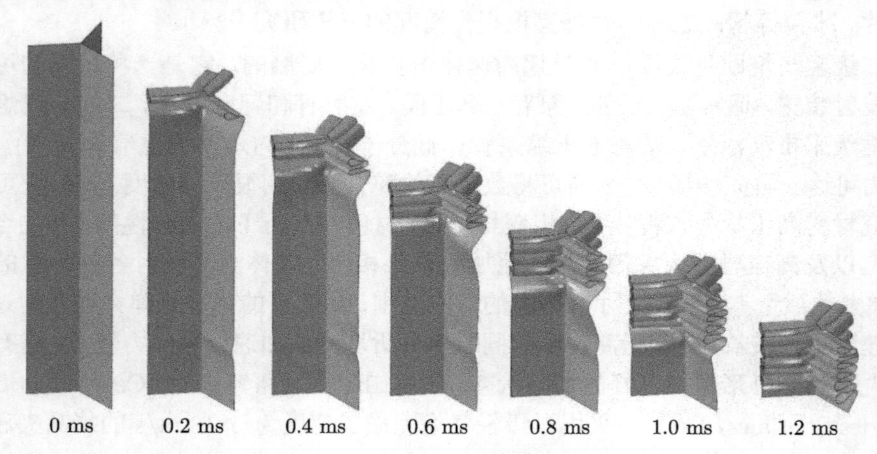

图 2.13　“Y” 形胞元法模拟动态压缩过程

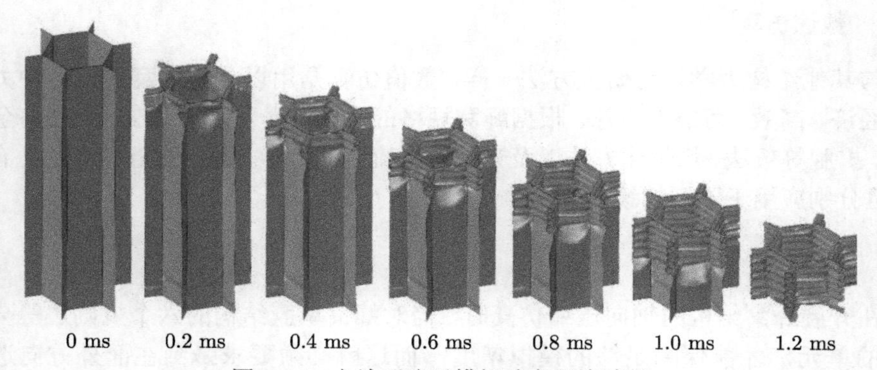

图 2.14　六边形胞元模拟动态压缩过程

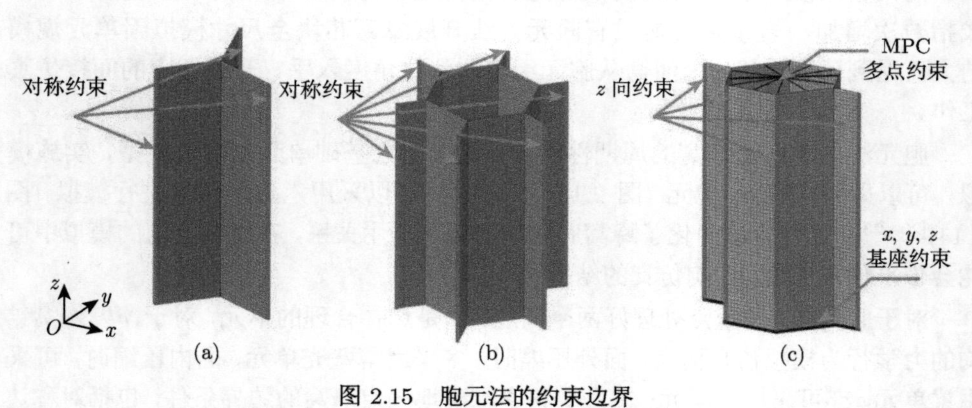

图 2.15　胞元法的约束边界

(a) “Y” 形胞元轴向压缩; (b) 六边形胞元轴向压缩; (c) 六边形弯曲

2. 小规格全尺度法

小规格全尺度法也是一种简化的应对工程结构设计需求的仿真方法。该方法是采用少量的胞孔建立完全尺度的蜂窝结构数值模型，以达到减小网格规模，获得稳定仿真结果的目的。以边长为 2 mm 的蜂窝为例，在 W 方向拥有 100 个胞元边长的规则正六边形蜂窝产品，其总宽度仅 346.4 mm，而工程用蜂窝产品几何尺寸远远大于此。因而，直接建立整体工程结构完整几何尺寸实施数值模拟是不切实际的。采用一定规格的蜂窝孔格，既能保障精度，又能缩减网格规模，是切实可行的方案 [24−32]。

然而，小规格全尺度法也不能过度地减少蜂窝芯的孔格数目，亦需达到一定的基本要求，否则将带来较大的误差。正如前所述，根据《GB/T 1453—2005 夹层结构或芯子平压性能试验方法》规定："对于蜂窝、波纹等格子型芯子，试样的边长 (L、W) 或直径应为 60 mm，或至少应包括 4 个完整格子。"

蜂窝在达到一定的胞孔数目后仿真结果具有收敛性 [33]。在以 $h = l = 3$ mm，$t = 0.07$ mm，$\theta = 30°$ 的正六边形蜂窝结构的数值仿真中 (T 方向高度尺寸为 15 mm)，胞元数分别为 5×5、7×7、8×9、10×11、12×13、14×17、16×19、18×21 ($W \times L$，对应 $x_1 \times x_2$)，初始冲击速度为 30 m/s，沿 $T(x_3)$ 方向。表 2.3 列出了所计算的平台力的结果。

表 2.3 不同胞元数目对应的平台力 [33]

胞元	5×5	7×7	8×9	10×11	12×13	14×17	16×19	18×21
力/kN	5.8036	5.8432	5.9653	5.9432	5.9554	5.9559	5.9649	5.9508

从表中数据可知，在蜂窝胞元数大于 8×9 ($x_1 \times x_2$) 以后，所得的仿真结果趋于稳定，不随模型采用的孔格胞元数目而变化。此时，尺寸已大于 72 mm。从他们的研究结果可以明显地看出，同样为边长 2 mm 的蜂窝芯块，若其孔格胞元数为 8×9，其在 L 方向的尺寸仅为 27.71 mm，远小于孔格数为 100 时的 346.4 mm，仅约为其 1/13。而此时，获得的仿真结果是稳定的、收敛的。由此，小规格全尺度仿真方法在减少网格规模方面具有鲜明的优势。

开展蜂窝全尺度模型构建，除保证最少量的蜂窝的孔格数量，确保仿真精度以外，还需注意一些建模的细节，如几何建模、网格尺度、单元选择、边界条件等。离散模型通常采用壳单元 (如 Belytschko-Tsay-4 等) 模拟蜂窝结构的胞壁。建模过程中可结合蜂窝结构二维周期性构造特点，采用高效的参数化编程语言 (如 ansys parametric design language，APDL)，利用其参数化循环建模功能，快速构建蜂窝几何模型。

以模拟蜂窝试件的动态冲击过程为例，将蜂窝数值模型样品放置于一固定刚

性平面上 (后称固定刚性墙)，具有一定质量的刚性墙以设定的初始速度冲击蜂窝模型顶端 (后称移动刚性墙)，如图 2.16(a) 所示；材料模型选用随动强化模型，考虑硬化与应变率效应的影响，选用自动单面接触算法。当然，还可以选用其他的本构方程表征所使用的蜂窝箔片的力学性能与属性参数。

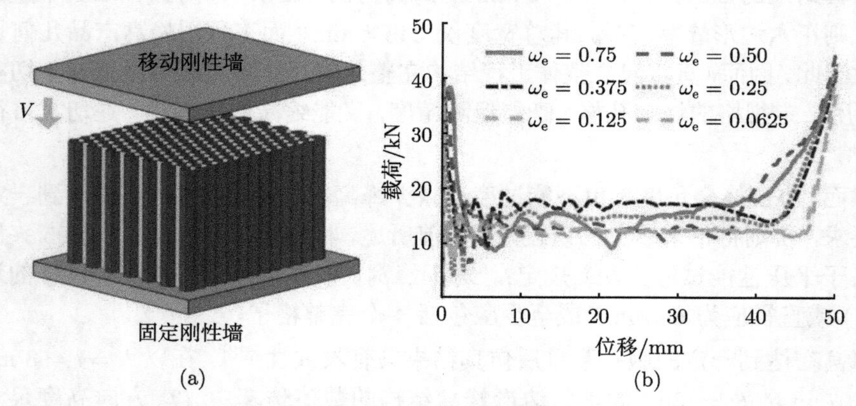

图 2.16 蜂窝加载示意图及其网格收敛性分析

(a) 加载示意图; (b) 收敛性分析

在仿真工作开始之前，先需要对离散网格的单元尺度进行收敛性评价，滤除网格离散尺度对仿真结果的影响。以壁厚 $t = 0.06$ mm，孔格边长 $h = l = 4$ mm，$\theta = 30°$ 的正六边形的蜂窝样本为例，分别取胞壁的离散尺度因子 ω_e 为 0.75、0.50、0.375、0.250、0.125 和 0.0625，对应蜂窝结构 T 方向的网格尺度为 3 mm、2 mm、1.5 mm、1.0 mm、0.5 mm 和 0.25 mm，它们均在面外承受 10 m/s 的低速动态压缩，载荷–位移历程曲线如图 2.16(b) 所示。从图可知，蜂窝的网格尺度效应明显，载荷随网格尺度的减小逐渐收敛，直至离散尺度因子 $\omega_e = 0.125$ 和 $\omega_e = 0.0625$ 时，所得的仿真结果曲线近乎重合，趋于收敛。由此可知，$\omega_e = 0.125$ 是合理的网格尺度因子，小于等于此因子以下的网格尺度，网格效应对仿真结果的影响较小。尤其在蜂窝结构承受面外压缩时，主要出现非线性压溃式叠缩变形，T 方向的网格尺度对结果影响较大，而胞元面内方向的离散尺度可以适当放宽。

从已经开展的大量蜂窝结构静态、动态冲击实验来看，总体上，蜂窝结构在压溃变形后很少出现箔片间黏合剂失效的现象 (高密度蜂窝产品除外)，由此反映出蜂窝胞壁间的黏接强度完全可以克服胞壁弯曲力，避免蜂窝胞元壁面开裂，在此情况下，数值仿真模型中可视情况忽略蜂窝结构胞元间的黏合剂。

3. 扩胞等效法

小规格全尺度法可以解决一定规格的蜂窝基础力学行为与吸能特性认知的问

题，却在很多实际工程性分析问题中捉襟见肘。在工程实际中，为达到高动能耗散的要求，面对工程中所设计的产品，通常采用致密孔格、大外观尺寸的蜂窝元件构建复合式蜂窝吸能结构，其产品几何尺寸长、面积大，所含胞孔多。以轨道车辆前端专用吸能结构为例，假定其截面积为 200 mm×400 mm ($L\times W$) 的端面，要求其孔格为 1 mm，对应单向 L 方向蜂窝胞数达 116 个。其计算规模将远远大于单件胞元数为 8×9 蜂窝的计算规模，所耗费的机时与资源不可估量，必须寻求蜂窝的数值模拟等效方法。扩胞等效法即是应对此情况而建立的高效的解决方案 [34]。

扩胞等效法的实现思路是，从蜂窝结构几何层面入手，利用胞元力学性能的关键指标与几何参数间的对应关系，进行力学等效。结构的基础力学量是结构间等效的基础要素。假定等效前后蜂窝胞元的几何参数分别为 t_1、h_1、t_2、h_2，则有

$$\mu_1=\frac{t_1}{h_1} \tag{2.34a}$$

$$\mu_2=\frac{t_2}{h_2} \tag{2.34b}$$

由前述蜂窝密度的表达式可知，等效前后正六边形蜂窝表观密度 $(\rho_c)_1$ 和 $(\rho_c)_2$ 需满足

$$(\rho_c)_1=\frac{8\mu_1}{3\sqrt{3}}\rho_0 \tag{2.35a}$$

$$(\rho_c)_2=\frac{8\mu_2}{3\sqrt{3}}\rho_0 \tag{2.35b}$$

由此可得

$$\frac{(\rho_c)_1}{(\rho_c)_2}=\frac{\mu_1}{\mu_2} \tag{2.36}$$

其中，μ_1 和 μ_2 分别为扩胞前后蜂窝的厚跨比。根据等效前后蜂窝芯块的承载面面积相等的原则，可计算出等效前后蜂窝的质量 m_1 和 m_2 分别为

$$m_1=(\rho_c)_1 A_1\alpha_{T_1} \tag{2.37a}$$

$$m_2=(\rho_c)_2 A_2\alpha_{T_2} \tag{2.37b}$$

其中，A_1 与 A_2 为受载面面积；α_{T_1} 与 α_{T_2} 为等效前后两蜂窝结构在 T 方向的厚度。当蜂窝受载面较大时，A_1 与 A_2 的误差非常小，蜂窝芯厚度 $\alpha_{T_1}=\alpha_{T_2}$，易得

$$\frac{m_1}{m_2}=\frac{\mu_1}{\mu_2} \tag{2.38}$$

同理，蜂窝面外模量 (第 3 章细述) 为

$$E_3^*=\frac{t}{h}\frac{2}{(1+\sin\theta)\cos\theta}E_s \tag{2.39}$$

其中，E_s 为蜂窝箔片基体材质的弹性模量。由此，可推得等效前后蜂窝结构面外模量 $(E_3^*)_1$ 和 $(E_3^*)_2$ 间的相互关系：

$$\frac{(E_3^*)_1}{(E_3^*)_2} = \frac{\mu_1}{\mu_2} \tag{2.40}$$

而从式 (2.10) 得知 $\dfrac{\sigma_m}{\sigma_0} \approx 6.6\left(\dfrac{t}{l}\right)^{\frac{5}{3}}$，等效前面蜂窝的平台力 $(\sigma_m)_1$ 和 $(\sigma_m)_2$ 间将满足

$$\frac{(\sigma_m)_1}{(\sigma_m)_2} = \left(\frac{\mu_1}{\mu_2}\right)^{\frac{5}{3}} \tag{2.41}$$

根据式 (2.36)、式 (2.38)、式 (2.40) 和式 (2.41) 可知，蜂窝力学属性直接与胞元厚跨比相关，具有相同厚跨比的蜂窝结构理论上表现出相同的力学属性与吸能特性，可直接等效处理。

扩胞等效法即通过控制等效前后蜂窝结构的厚跨比 μ 来实现的。由于等效后蜂窝的承载面面积很难完全相等，因而通过反向求解的方法来实现。图 2.17 是扩胞等效方法的示意图，选配优化流程如图 2.18 所示。当 α_W 与 α_L 已知时，只需设法匹配蜂窝面内方向的几何尺寸，即匹配 W 和 L 方向的胞元总数。首先，预先假定其分别为 N_W (W 方向的胞元总数) 和 N_L (L 方向的胞元总数)，由几何关系分别计算在 W 方向的胞元边长 $h_2 = \alpha_W/2N_W\cos\theta$ 和在 L 方向的协调条件 $h_2 = \alpha_L/(1+\sin\theta)\,N_L$。而该值若完全相等，需保证在 h_2 取最大值的条件下，等效前后蜂窝承载面面积的误差最小，反复迭代计算 N_W 和 N_L，直至其对应的面积误差满足所设定的误差限要求为止，则由此确定出最合理的扩胞后蜂窝胞元边长。待边长确定后，蜂窝胞元的壁厚即可依据等厚跨比 (式 (2.34)) 计算得到，由此可得到扩胞后的蜂窝孔格构型。

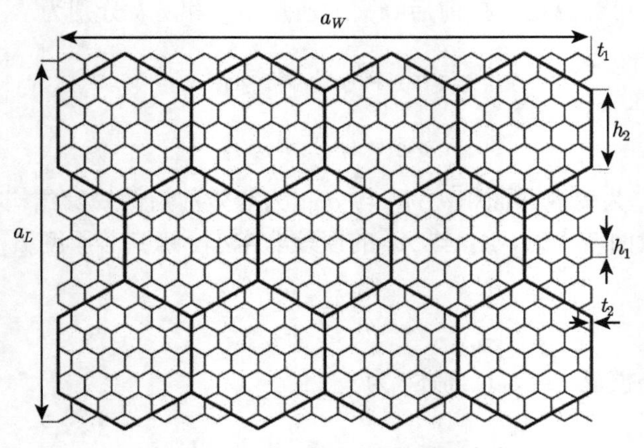

图 2.17　扩胞等效方法示意图 [34]

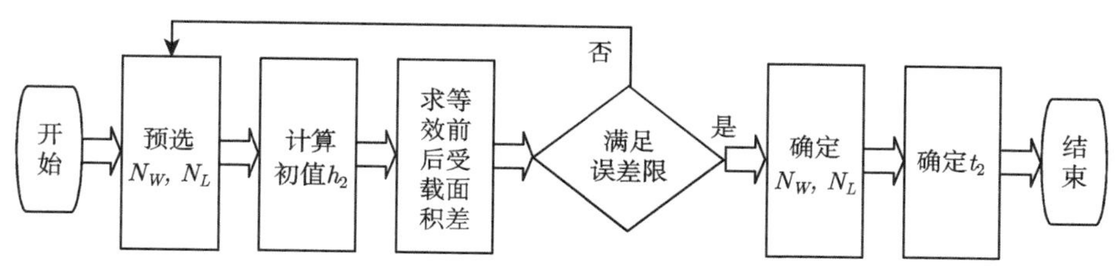

图 2.18 选配优化流程图 [34]

现采用显式有限元动力学求解方法验证扩胞方法的可靠性与经济性。蜂窝建模方法、材料模型、加载方式、边界条件与小规格全尺度法完全相同，加载速度均为 5 m/s。蜂窝样本为壁厚 $t = 0.06$ mm，边长 $h = 2$ mm 的蜂窝，依照图 2.18 所描述的扩胞选配优化流程，保持厚跨比不变，分别将蜂窝按边长扩胞 1~8 倍处理，如图 2.19 所示，(a)~(h) 分别为扩胞倍数从 1~8 的胞元几何状态。

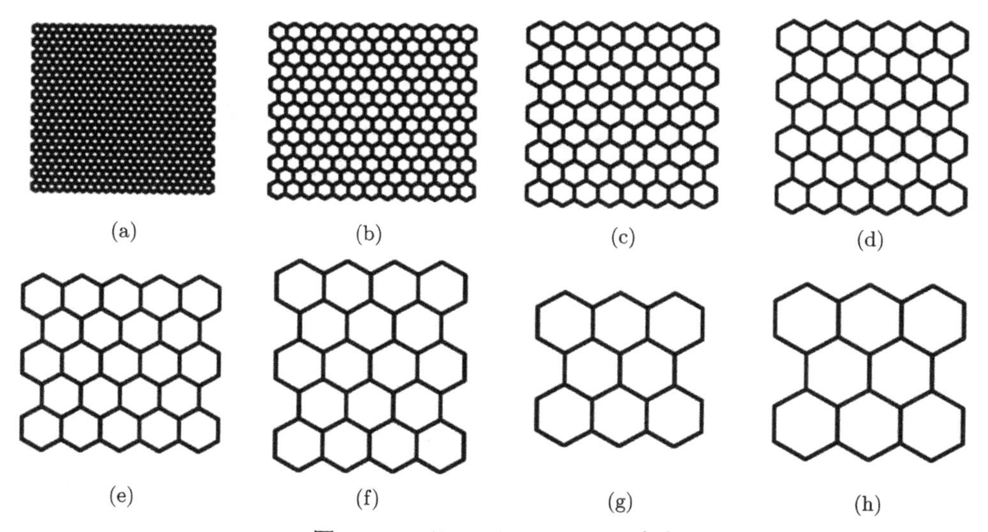

图 2.19 不同厚跨比蜂窝模型 [34]

(a) $t = 0.06$ mm & $h = 2$ mm; (b) $t = 0.12$ mm & $h = 4$ mm; (c) $t = 0.18$ mm & $h= 6$ mm; (d) $t = 0.24$ mm & $h= 8$ mm; (e) $t = 0.30$ mm & $h= 10$ mm; (f) $t = 0.36$ mm & $h= 12$ mm; (g) $t = 0.42$ mm & $h= 14$ mm; (h) $t = 0.48$ mm & $h= 16$ mm

表 2.4 列出了扩胞后各不同规格蜂窝结构几何外观尺寸、离散单元总数、峰值强度 σ_{p}、平台强度 σ_{m}、比吸能 E_{SEA}、迭代总耗时的结果。其中，总耗时是蜂窝开始承受动态冲击至计算终止时计算机所消耗的时间。除扩胞倍数等于 1 的蜂窝仿真因单元规模巨大，选择 16 个 CPU 的超级计算机群完成外，其余所有仿真工作均是在具备相同软硬件配置的普通计算机上完成的。相应的结果曲线如图 2.20 所示。

表 2.4　不同扩胞情况的数值模拟结果 [34]

扩胞倍数	t/mm	h/mm	a_L/mm	a_W/mm	a_T/mm	单元总数	σ_{p}/MPa	σ_{m}/MPa	E_{SEA}/(kJ/kg)	总耗时/s
1	0.06	2	76.00	79.67	80	2283520	10.35	4.07	25.76	2131688
2	0.12	4	80.00	83.14	80	319360	9.90	4.10	25.49	182602
3	0.18	6	84.00	83.14	80	102384	10.52	4.05	25.05	35771
4	0.24	8	88.00	83.14	80	45440	10.51	4.10	24.33	10473
5	0.30	10	80.00	86.60	80	22528	10.52	4.02	23.59	4175
6	0.36	12	96.00	83.14	80	15336	10.78	3.86	22.97	1673
7	0.42	14	70.00	72.75	80	6440	10.65	3.88	22.45	503
8	0.48	16	80.00	83.14	80	5600	10.65	3.88	22.48	431

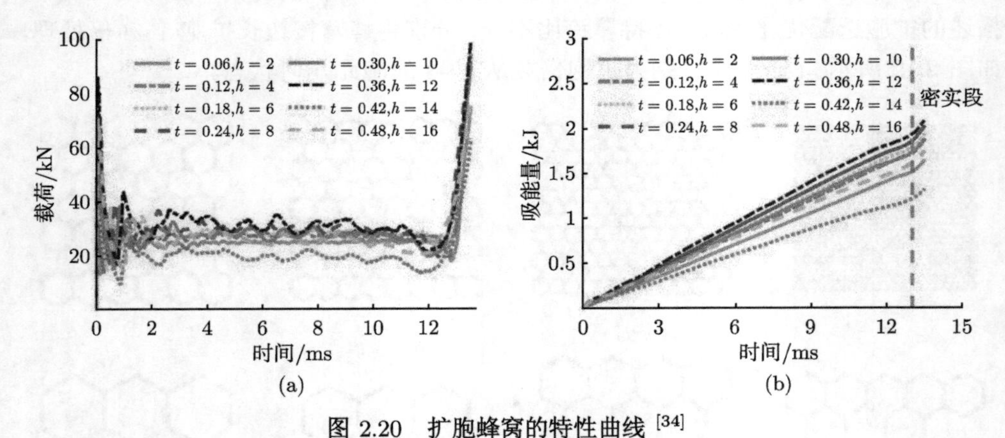

图 2.20　扩胞蜂窝的特性曲线 [34]

(a) 载荷–时间曲线; (b) 吸能量–时间曲线

从表 2.4 及图 2.20 可以看出，除扩胞倍数等于 7 的蜂窝样品扩胞后其承载载荷、吸能结果与其他扩胞结果相差稍大外 (承载面积过小，比吸能偏小)，其余结果吻合良好，直观展现出各扩胞结果间力学特性的完好近似，说明相同厚跨比的蜂窝结构具有相同的力学性能与吸能特性，验证了理论推导的正确性。计算总时间锐减，计算效率呈指数提高，最大提高量近 4900 倍，体现出扩胞方法的经济性。

4. 均匀化方法

单块蜂窝的全规格全尺寸仿真所遇到的网格规模问题已非常艰巨，对于大尺寸级、多组合式、填充型、串联型蜂窝复合式结构，其网格规模浩大，采用全规格全尺寸的板壳模拟难以实现，扩胞等效方法可在一定程度上解决此类问题，但需保证扩胞前后单元的厚跨比一致。同时，还需确保 L 方向和 W 方向的几何尺寸相对足够大，以减少因面积换算而导致的额外误差。除此以外，扩胞法仅能应用于面外方向的压缩，对于弯曲、剪切以及面内方向加载，甚至双轴加载等均存在一定的局限性。

另一条等效的思路是采用蜂窝的体元等效模型[35−37]，直接将蜂窝离散为微元体，赋予实验测定的全套实验参数，准确表达蜂窝的各项性能，其本构模型涉及箔片力学性能、蜂窝力学特性曲线及动态率效应曲线等方面，主要包括弹性模量、泊松比、剩余体积应变、屈服强度等基础力学参数，准静态条件测定的强轴硬化曲线、弱轴硬化曲线、三向加载名义应力–应变曲线、三向剪切名义应力–应变曲线，以及应变率加载测试的率相关效应曲线。强弱轴硬化曲线的意义用于表达多孔材料在塑性坍塌过程中出现的硬化现象，主要体现在平台强度的微小提升。通过蜂窝结构的准静态实验结果可知，其平台强度稳定性很好，几乎不存在提升现象。因而，强弱轴的硬化曲线实际为阶梯曲线，在渐进屈曲平台段其硬化量近乎为零，而在密实段其硬化效应等同于基材的硬化量。由于数值算法稳定性的需要，在计算求解过程中，不能简单地将渐进段的硬化量取为零，这将诱发计算结果的数值振荡。硬化曲线的另一作用在于，它通过设置应变点控制了蜂窝结构弹性段、渐进屈曲段和密实段对应的应变点。

在 ANSYS/LS-DYNA 软件中，提供了 “Mat_26” 蜂窝等效模拟模型，它由 22 个参数来表征，如表 2.5 所示。图 2.21 描绘了正六边形蜂窝结构代表性的各向单轴压缩与各向剪切的曲线，涵盖 T 方向压缩、L 方向压缩和 W 方向压缩以及 LT 方向剪切、WT 方向剪切、LW 方向剪切曲线。

表 2.5 ANSYS/LS-DYNA 提供的蜂窝数值模型参数

参数	力学含义
ρ_0	密度
E_{s}	蜂窝材料的杨氏弹性模量
v_{s}	蜂窝材料的泊松比
σ_0	完全压实后蜂窝材料的屈服应力
加载曲线 I	压缩加载、剪切加载、剪切屈服共七条曲线
加载曲线 II	应变率效应曲线
V_{f}	完全压实后蜂窝材料的相对体积
E_{aau}、E_{bbu}、E_{ccu}	压缩前三个弹性模量 (a、b 和 c 为三个主轴方向)
G_{aau}、G_{bbu}、G_{ccu}	压缩前三个剪切模量 (a、b 和 c 为三个主轴方向)
u_{i}	材料的黏性系数 (默认值为 0.5)
失效点 I	单元失效时的拉伸应变
失效点 II	单元失效时的剪切应变

蜂窝结构的三向轴压准静态压缩曲线和剪切曲线均是参照相应的标准测试而得到的。由此，可相应地得到各条简化后的加载曲线。应变率加载效应曲线采用蜂窝结构的应变率加载特性曲线拟合值来表征不同应变率加载条件下蜂窝结构的响

应特性。

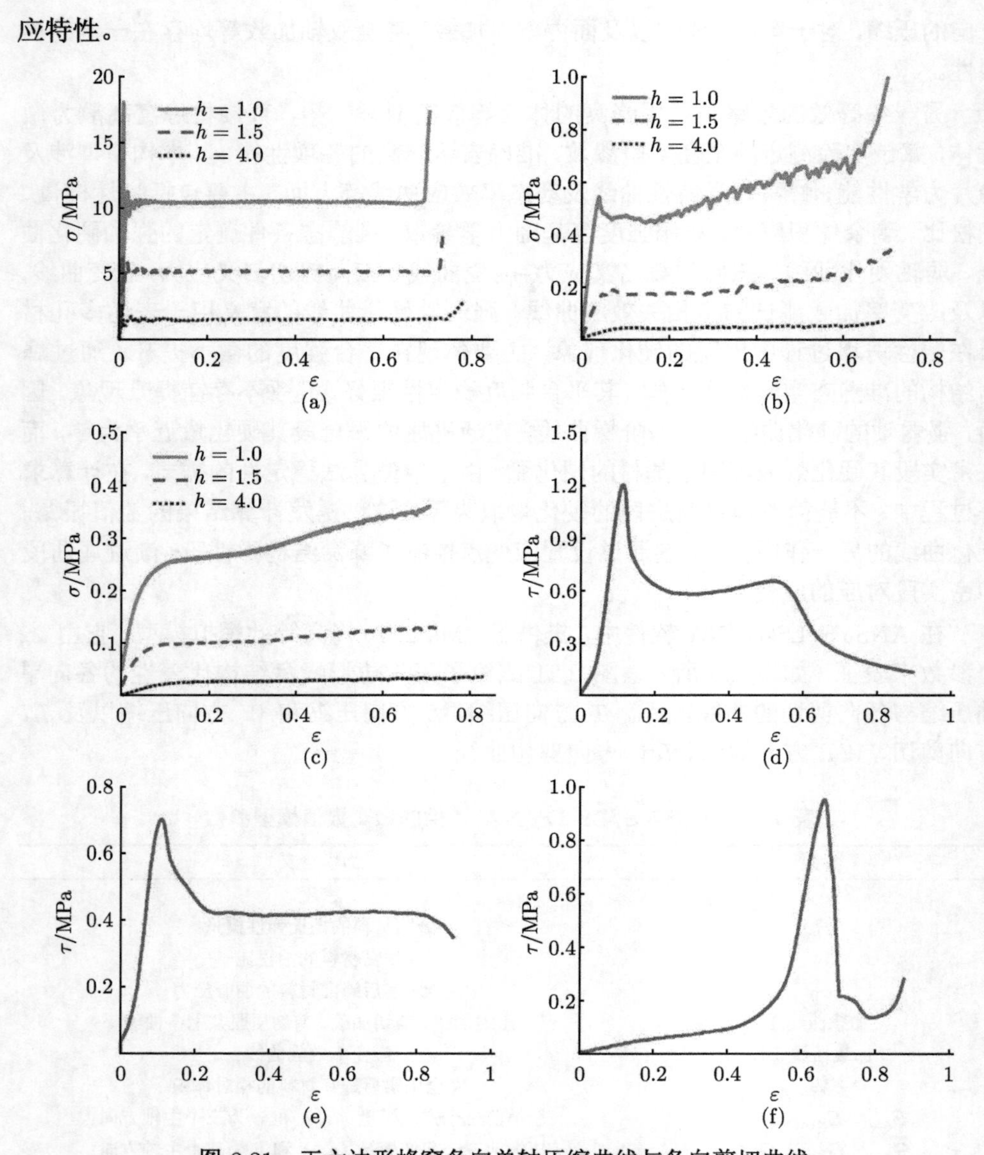

图 2.21 正六边形蜂窝各向单轴压缩曲线与各向剪切曲线

(a) T 方向压缩; (b) L 方向压缩; (c) W 方向压缩; (d) LT 方向剪切; (e) WT 方向剪切; (f) LW 方向剪切

另一种典型的等效模型为修正的蜂窝本构模型 (在 ANSYS 中为 Mat_126)，该模型是在 Mat_26 的基础上的改进，重点考虑了偏向加载的影响。它采用的是三屈服面作用机制，分别为：① 单轴压缩的静态屈服面；② 考虑偏角效应的偏载屈服面；③ 考虑剪切作用的剪切屈服面。这三个屈服面法则较真实地模拟了蜂窝结构在冲击载荷作用下的各种形态，较完整地表达了蜂窝结构承受的各类复杂作用载荷。

蜂窝体元模拟使用的应力更新算法分未压实段和密实段两个阶段来表述。在未压实阶段，对于考虑转动效应的单元，应力张量互不相关，泊松比等于 0，横观泊松效应可以忽略。此时，试探更新应力 $\left(\sigma_{ii}^{n+1}\right)^{\text{trail}}$ 和 $\left(\tau_{ii}^{n+1}\right)^{\text{trail}}$ 通过弹性模量的外推形式来表达：

$$\begin{cases} \left(\sigma_{ii}^{n+1}\right)^{\text{trail}} = \sigma_{ii}^{n} + E_{ii}\Delta\varepsilon_{ii} & (i = x, y, z) \\ \left(\tau_{ii}^{n+1}\right)^{\text{trail}} = \sigma_{ij}^{n} + 2G_{ii}\Delta\varepsilon_{ij} & (i,j = x,y,z) \end{cases} \tag{2.42}$$

在偏载效应描述中，横观各向异性屈服面 (第二屈服面) 可以通过单轴应力极限来表达：

$$\sigma\left(\varphi, \varepsilon^{\text{vol}}\right) = \sigma^{\text{y}}\left(\varepsilon^{\text{vol}}\right) + \cos^2\varphi\sigma^{s}\left(\varepsilon^{\text{vol}}\right) + \sin^2\varphi\sigma^{\text{w}}\left(\varepsilon^{\text{vol}}\right) \tag{2.43}$$

其中，φ 为蜂窝的受载偏角；ε^{vol} 为体积应变；σ^{y}、σ^{s} 和 σ^{w} 分别为从 W 方向、L 方向和 T 方向加载曲线中获取的平台强度。由式 (2.43) 可知，该屈服条件是动态变化的。

剪切屈服面的表述是通过剪切关系来输入的：

$$\begin{cases} \sigma_{\text{p}}^{\text{Y}}\left(\varepsilon^{\text{vol}}\right) = \sigma_{\text{p}}^{\text{Y}} + \sigma^{\text{s}}\left(\varepsilon^{\text{vol}}\right) \\ \sigma_{\text{d}}^{\text{Y}}\left(\varepsilon^{\text{vol}}\right) = \sigma_{\text{d}}^{\text{Y}} + \sigma^{\text{s}}\left(\varepsilon^{\text{vol}}\right) \end{cases} \tag{2.44}$$

同样，σ^{s} 为从主加载方向加载曲线获取的结果，而 $\sigma_{\text{p}}^{\text{Y}}$ 和 $\sigma_{\text{d}}^{\text{Y}}$ 分别代表静水压力极限与纯剪切应力极限。虽然蜂窝结构的平台强度较为平稳，但其和常规金属材料一样，具有单轴应力极限与剪切应力极限，此两极限值均作为蜂窝结构的强度极限。当试探应力超过强度极限后，更新后的应力将自动赋予强度极限值。如此才能完整表述输入与输出的对应关系，真实表达仿真材料模型中的各项实验参数。对于压实阶段，应力更新算法等同于理想弹塑性金属固体材料的应力更新算法。

5. *光滑粒子流体动力学方法*

面对宇航工程的超高速冲击问题，材料在超高速状态下可能呈现流态性质，需借助光滑粒子流体动力学 (smoothed particle hydrodynamics，SPH) 方法展开研究 [38−40]。该方法是近二十年来发展起来的一种拉格朗日无网格粒子法，最初是为解决三维开放空间中天体物理学问题，尤其是多变性问题而建立和发展起来的一种数值计算方法。其主要优点在于，无需使用任何预先定义的提供结点连接信息的网格，而是基于粒子集进行函数近似，并赋予材料属性，如质量、密度等。

采用光滑粒子流体动力学方法对蜂窝结构进行超高速撞击仿真时，有如下几个关键的技术环节。

(1) SPH 粒子布置。对蜂窝结构面内与面外分布 SPH 粒子，通常可以先定义为传统连续介质有限元单元，然后在分析开始前或分析过程中将单元网格自动转化为粒子。由于蜂窝结构孔壁薄，一般采用壳单元建模，在这种情况下 SPH 粒子无法直接转换生成，需首先通过壳单元来构建粒子在空间中的坐标和位置关系，形成粒子群。为了使计算精确合理，应尽可能均匀地将这些粒子布置在原蜂窝模型的孔壁上。通过对粒子特征长度的定义、单元类型的指派、材料属性的赋予，相互间作用关系建立，即可建立蜂窝完整的 SPH 方法分析模型。有学者提出采用平移阵列离散法，通过对单层面建立圆域粒子后，在各方向阵列复制得到整个蜂窝结构的离散模型。

(2) 核函数选取。SPH 的核心是将连续偏微分方程组巧妙地进行离散化，利用插值来近似域中任意点的场变量值，粒子的某个变量值通过对相邻粒子对应值叠加求和来近似，这些粒子间相互影响由所定义的权函数决定。权函数可以理解为一种在一定光滑长度 h_{a} 范围内其他临近粒子对当前粒子的影响程度，如图 2.22 所示。目前广泛采用的核函数 $W(r)$ 插值方法主要是建立在经典光滑粒子流体动力学理论上的三次样条插值多项式，其次还可以选择二次或者五次等插值多项式来实现。

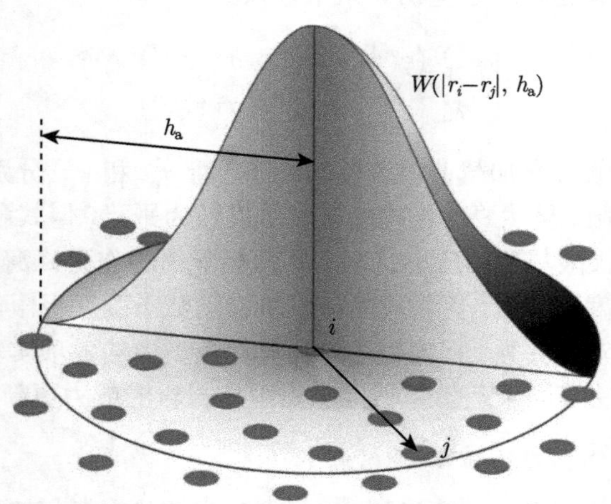

图 2.22　任意空间位置上的核函数示意图

(3) 连接关系。在对蜂窝结构开展 SPH 模拟过程中，由于整个模型由粒子离散，蜂窝结构胞壁之间以及蜂窝结构与面板之间的连接关系需科学表达，才能确保仿真结果的正确性。

除此以外，Sibeaud[41] 等采用 Ouranos 流体动力学软件开展数值仿真，它与

SPH 方法类似，将超高速撞击条件下的蜂窝结构考虑为流态性质，可获得超高速撞击时蜂窝结构的变化参数。图 2.23 所示为基于此方法所开展的弹丸超高速冲击蜂窝三明治夹芯板的仿真结果，展示了子弹以初始速度 5818 m/s 撞击蜂窝三明治夹芯板时，在 2.4 μs、5 μs 和 7.4 μs 三个不同时刻，子弹与三明治夹芯面板、蜂窝芯间的相互作用关系，以及复杂的流动状态。该结果与其所开展的 P259 实弹撞击蜂窝夹芯板实验结果吻合良好 [36]。

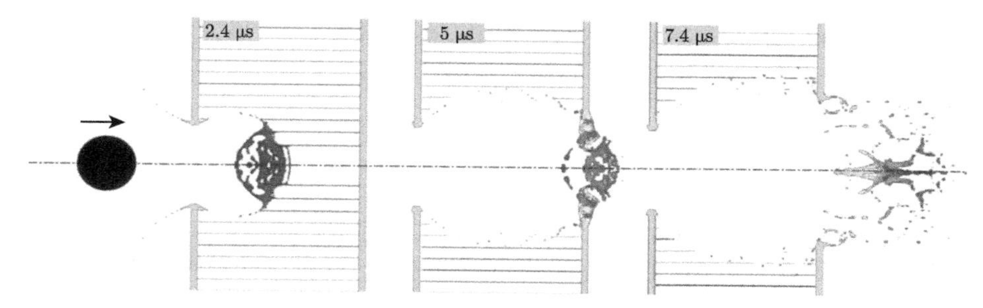

图 2.23 蜂窝结构高速冲击的 SPH 模拟 [36]

综上，前述胞元法、小规格全尺度法、扩胞等效法、均匀化方法、光滑粒子流体动力学方法，各具特点，各有优劣。通过对比各种数值仿真方法可以发现，胞元模拟主要是研究单个胞元受载后的变形机制，包括胞壁的弹性变形行为、塑性坍塌行为、塑性折弯失稳行为、塑性断裂行为、脆性断裂行为等宏观变形模式的初始分析，但不能较准确地描述单一蜂窝芯块胞间关联作用的相互影响关系，更不能均匀化地考查单一芯块的蜂窝结构的吸能能力。小规格全尺度法显然能高精度地确定蜂窝在各种受载条件下的响应特性与吸能能力，但却受到现有计算机水平的限制。相比而言，扩胞等效法一定程度上保留了全尺度仿真的优势，但却受到载荷类型的限制，对面外压缩时优势突显，但对弯曲、剪切，尤其考虑局部变形时，略显不足。等效体元单元是现有的解决蜂窝大几何尺寸模拟行之有效的方法，但需针对不同规格的蜂窝进行相对应的全套参数获取实验，确定多屈服面本构关联模型的应力更新算法，使得蜂窝结构的三向受载响应特性得以准确表征。光滑粒子流体动力学方法主要用于蜂窝结构的超高速冲击模拟问题。

总而言之，针对蜂窝结构力学问题的分析方法多种多样，各方法间互为补充，为蜂窝结构复杂力学行为的科学认知提供了可靠、高效的研究手段。

参 考 文 献

[1] Hilyard N C, Djiauw L K. Observations on the impact behaviour of polyurethane foams: I. the polymer matrix. Journal of Cellular Plastics, 1971, 7(1): 33-42.

[2] Gordon G A. Testing and approval, impact strength and energy absorption. Leatherhead: PIRA, 1974.

[3] Rusch K C. Impact energy absorption by foamed polymers. Journal of Cellular Plastics, 1971, 7(2): 78-83.

[4] Maiti S K, Gibson L J, Ashby M F. Deformation and energy absorption diagrams for cellular solids. Acta Metallurgica, 1984, 32(11): 1963-1975.

[5] Wang D. Energy absorption diagrams of multi-layer corrugated boards. Journal of Wuhan University of Technology-Mater. Sci. Ed., 2010, 25(1): 58-61.

[6] 中南大学轨道交通安全测试中心 http://gdyjzx.csu.edu.cn/zxjs/sysjs/gdjtaqcszx/dxcssl.htm.

[7] 王中钢, 鲁寨军. 铝蜂窝异面压缩吸能特性实验评估. 中南大学学报: 自然科学版, 2013, 44(3): 1246-1251.

[8] Seiffert U, Wech L. Automotive Safety Handbook, 2003.

[9] Yasuki T, Kojima S. Application of aluminium honeycomb model using shell elements to offset deformable barrier model. International Journal of Crashworthiness, 2009, 14(5): 449-456.

[10] 余同希, 邱信明. 冲击动力学. 北京: 清华大学出版社, 2011.

[11] Chen W W, Song B. Split Hopkinson (Kolsky) Bar: Design, Testing and Applications. Berlin: Springer Science & Business Media, 2010.

[12] Wang Z, Tian H, Lu Z, et al. High-speed axial impact of aluminum honeycomb–experiments and simulations. Composites Part B: Engineering, 2014, 56: 1-8.

[13] Taylor E A, Glanville J P, Clegg R A, et al. Hypervelocity impact on spacecraft honeycomb: hydrocode simulation and damage laws. International Journal of Impact Engineering, 2003, 29(1-10): 691-702.

[14] Schonberg W, Schäfer F, Putzar R. Hypervelocity impact response of honeycomb sandwich panels. Acta Astronautica, 2010, 66(3-4): 455-466.

[15] Taylor E A, Herbert M K, Vaughan B A, et al. Hypervelocity impact on carbon fibre reinforced plastic/aluminium honeycomb: comparison with Whipple bumper shields. International Journal of Impact Engineering, 1999, 23(1): 883-893.

[16] Wicklein M, Ryan S, White D M, et al. Hypervelocity impact on CFRP: Testing, material modelling, and numerical simulation. International Journal of Impact Engineering, 2008, 35(12): 1861-1869.

[17] Yamashita M, Gotoh M. Impact behavior of honeycomb structures with various cell specifications—numerical simulation and experiment. International Journal of Impact Engineering, 2005, 32(1-4): 618-630.

[18] Asada T, Tanaka Y, Ohno N. Two-scale and full-scale analyses of elastoplastic honeycomb blocks subjected to flat-punch indentation. International Journal of Solids and Structures, 2009, 46(7-8): 1755-1763.

[19] Yin H, Wen G. Theoretical prediction and numerical simulation of honeycomb structures with various cell specifications under axial loading. International Journal of Mechanics and Materials in Design, 2011, 7(4): 253.

[20] Asprone D, Auricchio F, Menna C, et al. Statistical finite element analysis of the buckling behavior of honeycomb structures. Composite Structures, 2013, 105: 240-255.

[21] Bianchi G, Aglietti G S, Richardson G. Static and fatigue behaviour of hexagonal honeycomb cores under in-plane shear loads. Applied Composite Materials, 2012, 19(2): 97-115.

[22] Mohr D. Multi-scale finite-strain plasticity model for stable metallic honeycombs incorporating microstructural evolution. International Journal of Plasticity, 2006, 22(10): 1899-1923.

[23] Tauhiduzzaman M, Carlsson L A. Influence of constraints on the effective inplane extensional properties of honeycomb core. Composite Structures, 2019, 209: 616-624.

[24] Meran A P, Toprak T, Muğan A. Numerical and experimental study of crashworthiness parameters of honeycomb structures. Thin-Walled Structures, 2014, 78: 87-94.

[25] Wang Z, Zhou W, Liu J. Initial densification strain point's determination of honeycomb structure subjected to out-of-plane compression. Journal of Central South University, 2017, 24(7): 1671-1675.

[26] Wang Z, Lu Z, Yao S, et al. Deformation mode evolutional mechanism of honeycomb structure when undergoing a shallow inclined load. Composite Structures, 2016, 147: 211-219.

[27] Wang Z, Lu Z, Tian H, et al. Theoretical assessment methodology on axial compressed hexagonal honeycomb's energy absorption capability. Mechanics of Advanced Materials and Structures, 2016, 23(5): 503-512.

[28] Hu L, Yu T. Mechanical behavior of hexagonal honeycombs under low-velocity impact—theory and simulations. International Journal of Solids and Structures, 2013, 50(20-21): 3152-3165.

[29] Hu L, Yu T. Dynamic crushing strength of hexagonal honeycombs. International Journal of Impact Engineering, 2010, 37(5): 467-474.

[30] Papka S D, Kyriakides S. Experiments and full-scale numerical simulations of in-plane crushing of a honeycomb. Acta Materialia, 1998, 46(8): 2765-2776.

[31] Meran A P, Toprak T, Muğan A. Numerical and experimental study of crashworthiness parameters of honeycomb structures. Thin-Walled Structures, 2014, 78: 87-94.

[32] Tounsi R, Markiewicz E, Zouari B, et al. Numerical investigation, experimental validation and macroscopic yield criterion of Al5056 honeycombs under mixed shear-compression loading. International Journal of Impact Engineering, 2017, 108: 348-360.

[33] Sun D, Zhang W, Wei Y. Mean out-of-plane dynamic plateau stresses of hexagonal

honeycomb cores under impact loadings. Composite Structures, 2010, 92(11): 2609-2621.

[34] 王中钢, 姚松. 铝蜂窝异面压缩的扩胞等效方法. 爆炸与冲击, 2013, 33(3): 269-274.

[35] Ahmed N, Zafar N, Janjua H Z. Homogenization of honeycomb core in sandwich structures: A review. In 2019 16th International Bhurban Conference on Applied Sciences and Technology (IBCAST), 2019: 159-173.

[36] Ross S. Development of Honeycomb Sandwich Finite Element Modeling Techniques for Dynamic and Static Analysis. Purdue University, 2010.

[37] Aktay L, Johnson A F, Kröplin B H. Numerical modelling of honeycomb core crush behaviour. Engineering Fracture Mechanics, 2008, 75(9): 2616-2630.

[38] Liu G R. Smoothed Particle Hydrodynamics: A Meshfree Particle Method. London: World Scientific, 2003.

[39] Fraga F, Carlos A D. Smoothed Particle Hydrodynamics: Fundamentals and Basic Applications in Continuum Mechanics. Berlin: Springer, 2018.

[40] Yahaya M A, Ruan D, Lu G, et al. Response of aluminium honeycomb sandwich panels subjected to foam projectile impact—An experimental study. International Journal of Impact Engineering, 2015, 75: 100-109.

[41] Sibeaud J M, Thamie L, Puillet C. Hypervelocity impact on honeycomb target structures: Experiments and modeling. International Journal of Impact Engineering, 2008, 35(12): 1799-1807.

第 3 章　蜂窝结构的单轴加载行为

根据作用方向的不同，蜂窝的单轴加载分为面内 (共面) 加载与面外 (异面) 加载，存在弹性变形与非弹性变形。根据载荷形式的不同，将呈现弹性屈曲、塑性坍塌、脆性破坏，甚至大面积压溃式变形等。认识蜂窝结构的静态加载力学行为是开展其设计与应用的前提。学者们通过研究已经取得了较为丰富的成果 [1−5]，本章在梳理这些重要成果的基础上，介绍任意构型蜂窝塑性吸能理论模型、高密度蜂窝力学特性及考虑气压作用的蜂窝异面受载行为等。

3.1　蜂窝结构共面单轴加载

3.1.1　线弹性变形

当蜂窝结构在 x_1 方向或 x_2 方向上以线弹性方式变形时，其孔壁主要承受弯曲载荷以及较小的轴向载荷和剪切载荷作用 [6,7]。与此同时，蜂窝结构斜边上的附加力矩将会引发梁柱效应。当 t/l 较小时，轴向变形和剪切变形相对于弯曲偏转非常小，斜边上的附加力矩引发的梁柱效应影响并不大，两者均可忽略。

1) 沿 x_1 方向

分析一个等壁厚六边形蜂窝胞体在 x_1 方向受 σ_1 作用时的受力和变形，如图 3.1 所示，图 3.1(b) 为斜边受力图。在此受力情况下，其倾斜胞壁有弯曲变形，平衡方程为

$$P=\sigma_1\left(h+l\sin\theta\right)b_{\mathrm{s}} \tag{3.1}$$

$$M=\frac{Pl\sin\theta}{2} \tag{3.2}$$

其中，b_{s} 为胞壁沿 T 方向的厚度；M 为弯曲力矩；P 为水平载荷。将孔壁简化为两端固支的梁，其挠度 δ 为

$$\delta=\frac{Pl^3\sin\theta}{12E_{\mathrm{s}}I} \tag{3.3}$$

式中，E_{s} 为杨氏模量；I 为孔壁的第二惯性矩

$$I=\frac{b_{\mathrm{s}}t^3}{12} \tag{3.4}$$

式 (3.3) 的分量 $\delta\sin\theta$ 平行于 x_1 轴，得出应变

$$\varepsilon_1=\frac{\delta\sin\theta}{l\cos\theta}=\frac{\sigma_1\left(h+l\sin\theta\right)b_{\mathrm{s}}l^2\sin^2\theta}{12E_{\mathrm{s}}I\cos\theta} \tag{3.5}$$

因此，在 x_1 方向上的弹性模量 $E_1^* = \sigma_1/\varepsilon_1$，得

$$E_1^* = \left(\frac{t}{l}\right)^3 \frac{\cos\theta}{(h/l + \sin\theta)\sin^2\theta} E_{\rm s} \tag{3.6}$$

在双壁厚六边形蜂窝结构中，可以得到同样的 E_1^*。

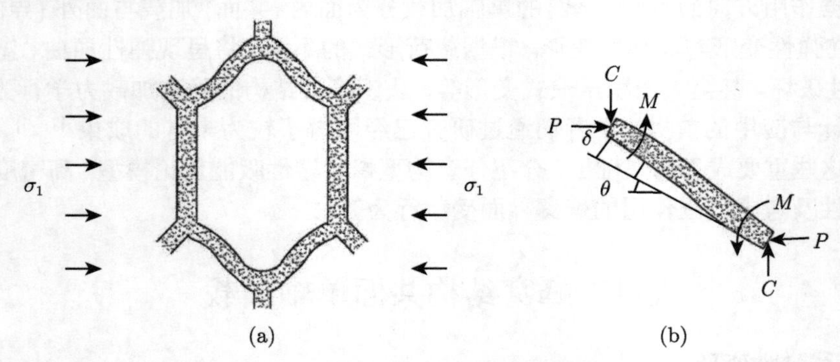

图 3.1　沿胞元 x_1 方向加载示意图

2) 沿 x_2 方向

同理，在 x_2 方向上的载荷如图 3.2 所示，图 3.2(b) 为斜边受力图。相应地，由平衡条件 $F = 0$ 和 $W = \sigma_2 l b_{\rm s} \cos\theta$，得

$$M = \frac{Wl\cos\theta}{2} \tag{3.7}$$

孔壁挠度为

$$\delta = \frac{Wl^3\cos\theta}{12E_{\rm s}I} \tag{3.8}$$

其中，分量 $\delta\cos\theta$ 平行于 x_2 轴，得出的应变为

$$\varepsilon_2 = \frac{\delta\cos\theta}{h + l\sin\theta} = \frac{\sigma_2 b_{\rm s} l^4 \cos^3\theta}{12E_{\rm s}I\,(h + l\sin\theta)} \tag{3.9}$$

由此可知，平行于 x_2 的杨氏模量即 $E_2^* = \sigma_2/\varepsilon_2$。因此

$$E_2^* = \left(\frac{t}{l}\right)^3 \frac{h/l + \sin\theta}{\cos^3\theta} E_{\rm s} \tag{3.10}$$

在双壁厚六边形蜂窝结构中，可以得到同样的 E_2^*。

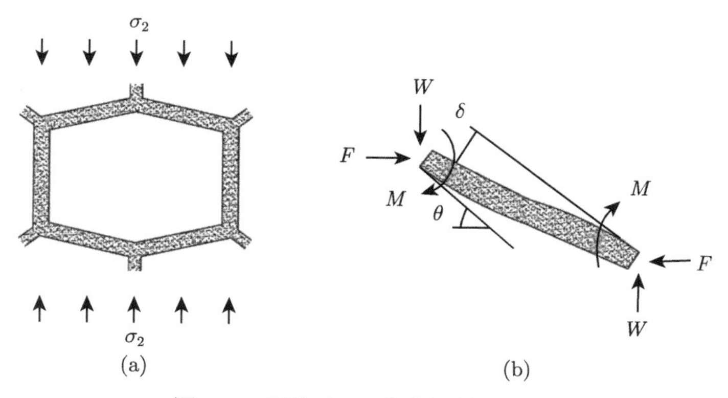

图 3.2 沿胞元 x_2 方向加载示意图

从式 (3.6) 和式 (3.10) 可知，对于正六边形 ($h=l,\theta=30°$)，两个杨氏模量 E_1^* 和 E_2^* 皆化为同一值：

$$E_1^*=E_2^*=2.3094\left(\frac{t}{l}\right)^3 E_{\mathrm{s}} \tag{3.11}$$

它们本该如此，正六边形构成的蜂窝体在 x_1 和 x_2 两方向具有相同的弹性模量。

由式 (3.9) 和式 (3.5)，可计算得到在 x_1 方向和 x_2 方向的泊松比为

$$v_{12}^*=-\frac{\varepsilon_2}{\varepsilon_1}=\frac{\cos^2\theta}{\left(\dfrac{h}{l}+\sin\theta\right)\sin\theta} \tag{3.12}$$

$$v_{21}^*=-\frac{\varepsilon_1}{\varepsilon_2}=\frac{\left(\dfrac{h}{l}+\sin\theta\right)\sin\theta}{\cos^2\theta} \tag{3.13}$$

而对正六边形 $v_{12}^*=1$，在双壁厚六边形蜂窝中，可以得到同样的 v_{12}^* 和 v_{21}^*。

同样，对于正六边形 v_{21}^* 约为 1。当 v_{21}^* 小于零时 (即孔穴是倒转的)，泊松比为负值，意味着在某一方向的压缩应力会在其正交的共面方向上引起收缩，而不是通常的膨胀，形成负泊松比蜂窝结构，这将在第 9 章进一步描述。

另一个蜂窝结构的关键力学参数是剪切模量 G_{12}^*。因为对称性，当蜂窝结构受到剪切载荷作用时 (图 3.3)，点 A、B、C 没有任何相对运动。剪切挠曲 μ_{s} 由梁 BD 的弯曲及其围绕 B 点所做的旋转 (旋转角度为 ϕ) 造成。如图 3.3 所示，(a)、(b) 和 (c) 分别为蜂窝整体及代表性的 A、B 和 C 棱边的受力载荷及变形。

在 B 点的合力矩即为

$$M=\frac{Fh}{4} \tag{3.14}$$

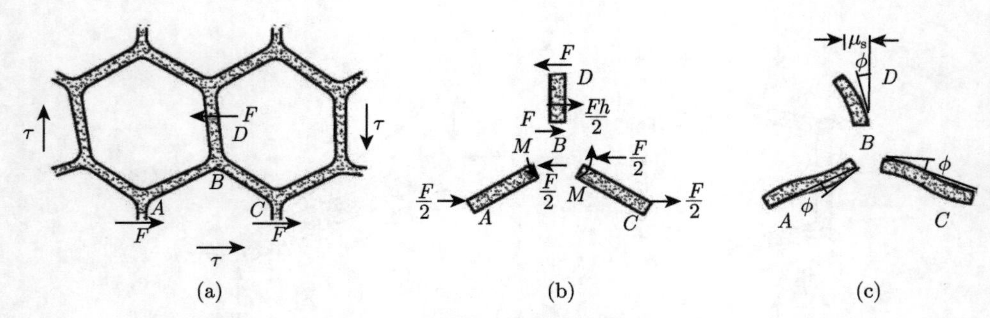

图 3.3 蜂窝结构剪切受力示意图

同样地，由挠度关系 $\delta = Ml^2/6E_\mathrm{s}I$，可得出旋转角 ϕ 为

$$\phi = \frac{Fhl}{24E_\mathrm{s}I} \tag{3.15}$$

进一步得出 D 点切变挠度 μ_s 为

$$\mu_\mathrm{s} = \frac{h}{2}\phi + \frac{F}{3E_\mathrm{s}I}\left(\frac{h}{2}\right)^3 = \frac{Fh^2}{48E_\mathrm{s}I}(2h+l) \tag{3.16}$$

则其剪切应变 γ 和 τ 分别为

$$\begin{cases} \gamma = \dfrac{2\mu_\mathrm{s}}{h+l\sin\theta} = \dfrac{Fh^2}{24E_\mathrm{s}I}\dfrac{l+2h}{h+l\sin\theta} \\ \tau = F/2lb_\mathrm{s}\sin\theta \end{cases} \tag{3.17}$$

由此，给出剪切模量 $G_{12}^* = \tau/r$，其表达式为

$$G_{12}^* = \left(\frac{t}{l}\right)^3 \frac{h/l+\sin\theta}{(h/l)^2(1+2h/l)\cos\theta}E_\mathrm{s} \tag{3.18}$$

对正六边形 $(h=l, \theta=30°)$，式 (3.18) 可简化为

$$G_{12}^* = 0.5774\left(\frac{t}{l}\right)^3 E_\mathrm{s} \tag{3.19}$$

采用相同的推导思路，可推得双壁厚蜂窝的剪切模量为

$$G_{12}^* = \left(\frac{t}{l}\right)^3 \frac{h/l+\sin\theta}{(h/l)^2\cos\theta(1+16h/l)}E_\mathrm{s} \tag{3.20}$$

3.1.2 弹性屈曲

对于弹性体蜂窝结构，图 3.4 所示为蜂窝结构在 x_2 方向上受压时的弹性屈曲受力图 (平行于 x_1 的载荷仅仅引起弯曲)。当其载荷超过欧拉屈曲载荷时就会产生屈曲，其计算式为

$$P_\mathrm{crit} = \frac{(n_\mathrm{k})^2\pi^2E_\mathrm{s}I}{h^2} \tag{3.21}$$

式中，n_{k} 为端点约束因子，为蜂窝结构交点处 (“Y” 形胞元三条棱边的交点) 的旋转刚度，I 为式 (3.4) 所列惯性矩。如前，棱边的载荷 (图 3.4(b) 中的 EB 柱) 与其远程应力的关系为

$$P = 2\sigma_2 l b_{\mathrm{s}} \cos\theta \tag{3.22}$$

当 $P = P_{\mathrm{crit}}$ 时，蜂窝结构将发生弹性坍塌，其坍塌应力 $(\sigma_{\mathrm{el}}^*)_2$ 为

$$(\sigma_{\mathrm{el}}^*)_2 = \frac{(n_{\mathrm{k}})^2 \pi^2}{24\cos\theta} \frac{t^3}{lh^2} E_{\mathrm{s}} \tag{3.23}$$

式中，n_{k} 取决于壁面对结点旋转的抑制程度。自由旋转时，则 $n_{\mathrm{k}} = 0.5$；不能旋转时，$n_{\mathrm{k}} = 2$。由其相连壁面造成的对其竖壁的约束，介于上述两个极限之间，所以 h/l 大于 0.5 而小于 2.0 导出的作为 h/l 的函数的 n_{k} 值，见表 3.1，对正六边形 $n_{\mathrm{k}} = 0.686$。

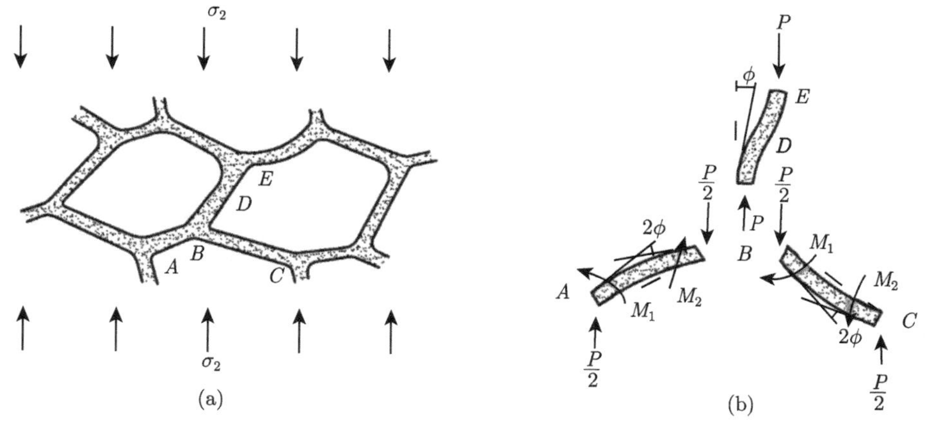

图 3.4 蜂窝结构在 x_2 方向上受压时的弹性屈曲受力图

表 3.1 具有六边形孔穴的蜂窝结构在弹性屈曲时的端点约束因子 [2]

h/l	1.0	1.5	2.0
n_{k}	0.686	0.760	0.806

对于正六边形蜂窝结构 $(h = l, \theta = 30°)$，其坍塌应力为

$$\frac{(\sigma_{\mathrm{el}}^*)_2}{E_{\mathrm{s}}} = 0.2235 \left(\frac{t}{l}\right)^3 \tag{3.24}$$

由式 (3.11)，其弹性坍塌应变为

$$(\varepsilon_{\mathrm{el}}^*)_2 = \frac{(\sigma_{\mathrm{el}}^*)_2}{E^*} \approx 0.0968 \tag{3.25}$$

同理，对于双壁厚蜂窝结构，其表达式为

$$(\sigma_{\mathrm{el}}^{*})_2=\frac{4}{3}\left(\frac{t}{l}\right)^3\frac{(\beta^{+})^2}{(h/l)^2\cos\theta}E_{\mathrm{s}} \tag{3.26}$$

其中，β^{+} 值取决于 h/l，当 $h/l=1.0$ 时，$\beta^{+}=0.48$；当 $h/l=1.5$ 时，$\beta^{+}=0.58$；当 $h/l=2$ 时，$\beta^{+}=0.65$ [2]。

3.1.3　塑性坍塌

当应力大于临界载荷时，孔壁将出现塑性坍塌。在 x_1 方向和 x_2 方向分别进行分析。

1) 在 x_1 方向上

蜂窝结构塑性坍塌的受力状态如图 3.5 所示。建立平衡方程为

$$P=\sigma_1(h+l\sin\theta)b_{\mathrm{s}} \tag{3.27}$$

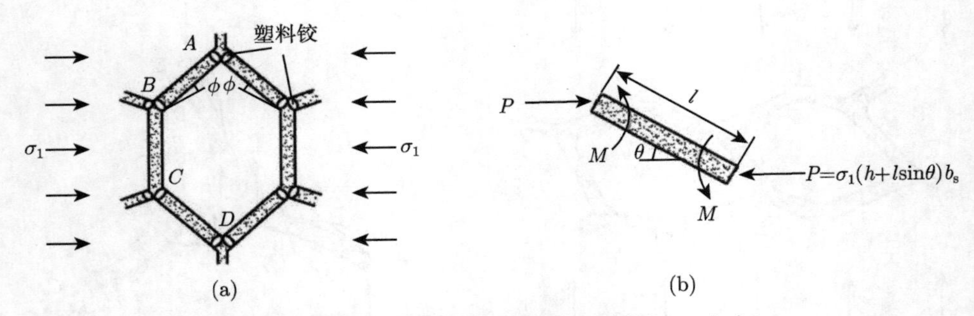

图 3.5　蜂窝结构塑性坍塌的受力示意图 (x_1 方向)

当四个塑性铰点 A、B、C 和 D 发生塑性旋转 ϕ 时，在铰接处所做塑性功为

$$4M_{\mathrm{p}}\phi\geqslant 2\sigma_1 b_{\mathrm{s}}(h+l\sin\theta)\phi l\sin\theta \tag{3.28}$$

式中，M_{p} 是弯曲时孔壁的纯塑性矩，可以由下式计算：

$$M_{\mathrm{p}}=\frac{1}{4}\sigma_0 b_{\mathrm{s}}t^2 \tag{3.29}$$

由此可确定塑性坍塌应力的上限

$$(\sigma_{\mathrm{pl}}^{*})_1'=\left(\frac{t}{l}\right)^2\frac{1}{2(h/l+\sin\theta)\sin\theta}\sigma_0 \tag{3.30}$$

同样地，由最大力矩与 M_{p} 的等式可确定其下限，而最大力矩为

$$(M_{\max})_1=\frac{1}{2}\sigma_1(h+l\sin\theta)b_{\mathrm{s}}l\sin\theta \tag{3.31}$$

由此得

$$(\sigma_{\rm pl}^*)_1'' = \left(\frac{t}{l}\right)^2 \frac{1}{2\,(h/l+\sin\theta)\sin\theta}\sigma_0 \tag{3.32}$$

式 (3.32) 和式 (3.30) 相同，根据 2.3.1 节的界限定理，可确定该问题的精确解。对均匀的正六边形 ($h = l, \theta = 30°$)，它简化成

$$\sigma_{\rm pl}^* = \frac{2}{3}\left(\frac{t}{l}\right)^2 \sigma_0 \tag{3.33}$$

2) 在 x_2 方向上

如图 3.6 所示的蜂窝结构在 x_2 方向塑性坍塌时的胞元受力图，令所需发生变形所做的塑性功等于应力所做的功，解方程可得出上限。而下限可由梁中的最大力矩与纯塑性力矩之间建立的等式解出：

$$(M_{\max})_2 = \frac{\sigma_2 l^2 b_{\rm s}\cos^2\theta}{2} \tag{3.34}$$

同样地，根据界限定理，可得其精确解为

$$(\sigma_{\rm pl}^*)_2 = \left(\frac{t}{l}\right)^2 \frac{1}{2\cos^2\theta}\sigma_0 \tag{3.35}$$

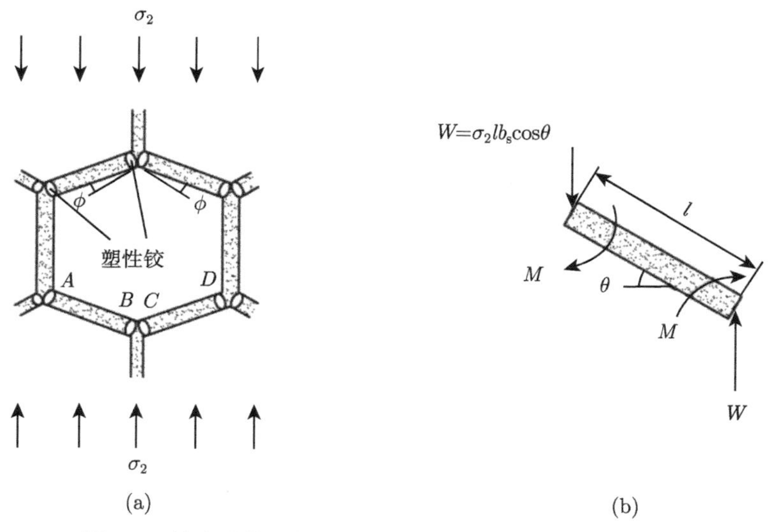

图 3.6 蜂窝结构塑性坍塌时的胞元受力示意图 (x_2 方向)

当 $h=l,\theta=30°$ 时，式 (3.35) 与式 (3.30) 的结果完全相同，说明正六边形蜂窝结构在 x_1 方向和 x_2 方向上具有相等的塑性坍塌应力。在双壁厚六边形蜂窝结构中，可以得到表达式相同的 $(\sigma_{\rm pl}^*)_1$ 和 $(\sigma_{\rm pl}^*)_2$。

采用类似的方式分析塑性剪切情况。如果以作用于 x_1-x_2 平面上的剪切应力 τ_{12} 对蜂窝结构进行简单的剪切加载，则在竖壁内形成塑性铰。在每个竖壁上的剪切力为 $F=2\tau_{12}b_{\rm s}l\cos\theta$。若该力的力矩 $Fh/2$ 超过纯塑性矩 (式 (3.29))，蜂窝结构将发生塑性剪切，得出共面剪切强度的下限为

$$\left(\tau_{\rm pl}^*\right)_{12}=\frac{1}{4\left(h/l\right)\cos\theta}\sigma_0\left(\frac{t}{l}\right)^2 \tag{3.36}$$

对于正六边形 $(h=l,\theta=30°)$，上式可简化成

$$\left(\tau_{\rm pl}^*\right)_{12}=\frac{1}{2\sqrt{3}}\left(\frac{t}{l}\right)^2\sigma_0 \tag{3.37}$$

在某些情况下，弹性屈曲同样可以导致塑性坍塌，此时需满足:

$$\left(\sigma_{\rm el}^*\right)_2=\left(\sigma_{\rm pl}^*\right)_2 \tag{3.38}$$

结合式 (3.24) 和式 (3.35)，得

$$\left(\frac{t}{l}\right)_{\rm crit}=\frac{12}{\left(n_{\rm k}\right)^2\pi^2\cos\theta}\left(\frac{t}{l}\right)^2\frac{\sigma_0}{E_{\rm s}} \tag{3.39}$$

对正六边形 $(h=l,\theta=30°,n_{\rm k}=0.686)$:

$$\left(\frac{t}{l}\right)_{\rm crit}=3\frac{\sigma_0}{E_{\rm s}} \tag{3.40}$$

根据现有研究成果，对大多数金属材料来说，其 $\sigma_0/E_{\rm s}$ 的量级为 10^{-3}。因此，仅当相对密度非常小 (小于 0.3%) 时，弹性屈曲才引起塑性坍塌。图 3.7 描绘了蜂窝结构面内塑性坍塌变形的过程，具体形态将在第 5 章叙述。

采用同样的方法，可以得到双壁厚蜂窝结构的塑性剪切强度 $(\tau_{\rm pl}^*)_{12}$:

$$\left(\tau_{\rm pl}^*\right)_{12}=\left(\frac{t}{l}\right)^2\frac{1}{(h/l)\cos\theta}\sigma_0 \tag{3.41}$$

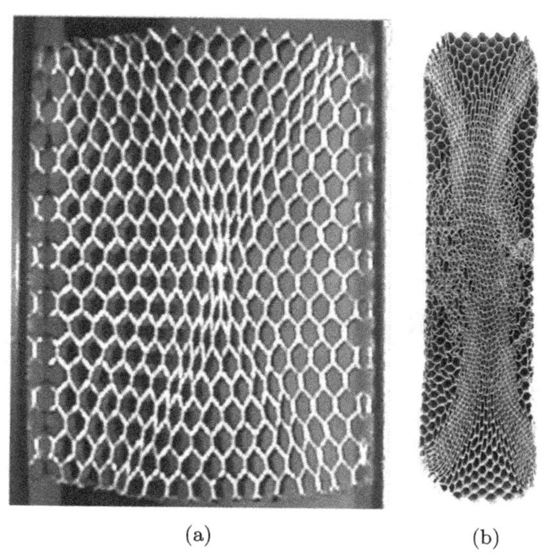

(a) (b)

图 3.7 蜂窝结构面内塑性坍塌变形的过程形态

(a) 坍塌早期 [8]; (b) 近密实化

3.1.4 脆性破坏

断裂是蜂窝结构结构服役安全的一大挑战性问题，断裂后失效行为对蜂窝结构的功能发挥影响很大。金属蜂窝结构往往具有较高的断裂强度，然而，采用陶瓷、玻璃或脆性塑料制得的蜂窝芯块非常容易发生脆性破坏。引发断裂的力学成因，既有受压产生的，亦有受拉产生的。在压缩时，蜂窝胞孔遭受渐进性压塌；在拉伸时，蜂窝结构发生快速脆性断裂而破坏。

1) x_1 方向压缩断裂

在 x_1 方向蜂窝结构压缩断裂受力示意图如图 3.8 所示。由力矩 $M_{\max}$ 引起的表面拉伸应力为

$$\sigma_{\max} = \frac{6M_{\max}}{b_{\mathrm{s}}t^2} \tag{3.42}$$

设 $\sigma_{\max}$ 等于断裂强度 σ_{fs}，定义导致压损断裂的力矩 M_{f} 为

$$M_{\mathrm{f}} = \frac{1}{6}\sigma_{\mathrm{fs}}b_{\mathrm{s}}t^2 \tag{3.43}$$

根据式 (3.31)，将应力 σ_1 产生的力矩代入相应的公式中，得出抗压强度为

$$(\sigma_{\mathrm{cr}}^*)_1 = \frac{1}{3\left(h/l + \sin\theta\right)\sin\theta}\left(\frac{t}{l}\right)^2\sigma_{\mathrm{fs}} \tag{3.44}$$

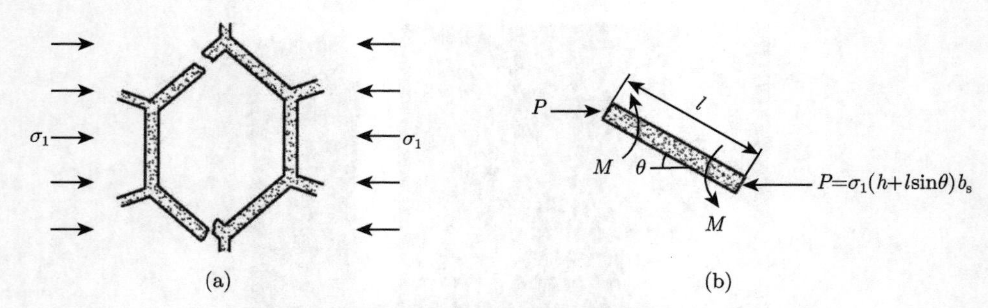

(a)　　(b)

图 3.8　蜂窝结构压缩断裂受力示意图 (x_1 方向)

2) x_2 方向压缩断裂

同理，在 x_2 方向蜂窝结构压缩断裂受力示意图如图 3.9 所示。由式 (3.34) 可以得到应力 σ_2 作用下的抗压强度

$$(\sigma_{\mathrm{cr}}^*)_2 = \frac{1}{3\cos^2\theta}\left(\frac{t}{l}\right)^2 \sigma_{\mathrm{fs}} \tag{3.45}$$

对正六边形蜂窝结构 $(h=l, \theta=30^\circ)$，$(\sigma_{\mathrm{cr}}^*)_1$ 和 $(\sigma_{\mathrm{cr}}^*)_2$ 均可简化为

$$(\sigma_{\mathrm{cr}}^*)_1 = (\sigma_{\mathrm{cr}}^*)_2 = \frac{4}{9}\left(\frac{t}{l}\right)^2 \sigma_{\mathrm{fs}} \tag{3.46}$$

故而均匀正六边形的蜂窝结构在 x_1 方向和 x_2 方向具有相同的抗压强度。

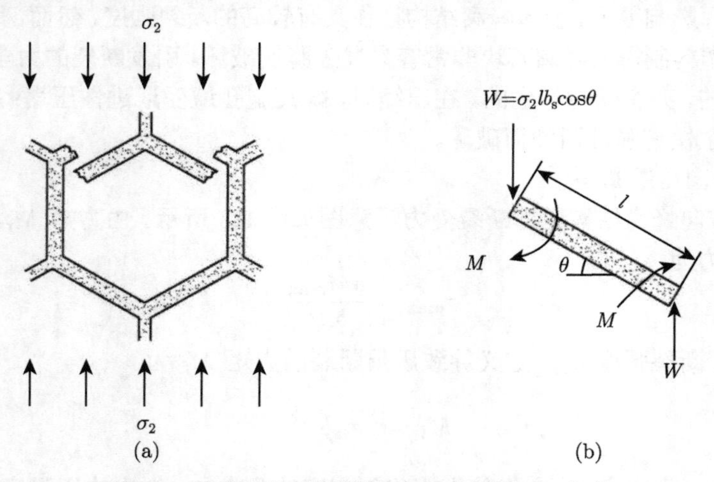

(a)　　(b)

图 3.9　蜂窝结构压缩断裂受力示意图 (x_2 方向)

3) x_1 方向拉伸断裂

在拉伸载荷作用下，蜂窝的断裂呈现不同的形式。如图 3.10 所示，当拉伸加载时，孔壁首先发生弹性弯曲，载荷通过蜂窝胞壁传递。当合力足以使孔壁恰在裂

纹尖端之前断裂时，裂纹向前推进，由此可计算得到蜂窝结构的断裂韧性 K_{IC}。需要说明的是，这种计算给定了三个假设：① 蜂窝结构相对于孔穴尺寸必须有大的裂纹尺度；② 忽略孔壁内轴向力对裂纹尖端之前内应力的贡献；③ 认为孔壁材料具有恒定的断裂模量比。

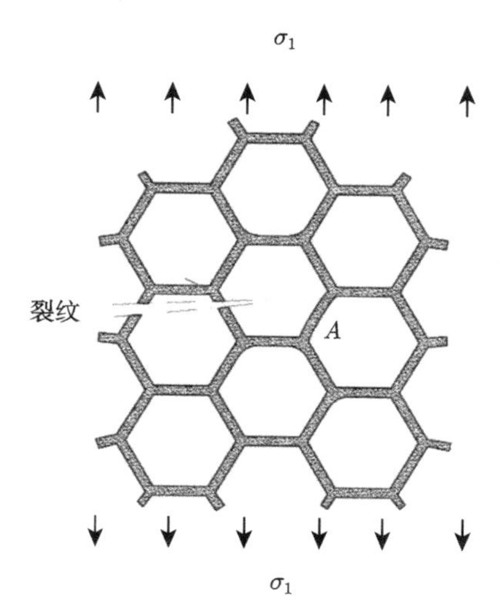

图 3.10 蜂窝结构拉伸断裂受力示意图 (x_1 方向)

假设裂纹长度 c_{k}，在距其尖端距离 r 处建立单独的局部应力场 σ_l：

$$\sigma_l = \frac{\sigma_1\sqrt{\pi c_{\mathrm{k}}}}{\sqrt{2\pi r}} \tag{3.47}$$

考虑在裂纹尖端外部第一个未破裂的孔壁，取其高度为孔穴宽度的一半，即 $(h + l\sin\theta)/2$。作用在其上的力为

$$P = \sigma_l\left(h + l\sin\theta\right)b_{\mathrm{s}} \tag{3.48}$$

进一步得到

$$\sigma_l = \sigma_1\sqrt{\frac{c_{\mathrm{k}}}{h + l\sin\theta}} \tag{3.49}$$

弯矩 M_1 与外部载荷 P 正相关：

$$M_1 \propto Pl\sin\theta \tag{3.50}$$

当载荷作用于孔壁 A 时，取其比例常数为 1 (近似值)，当 M_1 超过断裂力矩时，孔壁破坏，裂纹向前扩展，所以，蜂窝结构在 x_1 方向上加载的拉伸断裂强度为

$$(\sigma_{\mathrm{f}}^*)_1 \approx \frac{1}{6\sqrt{\dfrac{h}{l} + \sin\theta\sin\theta}}\sqrt{\frac{l}{c_{\mathrm{k}}}}\left(\frac{t}{l}\right)^2\sigma_{\mathrm{fs}} \tag{3.51}$$

4) x_2 方向拉伸断裂

在 x_2 方向上加载 (图 3.11) 时，作用在其上的力为

$$P = 2\sigma_l l b_{\mathrm{s}} \cos\theta \tag{3.52}$$

式中

$$\sigma_l = \sigma_2 \sqrt{\frac{c_{\mathrm{k}}}{2l\cos\theta}} \tag{3.53}$$

同样地，作用在正好处于裂纹尖端前沿的孔壁上的弯矩与外部载荷 P 正相关

$$M_2 \propto \frac{Pl\cos\theta}{2} \tag{3.54}$$

式中，比例常数取为 1。由此可得出在 x_2 方向加载时的拉伸断裂应力:

$$\frac{(\sigma_{\mathrm{f}}^*)_2}{\sigma_{\mathrm{fs}}} = \frac{1}{3\sqrt{2}\,(\cos\theta)^{2/3}} \sqrt{\frac{l}{c_{\mathrm{k}}}} \left(\frac{t}{l}\right)^2 \tag{3.55}$$

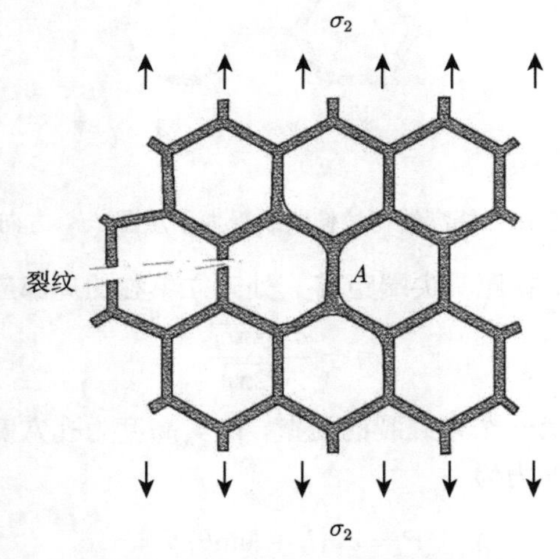

图 3.11　蜂窝结构拉伸断裂受力示意图 (x_2 方向)

式 (3.51) 和式 (3.55) 具有相同的表达形式：

$$\frac{\sigma_{\mathrm{f}}^*}{\sigma_{\mathrm{fs}}} = 0.3 \left(\frac{l}{c}\right)^{1/2} \left(\frac{t}{l}\right)^2 \tag{3.56}$$

断裂发生的临界条件为

$$\sigma_{\mathrm{f}}^* \sqrt{\pi c} = K_{\mathrm{IC}} \tag{3.57}$$

由此计算出蜂窝结构的断裂韧性 K_{IC} 为

$$K_{\mathrm{IC}} = 0.3\sigma_{\mathrm{fs}} \sqrt{\pi l} \left(\frac{t}{l}\right)^2 \tag{3.58}$$

3.2 蜂窝结构异面单轴加载

3.2.1 弹性变形

蜂窝结构在 x_3 方向加载时，与在 x_1 方向与 x_2 方向加载的不同之处在于，孔壁主要受到拉伸或压缩载荷作用，而不是弯曲。在 x_3 方向上的杨氏模量 E_3^*，直接反映了由承载截面面积计量的固体模量 E_{s}:

$$E_3^* = \left[\frac{h/l+2}{2\left(h/l+\sin\theta\right)\cos\theta}\right]\frac{t}{l}E_{\mathrm{s}} = \frac{\rho_{\mathrm{c}}}{\rho_0}E_{\mathrm{s}} \tag{3.59}$$

泊松比 v_{31}^* 和 v_{32}^* 等于箔片材料本身的泊松比 v_{s}:

$$v_{31}^* = v_{32}^* = v_{\mathrm{s}} \tag{3.60}$$

因而泊松比 v_{13}^* 和 v_{23}^* 可由倒置关系求得

$$v_{13}^* = \frac{E_1^*}{E_3^*}v_{\mathrm{s}} \approx 0, \quad v_{23}^* = \frac{E_2^*}{E_3^*}v_{\mathrm{s}} \approx 0 \tag{3.61}$$

由最小势能原理可得出上限。然后，考虑在 x_1 方向上作用于 x_3 法向面的切应力 τ_{13} 引起的均匀剪切应变 γ_{13}。如图 3.12 所示，将蜂窝结构单元隔离出来进行分析，几乎所有的应变能均储存在孔壁内的剪切位移中，而与弯曲相关联的弯曲刚度和能量则要小得多。

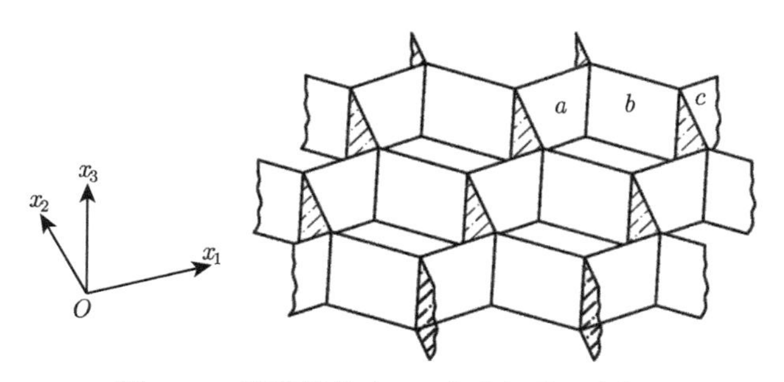

图 3.12 蜂窝结构在 x_3 方向加载示意图

在孔壁中，a、b 和 c 的剪切应变分别为

$$\begin{cases} \gamma_a = 0 \\ \gamma_b = \gamma_{13} = \cos\theta \\ \gamma_c = \gamma_{13}\cos\theta \end{cases} \tag{3.62}$$

对于在 x_1 方向上的剪切，上述原理可表达成一个如下形式的不等式：

$$\frac{1}{2}G_{13}^*(\gamma_{13})^2 V \leqslant \frac{1}{2}\sum_i\left[G_\mathrm{s}(\gamma_i)^2 V_i\right] \tag{3.63}$$

式中，G_s 为孔壁材料的剪切模量，只为 3 个孔壁的剪切应变；不等式右边的求和则是对体积分别为 V_a、V_b 和 V_c 的 3 个孔壁 a、b、c 进行的。对总数进行估算得出

$$\frac{G_{13}^*}{G_\mathrm{s}} \leqslant \frac{\cos\theta}{\dfrac{h}{l}+\sin\theta}\frac{t}{l} \tag{3.64}$$

同样地，对 x_2 方向上剪切应变 γ_{23} 计算为

$$\begin{cases}\gamma_a = \gamma_{23}\\ \gamma_b = \gamma_{23}\sin\theta\\ \gamma_c = \gamma_{23}\sin\theta\end{cases} \tag{3.65}$$

可进一步得

$$\frac{G_{23}^*}{G_\mathrm{s}} \leqslant \frac{1}{2}\frac{\dfrac{h}{l}+2\sin^2\theta}{\left(\dfrac{h}{l}+\sin\theta\right)\cos\theta}\frac{t}{l} \tag{3.66}$$

根据最小余能原理确定模量的下限。对于在 x_1 方向上的剪切，表达成不等式为

$$\frac{1}{2}\frac{\tau_{13}^*}{G_{13}^*}V \leqslant \frac{1}{2}\sum_i\left[\frac{(\gamma_i)^2}{G_\mathrm{s}}V_i\right] \tag{3.67}$$

首先考虑在 x_1 方向上的加载。由对称性知：

$$\tau_b = \tau_c \tag{3.68}$$

因为壁 a 是简单弯曲加载，故其承载极其微小。由此建立平衡方程：

$$2\tau_{13}l\,(h+l\sin\theta)\cos\theta = 2\tau_b tl\cos\theta \tag{3.69}$$

由不等式 (3.67) 结合该平衡方程，得下限：

$$\frac{G_{13}^*}{G_\mathrm{s}} \geqslant \frac{\cos\theta}{\dfrac{h}{l}+\sin\theta}\frac{t}{l} \tag{3.70}$$

该结果与上限相等。对于正六边形蜂窝 ($h=l,\theta=30°$)，式 (3.70) 可以简化为

$$\frac{G_{13}^*}{G_\mathrm{s}} \approx 0.577\frac{t}{l} \tag{3.71}$$

对于 x_2 方向上的加载，仍假定外应力 τ_{23} 在 3 个孔壁上产生一组剪切应力。由对称关系可知

$$\tau_b = \tau_c \tag{3.72}$$

结点在 x_3 方向上的平衡协调条件需满足

$$\tau_a = \tau_b + \tau_c = 2\tau_b \tag{3.73}$$

由外部应力平衡关系可得

$$2\tau_{23} l\left(h + l\sin\theta\right)\cos\theta = 2\tau_b t l\sin\theta + \tau_a t h \tag{3.74}$$

所以

$$\tau_b = \tau_{23}\cos\theta\left(\frac{l}{t}\right)^2 \tag{3.75}$$

将这些方程与不等式结合，得

$$\frac{G_{23}^*}{G_{\mathrm{s}}} \geqslant \frac{\dfrac{h}{l} + \sin\theta}{\left(1 + \dfrac{2h}{l}\right)\cos\theta}\frac{t}{l} \tag{3.76}$$

在该情形下，对一般各向异性蜂窝结构的上下限虽接近，却并不一致，而对正六边形的上下限则完全一致；方程 (3.66) 和方程 (3.76) 均可简化为

$$\frac{G_{23}^*}{G_{\mathrm{s}}} = 0.577\frac{t}{l} \tag{3.77}$$

这与 G_{13}^* 的结果是相同的，正六边形的两个异面剪切模量是相等的，它们不同于换算成 $(t/l)^3$ 的共面模量。粗略地说，异面模量是共面模量的 $(t/l)^2$ 倍。

采用相同的方法，可以得到双壁厚蜂窝结构的弹性模量：

$$E_3^* = \left(\frac{t}{l}\right)^3\frac{1 + h/l}{(h/l + \sin\theta)\cos\theta}E_{\mathrm{s}} \tag{3.78}$$

3.2.2 弹性屈曲

对于橡胶材料制作的蜂窝结构，受 x_3 方向压缩时可能会发生屈曲 [9]，孔壁出现周期性凸胀，如图 3.13 所示 [2]。屈曲载荷由孔壁的第二惯性矩和宽度 (l 或 h) 而非高度 (b_{s}) 来确定。对宽度为 l 的孔壁，屈曲载荷为

$$P_{\mathrm{crit}} = \frac{KE_{\mathrm{s}}}{1 - (v_{\mathrm{s}})^2}\frac{t^3}{l} \tag{3.79}$$

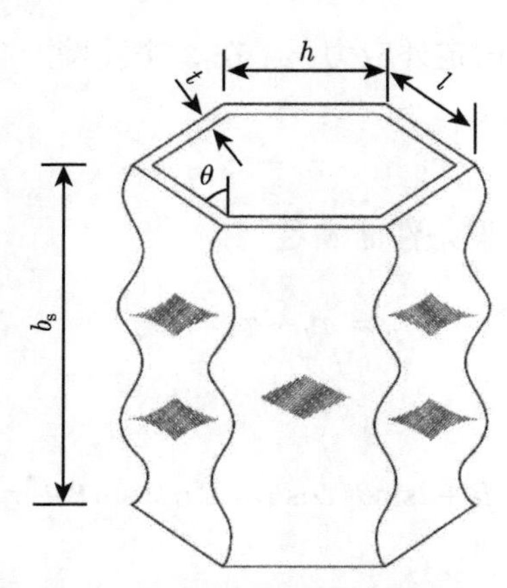

图 3.13 蜂窝结构异面弹性屈曲示意图 [2]

常数 K 是另一个端点约束因子，类似于前面对圆柱使用的 n_k 因子。若图中的竖边是简单支撑 (即它们可自由旋转)，且与 l 相比有大的深度 $b_s(b_s > 3l)$，则 $K = 2.0$；而若它们被夹紧，则 $K = 6.2$；在蜂窝结构内，孔壁既不是完全自由的，也不是刚性夹紧的，作为近似，K 值取为 4 。因此，弹性屈曲载荷是各个孔壁所承载荷的总和，从而得出弹性坍塌应力：

$$(\sigma_{el}^*)_3 \approx \frac{2}{1-(v_s)^2} \frac{\dfrac{l}{h}+2}{\left(\dfrac{h}{l}+\sin\theta\right)\cos\theta} \left(\frac{t}{l}\right)^3 E_s \tag{3.80}$$

对于正六边形 $(h = l, \theta = 30°)$，且 $v_s = 0.33$ (表 2.2)，上式可简化为

$$(\sigma_{el}^*)_3 = 5.1833 \left(\frac{t}{l}\right)^3 E_s \tag{3.81}$$

注意，上式与共面屈曲应力式 (3.24) 具有相同的形式，两者都取决于 $(t/l)^3$，只存在系数上的差别，但其值是后者的 23 倍左右。

由前面的线弹性异面剪切应力和单一孔壁的剪切屈曲应力分析可知

$$\tau_{crit} = \frac{CE_s}{1-(v_s)^2} \left(\frac{t}{l}\right)^2 \tag{3.82}$$

对于 x_1-x_3 面内的加载，满足平衡条件：

$$2\tau_{13} l\,(h + l\sin\theta)\cos\theta = 2\tau_b t l \cos\theta \tag{3.83}$$

弹性屈曲同时发生在 b、c 两壁。设 $\tau_b = \tau_{crit}$，有 [10]

$$\tau_{13}^{*}=\frac{CE_{\mathrm{s}}\left(t/l\right)^{3}}{\left[1-\left(v_{\mathrm{s}}\right)^{2}\right]\left(\dfrac{h}{l}+\sin\theta\right)} \tag{3.84}$$

同理，对于 x_2-x_3 面内的加载，满足平衡条件：

$$2\tau_{23}l\left(h+l\sin\theta\right)\cos\theta=2\tau_{b}tl\sin\theta+\tau_{a}th \tag{3.85}$$

孔壁内的剪切应力是 b、c 两壁的 2 倍；若剪切屈曲始于 a 壁，则得

$$\tau_{23}^{*}=\frac{CE_{\mathrm{s}}\left(t/l\right)^{3}}{2\left[l-\left(v_{\mathrm{s}}\right)^{2}\right]\cos\theta} \tag{3.86}$$

因此，假设每个孔壁的所有边均固定，并取 $C=8.44$，该值是对应于 $b_{\mathrm{s}}/l=2$ 和 $b_{\mathrm{s}}/l=\infty$ 的中间值。对于双倍壁厚蜂窝结构 $(h=l,\theta=30°)$，其结果为

$$\left(\sigma_{\mathrm{el}}^{*}\right)^{3}=\frac{K}{1-\left(v_{\mathrm{s}}\right)^{2}}\left(\frac{t}{l}\right)^{3}\frac{1+4\dfrac{1}{h}}{\cos\theta\left(\dfrac{h}{l}+\sin\theta\right)}E_{\mathrm{s}} \tag{3.87}$$

其中，K 可取 5.73。τ_{13}^{*} 与等壁厚蜂窝结构具有相同的表达 (同式 (3.84))，而 $(\tau_{23}^{*})_{\mathrm{el}}$ 则不一样，其表达式为 [11]

$$\left(\tau_{23}^{*}\right)_{\mathrm{el}}=\left(\frac{t}{l}\right)^{3}\frac{C}{\left[1-\left(v_{\mathrm{s}}\right)^{2}\right]\cos\theta}\frac{1+\sin\theta}{\left(\dfrac{h}{l}+\sin\theta\right)}E_{\mathrm{s}} \tag{3.88}$$

3.2.3 塑性坍塌

1. 胞元塑性坍塌

蜂窝结构在异面加载的破坏，主要体现在其压缩过程中箔片所发生的非线性折曲。如果在与法向平面内的净截面应力超过孔壁材料的屈服强度 σ_0，则孔壁将产生轴向屈服，这就为蜂窝结构的塑性坍塌强度确定了一个上限：

$$\left(\sigma_{\mathrm{pl}}^{*}\right)_{3}=\frac{h/l+2}{2\cos\theta\left(h/l+\sin\theta\right)}\frac{t}{l}\sigma_{0}=\frac{\rho_{\mathrm{c}}}{\rho_{0}}\sigma_{0} \tag{3.89}$$

该方程描述了拉伸过程中蜂窝的轴向强度，但在压缩时很少达到该阈值，因为在这之前，将首先发生塑性屈曲。图 3.14 描绘了蜂窝结构异面坍塌过程的示意图。具体折叠过程如图 3.14(b) 所示，此过程力平衡方程为

$$2PH=\pi M_{\mathrm{p}}\left(2l+h\right) \tag{3.90}$$

式中，H 为半波长。由 $P = 2\sigma_3 l\,(h + \sin\theta)\cos\theta$，$\sigma_3$ 为 x_3 方向加载时的端面应力强度。结合每单位长度的 $M_\mathrm{p} = \sigma_0 t^2/4$，得塑性屈曲应力估算式:

$$\left(\sigma_{\mathrm{pl}}^{*}\right)_3 \approx \frac{\pi}{4} \frac{\dfrac{h}{l} + 2}{\left(\dfrac{h}{l} + \sin\theta\right)\cos\theta} \left(\frac{t}{l}\right)^2 \sigma_0 \tag{3.91}$$

对于正六边形 $(h = l, \theta = 30^\circ)$，上式简化为

$$\left(\sigma_{\mathrm{pl}}^{*}\right)_3 \approx \frac{\pi}{\sqrt{3}} \left(\frac{t}{l}\right)^2 \sigma_0 \tag{3.92}$$

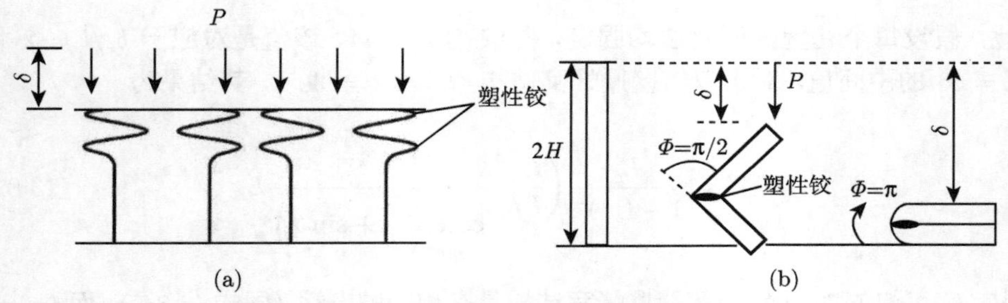

图 3.14　蜂窝结构异面坍塌过程示意图 [2]

(a) 加载受力; (b) 位移变化

该简化计算忽略了孔穴棱边处匹配的必要性。Wierzbicki 认为胞元转角处需要附加塑性铰的可匹配坍塌模式，通过关于波长的坍塌载荷进行最小化得出塑性屈曲的坍塌应力 [1]，对壁厚均为 t 的正六边形蜂窝结构有如下关系:

$$\left(\sigma_{\mathrm{pl}}^{*}\right)_3 \approx 5.2651 \left(\frac{t}{l}\right)^{5/3} \sigma_0 \tag{3.93}$$

同理，对双壁厚蜂窝结构，单向坍塌表达式为

$$\left(\sigma_{\mathrm{pl}}^{*}\right)_3 = \left(\frac{t}{l}\right) \frac{1 + h/l}{(h/l + \sin\theta)\cos\theta} \sigma_0 \tag{3.94}$$

对于正六边形蜂窝结构 $(h = l, \theta = 30^\circ)$，单向坍塌表达式为

$$\left(\sigma_{\mathrm{pl}}^{*}\right)_3 \approx 6.6280 \left(\frac{t}{l}\right)^{5/3} \sigma_0 \tag{3.95}$$

图 3.15 描绘了塑性坍塌的蜂窝形态，从图 3.15(b) 和 (c) 中可以清楚看到渐进屈曲的蜂窝胞壁。

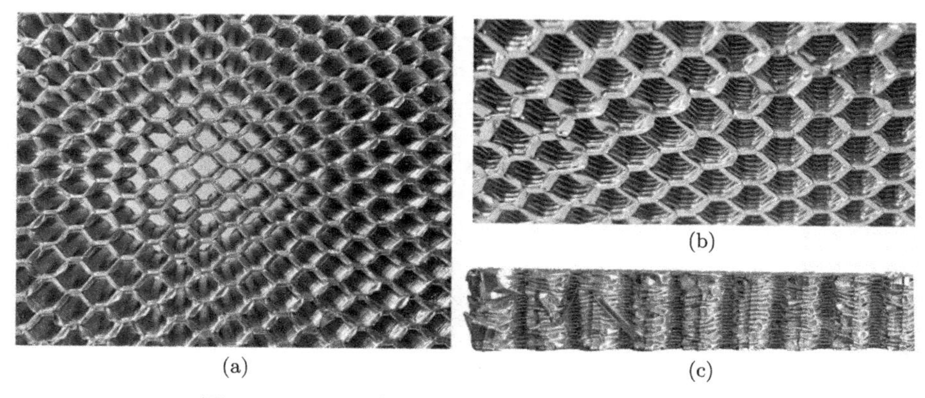

图 3.15 不同视角下的蜂窝 x_3 方向塑性坍塌变形

(a) 正向; (b) 斜向; (c) 侧向

2. “Y” 形胞元塑性耗能模型

更详细的蜂窝面外塑性坍塌过程的理论建模可以基于 “Y” 形胞元展开。蜂窝芯块由周期性自重复的 “Y” 形胞元构成，如图 3.16(a) 所示，每一个基础 “Y” 形胞元均具有如图 3.16(b) 所示的几何特征。取一个褶皱单元进行分析，设其长度为 $2H$(图 3.14(b))，在外载荷 P 作用下，发生垂向位移 δ。由能量守恒原理，外力对该褶皱单元所做的功等于 “Y” 形胞元在该段褶皱内所吸收的能量，主要体现为 “Y” 形胞元塑性铰的形成与转动所耗散的能量和 “Y” 形蜂窝胞元壁转动所耗散的能量。

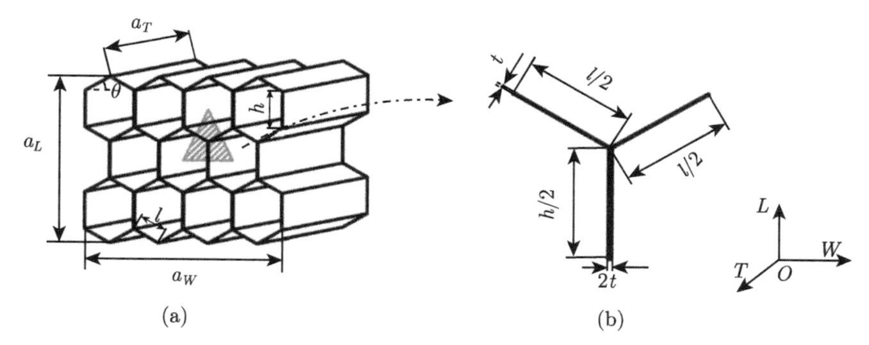

图 3.16 蜂窝胞元结构示意图

(a) 蜂窝结构; (b) “Y” 形胞元

Wierzbicki 首先给出了 “Y” 形折叠单元塑性区的详细分析 [1]，并归纳了在单个折叠周期内吸收能量的具体形式，它由三部分组成，分别为：在塑性屈曲形成过程中柱状壳面拉伸所耗散的拉伸能 E^1、柱面水平塑性铰线所耗散的能量 E^2，以及在圆锥面形成时倾斜塑性铰线所耗散的能量 E^3，如图 3.17(a) 所示。而在折叠过程中，折叠单元的几何关系如图 3.17 (b) 所示。在此基础上，简化折叠单元模型 [12–14] 及混合折叠理论模型得到提出和发展 [15–17]。考虑到数学求解的困难，主流的能量模型依然从 Wierzbicki 模型导出。现有实验研究表明，蜂窝结构在轴向压缩条件下多发生轴对称的向外屈曲，对 “Y” 形折叠单元进行理论分析，该模型基于以下基本假设：① 蜂窝基材塑性好，忽略其弹性段的影响；② 蜂窝结构在轴向压缩载荷作用下发生逐段的、向外的轴对称折叠；③ “Y” 形蜂窝胞元变形方向朝同一方向，在变形过程中，假设一个 “Y” 形胞元上下表面保持平行，即三个边的变形量相同。

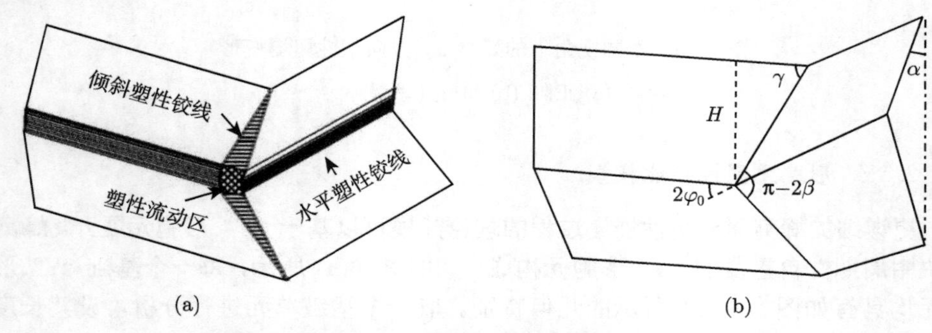

图 3.17　折叠单元能量耗散组成及其几何关系

(a) 能量耗散形式; (b) 几何关系

基于蜂窝胞元 “Y” 形折叠单元屈曲模式平衡方程，建立静态轴向压缩条件下任意外观尺寸、几何构型、基材属性、孔格疏密的双倍壁厚蜂窝芯块吸能能力理论表征模型 [18]。以下单独计算三种形式的能量耗散量。

1) 柱状壳面拉伸过程所耗散的拉伸能 E^1

由 Wierzbicki 和 Abramowicz 的研究结果，材料在外载作用下历经环形曲面时，环形区域内的主要塑性流动是以周向应变 $\dot{\varepsilon}_\phi$ 的形式出现的 [1]。因此，塑性耗散率 $\dot{E}^1$ 为

$$\dot{E}^1 = \int_S N_0 \dot{\varepsilon}_\phi \mathrm{d}s \tag{3.96}$$

式中，N_0 是单位长度极限屈服膜力，可由蜂窝箔片材料的静态屈服极限 σ_0 及其自身厚度 t 计算得到 ($N_0 = \sigma_0 t$)。就单个折叠单元对式 (3.96) 积分，可得

$$E^1 = \frac{32 M_0 H b_c I_1(\varphi_0)}{t} \tag{3.97}$$

其中，$I_1(\varphi_0)$ 是几何相关的量，可表示为

$$I_1(\varphi_0) = \frac{\pi}{(\pi - 2\varphi_0)\tan\varphi_0} \int_0^{\alpha^*} \cos\alpha \left[\cos\varphi_0 - \cos\left(\varphi_0 + \frac{\pi - 2\varphi_0}{\pi}\beta\right)\right] \mathrm{d}\alpha \tag{3.98}$$

且满足 $\tan\beta=\tan\alpha/\sin\varphi_0$。$M_0$ 为塑性极限弯矩 ($M_0=\sigma_0 t^2/4$)；过程参量 b_c 为环形曲面沿子午线方向的半径；α^* 为折叠终止状态时的贴合角。对于正六边形蜂窝结构，满足 $\varphi_0=\pi/6$。在完全折叠时, $I_1(\pi/6)=1.05$。

2) 水平移行塑性铰耗散的能量 E^2

蜂窝箔片弯曲变形能的变化率为

$$\dot{E}_i^2=\sum_{i=1}^{3}M_{0i}\dot{\alpha}_i \tag{3.99}$$

式中，M_{0i} 为各箔片的塑性极限弯矩；α_i 为各箔片的动态贴合角。每片箔片的水平铰线的能量 E_i^2 可以表述为

$$E_i^2=\sum_{i=1}^{3}M_{0i}\alpha_i=\sum_{i=1}^{3}\left(\frac{\pi}{2}+\frac{\pi}{2}+\pi\right)M_{0i}c_i=\sum_{i=1}^{3}2\pi M_{0i}c_i \tag{3.100}$$

式中，c_i 为各水平铰线的边长。将相关几何量代入，可进一步计算得到单个 “Y” 形单元的所有水平铰线所耗散的能量:

$$E^2=\sum_{i=1}^{3}E_i^2=2\pi M_0\frac{l}{2}+2\pi M_0\frac{l}{2}+8\pi M_0\frac{h}{2}=\pi M_0\left(2l+4h\right) \tag{3.101}$$

3) 倾斜塑性铰耗散的能量 E^3

两个折角的倾斜塑性铰线的能量耗散率可以表示为

$$\dot{E}^3=2\times 4M_{0i}\frac{H^2}{b_\mathrm{c}}\times\frac{1}{\tan\phi_0}\frac{\cos\alpha}{\sin\gamma}\dot{\alpha} \tag{3.102}$$

对其积分，可得

$$E^3=\frac{8M_0H^2I_3\left(\varphi_0\right)}{b_\mathrm{c}} \tag{3.103}$$

其中

$$I_3\left(\varphi_0\right)=\frac{1}{\tan\varphi_0}\int_0^{\alpha^*}\frac{\cos\alpha}{\sin\gamma}\mathrm{d}\alpha \tag{3.104}$$

由几何关系，γ 满足 $\tan\gamma=\tan\varphi_0/\sin\alpha$，进而求得对应六边形蜂窝结构的 $I_3(\pi/6)=2.39$。

综合以上式 (3.97)、式 (3.101) 和式 (3.103)，即可建立单皱褶周期内单 “Y” 形皱褶所耗散的能量 E_Y 的表达式

$$E_\mathrm{Y}=33.6M_0\frac{Hb_\mathrm{c}}{t}+\pi M_0\left(2l+4h\right)+19.12M_0\frac{H^2}{b_\mathrm{c}} \tag{3.105}$$

根据能量平衡原理，在单个折叠周期内，外力所做的功等于弯曲、拉伸及塑性铰移动所耗散的能量的总和，据此可建立平衡关系：

$$P_{\mathrm{m}} \times 2H = E_{\mathrm{Y}} \tag{3.106}$$

将式 (3.105) 代入后，式 (3.106) 可改写为

$$P_{\mathrm{m}} = M_0 \left[\frac{16.8}{t} b_{\mathrm{c}} + \pi (l + 2h) \frac{1}{H} + 9.56 \frac{H}{b_{\mathrm{c}}} \right] \tag{3.107}$$

由最小能量原理，达到稳定平衡状态所需的最小压缩载荷满足 $\partial P_{\mathrm{m}}/\partial H = 0$, $\partial P_{\mathrm{m}}/\partial b_{\mathrm{c}} = 0$，由此可得 H 和 b_{c} 分别为

$$H \approx 0.3946 \times \sqrt[3]{(l + 2h)^2 t} \tag{3.108}$$

$$b_{\mathrm{c}} \approx 0.4739 \times \sqrt[3]{(l + 2h) t^2} \tag{3.109}$$

将式 (3.108) 和式 (3.109) 回代入式 (3.107) 可求得蜂窝结构承受的平均载荷为

$$P_{\mathrm{m}} = 23.8833 M_0 \sqrt[3]{\frac{l + 2h}{t}} \tag{3.110}$$

同理，将式 (3.108) 和式 (3.110) 回代入式 (3.106) 可得到单个 “Y” 形胞元的吸能总和

$$E_{\mathrm{Y}} = 4.7122 (l + 2h) \sigma_0 t^2 \tag{3.111}$$

由蜂窝结构的特点，设 T 方向的几何厚度为 a_T，W 方向几何宽度为 a_W，L 方向的几何长度为 a_L，压缩结束后，因 L 方向与 W 方向的变形很小，可以忽略。设 T 方向的剩余长度为 $a_{T\mathrm{e}}$，则蜂窝的轴向压缩量可以表示为 $\Delta T = a_T - a_{T\mathrm{e}}$，单个 “Y” 形胞元在压缩方向上总的褶皱数为

$$n = \frac{\Delta T}{2H} \tag{3.112}$$

由于 “Y” 形胞元与蜂窝平面间满足等效面积关系，则可依此计算出整个蜂窝芯块所含有的 “Y” 形胞元数目为

$$n_{\mathrm{A}} = \frac{4 a_L a_W}{\sqrt{3} l (2h + l)} \tag{3.113}$$

待蜂窝结构平面域内的 “Y” 形胞元总数和压缩方向产生的皱褶数确定后，整个蜂窝芯块的吸能能力 E_{b} 即可确定。

$$E_{\mathrm{b}} = n n_{\mathrm{A}} E_{\mathrm{Y}} \tag{3.114}$$

由式 (3.111)、式 (3.112)、式 (3.113) 和式 (3.114) 可直接计算出 E_{b}:

$$E_{\mathrm{b}} = 13.7892\frac{\Delta T a_L a_W \sigma_0}{(l+2h)l}\sqrt[3]{(l+2h)t^5} \tag{3.115}$$

而蜂窝芯块的比吸能 E_{P} 可由蜂窝总吸能量与蜂窝芯块的质量 m_{b} 来确定，即

$$E_{\mathrm{P}} = \frac{E_{\mathrm{b}}}{m_{\mathrm{b}}} \tag{3.116}$$

它是所有 “Y” 形折叠单元质量的总和，当然，它包括了未压缩部分的质量。而单个 “Y” 形胞元在一个折叠周期内的质量 m_{Y} 为

$$m_{\mathrm{Y}} = 2\rho_0 H\,(l+h)\,t \tag{3.117}$$

其中，ρ_0 为铝箔材料的密度。所以 m_{b} 可以表示为

$$m_{\mathrm{b}} = \frac{n_{\mathrm{A}} n m_{\mathrm{Y}} a_T}{\Delta T} \tag{3.118}$$

将式 (3.115) 、式 (3.117) 和式 (3.118) 代入式 (3.116), E_{P} 可以表达为

$$E_{\mathrm{P}} = 5.9709\frac{\Delta T \sigma_0 \sqrt[3]{(l+2h)t^2}}{a_T \rho_0 (l+h)} \tag{3.119}$$

由 2.1 节所定义的蜂窝结构厚跨比 (见式 (2.1)、式 (2.2))，则式 (3.115) 和式 (3.119) 可分别表达为

$$E_{\mathrm{b}} = 13.7892\frac{\Delta T a_L a_W \sigma_0 \eta}{\mu+2\eta}\sqrt[3]{(\mu+2\eta)(\mu\eta)^2} \tag{3.120}$$

$$E_{\mathrm{P}} = 5.9709\frac{\Delta T \sigma_0}{a_T \rho_0}\frac{\sqrt[3]{(\mu+2\eta)(\mu\eta)^2}}{\mu+\eta} \tag{3.121}$$

由此建立了蜂窝芯块静态压缩条件下总吸能量与质量比吸能的数学表达式。式 (3.120) 和 (3.121) 均表明，蜂窝结构的吸能能力与其几何构型、铝箔属性及芯块的体积参数密切相关。区别在于，式 (3.120) 表达的总吸能是与压缩量 ΔT、芯块几何尺寸 a_L 和 a_W、铝箔静态屈服强度 σ_0 和厚跨比 μ、η 相关联的量，而其质量比吸能却与箔片的密度相关，与芯块的长宽尺寸无关。

通过现有研究发现，蜂窝结构的压缩率 $\Delta T/a_T$ 基本为 0.70~0.85，随其表观密度而变化，少数大孔格蜂窝产品 (孔隙率大) 可达到 0.9。对于确定的蜂窝结构，该压缩率为定值，可视为常数，可通过给定构型蜂窝的单次实验确定。更为重要的是，该数学表达式直接建立了吸能量与厚跨比 (μ,η) 的函数关系。图 3.18 分别描绘了总吸能量和质量比吸能关于厚跨比的归一化特性曲线 (假定其余量为 1)。从图 3.18 可以看出，总吸能量与质量比吸能均随 η 或 μ 的增大而增加，且均体现为

幂函数特性。从幂曲面的曲率方向可以判定，总吸能量的幂指数大于 1，而质量比吸能的幂指数小于 1。就 η 或 μ 而言，η 对总吸能量的贡献要敏感于 μ，但对质量比吸能体现出相同的敏感性。

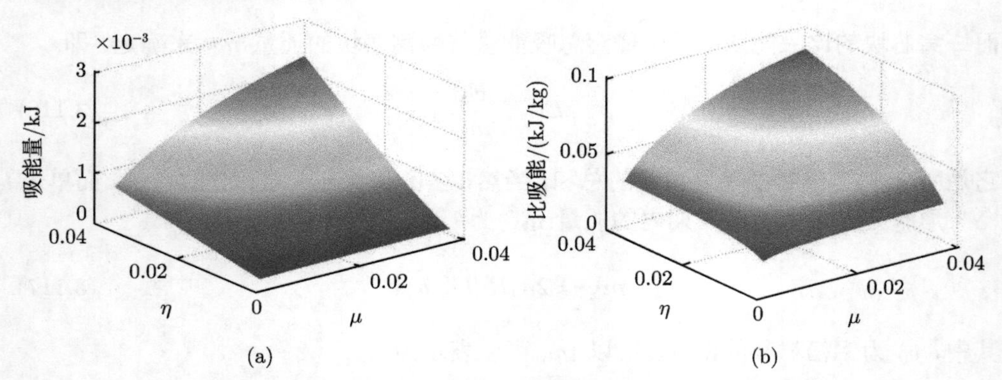

图 3.18　能量关于厚跨比的归一化特性曲线 [18] (详见书后彩图)

(a) 总吸能量; (b) 质量比吸能

当 $\mu=\eta$ 时，式 (3.120) 与式 (3.121) 可进一步简化为

$$E_{\mathrm{b}}=6.6292\Delta T a_L a_W \sigma_0 \eta^{5/3} \tag{3.122}$$

$$E_{\mathrm{P}}=4.3058\Delta T \sigma_0 \eta^{2/3} \tag{3.123}$$

3.2.4　脆性破坏

根据强度理论，当 x_3 法向面内的应力大于孔壁材料的拉伸破坏强度 σ_{fs} 时，脆性蜂窝结构会发生拉伸破坏。这就确定出上限拉伸强度为

$$(\sigma_{\mathrm{f}}^*)_3=\frac{h/l+2}{2\cos\theta\,(h/l+\sin\theta)}\frac{t}{l}\sigma_{\mathrm{fs}}=\frac{\rho_{\mathrm{c}}}{\rho_0}\sigma_{\mathrm{fs}} \tag{3.124}$$

若蜂窝体中含有缺陷 (由于制造的不完美性和使用中的损坏等，见第 6 章)，就会在较低的应力下发生破坏。当相对于孔穴尺寸来说较大尺寸的缺陷在表观面积为 A 的法向平面内扩展时，它产生的断裂面的面积就会是 A 的 ρ_{c}/ρ_0 倍。因而可以预计，缺陷蜂窝结构的韧性 G_{c}^* 将会是制备其所用固体的 ρ_{c}/ρ_0 倍。断裂韧性 $K_{\mathrm{IC}}^*=(E_3^*G_{\mathrm{c}}^*)^{1/2}$ 由下式给出：

$$K_{\mathrm{IC}}=(K_{\mathrm{IC}})_{\mathrm{f}}\,\frac{\rho_{\mathrm{c}}}{\rho_0} \tag{3.125}$$

而对于尺寸为 $2a$ 的裂纹，断裂应力为

$$(\sigma_{\mathrm{f}}^*)_3=\frac{(K_{\mathrm{IC}})_{\mathrm{f}}}{\sqrt{\pi a}}\frac{\rho_{\mathrm{c}}}{\rho_0} \tag{3.126}$$

在压缩时，脆性固体强度要高于拉伸时的强度。根据已有分析结果，对于轴向加载的孔壁抗压强度为其拉伸时破坏强度的 12 倍。所以对 x_3 方向加载的脆性蜂窝结构的压缩强度，其压缩时的断裂强度可估算为

$$(\sigma_{\mathrm{cr}}^*)_3 \approx 12\frac{t}{l}\sigma_{\mathrm{fs}} \tag{3.127}$$

3.3 高密度蜂窝结构的力学性能

3.3.1 高密度蜂窝

高密度蜂窝是为了应对高强度、高刚度等某些有特殊力学性能要求的关键部位承载件或吸能装置而专门研制的，如歼击机的平尾、鸭翼及方向舵等。一般认为，表观密度小于 48 kg/m^3 的蜂窝属于低密度蜂窝；表观密度在 48~80 kg/m^3 的蜂窝称为中、高密度蜂窝；表观密度大于 80 kg/m^3 的蜂窝为高密度蜂窝。事实上，高密度蜂窝并不能绝对地采用密度这一直接指标来评价。相比于传统的纸蜂窝、铝蜂窝，以及用聚碳酸酯、聚丙烯、聚醚酰亚胺、碳纤维材质制作的蜂窝结构等，现在越来越多的产品采用碳钢、铁、不锈钢、钛合金及高温合金来生产，这些产品的密度普遍较大，所以，中、高密度蜂窝的另一层含义是指其相对密度比较大的蜂窝产品。

因为中、高密度蜂窝密度较大，制造工艺相对复杂，所以密度公差控制要困难得多。因此，选择合适的原材料，确定最佳工艺参数和环境条件是研制高性能中、高密度蜂窝的关键，通常可通过改变孔格或增加壁厚来实现。对应有孔极密和壁特厚两种情况。

(1) 孔极密。这种蜂窝结构通常称为微孔蜂窝，孔格边长往往小于 1 mm。根据蜂窝等效密度的公式 (式 (2.7) 和式 (2.8))，在相同的孔格条件下，蜂窝的孔格边长每减小 1/2，密度提升近 2 倍。由此，微孔蜂窝可轻易地达到中、高密度蜂窝的水平。国内微孔蜂窝的制造能力一般在孔格边长为 0.5~1 mm 的水平。

(2) 壁特厚。以铝蜂窝为例，通常蜂窝铝箔厚度不超过 0.2 mm，常采用厚度为 0.06 mm、0.08 mm、0.10 mm 和 0.15 mm 的铝箔。为了实现高强度的要求，对于高密度蜂窝，往往采用厚壁板冲压成型后经钎焊而成。这种采用成型法制造的蜂窝，密度可高达 150 kg/m^3 以上。采用瓦楞形式、板厚为 0.381 mm 的 301 不锈钢材质做成的蜂窝，其密度可达到 2917 kg/m^3。

对于孔极密和壁特厚的蜂窝，生产工艺的要求较高。正因为此，厚壁蜂窝在拉伸过程中，节点力可能不足，多需采用成型法来生产。

高密度情况下，蜂窝结构的力学性能发生变化，主要是因为密度对蜂窝屈曲模式的影响。国际著名蜂窝生产厂商 Hexcel 公司采用加筋、焊接等强化方式制造了

多种款式的中、高密度蜂窝，其强度最高可达近 40 MPa。据此理念，可延拓设计各不相同的加筋型蜂窝，构型主要有单厚单筋型 (1R1)、单厚双筋型 (1R2)、双厚单筋型 (2R1)、双厚双筋型 (2R2) 四种 [19]，如图 3.19 所示。

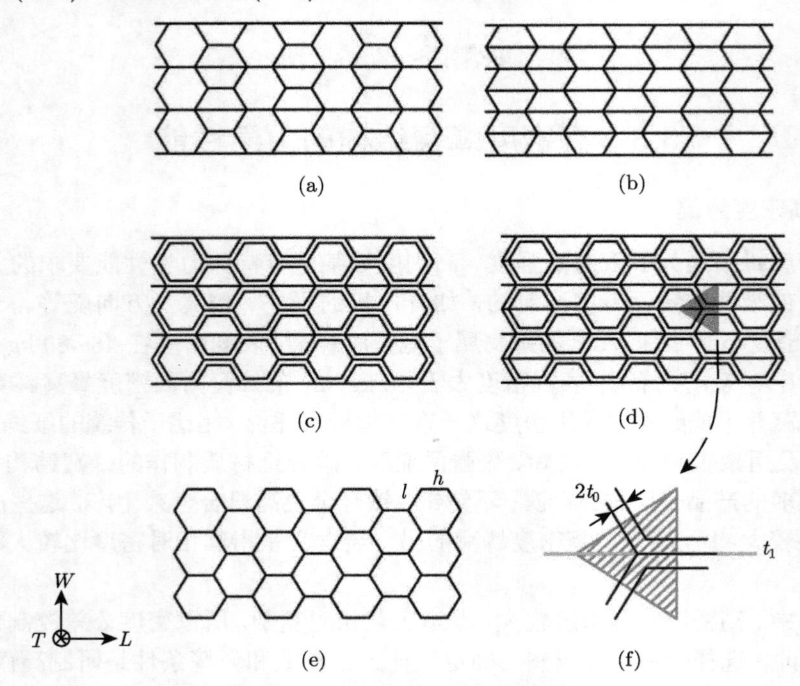

图 3.19　加筋蜂窝构型示意图 [19]

(a) 1R1; (b) 1R2; (c) 2R1; (d) 2R2; (e) R0; (f) 胞元

以 2R2 蜂窝为例分析，设基础蜂窝 (亦即标准蜂窝构型，如图 3.19(e) 所示) 胞壁壁厚为 t_0，加筋板厚 $t_{\rm r}$，参照比面积法，等质量的胞元所占面积与基材分布面积相等，即 $\rho_{\rm c}A_1 = \rho_0 A_0$，其中 $\rho_{\rm c}$、ρ_0 分别为蜂窝表观密度和所用基材的密度；A_1、A_0 分别为胞元所占面积和胞元内基材部分的面积。对于正六边形蜂窝结构，由此推得 $3\sqrt{3}\rho_{\rm c}h^2/4 = \rho_0(2t_0h + t_0h + t_0h + 1.5t_{\rm r}h)$；继而推出 $\rho_{\rm c} = (16t_0 + 6t_{\rm r})\rho_0/3\sqrt{3}h$。同理可推导出其他各形式蜂窝结构的表观密度，如表 3.2 所示。

表 3.2　正六边形加筋型蜂窝结构的表观密度 [19]

类型	表观密度计算公式
R0	$8t_0\rho_0/3\sqrt{3}h$
1R1	$(8t_0 + 3t_{\rm r})\rho_0/3\sqrt{3}h$
1R2	$(8t_0 + 6t_{\rm r})\rho_0/3\sqrt{3}h$
2R1	$(16t_0 + 3t_{\rm r})\rho_0/3\sqrt{3}h$
2R2	$(16t_0 + 6t_{\rm r})\rho_0/3\sqrt{3}h$

从表 3.2 可明显看出，各加筋蜂窝结构的表观密度与基材的密度、几何参数、加筋板厚密切相关，且加筋板厚与基础蜂窝结构的壁厚成等幂次关系，说明其对密度的影响是处在同一量级的，是引起蜂窝结构力学性能差异的关键因子之一。仔细对比可以发现，2R2 型蜂窝表观密度正好为 1R1 型蜂窝表观密度的 2 倍。采用小规模全尺度数值模拟方法，建立如图 3.19(a)~(e) 所示的 1R1、1R2、2R1、2R2 和 R0 各加筋形式蜂窝结构的数值仿真的模型，加载速度为 10 m/s，分析加筋正六边形蜂窝结构的异面压缩力学特性，以及加筋板厚与初始蜂窝胞壁厚度间的匹配关系，所得结果如表 3.3 和图 3.20 所示。

表 3.3 吸能特性直观比较 [19]

类型	R0	1R1	1R2	2R1	2R2
$\rho_c/(\mathrm{kg/m^3})$	61.9	85.1	108.3	147.0	170.2
σ_m/MPa	1.51	2.07	2.61	4.90	5.46

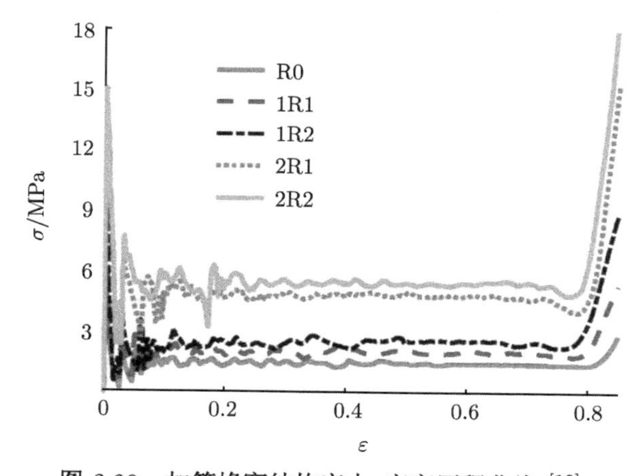

图 3.20 加筋蜂窝结构应力–应变历程曲线 [19]

从图 3.20 可知，加筋型蜂窝结构继承了未加筋蜂窝结构 R0 的动力学响应特性，并存在稳定的压缩段。从表 3.3 可知，相比标准蜂窝结构，加筋形式的蜂窝结构的平台强度得到明显提升，且随蜂窝结构表观密度的增加而逐渐增大。双厚型 (2R) 强于单厚型 (1R)，双筋型 (R2) 强于单筋型 (R1)。双厚双筋型 (2R2) 蜂窝承载水平与标准蜂窝结构相比提升显著，由未加筋前的 1.51 MPa 提升至 5.46 MPa，约提高 3.6 倍。对于航天返回舱、高速动车组等安装空间明显受限的工程实际问题，该幅度的提升是相当可观的，伴随有稳定的平台力，且反馈给司乘人员一相对较低的冲击减速度，可见加筋处理的优越性非常明显。

3.3.2　高密度蜂窝结构的变形模式

在压缩条件下，高密度蜂窝结构容易出现轴向压缩变形模式不稳定。以下是采用壁厚为 1 mm，孔格边长为 6 mm 的正六边形双壁厚铝蜂窝，其外观尺寸为 100 mm×80 mm×200 mm ($L\times W\times T$)，密度约为 825 kg/m^3，采用成型法制造，在准静态压缩实验过程所观测到的实验结果如图 3.21 所示，其变形的历程曲线如图 3.22 所示。

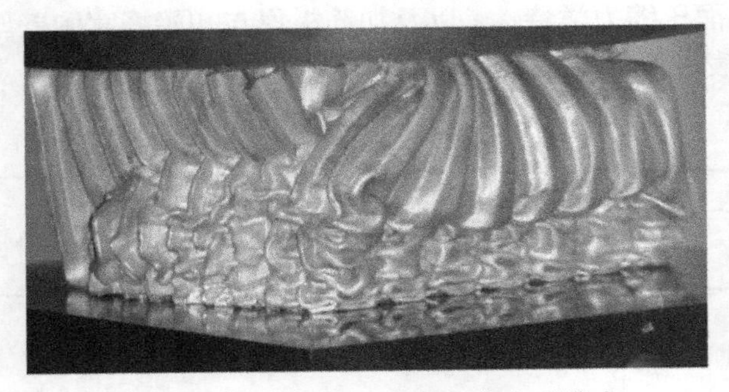

图 3.21　高密度蜂窝结构加载变形模式

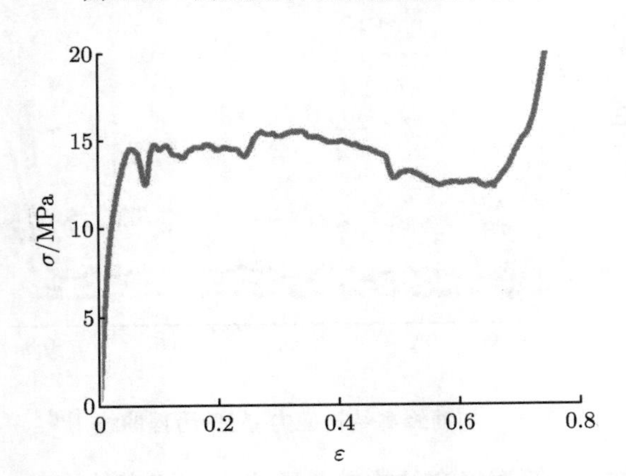

图 3.22　高密度蜂窝加载历程曲线图

从图 3.21 和图 3.22 可以看出，该型高密度蜂窝结构虽然力曲线比较稳定，平台强度可达 14.03 MPa，然而，在压缩过程中，出现了局部屈曲与失稳。由此可以看出，中、高密度蜂窝与低密度蜂窝相比，其变形模式存在明显的差异。蜂窝可能在轴向出现大的塑性屈曲，诱发整体失稳 (图 3.21)。这一现象同样在 Baker 等 [20] 的工作中观测到，他们采用厚度为 0.19 mm 的 5052 铝片生产瓦楞形式的蜂窝 (图 3.23(a))，瓦楞间距为 0.99 mm，其密度可到达 881 kg/m^3，相对密度比 (ρ_c/ρ_0) 为 32 %；在轴向压缩载荷作用下，该型蜂窝出现了整体压缩失稳的现象，如图 3.23(b) 所示。为了改进整体的变形，他们采用固定约束边界的方式，通过套筒约束 (图

3.23(c))，观察高密度蜂窝压缩条件下的变形模式。

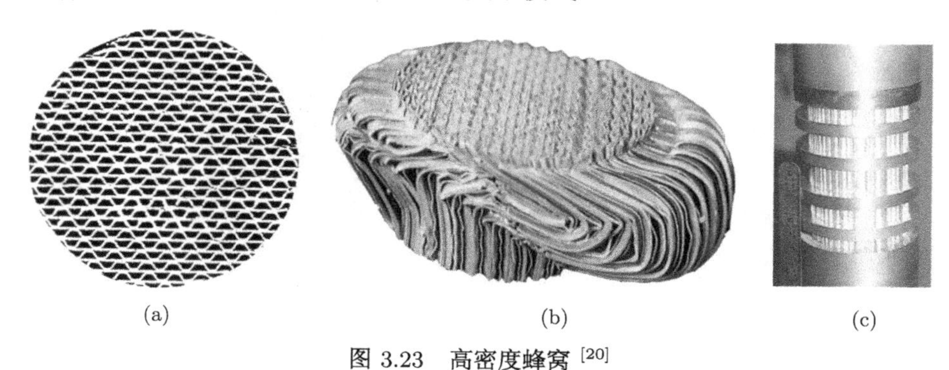

(a) (b) (c)

图 3.23 高密度蜂窝 [20]

(a) 瓦楞形式; (b) 代表性变形模式; (c) 套筒约束形式

在套筒中，铝蜂窝的褶皱发生在同一表面上 (图 3.24(a))，然后规律性地随压缩方向传播，并未出现如图 3.23(b) 所示的向外扩展变形的情况，其整体变形模式得到有效控制，有效改观了失稳，获得了相对稳定的平台力。然而，当采用板厚为 0.381 mm 的 304 不锈钢制作同型瓦楞蜂窝时 (瓦楞间距 2.05 mm)，其密度达到 2915 kg/m^3，相对密度比 (ρ_c/ρ_0) 为 37%。这种情况下，即使套筒提供了外部约束，整体失稳得以消除，但其内部变形模式并不稳健，中间部位同样出现了局部大皱褶，如图 3.24(b) 所示。由此可见，压缩变形模式失稳是高密度蜂窝结构设计与研发过程中的挑战性难题。

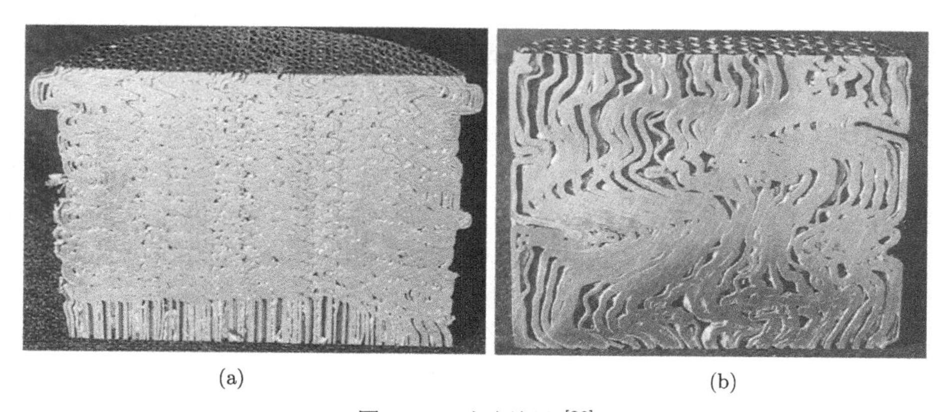

(a) (b)

图 3.24 试验结果 [20]

(a) 高密度铝蜂窝; (b) 高密度不锈钢蜂窝

高密度蜂窝的另一个难题是，节点力不足易引起胞间脱胶。该现象不仅出现在高密度的 Nomex 蜂窝中，同样存在于铝制蜂窝中。由于胶间节点力或焊接力不足，在薄壁屈曲过程中，过大的弯曲载荷拉扯开胞间连接，导致胶接失效，引起蜂窝结构整体失稳、大块开裂或局部开裂，如图 3.25 所示，所以必须有效控制节点力、强化胞间连接，保障高密度蜂窝结构的力学行为稳定有序。

图 3.25 高密度引起变形模式劣化

(a) 整体失稳、大块开裂; (b) 局部开裂

3.3.3 筋胞厚度匹配

如前所述，通过对蜂窝加筋可强化蜂窝承载能力，获得高密度蜂窝产品，Hexcel 公司等国外蜂窝制造企业已推出了加筋形式的蜂窝产品。然而，高密度蜂窝面临筋板和胞元壁厚之间的匹配问题。从前述分析可知，对蜂窝结构加筋能使其承载水平向提升的方向演化，因而可适当增大 t_{r} 的值来提升蜂窝结构的力学性能，但这一处理也必将引起蜂窝结构总体刚度的改变，甚至诱发变形模式的突变。从图 3.19 所示的各种蜂窝结构的胞元构型均可看出，蜂窝结构的纵向弯曲刚度主要由 $(t_{\mathrm{r}}+2t_0)^3$ 所主导。通过数值仿真分析发现，当 $t_{\mathrm{r}}\leqslant 3t_0$ 时，蜂窝结构在 10 m/s 冲击时其平台区段非常稳定，说明在 $t_{\mathrm{r}}\leqslant 3t_0$ 时蜂窝均维系有稳定的屈曲模式，不必考虑因整体密度过大引起的局部失稳导致计算评价指标失衡的问题 [19]。

加筋蜂窝结构受弯曲刚度影响，研究不同加筋板厚与基础蜂窝胞壁间的匹配效应是探寻合理加筋板厚的关键，对于复杂加筋结构的蜂窝，仅从其胞元几何特征着手，构建全约束关系的匹配优化模型是不现实的，最合理最实际的方案即是构建全尺度精细蜂窝模型并进行直接模拟。依据图 3.19 所示的蜂窝几何构型特点，可以直接将加筋蜂窝统一为 R0、R1、R2 三种。分别对基础蜂窝以 R1 与 R2 型结构加设筋板厚 $t_{\mathrm{r}}=0.5t_0$、$t_{\mathrm{r}}=t_0$、$t_{\mathrm{r}}=1.5t_0$、$t_{\mathrm{r}}=2t_0$、$t_{\mathrm{r}}=2.5t_0$ 和 $t_{\mathrm{r}}=3t_0$ 处理，采用前述的数值模拟方法进行 10 m/s 低速冲击，得到各加筋蜂窝的应力–应变响应曲线，如图 3.26 所示。

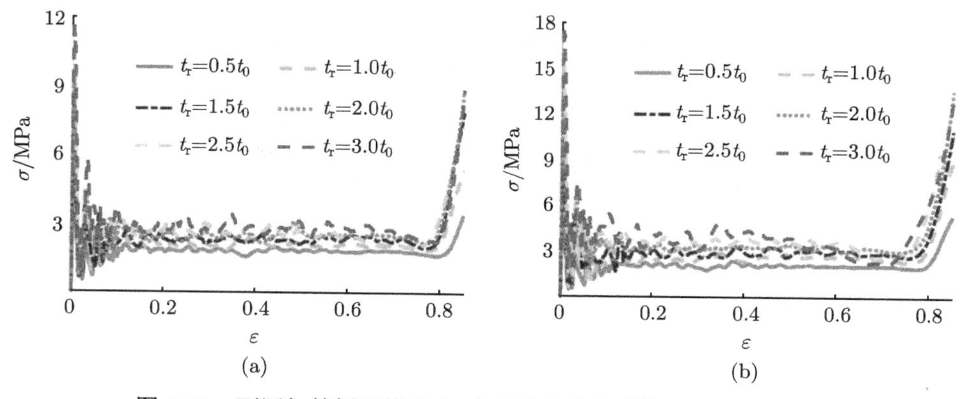

图 3.26 不同加筋板厚的应力–应变响应曲线 [19] (详见书后彩图)

(a) R1; (b) R2

从图 3.26 可知，对于 R1 型蜂窝结构，当 $t_r \leqslant 1.5t_0$ 时，平台区段尚较为稳定，$t_r > 1.5t_0$ 以后其波动较为明显，表明其变形模式出现了与预期常规蜂窝结构稳定平台载荷对应稳定渐进变形模式不一致的现象，该型蜂窝结构的变形模式在 $t_r = 1.5t_0$ 时出现了 “分离点”；但对 R2 型蜂窝结构而言，在 $t_r > 2t_0$ 后稳定的渐进屈曲现象才消失。表 3.4 是 R1 型、R2 型蜂窝不同加筋板厚在 $\varepsilon = 0.2$ 至 $\varepsilon = 0.7$ 区段内的峰峰值比较。

表 3.4 加筋蜂窝平台区峰峰值比较 [19]

t_r	$0.5t_0$	$1.0t_0$	$1.5t_0$	$2.0t_0$	$2.5t_0$	$3.0t_0$
R1/MPa	0.44	0.60	0.43	0.92	1.12	1.12
R2/MPa	0.61	0.71	0.72	0.63	1.36	2.58

表 3.4 平台区峰峰值比较中也能清晰反映出波动现象的观察结果，R1 与 R2 两种构型蜂窝对应的 “分离点” 分别为 $t_r = 1.5t_0$ 与 $t_r = 2.0t_0$。

蜂窝加筋板厚的选取存在明显的 “分离点”，不同加筋板厚对蜂窝的力学性能影响明显，但这仅是从波动现象的表观体现与平台强度均值得出的结论，要完整评价出最优的加筋板厚，还需评估出蜂窝加筋后筋胞壁厚匹配对力学特性改变的贡献。采用等效表观密度所得的载荷特性的相对误差量进行评判，将不同加筋壁厚的蜂窝结构换算为相等表观密度的等厚加筋式蜂窝芯块，保持孔格大小 $h = l = 4$ mm、壁厚 $t_0 = 0.06$ mm 不变，分别反算出等效后的 R1 型、R2 型蜂窝结构的胞壁厚度 $(t_r)_1$、$(t_r)_2$ 满足：

$$(t_r)_1 = \frac{8t_0 + 3t_r}{11} \tag{3.128}$$

$$(t_r)_2 = \frac{8t_0 + 6t_r}{14} \tag{3.129}$$

提取 10 m/s 低速冲击时不等壁厚加筋蜂窝结构的初始峰值强度 $\sigma_{\rm p}$、平台强度 $\sigma_{\rm m}$ 和等效密度加筋处理后蜂窝结构的峰值强度 $(\sigma_{\rm p})^*$、平台强度 $(\sigma_{\rm m})^*$ 结果，如表 3.5 所示。其中，t^* 为 R1 型的 $(t_{\rm r})_1$ 与 R2 型的 $(t_{\rm r})_2$ 的统一表达，$\sigma_{\rm p}$ 与 $(\sigma_{\rm p})^*$ 由其初始峰值力除以对应蜂窝结构受载面的面积计算得到的；相对误差量 $\eta_{\rm p}$ 与 $\eta_{\rm m}$ 即是用来评估不等厚加筋蜂窝筋壁匹配性能的指标因子，分别由以下两式计算得到：

$$\eta_{\rm p} = 100 \times \frac{(\sigma_{\rm p})^* - \sigma_{\rm p}}{(\sigma_{\rm p})^*} \tag{3.130}$$

$$\eta_{\rm m} = 100 \times \frac{(\sigma_{\rm m})^* - \sigma_{\rm m}}{(\sigma_{\rm m})^*} \tag{3.131}$$

表 3.5　等效前后力学特性对比 ($t_0 = 0.06$mm)[19]

	采用 $t_{\rm r}$ 增强			采用等效 t^* 增强			相关率	
	$t_{\rm r}$/mm	$\sigma_{\rm p}$/MPa	$\sigma_{\rm m}$/MPa	t^*/mm	$(\sigma_{\rm p})^*$/MPa	$(\sigma_{\rm m})^*$/MPa	$\eta_{\rm p}$/%	$\eta_{\rm m}$/%
R1	$0.5t_0$	6.41	1.81	0.0518182	6.46	1.68	0.80	7.73
	$1.0t_0$	7.49	2.06	0.0600000	7.49	2.06	0.00	0.00
	$1.5t_0$	8.57	2.31	0.0681818	8.52	2.48	0.56	6.88
	$2.0t_0$	9.64	2.48	0.0763636	9.55	2.96	0.91	16.10
	$2.5t_0$	10.72	2.65	0.0845455	10.60	3.40	1.22	22.17
	$3.0t_0$	11.79	2.82	0.0927273	11.64	3.88	1.27	27.43
R2	$0.5t_0$	7.44	2.07	0.0471429	7.45	1.82	0.22	13.99
	$1.0t_0$	9.50	2.57	0.0600000	9.50	2.57	0.00	0.00
	$1.5t_0$	11.54	2.91	0.0728571	11.56	3.35	0.16	13.07
	$2.0t_0$	13.55	3.24	0.0857143	13.63	4.18	0.60	22.43
	$2.5t_0$	15.54	3.57	0.0985714	15.70	5.02	1.01	28.97

从表 3.5 中可知，$\eta_{\rm p}$ 很小，几乎可以忽略，但 $\eta_{\rm m}$ 却相对较大。对于 R1 型加筋蜂窝，当 $t_{\rm r} > 1.5t_0$ 时，$\eta_{\rm m}$ 剧增，由 6.88%跃升至 16.10%，变化明显；而 R2 型的蜂窝，当 $t_{\rm r} > 1.5t_0$ 时，同样出现了突增现象，且当 $t_{\rm r} = 2.0t_0$ 时，$\eta_{\rm m}$ 已高达 22.43%，匹配效果在 $t_{\rm r} = 2t_0$ 加筋构型中并不理想，这反映出通过波动现象观察到的 $t_{\rm r} = 2t_0$ 为 R2 型加筋蜂窝的“分离点”仅仅是波形特征表露出的假象，其真实“分离点”应该为 $t_{\rm r} = 1.5t_0$。图 3.27 和图 3.28 分别描绘了两种构型在 $t_{\rm r} = 0.5t_0$、$t_{\rm r} = 1.5t_0$、$t_{\rm r} = 2.0t_0$ 和 $t_{\rm r} = 2.5t_0$ 加筋时蜂窝结构的应力–应变曲线。

从图中不同加筋板厚的等效密度计算结果可知，在等密度条件下对应等同平台强度的现象并未出现，$\eta_{\rm m}$ 却随加筋板厚倍数的增加呈现“分离”。当 $t_{\rm r} \geqslant 2t_0$ 后，其响应曲线的平台间距均逐渐拉大，且 R2 型蜂窝结构其间距更为明显，因加筋板厚度引起蜂窝结构总体屈曲模式改变，刚度大的壁板影响到了刚度小的壁板的位形变化，引起褶皱的减少，渐进屈曲不再稳定，继而影响整个蜂窝芯块的受力，导致平台强度降低。此时应重新评估其变形模式的不确定性带来的蜂窝结构失效问题，不建议生产和使用筋厚超过该比例的加筋型蜂窝产品。

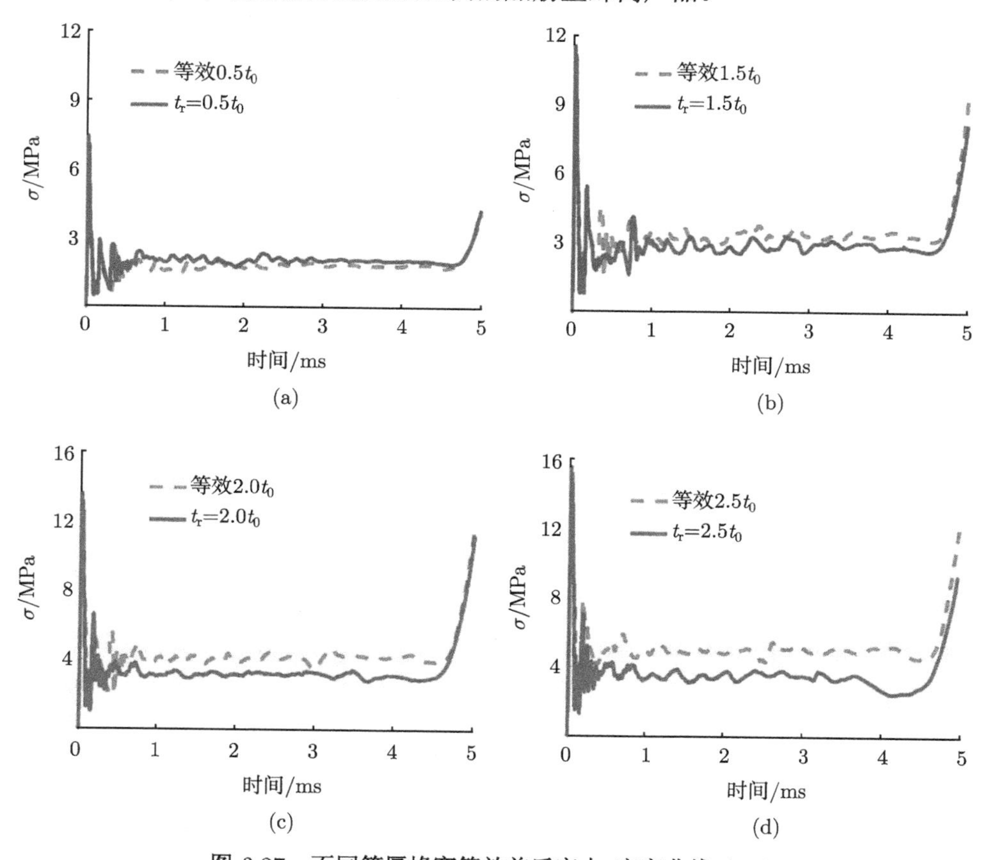

图 3.27 不同筋厚蜂窝等效前后应力–应变曲线 (R1)

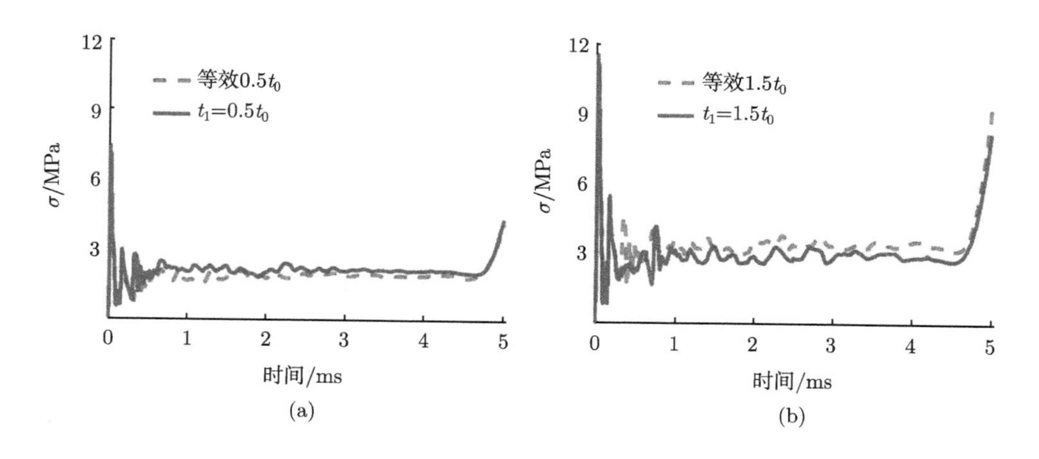

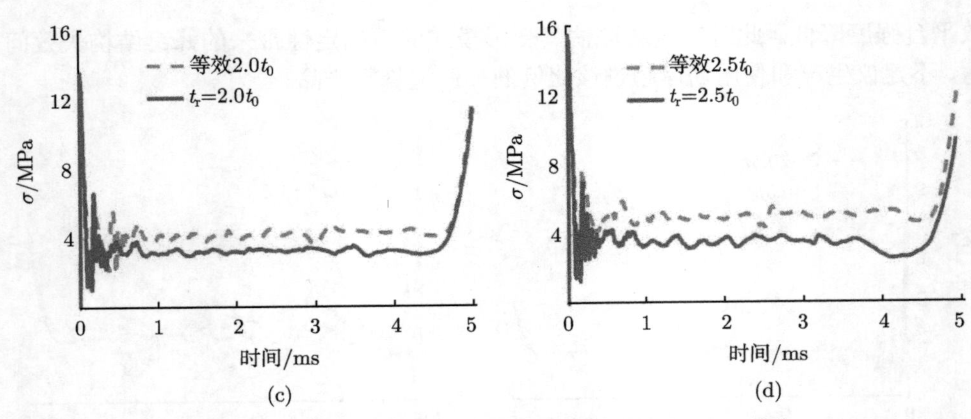

图 3.28 不同筋厚蜂窝等效前后应力–应变曲线 (R2)[19]

从以上分析可知：对标准正六边形蜂窝加筋处理可大大改观蜂窝结构的承载水平与吸能能力，且保持了与标准蜂窝结构一致的异面塑性坍塌力学行为及稳定的渐进屈曲特性。不同加筋形式的蜂窝结构其提升幅度也不一致，等壁厚的同材质蜂窝结构，双厚型加筋明显强于单厚型，而双筋型提升幅度强于单筋型。筋板厚度是影响加筋蜂窝结构承载水平与吸能能力的关键因素之一，其与基础蜂窝结构间存在筋板与胞壁厚度间的匹配效应，且存有明显的加筋板厚“分离点”，当所加筋板小于一定厚度时，加筋蜂窝结构的平台区平齐、完整；但随筋厚增加，蜂窝结构响应特性改变，平台区波动剧增。对加筋板厚的设计应落在分离点之内，以确保蜂窝结构稳定的承载能力与吸能贡献，超出该厚度比例构造的加筋型蜂窝结构，其功用将受到影响。1.5 倍厚加筋型蜂窝结构，既能保证蜂窝结构总体变形模式的稳定可靠，还可大大提高其承载水平与吸能能力，推荐此加筋板厚度作为选择方案。

3.4 考虑气压作用的蜂窝结构异面受载性能

3.4.1 胞内气体对蜂窝结构的强化作用

蜂窝结构胞孔内部充斥着空气，当蜂窝作为夹芯结构芯材时，面板与蜂窝芯之间胶连，使得胞孔内部空气处于完全封闭状态，形成一个密闭气室。在高速压缩过程中，气室内气体受到挤压，与气体体积变化成比例的压力反力将阻止该压缩的进一步深入，从而耗散能量，表现出对蜂窝平台载荷的强化效应。

Xu 等对此问题进行了较为系统的实验研究 [21]。他们采用表观密度分别为 3.1 磅每立方英尺 (pound per cubic foot)、4.5 磅每立方英尺和 8.1 磅每立方英尺的蜂窝芯样品 (分别编号为 H31、H45 和 H81)，在每块蜂窝的顶面和底面覆盖一层 EP-280 膜，如图 3.29(a) 所示。用加热后尖状工具将一侧 EP-280 膜穿透，制成有不同孔百

分比 η_b (即穿孔胞元的数量除以总的胞元数) 的蜂窝铝夹芯板，η_b 分别取 0、51% 和 100%，如图 3.29(b)~(d) 所示。

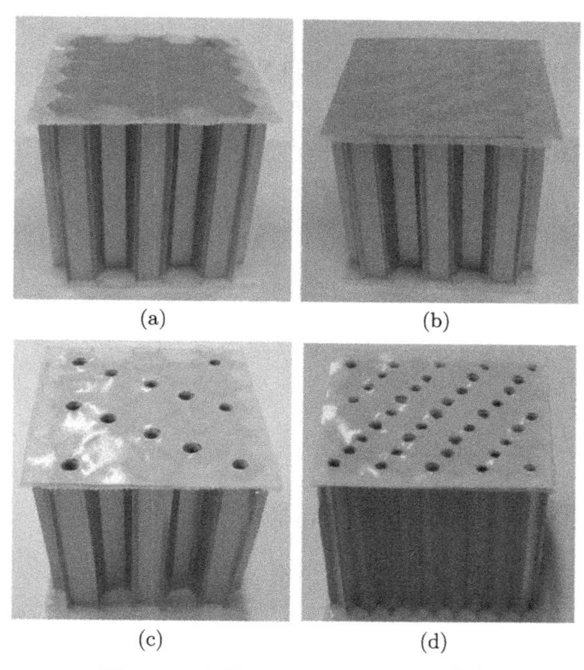

图 3.29 气体强化效应实验样品 [21]

(a) 胶膜密封; (b) $\eta_b = 0$; (c) $\eta_b = 51\%$; (d) $\eta_b = 100\%$

他们将所制作的实验样品放置于 Instron 8800 高速实验系统上，进行不同加载应变率下的压缩实验 ($\dot{\varepsilon} = 10^{-3}\ \mathrm{s}^{-1}$ 和 $\dot{\varepsilon} = 10^{2}\ \mathrm{s}^{-1}$)，得到如表 3.6 所示的实验结果。

表 3.6 不同应变率下的强化效应 [21]

样品	η_b/%	平台强度 /MPa		增量 /MPa	增幅/%
		$\dot{\varepsilon} = 10^{-3}\ \mathrm{s}^{-1}$	$\dot{\varepsilon} = 10^{2}\ \mathrm{s}^{-1}$		
H31	0	0.878	1.136	0.258	29.4
	51	0.869	1.130	0.261	30.0
	100	0.876	1.061	0.185	21.1
H45	0	1.952	2.431	0.479	24.5
	51	1.947	2.434	0.487	25.0
	100	1.892	2.313	0.421	22.3
H81	0	5.229	6.196	0.967	18.5
	51	5.235	6.245	1.01	19.3
	100	5.263	6.109	0.846	16.1

从表 3.6 中结果可知，胞内气体对蜂窝结构的平台强度存在明显的强化作用。当 $\eta_b = 100\%$ 时 (即全打开状态时)，平台强度最小；而当 $\eta_b = 0$ 时，平台强度最高，在 $\dot{\varepsilon} = 10^2\ \mathrm{s}^{-1}$ 加载相比 $\dot{\varepsilon} = 10^{-3}\ \mathrm{s}^{-1}$ 加载时，其平台强度增幅达到了 29.4%。从实验中可以观察到三种应力–应变曲线，如图 3.30 所示。对于准静态加载条件 (工况 1)，全密闭蜂窝 ($\eta_b = 0$) 表现为平坦的平台区；动态加载条件下，当全开放状态时 ($\eta_b = 100\%$)，仍然表现为平坦的平台区；但对于 $\eta_b = 0$，$\eta_b = 51\%$ 两种情况，却出现明显的随加载应变增加而逐渐强化的现象。这也说明了密闭胞孔内部空气挤压将导致蜂窝结构动态平台强度增强。

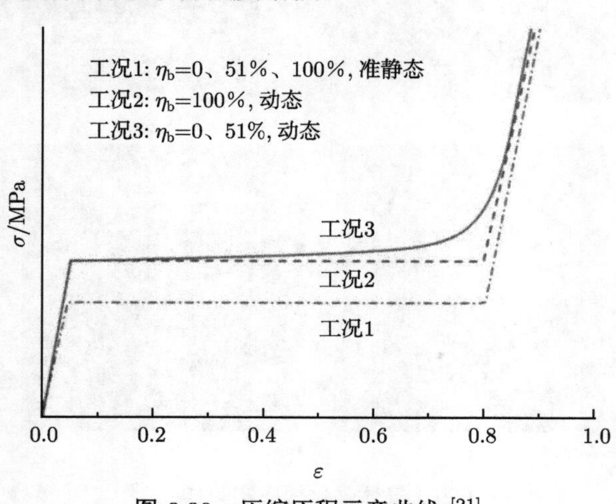

图 3.30　压缩历程示意曲线 [21]

3.4.2　气压泄漏对蜂窝结构力学性能的影响

在实验基础上，Xu 分析了气体泄漏对蜂窝结构力学性能的理论关系。根据 Zhang 和 Yu 的研究 [22]，忽略蜂窝铝夹芯板压缩时由于弯曲引起的体积变化，并且假设压缩过程是等温的，则在压缩期间空气的泄漏 δ_l 可以定义为

$$\delta_l = 1 - \frac{PV_x}{P_0V_0} \tag{3.132}$$

式中，P_0 代表初始压力 (一般取大气压力)；P 代表蜂窝夹芯板高度方向压缩量达到一定值 x 时的压力；同理，V_0 代表蜂窝夹芯板的初始体积，随着外部冲击或载荷的施加，蜂窝夹芯板开始被压缩；V_x 代表蜂窝夹芯板高度方向被压缩量达到一定值 x 时的体积。因此可得关系式

$$V_0 = L_0A_0 \tag{3.133}$$

$$V_x = L_xA_0(1-\varepsilon) \tag{3.134}$$

式 (3.133) 和式 (3.134) 中，L_0 为夹芯板初始高度；A_0 为初始横截面积；L_x 为夹芯板被压缩高度达到 x 时的厚度；ε 代表夹芯板压缩至 x 时的应变。对式 (3.132)、式 (3.133) 和式 (3.134) 进行数学变换，可得

$$P = P_0 \frac{1-\delta_l}{1-\varepsilon} \tag{3.135}$$

因此压力可由式 (3.135) 算得。式 (3.135) 中虽然不包含时间变量 t，然而 δ_l 是压缩时间 t' 的函数。因此将式 (3.135) 对 t' 取微分，其中 ε 对 t' 取微分得 $\dot{\varepsilon} = \dfrac{V_x}{L_0} = \partial\varepsilon/\partial t'$。式 (3.135) 可以改写为

$$\dot{P} = P_0 \frac{-\dot{\delta}_l(1-\varepsilon) + \dot{\varepsilon}(1-\delta_l)}{(1-\delta_l)^2} \tag{3.136}$$

对式 (3.136) 进行化简，得

$$P = \frac{P_0}{1-\varepsilon}\left(\frac{1-\delta_l}{1-\varepsilon} \times \dot{\varepsilon} - \dot{\delta}_l\right) \tag{3.137}$$

或

$$\dot{\delta}_l = \frac{1}{P_0}\left[P\dot{\varepsilon} - (1-\varepsilon)\dot{P}\right] \tag{3.138}$$

其中，$\dot{P}$ 和 $\dot{\delta}_l$ 分别为 $\partial P/\partial t'$ 和 $\partial\delta_l/\partial t'$。可以看出，泄漏和空气压力的变化率都与应变速率和应变有关，因此分别对 $\dot{P}$ 和 $\dot{\delta}_l$ 进行变形得，$\dot{P} = \partial P/\partial t' = (\partial P/\partial\varepsilon)(\partial\varepsilon/\partial t') = (\partial P/\partial\varepsilon)\dot{\varepsilon}$。故式 (3.138) 可以改写为另外一种形式，即

$$\frac{\partial P}{\partial\varepsilon} - \frac{1}{1-\varepsilon}P = \frac{P_0\dot{\delta}_l}{\varepsilon} \times \frac{1}{1-\varepsilon} \tag{3.139}$$

为简化，如 Zhang 和 Yu[22] 所假设的，空气泄漏是均匀的。由于应变速率是常数，式 (3.139) 是一阶线性微分方程。根据一阶线性微分方程通解的求解，可得该方程通解

$$P = \mathrm{e}^{-\int\left(\frac{-1}{1-\varepsilon}\right)\mathrm{d}\varepsilon}\left[c + \left(\int \frac{P_0\dot{\delta}_l}{\dot{\varepsilon}} \times \frac{1}{1-\varepsilon}\right)\mathrm{e}^{\int\left(\frac{-1}{1-\varepsilon}\right)\mathrm{d}\varepsilon}\mathrm{d}\varepsilon\right] \tag{3.140}$$

即

$$P = \frac{1}{1-\varepsilon}\left(C_0 - \frac{P_0\dot{\delta}_l}{\dot{\varepsilon}} \times \varepsilon\right) \tag{3.141}$$

在变形还未发生时，即 $\varepsilon = 0$ 的初始条件下 $P = P_0$，得到 $C_0 = P_0$。因此式 (3.141) 可进一步表达为

$$P = \frac{P_0}{1-\varepsilon}\left(1 - \frac{\dot{\delta}_l}{\dot{\varepsilon}} \times \varepsilon\right) \tag{3.142}$$

比较式 (3.142) 和式 (3.135)，可发现 $\delta_l = (\dot{\delta}_l/\dot{\varepsilon})\varepsilon$。从式 (3.135) 中可以看出，由于 $P > P_0$，所以 $\delta_l < \varepsilon$，$\dot{\delta}_l < \dot{\varepsilon}$。压缩期间的压力变化可表示为

$$\Delta P = P_0\left(\frac{1}{1-\varepsilon} - 1\right) \cdot \left(1 - \frac{\dot{\delta}_l}{\dot{\varepsilon}}\right) \tag{3.143}$$

根据 Xu 等的理论 [21]，在相同应变速率下，两个蜂窝样品 (一个孔百分比为 $\eta_{\mathrm{b}} = 100\%$，另一个为 $\eta_{\mathrm{b}} < 100\%$) 的应力将具有以下关系：

$$\sigma_{100\%} = \sigma_\eta - \Delta P \tag{3.144}$$

考虑到 $\eta_{\mathrm{b}} = 100\%$时的经验公式，平台区应力与 t/h 和应变率相关，而与加载应变无关。在平台区段，不考虑空气压缩作用的应力 σ_{r} 可以表示为

$$\sigma_{\mathrm{r}} = C_1\sigma_0\left(\frac{t}{l}\right)^{k_3}(1 + C_2\dot{\varepsilon})^p \tag{3.145}$$

因此，动态应力 σ_{d} 可以计算为

$$\sigma_{\mathrm{d}} = \sigma_{\mathrm{r}} + \Delta P \tag{3.146}$$

结合空气压缩的强化效应，动态应力的计算公式可改写为

$$\sigma_{\mathrm{r}} = C_1\sigma_0\left(\frac{t}{l}\right)^{k_3}(1 + C_2\dot{\varepsilon})^p + P_0 \cdot \left(\frac{1}{1-\varepsilon} - 1\right) \cdot \left(1 - \frac{\dot{\delta}_l}{\dot{\varepsilon}}\right) \tag{3.147}$$

其中，C_1、C_2、k_3、p 和 $\dot{\delta}_l$ 可由实验获得。

通常，密闭空气对蜂窝的强化作用可达 5%~25%，这对蜂窝结构的能量耗散是有利的。

综上可知，蜂窝在异面表现出比共面更强的力学性质，且对于六边形蜂窝结构，其模量远大于共面加载进行计算所得的结果，塑性坍塌强度也大一些，由于轴向变形及弯曲变形均被包括在内。蜂窝结构共面和异面基础力学性能的充分认识，为其结构设计与工程应用提供了坚实的理论指导。

附表　双壁厚与等壁厚两种蜂窝结构主要力学参数对比

双壁厚蜂窝结构的主要力学参数	等壁厚蜂窝结构的主要力学参数
$E_1^* = \left(\frac{t}{l}\right)^3 \frac{\cos\theta}{(h/l+\sin\theta)\sin^2\theta} E_s$	$E_1^* = \left(\frac{t}{l}\right)^3 \frac{\cos\theta}{(h/l+\sin\theta)\sin^2\theta} E_s$
$E_2^* = \left(\frac{t}{l}\right)^3 \frac{h/l+\sin\theta}{\cos^3\theta} E_s$	$E_2^* = \left(\frac{t}{l}\right)^3 \frac{h/l+\sin\theta}{\cos^3\theta} E_s$
$E_3^* = \left(\frac{t}{l}\right)^3 \frac{1+h/l}{(h/l+\sin\theta)\cos\theta} E_s$	$E_3^* = \frac{h/l+2}{2(h/l+\sin\theta)\cos\theta} \frac{t}{l} E_s$
$v_{12}^* = \frac{\cos^2\theta}{(h/l+\sin\theta)\sin\theta}$	$v_{12}^* = \frac{\cos^2\theta}{\left(\frac{h}{l}+\sin\theta\right)\sin\theta}$
$v_{21}^* = \frac{(h/l+\sin\theta)\sin\theta}{\cos^2\theta}$ $v_{31}^* = v_{32}^* = v_s$	$v_{21}^* = \frac{\left(\frac{h}{l}+\sin\theta\right)\sin\theta}{\cos^2\theta}$ $v_{31}^* = v_{32}^* = v_s$
$G_{12}^* = \left(\frac{t}{l}\right)^3 \frac{h/l+\sin\theta}{(h/l)^2\cos\theta(1+16h/l)} E_s$	$G_{12}^* = \left(\frac{t}{l}\right)^3 \frac{h/l+\sin\theta}{(h/l)^2(1+2h/l)\cos\theta} E_s$
$(\sigma_{el}^*)_2 = \frac{4}{3}\left(\frac{t}{l}\right)^3 \frac{(\beta^+)^2}{(h/l)^2\cos\theta} E_s$	$(\sigma_{el}^*)_2 = \frac{(n_k)^2\pi^2}{24} \frac{t^3}{lh^2} \frac{1}{\cos\theta} E_s$
$\left(\sigma_{pl}^*\right)_1 = \left(\frac{t}{l}\right)^2 \frac{1}{2(h/l+\sin\theta)\sin\theta}\sigma_0$	$\left(\sigma_{pl}^*\right)_1 = \left(\frac{t}{l}\right)^2 \frac{1}{2(h/l+\sin\theta)\sin\theta}\sigma_0$
$\left(\sigma_{pl}^*\right)_2 = \left(\frac{t}{l}\right)^2 \frac{1}{2\cos^2\theta}\sigma_0$	$\left(\sigma_{pl}^*\right)_2 = \left(\frac{t}{l}\right)^2 \frac{1}{2\cos^2\theta}\sigma_0$
$\left(\tau_{pl}^*\right)_{12} = \left(\frac{t}{l}\right)^2 \frac{1}{(h/l)\cos\theta}\sigma_0$	$\left(\tau_{pl}^*\right)_{12} = \frac{1}{4}\left(\frac{t}{l}\right)^2 \frac{1}{h/l\cos\theta}\sigma_0$
$G_{13}^* = \left(\frac{t}{l}\right) \frac{\cos\theta}{(h/l+\sin\theta)} G_s$	$\frac{G_{13}^*}{G_s} \geqslant \frac{\cos\theta}{\frac{h}{l}+\sin\theta} \frac{t}{l}$
$\left(\frac{t}{l}\right) \frac{h/l+\sin\theta}{(h/l+1)\cos\theta} \leqslant \frac{G_{23}^*}{G_s} \leqslant \left(\frac{t}{l}\right) \frac{h/l+\sin^2\theta}{(h/l+\sin\theta)\cos\theta}$	$\frac{G_{23}^*}{G_s} \geqslant \frac{\frac{h}{l}+\sin\theta}{\left(1+\frac{2h}{l}\right)\cos\theta} \frac{t}{l}$

续表

双壁厚蜂窝结构的主要力学参数	等壁厚蜂窝结构的主要力学参数
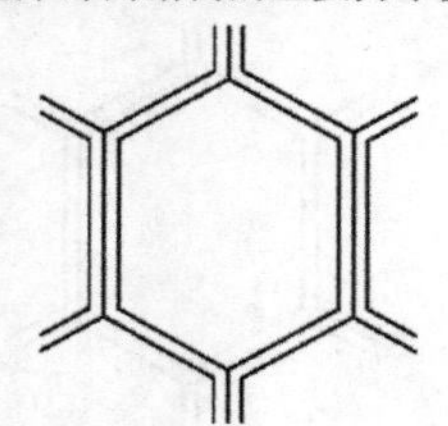	
$(\sigma_{\rm el}^*)^3=\dfrac{K}{1-(v_{\rm s})^2}\left(\dfrac{t}{l}\right)^3\dfrac{1+4\dfrac{1}{h}}{\cos\theta\left(\dfrac{h}{l}+\sin\theta\right)}E_{\rm s}$ $(K=5.73)$	$(\sigma_{\rm el}^*)_3\approx\dfrac{2}{1-(v_{\rm s})^2}\dfrac{\dfrac{l}{h}+2}{\left(\dfrac{h}{l}+\sin\theta\right)\cos\theta}\left(\dfrac{t}{l}\right)^3E_{\rm s}$
受拉：$\left(\sigma_{\rm pl}^*\right)_3=\left(\dfrac{t}{l}\right)\dfrac{1+h/l}{(h/l+\sin\theta)\cos\theta}\sigma_0$	$\left(\sigma_{\rm pl}^*\right)_3\approx\dfrac{\pi}{4}\dfrac{\dfrac{h}{l}+2}{\left(\dfrac{h}{l}+\sin\theta\right)\cos\theta}\left(\dfrac{t}{l}\right)^2\sigma_0$
受压：$\left(\sigma_{\rm pl}^*\right)_3=6.6280\left(\dfrac{t}{l}\right)^{5/3}\sigma_0$	$\left(\sigma_{\rm pl}^*\right)_3\approx5.2651\left(\dfrac{t}{l}\right)^{5/3}\sigma_0$
$(\tau_{13}^*)_{\rm el}=\left(\dfrac{t}{l}\right)^3\dfrac{C}{\left[1-(v_{\rm s})^2\right]\left(\dfrac{h}{l}+\sin\theta\right)}E_{\rm s}$ $(C=8.44)$	$\tau_{13}^*=\dfrac{CE_{\rm s}\,(t/l)^3}{\left[1-(v_{\rm s})^2\right]\left(\dfrac{h}{l}+\sin\theta\right)}$
$(\tau_{23}^*)_{\rm el}=\left(\dfrac{t}{l}\right)^3\dfrac{C}{\left[1-(v_{\rm s})^2\right]\cos\theta}\dfrac{1+\sin\theta}{\dfrac{h}{l}+\sin\theta}E_{\rm s}$ $(C=8.44)$	$\tau_{23}^*=\dfrac{CE_{\rm s}\,(t/l)^3}{2\left[1-(v_{\rm s})^2\right]\cos\theta}$

参考文献

[1] Wierzbicki T. Crushing analysis of metal honeycombs. Int J Impact Eng, 1983, 1(2): 157-174.

[2] Gibson L J, Ashby M F. Cellular Solids: Structure and Properties. 2nd ed. Cambridge: Cambridge University Press, 1997.

[3] Gibson L J, Ashby M F, Harley B A. Cellular Materials in Nature and Medicine. Cambridge: Cambridge University Press, 2010.

[4] Ashby M F, Evans T, Fleck N A, et al. Metal Foams: A Design Guide. Society of Automotive Engineers Incorporated, 2000.

[5] Lu G, Yu T. Energy Absorption of Structures and Materials. Cambridge: Woodhead Publishing, 2001.

[6] El-Sayed F A. Ph. D Thesis, University of Sheffield, 1976.

[7] El-Sayed F A, Jones R, Burgess I W. A theoretical approach to the deformation of honeycomb based composite materials. Composites, 1979, 10(4): 209-214.

[8] Ruan D, Lu G, Wang B and Yu T X. In-plane dynamic crushing of honeycombs-a finite element study. Int J Impact Eng, 2003, 28(2): 61-182.

[9] Mc Farland R K. Hexagonal cell structures under post-buckling axial load. AIAA Journal, 1963, 1(6): 1380-1385.

[10] Zhang J, Ashby M F. The out-of-plane properties of honeycombs. Int J Mech Sci, 1992, 34(6): 475-489.

[11] Zhang J, Ashby M F. Buckling of honeycombs under in-plane biaxial stresses. Int J Mech Sci, 1992, 34(6): 491-509.

[12] Chen W G, Wierzbicki, T. Relative merits of single-cell, multi-cell and foam-filled thin-walled structures in energy absorption. Thin Wall Struct, 2001, 39(4): 287-306.

[13] Yin H F, Wen G L. Theoretical prediction and numerical simulation of honeycomb strucures with various cell specifications under axial loading. Int J Mech Mater Des, 2011, 7(4): 253-263.

[14] Zamani J, Liaghat G, Sadighi M, Daghiani H. Introducing a new folding mechanism determining crushing strength of honeycomb. Amirkabir Journal of Science & Technology, 2003, 14(55-B): 734-754.

[15] Mahmodabadi M Z, Sadighi M. A study on metal hexagonal honeycomb crushing under quasi-static loading. Int J Mech Syst Sci Eng, 2010, 2(2): 73-77.

[16] Zarei Mahmodabadi M, Sadighi M. A theoretical and experimental study of hexagonal cell honeycomb under low velocity impact// Proceeding of 18th Annual (International) Conference on Mechanical Engineering, ISME 2010, Tehran, Iran, 2010.

[17] Mahmoudabadi M Z, Sadighi M. A theoretical and experimental study on metal hexagonal honeycomb crushing under quasi-static and low velocity impact loading. Mat Sci Eng A-Struct, 2011, 528(15): 4958-4966.

[18] Wang Z, Lu Z, Tian H, et al. Theoretical assessment methodology on axial compressed hexagonal honeycomb's energy absorption capability. Mechanics of Advanced Materials and Structures, 2016, 23(5): 503-512.

[19] 王中钢, 姚松. 加筋正六角铝蜂窝异面力学特性与筋胞厚度匹配优化. 航空材料学报, 2013, 33(3): 88-93.

[20] Baker W E, Togami T C, Weydert J C. Static and dynamic properties of high-density metal honeycombs. Int J Impact Eng, 1998, 21(3): 149-163.

[21] Xu S, Beynon J H, Ruan D, et al. Strength enhancement of aluminium honeycombs caused by entrapped air under dynamic out-of-plane compression. Int J Impact Eng, 2012, 47: 1-13.

[22] Zhang X, Yu T. Energy absorption of pressurized thin-walled circular tubes under axial crushing. Int J Mech Sci, 2009, 51: 335-349.

第 4 章　蜂窝结构的复杂加载行为

蜂窝结构除承受单向载荷作用外，往往会承受诸如弯曲、剪切、疲劳及双轴乃至多轴、压剪耦合等复杂载荷作用，甚至处于高温、低温等特殊的服役状态，采用芳纶等材料制作的蜂窝结构其力学性能对温度较为敏感。不同受力条件下，蜂窝结构呈现出的力学行为亦不尽相同。科学地认知复杂加载条件下蜂窝结构的行为，是扩大其应用场景、拓宽其工程应用的前提。

4.1　蜂窝结构的弯曲加载

4.1.1　弯曲作用下蜂窝结构的变形

蜂窝结构的弯曲是常见的承载形式，纯蜂窝芯的弯曲承载并不多见，主要作为夹层结构的芯材承受弯曲载荷。当夹层结构承受弯曲载荷作用时，蜂窝芯与面板共同承受载荷作用。对蜂窝结构开展弯曲实验，根据弯曲作用加载方式的不同，可分为三点弯曲和四点弯曲两种，其示意图如图 4.1 所示。

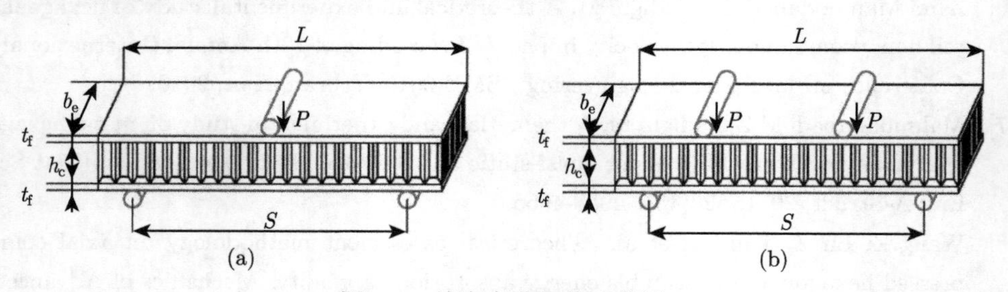

图 4.1　蜂窝弯曲加载示意图

(a) 三点弯曲; (b) 四点弯曲

蜂窝夹层结构的三点弯曲实验即将条状夹芯试样平放于弯曲实验夹具中，如图 4.1(a) 所示，形成简支梁形式，蜂窝夹芯的两个下支撑点间的距离 (跨距) 视试样长度可以调整，而试样上方只有一个加载点。四点弯曲实验与三点弯曲的主要区别在于，试样上方有两个对称的加载点，如图 4.1(b) 所示。这两种加载方式各有优劣。相对而言，三点弯曲加载较为简单、载荷较为集中，试样在最大弯矩处及其附近破坏。但正因为此，其弯矩分布不均匀 (呈三角形，见图 4.2(a))，对潜藏在蜂窝试件中的局部缺陷可能无法通过实验展现出来，一定程度上减损了实验的效果；

而四点弯曲实验方案，其弯矩分布均匀，实验时试样会在该长度上的任何薄弱处破坏，试样的中间部分为纯弯曲 (图 4.2(b))，且没有剪力的影响，实验结果较为准确。但四点弯曲需要更复杂的压夹工具。

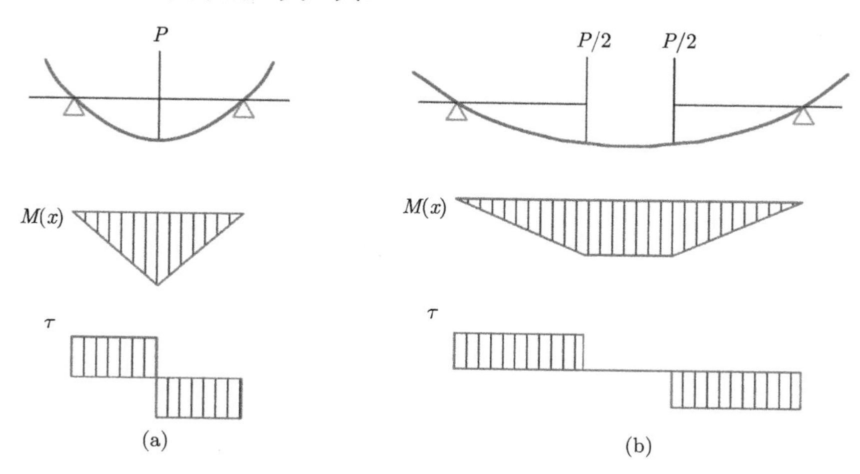

图 4.2 受力分析图

(a) 三点弯曲; (b) 四点弯曲

现以三点弯曲为例，分析蜂窝夹芯板三点弯曲作用下的力学行为。蜂窝夹芯板尺寸规格为 160 mm × 60 mm × 20 mm ($L \times W \times T$)，蜂窝胞元边长 4 mm，上下面板厚度均为 1 mm，蜂窝芯和面板材料为铝合金，经胶结工艺连接。采用万能材料试验机 (Instron 1342) 对蜂窝夹芯板进行三点弯曲实验，加载头和支撑柱直径均为 15 mm，两支撑柱间跨距为 120 mm，装夹加载如图 4.3 所示，加载速率为 2 mm/min。具体的载荷位移结果曲线和典型阶段的变形过程如图 4.4 和图 4.5 所示。

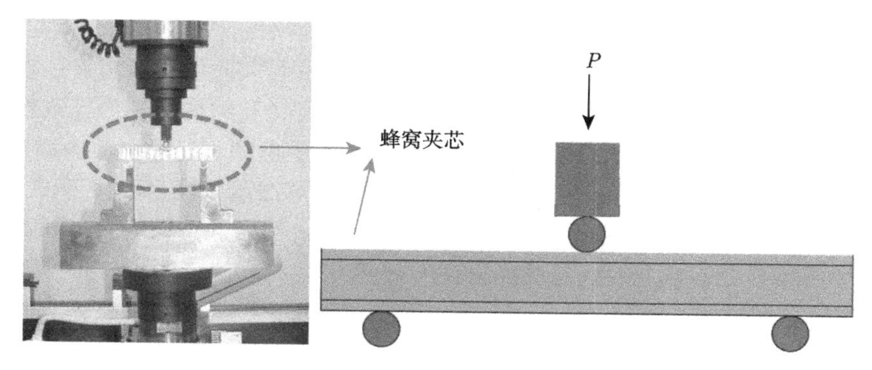

图 4.3 蜂窝夹芯弯曲加载示意图

在蜂窝夹芯板三点弯曲实验中，该蜂窝夹芯板随加载进行，首先发生微小的弹性变形，反馈到载荷位移曲线上为斜率恒定的直线段，如图 4.4 所示的 0~a 线弹性阶段；随着加载位移增大，蜂窝夹芯板中部开始发生局部凹陷，进入塑性变形阶段，如图 4.4 所示 b~d 阶段；当局部凹陷到一定程度，凹陷区域由圆弧形转变为 V 形，如图 4.4 所示 d~f 阶段；随后 V 形逐步聚拢，即夹角逐渐减小，且压头与 V 形侧面发生相对滑移，如图 4.4 所示 f~g 阶段，这种变化体现在载荷–位移曲线上为载荷逐步下降直至平稳。当加载到一定程度时，压头与 V 形侧面的相对滑动停止，V 形侧面与压头接触区域开始弧面化并逐步增大，如图 4.4 所示 g~h 阶段，其载荷在该变化中会出现缓慢增加而后逐步降低。

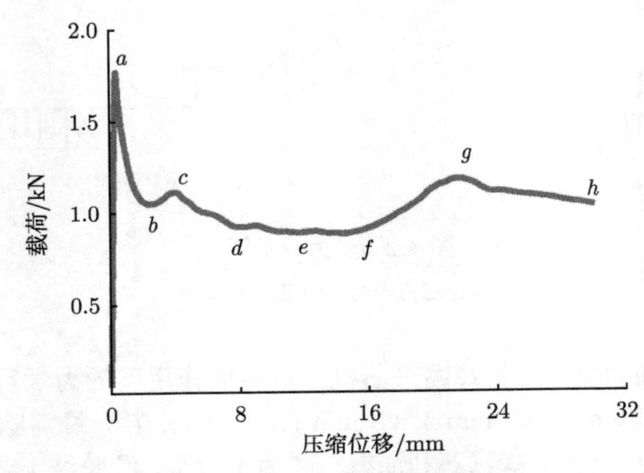

图 4.4　蜂窝结构弯曲加载过程曲线

综上所述，蜂窝夹芯板的三点弯曲变形模型及力学行为主要分为五个阶段：弹性阶段 (0~a)、塑性坍塌 ($a \sim b$)、V 形压溃 ($b \sim f$)、密实 ($f \sim g$) 和失效 ($g \sim h$)。弹性阶段由于蜂窝夹芯板均处于微小变形弹性范围，未发生永久性塑性变形，载荷增量与变形增量成比例，结构整体刚度恒定，载荷撤销后结构仍能恢复原状，一般结构部件承载工况均在该范围。塑性坍塌、V 形压溃和密实阶段时蜂窝夹芯板均已超过屈服极限，进入塑性变形阶段，材料力学性能的变化和结构的变形导致载荷急剧降低，随后蜂窝夹芯板局部密实促使载荷缓慢增加，但随着变形位移的增加，蜂窝夹芯板弯曲夹角逐渐减小，根据力的平衡原理，其弯曲承载能力缓慢下降，继续加载，夹芯板逐渐失效。一般而言，不同的压头尺寸、不同的结构材料、不同的面板厚度和蜂窝孔径等体现的抗弯曲能力亦不相同。

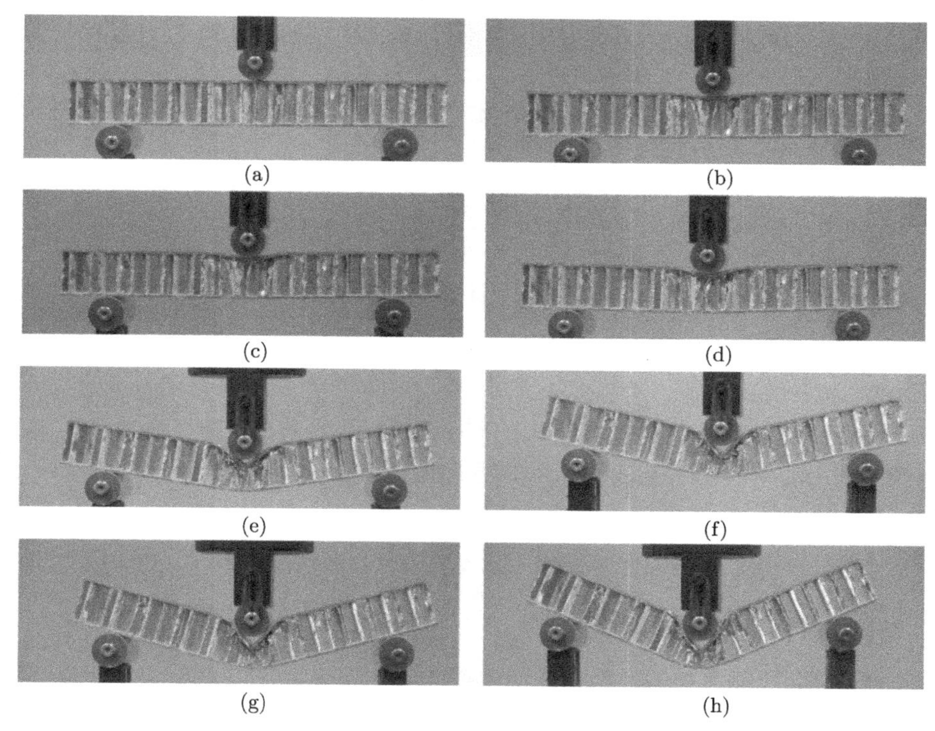

图 4.5 蜂窝夹芯板弯曲过程图

4.1.2 弯曲强度的实验分析计算

根据《GB/T 1456—2005 夹层结构弯曲性能试验方法》，蜂窝芯在弯曲过程中受到剪切力的作用，可以计算为

$$\tau_{\mathrm{c}}=\frac{P\cdot K}{2\cdot b_{\mathrm{e}}\cdot(h-t_{\mathrm{f}})} \tag{4.1}$$

式中，τ_{c} 为芯子剪切应力，单位为 MPa；P 为跨中载荷，单位为 N；K 为无量纲数；b_{e} 为试样宽度，h 为试样厚度，t_{f} 为试样面板厚度，单位均为 mm。如果 K 取 1，则上式不计及面板承受的剪切应力。当计及面板承受的剪切应力时，K 按式 (4.2)、式 (4.3) 计算：

$$K=1-\mathrm{e}^{-A} \tag{4.2}$$

$$A=\frac{l}{4t_{\mathrm{f}}}\left[\frac{6G_{\mathrm{e}}\,(h-t_1)}{E_{\mathrm{f}}\cdot t_{\mathrm{f}}}\right]^{1/2} \tag{4.3}$$

式中，A 为无量纲数，按式 (4.3) 计算；G_{e} 为芯子剪切模量，E_{f} 为面板弹性模量，单位均为 MPa。

(1) 当 P 为破坏载荷，破坏发生面与芯子脱胶时，则式 (4.1) 的计算结果为胶接剪切强度。

(2) 当 P 为比例极限载荷时，则式 (4.1) 的计算结果为芯子剪切比例极限。

$$\sigma_{\mathrm{f}}=\frac{P\cdot l}{4b_{\mathrm{e}}\cdot t_{\mathrm{f}}\left(h-t_{\mathrm{f}}\right)} \tag{4.4}$$

其中，σ_{f} 为面板中的拉、压应力，单位为 MPa。

(3) 当 P 为破坏载荷时，按式 (4.1) 计算的结果为蜂窝孔壁剪切强度：

$$G_{\mathrm{s}}=\frac{U}{n\cdot t_{\mathrm{a}}\cdot\left(h-t_{\mathrm{f}}\right)} \tag{4.5}$$

其中，G_{s} 为蜂窝孔壁剪切弹性模量，单位为 MPa；U 为剪切刚度，单位为 N；n 为试样横截面上的单层蜂窝壁数；t_{a} 为单层蜂窝壁厚度，单位为 mm。

4.2　蜂窝结构的剪切加载

4.2.1　剪切作用下蜂窝结构的变形

与弯曲不同，蜂窝结构的剪切作用主要引起芯层受剪，带来芯层的破坏。根据研究方法的不同，目前蜂窝结构的剪切实验可以分为双块剪切与单块剪切两种 [1]，其加载示意图如图 4.6 所示。双块剪切又可进一步细分为单段双块剪切与双段双块剪切。

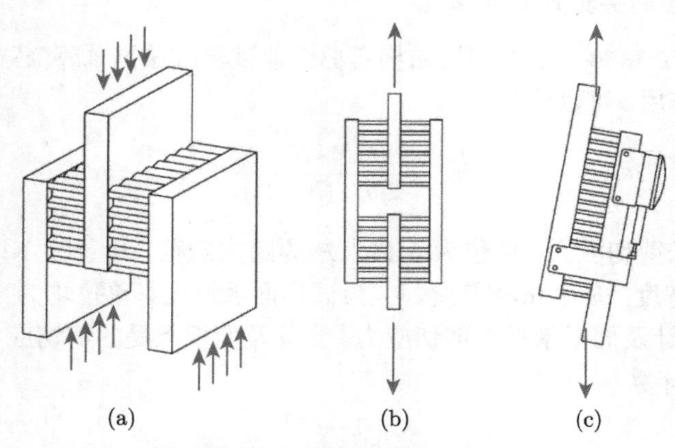

图 4.6　蜂窝结构剪切加载示意图

(a) 单段双块; (b) 双段双块; (c) 单块

蜂窝的单段双块剪切加载 (图 4.6(a))，将蜂窝芯装夹在三平面之间，通过对中间板下压、两侧板上拉的加载方式来实现。通常假定其间两蜂窝芯块的剪切应力是一致的，且试件弹性量由蜂窝结构的剪切应变来表达。此实验方法由于过于简化，可能带来较大的实验误差。由此，双段双块剪切实验方法得以发展和应用，如图 4.6(b) 所示。Ciba (A.R.L) 公司首先采用了这种改进方案。由于外侧面板的连续性，内部蜂窝芯的横向直接应变大幅减少，能获得更好的实验结果。不过，这种实验样品制造程序要稍微烦琐。

另一种与之相对应的实验方法即为单块剪切实验法，如图 4.6(c) 所示。将在蜂窝结构的两对角线拉伸加载，转换为对蜂窝结构的剪切加载，并测定剪切过程的载荷位移曲线。《GB/T 1455—2005 夹层结构或芯子剪切性能试验方法》(文献 [2]) 中也是采用单块剪切的实验方案。由于实验用的夹具板多为厚度较厚的钢板，计算剪切模量时，内部剪切应力分布可视为一致。由于剪切应变的存在，面板的相对位移将会增大。典型的蜂窝结构单块单板剪切实验如图 4.7 所示。

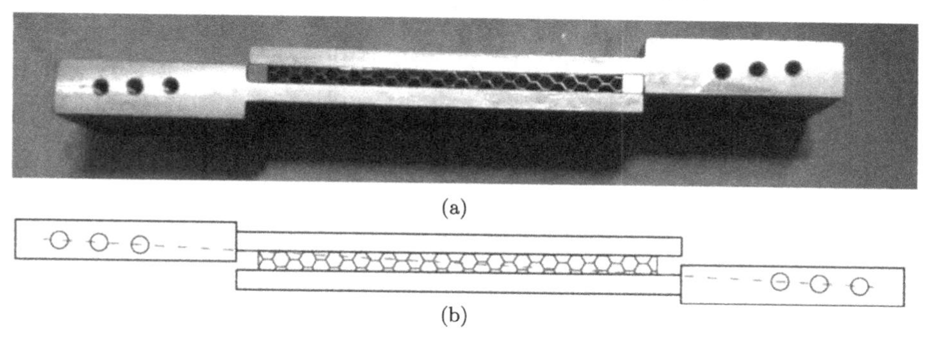

图 4.7 蜂窝结构单块单板剪切实验

(a) 样品实物; (b) 示意图

采用单块剪切实验法可获得较双块剪切实验与理论预测吻合度更好的计算结果。然而在这种情况下，测得的剪切模量明显增大。所以，对于横向加载的正六边形蜂窝结构，其剪切效率为 0.71，而理论结果是 $0.5625 \sim 0.625$ [1]。这主要归因于实验过程中面板的弯曲变形和实验过程中蜂窝结构偏转对弯曲所表现出的敏感性。正如前述弯曲实验所分析的，面板的存在提高了测量值，这恰恰与蜂窝芯剪切应力带来的压缩相反。由此，所有的测量结果都由剪切应变产生，这将低估并虚假地、大幅地减小剪切模量。在实验过程中，所使用的两侧钢板越厚，实验误差将越小，但对蜂窝芯刚度的计算也存在一定的影响。短而厚的蜂窝芯块将获得更好的结果，但也会增加其横向载荷。很明显，改进此问题的方法是测定并明确偏转角的大小，以减小其对面板弯曲的敏感性。然而，与双块剪切实验一样，单块剪切实验方法仍未完全实现简单、理想应力和隐形偏转的实验目标。相比于此，简单三明治梁的弯曲实验因可获得与理论相印证的实验结果而更受欢迎，得到广泛采用。

典型的蜂窝结构剪切变形模式如图 4.8、图 4.9 所示。图 4.8 为单块双板剪切实验变形过程中蜂窝结构的形态 [3]，而图 4.9 为代表性的载荷–位移曲线历程。根据图 4.9 所示的实验结果可知，在剪切载荷作用下，蜂窝结构的变形过程大致可以分为四个阶段 [3,4]，包括：弹性变形 (A-B)、塑性变形 (B-C)、胞壁压溃甚至断裂 (C-D) 和芯层/面板脱胶 (D-E)。在弹性变形阶段，载荷线性增加直至峰值点。达到最大值后，出现塑性变形，载荷迅速下降，胞壁产生皱褶甚至初始裂纹。随后，在胞壁出现大面积断裂，并伴随第二个峰值力，接触界面脱胶，与面板胶接失效。

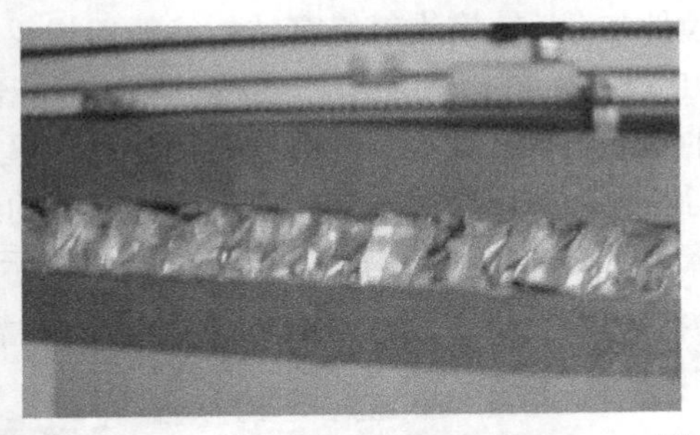

图 4.8　单块双板剪切实验蜂窝结构变形 [3]

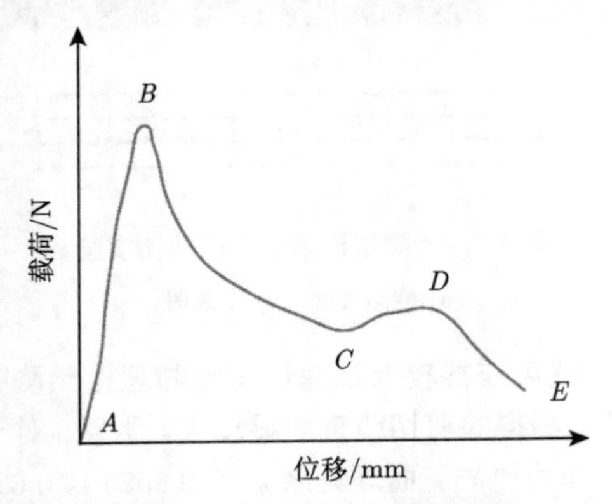

图 4.9　蜂窝结构单块双板剪切实验加载曲线

根据《GB/T 1455—2005 夹层结构或芯子剪切性能试验方法》，蜂窝芯的剪切应力可以计算为

$$\tau_{\mathrm{c}} = \frac{P}{l_a \cdot b_{\mathrm{e}}} \tag{4.6}$$

式中，τ_{c} 为芯子剪切应力，单位为 MPa；P 为试样载荷，单位为 N；l_a 为试样长度，b_{e} 为试样宽度，单位均为 mm。当 P 为破坏载荷时，则式 (4.6) 的计算结果为剪切强度；当 P 为比例极限时，则式 (4.6) 的计算结果为芯子剪切比例极限。芯子的剪切模量计算如下

$$G_{\mathrm{c}} = \frac{h_{\mathrm{c}} \cdot \Delta P}{l_a \cdot b_{\mathrm{e}} \cdot \Delta h_{\mathrm{c}}} \tag{4.7}$$

式中，h_{c} 为试样厚度，Δh_{c} 为对应 ΔP 的芯子剪切变形增量值，单位均为 mm。

4.2.2 剪切分析计算

蜂窝结构剪切的理论计算多采用胞元法，通过对基础单元利用梁弯曲变形理论建立平衡方程，开展受力分析。Chen 等 [5] 从理论角度较系统地建立了 x_1 方向与 x_2 方向剪切加载的蜂窝结构行为，较充分地认识了蜂窝结构的剪切受力情况。蜂窝结构在 x_1 方向的剪切加载如图 4.10 所示。

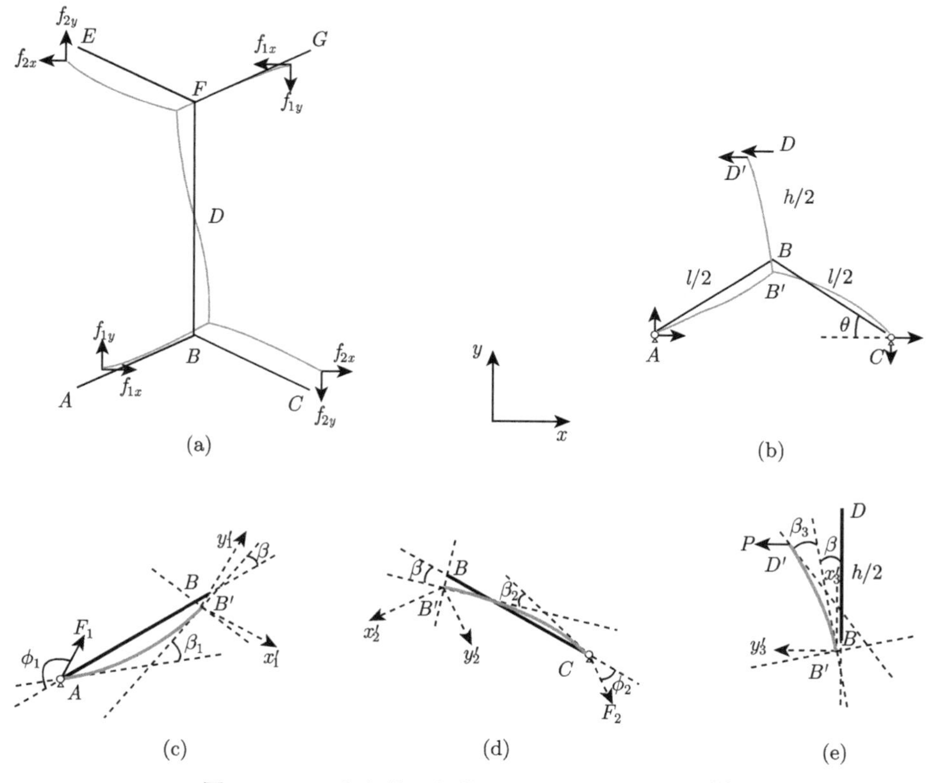

图 4.10 x_1 方向剪切加载时变形前后胞元形态 [5]

图 4.10 示意性地表示了沿 x_1 方向剪切的蜂窝单元变形前后的状态与边界约束等。因为单元在点 D 上几何对称，施加在单胞上的力也在点 D 上对称，可以得到

$$u_A = -u_G, \quad u_E = -u_C \tag{4.8}$$

其中，u_A、u_G、u_C 和 u_E 分别是点 A、G、C、E 的位移。此外，由于在点 A、G、C、E 处没有弯曲力矩，点 A 和点 C 之间的距离以及点 E 和点 G 之间的距离是恒定的，即

$$u_A = u_C, \quad u_E = u_G \tag{4.9}$$

由于几何和荷载的对称性，只需要分析单元的一半，如图 4.10(b) 所示，点 A 和点 C 可以被视为简单支撑。为了便于分析，将三个胞壁分成单独的实体，并分别研究它们的偏移。值得注意的是，这三个胞壁确实处于与悬臂梁相同的条件下。运用式 (4.7) 和式 (4.8)，Lan 和 Fu [6] 提出了以下控制方程：

$$\frac{l}{2} = \frac{1}{k_i}\left[F\left(m_i\right) - F\left(\eta_i, m_i\right)\right] \quad (i=1,2) \tag{4.10}$$

$$\frac{h}{2} = \frac{1}{k_3}\left[F\left(m_3\right) - F\left(\eta_3, m_3\right)\right] \tag{4.11}$$

$$F_1 \sin\left(\phi_1 - \theta\right) - F_2 \sin\left(\phi_2 + \theta\right) = 0 \tag{4.12}$$

$$-F_1 \cos\left(\phi_1 - \theta\right) + F_2 \cos\left(\phi_2 + \theta\right) = P \tag{4.13}$$

$$\begin{aligned} &k_1\sqrt{\cos\left(\phi_1 + \beta - \beta_1\right) - \cos\left(\phi_1 + \beta\right)} + k_2\sqrt{\cos\left(\phi_2 + \beta - \beta_2\right) - \cos\left(\phi_2 + \beta\right)} \\ &= k_3\sqrt{\cos\left(\pi/2 - \beta - \beta_3\right) - \cos\left(\pi/2 - \beta\right)} \end{aligned} \tag{4.14}$$

$$\left|\bar{Y}_{AB}\right| = \left|\bar{Y}_{CB}\right| \tag{4.15}$$

$$\left|\bar{X}_{AB}\right| + \left|\bar{X}_{CB}\right| = L\cos\theta \tag{4.16}$$

其中

$$\frac{1}{k_i} = \sqrt{\frac{E_{\mathrm{S}} I}{F_i}}, \quad m_i = \cos^2\left(\frac{\phi_i + \beta - \beta_i}{2}\right) \tag{4.17}$$

$$\eta_i = \arcsin\left[\frac{\cos\left(\dfrac{\phi_i + \beta}{2}\right)}{\cos\left(\dfrac{\phi_i + \beta - \beta_i}{2}\right)}\right] \quad (i=1,2) \tag{4.18}$$

$$\frac{1}{k_3} = \sqrt{\frac{E_{\mathrm{S}} I}{P}}, \quad m_3 = \cos^2\left(\frac{\pi/2 - \beta - \beta_3}{2}\right) \tag{4.19}$$

$$\eta_3 = \arcsin\left[\frac{\cos\left(\dfrac{\pi/2 - \beta}{2}\right)}{\cos\left(\dfrac{\pi/2 - \beta - \beta_3}{2}\right)}\right] \tag{4.20}$$

F_1、F_2 和 P 分别是作用于点 A、C 和 D 的力；β 是 B 点的旋转角；β_1、β_2 和 β_3 分别是点 A、C 和 D 的细胞壁 AB、CB 和 DB 的旋转角；ϕ_1 和 ϕ_2 分别是 F_1 与未变形细胞壁 AB 之间的夹角和 F_2 与未变形细胞壁 CB 之间的夹角 (蜂窝芯的剪切强度随其排列方向角按正弦规律变化 [7])。$\bar{X}_{AB}$、$\bar{X}_{CB}$、$\bar{Y}_{AB}$ 和 $\bar{Y}_{CB}$ 分别是 X 轴和 Y 轴上变形壁 AB 和 CB 的投影，它们是

$$\begin{bmatrix} \bar{X}_{AB} \\ \bar{Y}_{AB} \end{bmatrix} = T_1 \begin{bmatrix} \bar{x}_1 \\ \bar{y}_1 \end{bmatrix} \tag{4.21}$$

$$\begin{bmatrix} \bar{X}_{CB} \\ \bar{Y}_{CB} \end{bmatrix} = T_2 \begin{bmatrix} \bar{x}_2 \\ \bar{y}_2 \end{bmatrix} \tag{4.22}$$

其中

$$T_1 = \begin{bmatrix} \cos(\phi_1 - \pi/2 - \theta) & \sin(\phi_1 - \pi/2 - \theta) \\ -\sin(\phi_1 - \pi/2 - \theta) & \cos(\phi_1 - \pi/2 - \theta) \end{bmatrix} \tag{4.23a}$$

$$T_2 = \begin{bmatrix} \cos(\pi/2+\phi_2 + \theta) & \sin(\pi/2+\phi_2 + \theta) \\ -\sin(\pi/2+\phi_2 + \theta) & \cos(\pi/2+\phi_2 + \theta) \end{bmatrix} \tag{4.23b}$$

$$\bar{x}_i = -\frac{\sqrt{2}}{k_i}\sqrt{\cos(\phi_i + \beta - \beta_i) - \cos(\phi_i + \beta)} \quad (i = 1, 2) \tag{4.23c}$$

$$\bar{x}_3 = \frac{\sqrt{2}}{k_3}\sqrt{\cos\left(\frac{\pi}{2} + \beta - \beta_3\right) - \cos\left(\frac{\pi}{2} - \beta\right)} \tag{4.23d}$$

$$\bar{y}_i = -\frac{1}{k_i}\left[F(m_i) - F(\eta_i, m_i)\right] - \frac{2}{k_i}\left[E(m_i) - E(\eta_i, m_i)\right] \quad (i = 1, 2, 3) \tag{4.23e}$$

由此可解得

$$\Delta X = \left(\frac{l}{2}\cos\theta - \bar{X}_{AB}\right) + \bar{y}_3 \tag{4.24}$$

$$\Delta Y = \frac{h}{2} + \frac{l}{2}\sin\theta - \left(\bar{Y}_{AB} + \bar{x}_3\right) \tag{4.25}$$

相应地，可解得其剪切应力和剪切应变。

采用相同的方法可以计算 x_2 方向的蜂窝剪切行为。

4.3 蜂窝结构的疲劳损伤

4.3.1 蜂窝结构疲劳损伤与破坏

通常认为，结构的疲劳破坏是载荷的循环变化导致的，由疲劳造成的破坏与重复加载有关。国际标准化组织 (ISO) 在 1964 年发表的报告 *General Principles for Fatigue Testing of Metals* [8] 中给 "疲劳" 下了一个描述性的定义：金属材料在应力或应变的反复作用下所发生的性能叫作疲劳。这一描述同样也普遍适用于非金属材料。

蜂窝结构，无论是金属蜂窝还是非金属蜂窝，在循环往复载荷作用下均易发生疲劳破坏，甚至失效。在长交路轨道交通系统中，用作车身芯材的蜂窝结构同样面临潜在的来自交变疲劳载荷的作用，尤其在蜂窝胞壁胶接部位，易出现因疲劳导致的胶接破坏与失效。再如，航空航天装备结构，在高空飞行过程中反复振动，同样可能引发蜂窝夹芯结构的疲劳。按破坏循环次数的高低，疲劳通常分为高周疲劳和低周疲劳。

疲劳问题虽然并未像单向压缩、弯曲和剪切那样受到如此重视，但亦被广泛关注。已有研究发现，不同疲劳加载方式下，复合材料蜂窝夹层结构呈现不同的力学行为。在对铝蜂窝夹层板进行的动力学实验中观察到，试件中心凹陷或剪切失效导致了蜂窝芯子的失效 [9]。在铝蜂窝芯子、碳纤维面板蜂窝夹层结构的四点弯曲疲劳试验中发现，缺陷能改变该夹层结构的破坏机制，且疲劳裂纹的形成和扩展对结构弯曲刚度的影响很小 [10]。而采用芳纶纤维面板时，面板将发生起皱、局部蜂窝芯屈曲等失效形式，载荷作用点的位置对结构的失效历程有较大影响 [11]。含缺陷的蜂窝夹芯结构在 L 和 W 两个方向上的开裂破坏程度均较轻 [12]。在低温条件下，蜂窝夹层结构的疲劳失效模式主要表现为蜂窝芯子的剪切破坏，且在瞬间发生，并非常温下的刚度渐降 [13]。

对蜂窝往复加载的疲劳实验过程，可采用弯曲加载和剪切加载两种方式展开，其损伤疲劳失效形式也不相同。

(1) 累积弯曲变形损伤疲劳。在三点弯曲载荷作用下，蜂窝夹芯结构的主要疲劳失效模式有起皱、屈曲和面板断裂 [14,15]，如图 4.11(a) 和 (b) 所示。

(2) 累积剪切变形损伤疲劳。剪切失效模式与弯曲失效模式略有不同，主要呈现出剪切破坏特征 [16]，且与剪切方向密切相关，如图 4.11(c) ~ (f) 所示。

从以上累积弯曲变形与累积剪切变形致损伤疲劳可知，蜂窝结构的疲劳失效过程存在裂纹形成、裂纹扩展及裂纹失稳断裂三个阶段。对于理想的正六边形蜂窝结构 (无初始缺陷)，氧化、腐蚀及使用中的磨损或者晶体界面滑移带的挤出都会产生损伤裂纹；在实际制造过程中也会不可避免地产生初始缺陷，形成初始裂纹。待裂纹形成后，在重复外载荷作用下，蜂窝结构内部的裂纹沿垂直于最大正应力的方向扩展，初期呈近似线性，随后迅速加快。当结构所受的应力强度因子大于材料的断裂韧度时，结构会在一瞬间发生失稳断裂，这是疲劳破坏的最后阶段。

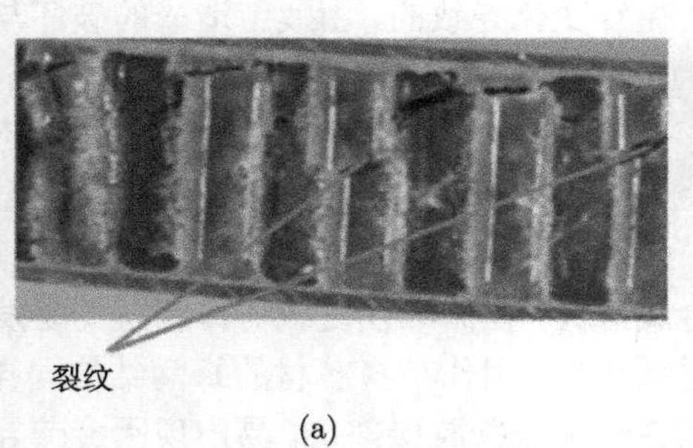

(a)

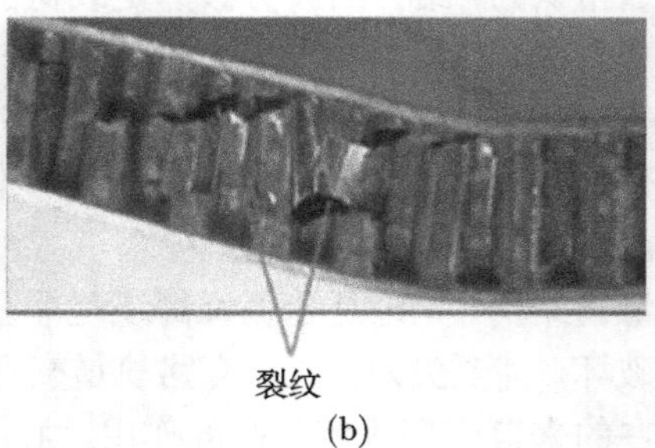

(b)

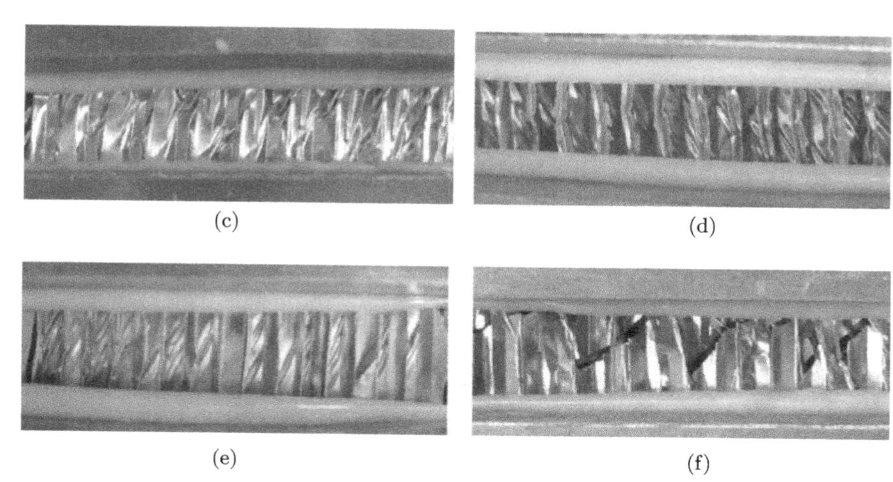

图 4.11 蜂窝结构的疲劳失效 [14-16]

(a) L 方向弯曲失效; (b) W 方向弯曲失效; (c) L 方向剪切失效; (d) W 方向剪切失效; (e) 45° 方向剪切失效; (f) 疲劳裂纹发展

4.3.2 蜂窝结构疲劳寿命预测

疲劳研究的核心意义在于开展疲劳寿命的预测，目前常用的疲劳寿命的预测方法主要包括 S-N 曲线法、强度退化模型、刚度退化模型和累积损伤模型。S-N 曲线法根据材料的疲劳实验数据建立一些经验公式来拟合实验材料的 S-N 曲线；强度退化模型，则是在疲劳过程中结构发生初始强度退化的基础上建立剩余强度寿命预测模型；而刚度退化模型，则是通过建立疲劳模量或剩余刚度等来预测复合材料疲劳寿命的模型；累积损伤模型，是从金属材料的损伤发展而来，其中最常用的累积损伤理论是线性损伤理论。

S-N 曲线法是应用最广泛的疲劳寿命预测方法。通过对标准试件做拉、压、弯曲和扭转的疲劳实验获得相应的疲劳寿命，它反映的是单轴应力状态。影响 S-N 曲线的因素主要有: 材料的性质，加工工艺 (表面光滑度、残余应力及应力集中等)，载荷环境 (平均应力、温度和化学环境等)，几何形状参数等。该方法以疲劳实验数据为基础，利用一些经验公式来拟合得到试件 S-N 曲线的近似公式。Abbadi 使用四点弯曲对蜂窝芯进行了疲劳研究，开展疲劳的预测，通过计算 W 方向和 L 方向的剪切模量退化过程并进行幂函数拟合，获得了 S-N 曲线 [17]，代表性的预测结果如图 4.12 所示。

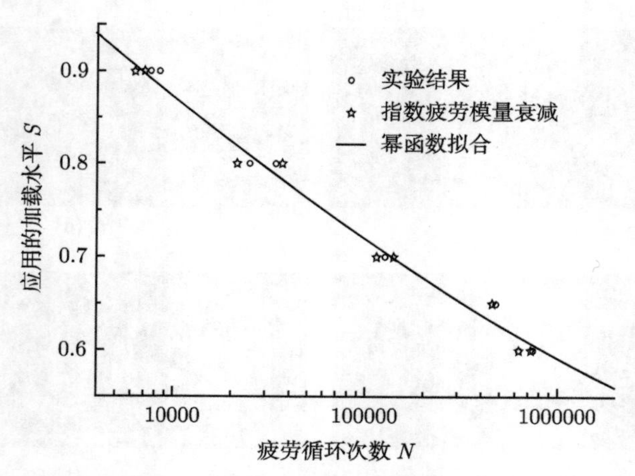

图 4.12　非线性 S-N 曲线 (W 方向)[17]

4.4　蜂窝结构双轴加载

4.4.1　共面双轴加载

当蜂窝结构受到双向载荷时，即在其平面内的两个垂直方向上同时受到 σ_1 (沿 x_1 方向) 与 σ_2 (沿 x_2 方向) 载荷作用 (图 4.13)，其线弹性响应可依据第 3 章所推导的相关公式进行计算。但弹性屈曲模式、塑性响应及脆性断裂等需结合双向载荷展开分析 [18]。

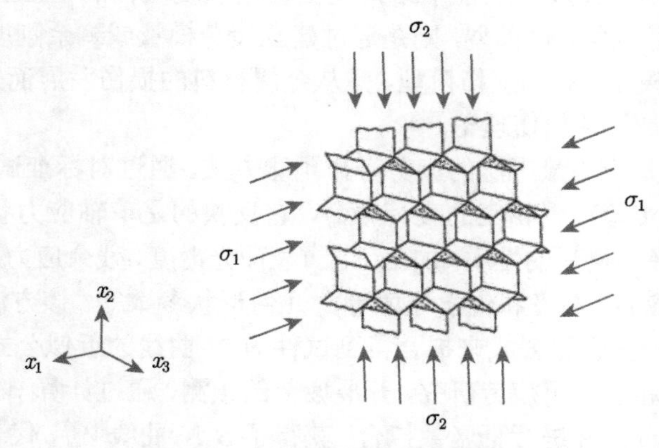

图 4.13　蜂窝结构的双轴加载

1. 双轴加载的线弹性响应

对图 4.13 所示蜂窝结构承受 x_1 和 x_2 方向的双向加载情况，主应力 σ_1 和 σ_2，拉伸时为正，压缩时为负。如第 3 章所述，蜂窝结构的共面刚度相对较低。在单向加载时，弯曲位移远大于胞壁的轴向延伸或压缩，故而胞壁轴向变形往往可以忽略不计。但在双向加载时，总可以发现弯矩由 σ_1 和 σ_2 的合力抵消的现象，此时，胞壁变形不能再被忽略了，其弹性响应可以通过下式计算：

$$\varepsilon_1 = \frac{1}{E_1^*}\left(\sigma_1 - v_{12}^*\sigma_2\right) \tag{4.26}$$

$$\varepsilon_2 = \frac{1}{E_2^*}\left(\sigma_2 - v_{21}^*\sigma_1\right) \tag{4.27}$$

$$\gamma_{12} = \frac{\tau_{12}}{G_{12}^*} \tag{4.28}$$

在等双向应力条件下 ($\sigma_1 = \sigma_2 = \sigma$)，对于正六边形蜂窝结构 ($h = l, \theta = 30°$)，胞壁弯矩相互抵消，弹性应变 ($\varepsilon_1 = \varepsilon_2 = \varepsilon$) 为

$$\varepsilon = \frac{\sigma}{E^*}\left(1 - v^*\right) \tag{4.29}$$

或表达为

$$\varepsilon = \sqrt{3}\frac{\sigma}{E_{\mathrm{s}}\left(t/l\right)} \tag{4.30}$$

由式 (4.30) 可知，受到等双向应力的各向同性蜂窝结构的刚性，取决于 t/l 而非 $(t/l)^3$，反映的是孔壁的轴向刚度而非弯曲刚度。

2. 双轴加载的弹性屈曲

与单轴加载相比，蜂窝结构在双向加载条件下，弹性屈曲的模式将会发生变化，其取决于应力状态。正六边形蜂窝结构至少为两种屈曲模式 [18]，见图 4.14。

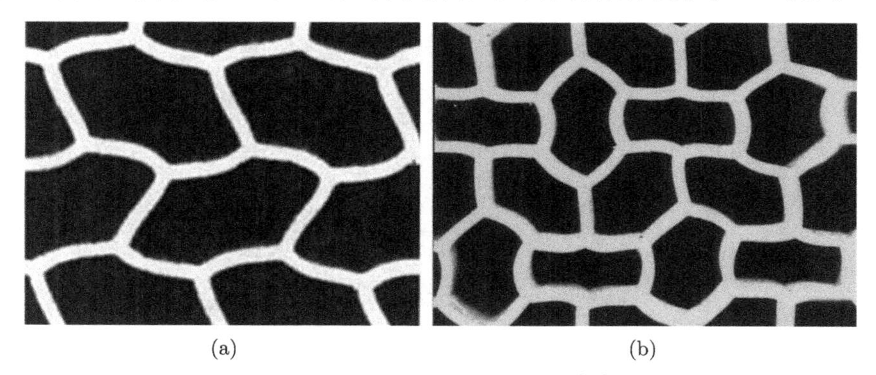

(a) (b)

图 4.14 蜂窝结构屈曲模式 [18]

(a) 单向压缩; (b) 双向压缩

如前所述，通过欧拉屈曲方程 (3.21) 将端点约束因子 n_{k} 与结点的旋转刚度相

联系：

$$P_{\text{crit}} = \frac{(n_{\text{k}})^2 \pi^2 E_{\text{s}} I}{h^2} \tag{4.31}$$

该因子取决于应力状态，同时还取决于屈曲模式。由此建立了产生各模式的轴向应力的合力。

取其代表性单元进行分析 (图 4.15)。当应力 σ_1 和 σ_2 施加到蜂窝结构上时，首先计算作用于各边的轴向载荷和力矩，并根据在结点处的旋转度 α 来确定角度和各个梁的弯曲角度 (α-β)，然后利用斜挠曲定则来计算保持在屈曲模式中的应力合力。

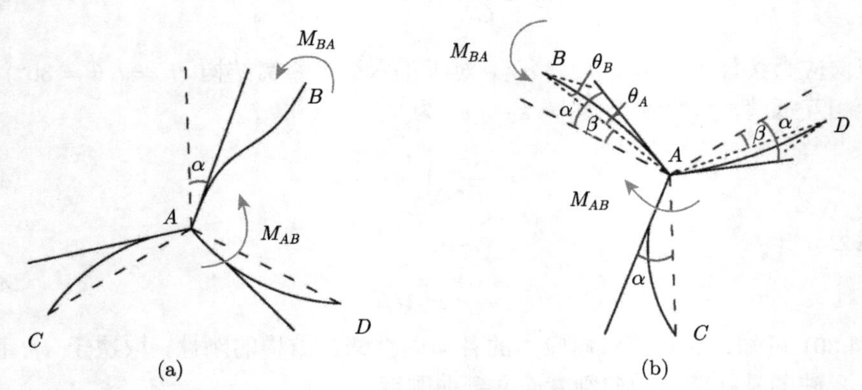

图 4.15　弹性屈曲模式 [18]

(a) 模式 I ; (b) 模式 II

对于梁 AB 有

$$\theta_A = \frac{M_{AB} l}{3EI} \psi(u) + \frac{M_{BA} l}{6EI} \phi(u) \tag{4.32}$$

$$\theta_B = \frac{M_{BA} l}{3EI} \psi(u) + \frac{M_{AB} l}{6EI} \phi(u) \tag{4.33}$$

式中

$$\psi(u) = \frac{3}{2u}\left(\frac{1}{2u} - \frac{1}{\tan 2u}\right) \tag{4.34}$$

$$\phi(u) = \frac{3}{u}\left(\frac{1}{\sin 2u} - \frac{1}{2u}\right) \tag{4.35}$$

$$u = \frac{1}{2}\sqrt{\frac{P_{AB}}{EI}} \tag{4.36}$$

这里，P_{AB} 是作用于梁 AB 的轴向载荷；而 M_{AB} 和 M_{BA} 是端点力矩；梁的弯曲角度分别是 θ_A 和 θ_B。将该法逐一应用于 3 条边，得一组关于角度 θ 的方程。按

中心结点处平衡条件和每条边的平衡条件要求，进一步得出如下形式的方程组 (图 4.15(b)):

$$2M_{AB}+M_{AC}=0 \tag{4.37}$$

$$M_{AB}-M_{BA}+P_{AB}\alpha l=0 \tag{4.38}$$

由此方程组，可消掉角度 α、β 和力矩 M_{AB} 等，从而得出作用力之间的关系，以及 σ_1 和 σ_2，需用来维持各个形态。对于正六边形蜂窝结构 ($h=l$，$\theta=30°$)，对模式 I [18]:

$$\tan\left(\frac{1}{2t}\sqrt{\frac{12\sqrt{3}l\sigma_2}{E_{\mathrm{s}}t}}\right)\tan\left[\frac{1}{2t}\sqrt{\frac{3\sqrt{3}l\left(3\sigma_1+\sigma_2\right)}{E_{\mathrm{s}}t}}\right]-\sqrt{\frac{3\sigma_1+\sigma_2}{\sigma_2}}=0 \tag{4.39}$$

而对模式 II [18]:

$$\sqrt{\frac{3\sigma_1+\sigma_2}{\sigma_2}}+\frac{\tan\left[\frac{1}{2t}\sqrt{\frac{12\left(3\sigma_1+\sigma_2\right)l\sqrt{3}}{E_{\mathrm{s}}t}}\right]}{\tan\left(\frac{1}{2t}\sqrt{\frac{12\sigma_2 l\sqrt{3}}{E_{\mathrm{s}}t}}\right)}=0 \tag{4.40}$$

对正六边形蜂窝结构 σ_1 和 σ_2 的计算值，该结果与实验结果吻合良好 [19]。

在弹性屈曲发生之前，具有低的相对密度的蜂窝结构能够承受大的变形，改变了在屈曲初始点的平衡方程。Zhang 和 Ashby [20] 用刚性方法分析了该情形，发现蜂窝结构中具有 $h=l$ 和 $\theta>7°$ 的双倍厚度竖壁，抑制了模式 II [18] 屈曲。对 Nomex 蜂窝的测试，也证实了这一结果。

3. 双轴加载的塑性坍塌

双轴加载对蜂窝结构的塑性坍塌具有主要的影响作用。如图 4.16 所示，蜂窝结构受主应力 σ_1 和 σ_2 的作用，拉伸时为正，压缩时为负。若两个主应力 σ_1 和 σ_2 反号，则作用于孔壁的弯矩增大，坍塌更易于发生；若它们同号，则由其中之一产生的力矩会被另一力产生的力矩部分或全部抵消，而使得由塑性铰点的变形引起的坍塌更难于发生。

作用于斜壁的载荷如图 4.16(b) 所示，则净力矩 M 为

$$M=\pm\left[\frac{\sigma_1\left(h+l\sin\theta\right)b_{\mathrm{s}}l\sin\theta-\sigma_2 l^2 b_{\mathrm{s}}\cos^2\theta}{2}\right] \tag{4.41}$$

而轴向切应力

$$\sigma_{\mathrm{a}}=\frac{\sigma_1\left(h+l\sin\theta\right)\cos\theta+\sigma_2 l\sin\theta\cos\theta}{t} \tag{4.42}$$

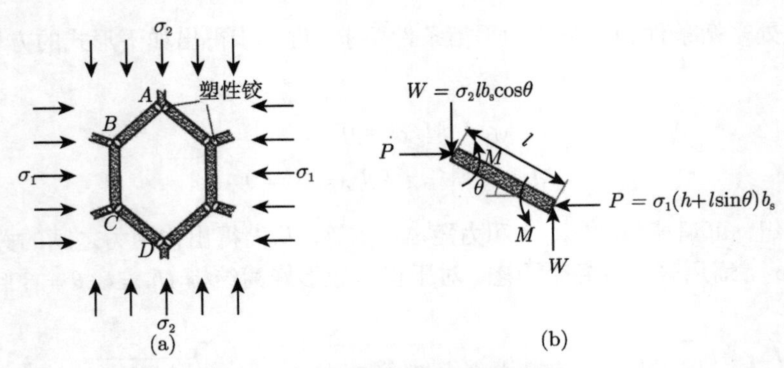

图 4.16 双轴加载时蜂窝结构塑性坍塌受力图

轴向应力可缓和导致梁产生塑性坍塌的力矩。当梁为纯塑性时，其内部应力必等于通过截面的应力 σ_0 (图 4.17)。轴向应力 σ_a 造成梁的中轴从中央位置移向距梁顶部距离为 c_a 的新位置。该距离由梁内轴向力与 σ_a 产生的力的方程来计算 (图 4.17):

$$\sigma_0 c_a b_s - \sigma_0 (t - c_a) b_s = \sigma_a t b_s \tag{4.43}$$

进一步改写为

$$\frac{c_a}{t} = \frac{\sigma_a + \sigma_0}{2\sigma_0} \tag{4.44}$$

由此可计算得到塑性力矩 M_p

$$M_p = \frac{\sigma_0 b_s t^2}{4}\left[1-\left(\frac{\sigma_a}{\sigma_0}\right)^2\right] \tag{4.45}$$

当 $\sigma_a = 0$ 时，式 (4.45) 可简化成 $M_p = \sigma_0 b_s t^2/4$，同式 (3.29)。当式 (4.41) 给出的力矩大于 M_p 时，即

$$M \geqslant M_p \tag{4.46}$$

蜂窝结构将发生塑性坍塌，临界方程为

$$\pm\frac{\sigma_1(h/l+\sin\theta)\sin\theta - \sigma_2\cos^2\theta}{\sigma_0(t/l)^2} = \frac{1}{2}\left\{1-\left[\frac{\sigma_1(h/l+\sin\theta)\cos\theta - \sigma_2\sin\theta\cos\theta}{\sigma_0(t/l)}\right]^2\right\} \tag{4.47}$$

当忽略轴向载荷时，对于合适的单轴极限，上式恰好可简化成式 (3.32) 和式 (3.35)。对正六边形 ($h = l, \theta = 30°$)，上式进一步则简化成

$$\pm\left(\frac{\sigma_1}{\sigma_0}-\frac{\sigma_2}{\sigma_0}\right) = \frac{2}{3}\left(\frac{t}{l}\right)^2\left\{1-\left[\frac{3\sqrt{3}\left(\sigma_1/\sigma_0+\frac{1}{3}\sigma_2/\sigma_0\right)}{\frac{4t}{l}}\right]^2\right\} \tag{4.48}$$

$$\pm\left(\frac{\sigma_1}{\sigma_{\rm pl}^*}-\frac{\sigma_2}{\sigma_{\rm pl}^*}\right)=1-\left[\frac{\sqrt{3}}{2}\left(\frac{\sigma_1}{\sigma_{\rm pl}^*}+\frac{1}{3}\frac{\sigma_2}{\sigma_{\rm pl}^*}\right)\frac{t}{l}\right]^2 \tag{4.49}$$

对于 $t/l=0.1$，其屈服面在压缩边被弹性屈曲线切去头端，该弹性屈曲线由方程 (4.39) 和方程 (4.40) 计算而得，其中应用了 $\sigma_0/E_{\rm s}=1/50$，这是许多聚合物的一般性取值。

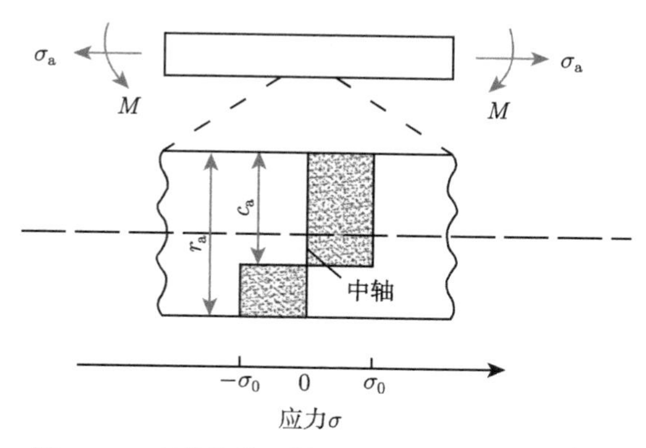

图 4.17 弯曲载荷和轴向载荷下孔壁的受力 [18]

由不规则六边形孔格构成的各向异性蜂窝结构，具有一个拉长的椭圆屈服。但在这种情形下，在 x_1 和 x_2 方向上的单向屈服强度不再相等。对应于孔壁内的纯轴向载荷，屈服面上的极点由设置 σ_1 和 σ_2 产生的力矩为零这一条件来确定。产生纯轴向载荷的 σ_1 和 σ_2 的比率则为

$$\frac{\sigma_1}{\sigma_2}=\frac{\cos^2\theta}{(h/l+\sin\theta)\sin\theta}=v_{12}^* \tag{4.50}$$

这恰好等于其泊松比。

4. 双轴加载的脆性破坏

当受弯曲载荷和轴向载荷双重作用的孔壁最大表面应力越过孔壁材料的断裂模量的 $\sigma_{\rm fs}$ 时，就会发生脆性破坏。力矩 M 在厚度为 t、深度为 $b_{\rm s}$ 的孔壁中产生的最大表面应力为

$$\sigma_{\max}=\frac{6M}{b_{\rm s}t^2} \tag{4.51}$$

当该应力 $\sigma_{\max}$ 加上轴向应力 $\sigma_{\rm a}$ 大于 $\sigma_{\rm fs}$ 时，即出现破坏。对 M 运用方程 (4.41)，对 $\sigma_{\rm a}$ 运用方程 (4.42) 即可得脆性断裂面的方程为

$$\pm\left[\frac{\sigma_1\,(h/l+\sin\theta)\sin\theta-\sigma_2\cos^2\theta}{\sigma_{\rm fs}\,(t/l)^2}\right]$$

$$= \frac{1}{3}\left[1 - \frac{\sigma_1(h/l + \sin\theta)\cos\theta + \sigma_2\sin\theta\cos\theta}{\sigma_{\text{fs}}(t/l)}\right] \tag{4.52}$$

对于在合适极限内的单向脆性压缩，式 (4.52) 正好还原成方程 (3.44) 和方程 (3.45)，对正六边形 $(h = l, \theta = 30°)$ 则变成

$$\pm\left(\frac{\sigma_1}{\sigma_2} - \frac{\sigma_2}{\sigma_{\text{fs}}}\right) = \frac{4}{9}\left(\frac{t}{l}\right)^2\left[1 - \frac{3\sqrt{3}}{4(t/l)}\left(\frac{\sigma_1}{\sigma_{\text{fs}}} + \frac{1}{3}\frac{\sigma_2}{\sigma_{\text{fs}}}\right)\right] \tag{4.53}$$

如同塑性坍塌，用单向抗压强度 (式 (3.46)) 对应力进行标准化，得

$$\pm\left[\frac{\sigma_1}{(\sigma^*_{\text{c}\tau})_1} - \frac{\sigma_2}{(\sigma^*_{\text{c}\tau})_1}\right] = 1 - \frac{1}{\sqrt{3}}\left[\frac{\sigma_1}{(\sigma^*_{\text{c}\tau})_1} + \frac{1}{3}\frac{\sigma_2}{(\sigma^*_{\text{c}\tau})_1}\right]\frac{t}{l} \tag{4.54}$$

在双向压缩的象限中，该断裂面被弹性屈曲或孔壁自身的压缩破坏所截。在实际工程中，蜂窝结构通常承受来自多方向的载荷，这方面的研究比较有限，在 Mohr 和 Doyoyo 对蜂窝结构双轴加载研究中 [21]，将蜂窝结构的变形归结为五个类型，包括 I 类弹性、II 类弹性、集结、软化和压溃。

4.4.2　异面双轴加载

Ashab 等 [22] 开展了蜂窝压剪的准静态与动态实验，利用万能材料试验机，通过开发专用的载荷转换夹具，实现了蜂窝结构在异面的压缩加载和在 L-W 面的同步剪切，如图 4.18(a) 所示。

从图 4.18(b) 所描绘的不同角度的压剪曲线可以看出，蜂窝结构在压剪双轴载荷作用下，蜂窝胞壁将出现屈曲 (弹性和塑性屈曲)，并由两端向中间传播。同时，由于剪切载荷的作用，蜂窝结构将出现倾斜。当在 T-L 面或 T-W 面加载时，蜂窝结构的主轴沿 L 方向或 W 方向的角度逐渐变化，且不再是直角。定义胞元斜边和进给的方向角为 β，在加载前，$\beta = 0$。一旦进入压缩，由于剪切作用，转角 β 逐渐增加。从蜂窝结构的变形序列中，运用分度器，可以测定 β 值。并且，当加载速度从 5×10^{-5}m/s 加快至 5 m/s 时，等角度同型蜂窝结构的变形模式一致，说明变形模式不随加载速度而改变。图 4.18(b) 展示了 $\beta = 0°$、$\beta = 15°$、$\beta = 30°$ 和 $\beta = 45°$ 时的双轴加载载荷–位移曲线，从曲线可知，随 β 角度的增大，承载能力逐渐减小。

在另一类动态压剪实验过程中，柱状短杆被应用到改型的 SHPB 杆中 [23–26]，如图 4.19 所示。所获得的动态的压缩曲线表明，其蜂窝结构承受异面动态压剪组合作用时，与准静态加载所表现出来的力学行为一致。峰值力与平台力均随加载角度的增加而大幅度减小。当然，动态加载相比准静态加载，载荷波动更加明显，所得结果如图 4.19(c) 所示。

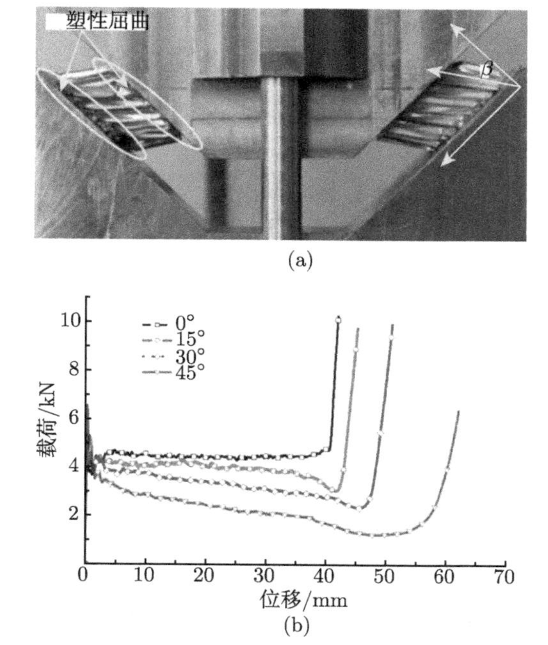

图 4.18 双轴加载实验 [22] (详见书后彩图)

(a) 45° 角准静态压剪典型失效模式; (b) 不同角度的压剪曲线

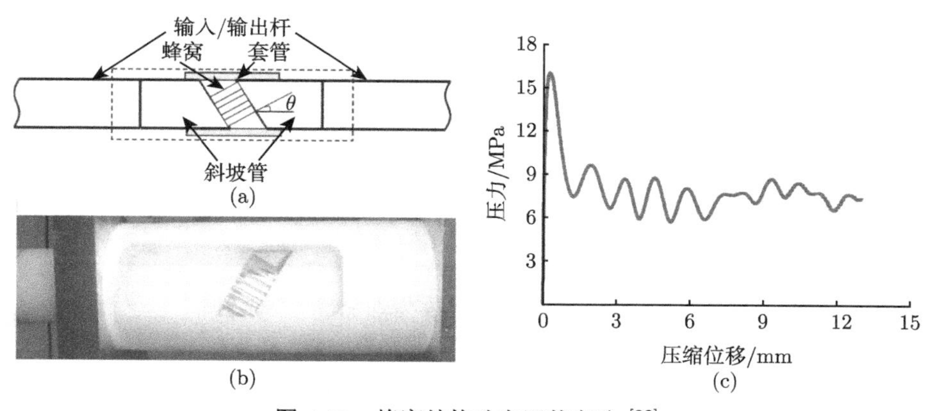

图 4.19 蜂窝结构动态压剪实验 [23]

(a) 示意图; (b) 实景; (c) 历程曲线 (30°)

4.4.3 斜孔蜂窝结构压缩行为

蜂窝结构双轴加载亦可以通过斜孔蜂窝的变形过程来分析 [27]。图 4.20 描绘了六边形斜孔蜂窝结构的示意图，其所有胞元均偏离中心轴线 (图 4.23(a))，倾斜角

可以用 ω 表示 (图 4.20(b) 和 (d))。对于每个蜂窝芯，其外形尺寸分别指定为 L、W 和 T。对于每个六边形胞元，如图 4.20(b) 所示，显然，当 $\omega = 0°$ 时 (图 4.20(c))，试样在面外方向被压缩；而当 $\omega = 90°$ 时，试样为面内加载情况。

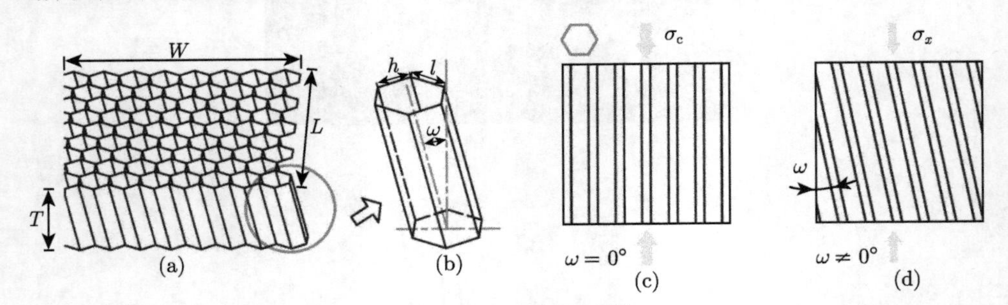

图 4.20　斜孔蜂窝 [27]

(a) 样品示意图; (b) 胞元; (c) 常规胞孔; (d) 斜向胞孔

斜角蜂窝可以从已加工的正孔蜂窝芯块中裁剪出来。由于商用蜂窝结构芯存在双壁厚的黏接边，蜂窝结构在 L 方向和 W 方向的斜角情况所对应的力学性能并不相同。在所进行的实验中，分别设计了 I 组和 II 组实验，分别代表斜角沿 L 方向和沿 W 方向。每组中试件均含 7 种角度，包括 $\omega = 0°$、$\omega = 15°$、$\omega = 30°$、$\omega = 45°$、$\omega = 60°$、$\omega = 75°$ 和 $\omega = 90°$。每块尺寸在 L 方向为 80 mm，W 方向为 80 mm，T 方向为 35 mm，具体样品参数如表 4.1 所示。在室温下以 1 mm/min 的速度在 MTS 上加载，实验实景如图 4.21 所示。

表 4.1　斜孔蜂窝实验样品参数 [27]

分组	ω/(°)	几何构型				
		t/mm	$h = l$/mm	L/mm	W/mm	T/mm
I (L 方向)	0/15/30/45/60/75/90	0.06	1.5	80	80	35
II (W 方向)	0/15/30/45/60/75/90	0.06	1.5	80	80	35

图 4.22 描绘了正孔角 ($\omega = 0°$) 和斜孔角分别为 $\omega = 15°$ 和 $\omega = 30°$ 的蜂窝的压缩变形过程。

从图 4.22 的变形过程可以发现，与正常胞元不同的是，试样中的倾斜胞元发生渐进性塌陷，并且在试样底部发生局部大塑性变形 (图 4.22(b)，ε 约为 0.10)。图 4.23 给出了应力–应变曲线，其中，名义应力为压缩载荷除以试样的初始横截面积 (80 mm × 80 mm)，其中 σ 是作用于初始蜂窝表面积 A_0 的冲击力，应变为 T 方向的压缩量与初始高度之比。从图 4.23(a) 可以看出，倾斜角对名义应力–应变曲线有显著影响。总体上，承载力随 ω 的增大而减小。对于 $\omega = 0°$ 的情况 (纯面外加载)，其

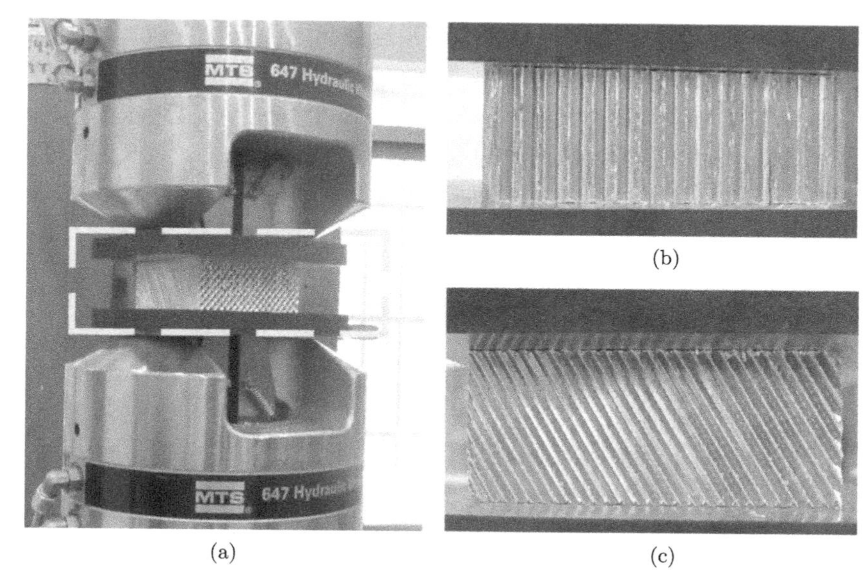

(a) (b) (c)

图 4.21 斜孔蜂窝准静态压缩实验 [27]

(a) 试件放置; (b) 正孔试件; (c) 斜孔试件

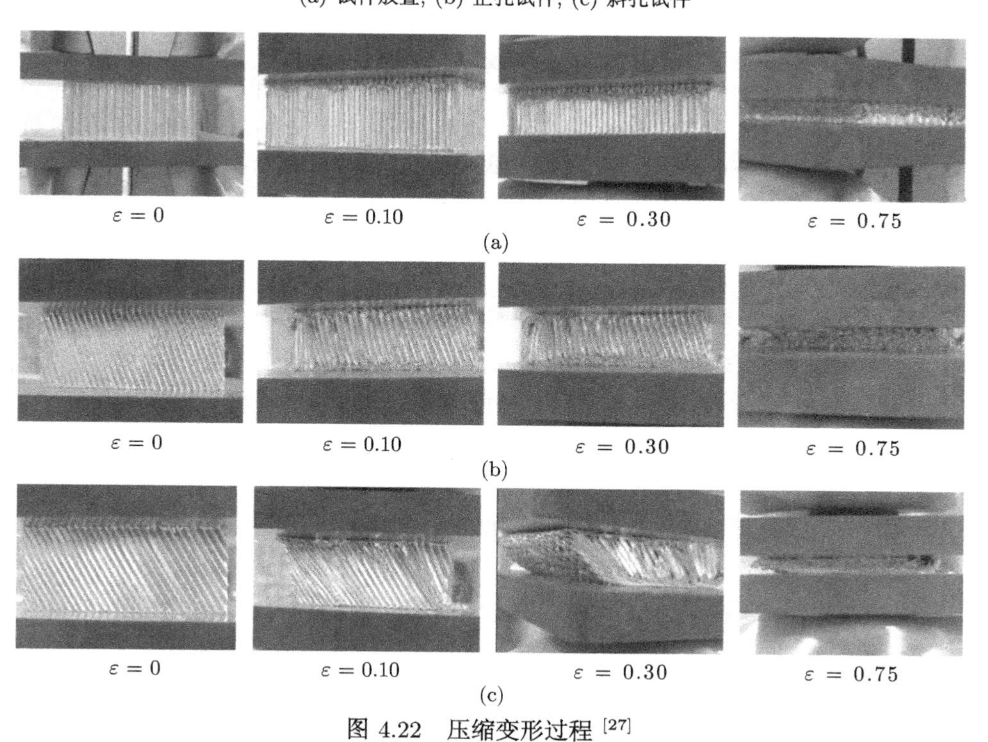

$\varepsilon = 0$ $\varepsilon = 0.10$ $\varepsilon = 0.30$ $\varepsilon = 0.75$

(a)

$\varepsilon = 0$ $\varepsilon = 0.10$ $\varepsilon = 0.30$ $\varepsilon = 0.75$

(b)

$\varepsilon = 0$ $\varepsilon = 0.10$ $\varepsilon = 0.30$ $\varepsilon = 0.75$

(c)

图 4.22 压缩变形过程 [27]

(a) $\omega = 0°$; (b) $\omega = 15°$; (c) $\omega = 30°$

轴向强度最高，平台区“掉载”以稳定的渐进压缩为主；当 $\omega = 90^\circ$ 时 (纯面内加载)，也出现了传统蜂窝结构中的弹性、渐进折叠和致密化阶段，同时强度明显降低；当 $\omega = 15^\circ$ 时，初始峰值力急剧下降，就像“掉载”一样，继续压缩，则其承载能力逐渐恢复，并保持与传统蜂窝结构相同的承载能力；当 $\omega = 30^\circ$ 时，可以观察到更明显的“掉载”现象，随着载荷增加，该现象更加显著；显然，在 $\omega \geqslant 45^\circ$ 后，蜂窝结构更多地表现出面内加载的性能。

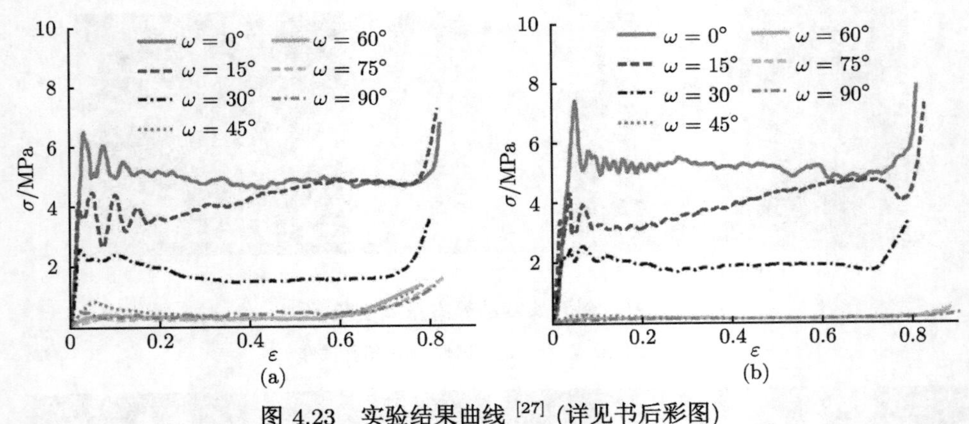

图 4.23　实验结果曲线 [27] (详见书后彩图)

(a) 沿 L 方向; (b) 沿 W 方向

同样地，当胞元倾斜于 W 方向时，也可以发现类似的规律 (图 4.23(b))。不同于 L 方向的载荷，名义应力会在这种情况下减小。由于当 ω 超过 45° 时，名义应力显著下降，斜孔蜂窝展现出类似于面内压缩的力学行为，因此重点关心 45° 倾角范围内蜂窝结构的力学行为。

对于所有斜孔蜂窝，采用前述的小规格全尺寸模拟方法，运用 LS-DYNA 中的 Belytschko-tsay-4 节点壳单元开展分析计算，仿真模型由 12×11 胞元组成。铝箔材料的力学性能如下：密度 2680 kg/m^3，杨氏模量 69.3 GPa，泊松比 0.33，屈服应力 215 MPa。铝箔材料可视为理想的弹塑性模型。将试样放置于固定刚性墙上，并以 10 m/s 的速度被另一个移动刚性墙冲击，如图 4.24 所示。为了避免胞壁间穿透，采用了面面接触算法。各蜂窝芯块的胞元均以 ω 倾斜，如图 4.20(d) 所示。因此，采用倾斜胞元建立了相应的数值有限元模型，如图 4.24(b) 所示。

图 4.25 展示了蜂窝块分别沿 L 方向和 W 方向加载的应力–应变曲线，其中，图例“E”表示实验结果，而“S”表示数值仿真结果 (1.36 作为动态效应值)。

除 $\omega = 30^\circ$ 的情况外，图 4.25 中观察到了与实验相同的名义应力随不同倾斜角变化的趋势，良好的吻合度很好地验证了数值模拟的可靠性和准确度。图 4.26 展示了 $\omega = 0^\circ$ 和 $\omega = 15^\circ$ 的蜂窝结构沿 L 方向加载的数值仿真和实验之间的典型的变形模式。

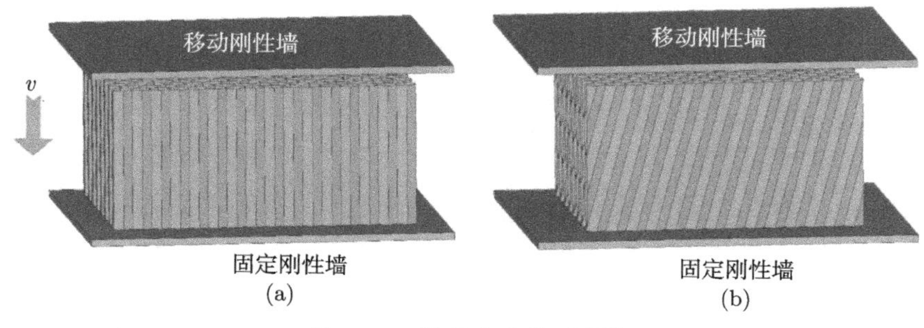

图 4.24 数值仿真模型 [27]

(a) 正孔蜂窝; (b) 斜孔蜂窝

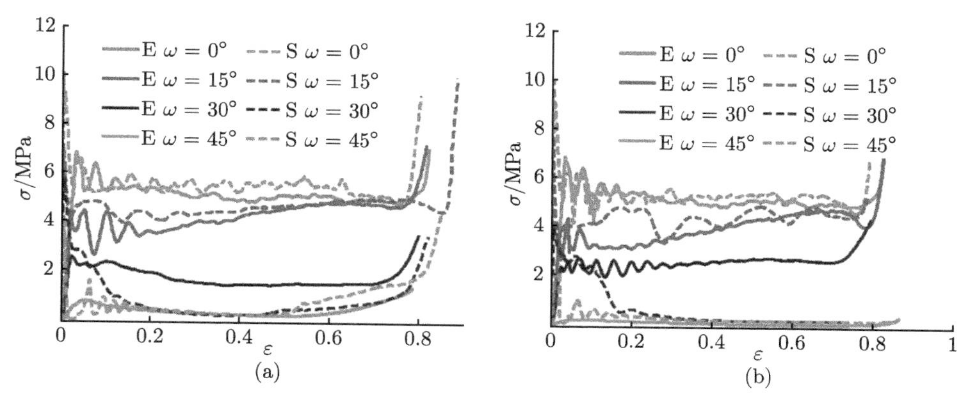

图 4.25 实验结果与仿真结果对比 [27] (详见书后彩图)

(a) 沿 L 方向; (b) 沿 W 方向

为此，对斜孔蜂窝进行了参数化数值模拟，全面研究了塌陷过程以及倾角对其力学性能演变的影响。除上述四种情况外 (分别为 $\omega=0°$、$\omega=15°$、$\omega=30°$、$\omega=45°$)，还在 L 方向和 W 方向进行了另外 12 种仿真模拟，倾角在 $0\sim45°$ ($\omega=5°$、$10°$、$20°$、$25°$、$35°$、$40°$)。为了便于比较，表 4.2 展示了对应的归一化初始峰值应力。

众所周知，在斜向加载下，蜂窝结构的变形模式会发生明显的变化。当然，这种情况也发生在倾斜蜂窝结构中。从前面的研究可以看出，与正常情况相比，斜孔蜂窝存在一个典型的变形模式演化过程，倾斜角度对变形模式有显著影响，不同倾角的蜂窝结构具有不同的变形模式。对于角度为 $0°\sim20°$ 的蜂窝结构，如实验所见，蜂窝结构主要表现为轴向变形的渐进坍塌，直到密实。对于其他较大角度的情况，从 $45°\sim90°$ 开始，胞元先向下坍塌，然后呈现类似面内压缩的模式。图 4.27

给出了 45° ~ 90° 下名义应力与应变的详细实验曲线。

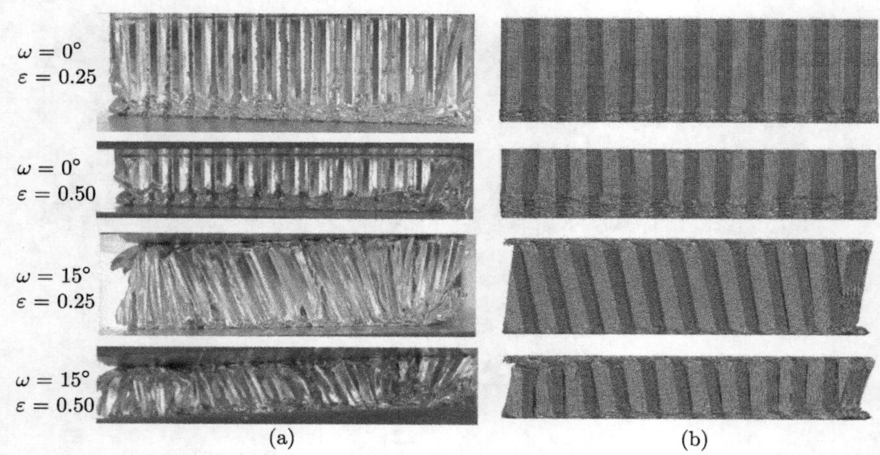

图 4.26　L 方向变形过程对比 [27]

(a) 实验; (b) 仿真

表 4.2　不同倾角下的归一化初始峰值应力 [27]　　(单位: MPa)

工况		角度/(°)									
		0	5	10	15	20	25	30	35	40	45
σ_p	I	1.0	0.995	0.988	0.952	0.933	0.777	0.476	0.102	0.087	0.087
	II	1.0	0.946	0.891	0.835	0.786	0.535	0.268	0.080	0.069	0.057

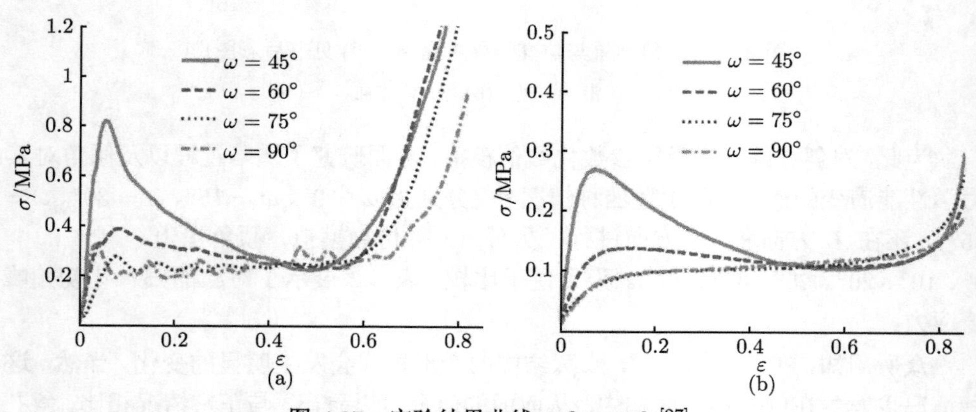

图 4.27　实验结果曲线 45° ~ 90° [27]

(a) 沿 L 方向; (b) 沿 W 方向

从图 4.27 发现一个有趣的现象：在 45° ~ 90° 的情况下，应力–应变曲线从明显的峰值力开始下滑，这主要是由于在 45° ~ 90° 的情况下，胞元压缩模式由面内的特性决定。换言之，它们先沿着加载方向压缩，只有在这之后，它们才可以呈现出常规面内压缩的力学现象，并具有同样的抗压强度。对于过渡区，在 25° ~ 40° 时，出现了混合模式。轴向渐进坍塌过程不仅存在一种变形模式，而且还存在一种旋转变形模式，图 4.28 展示了这些变形模式。

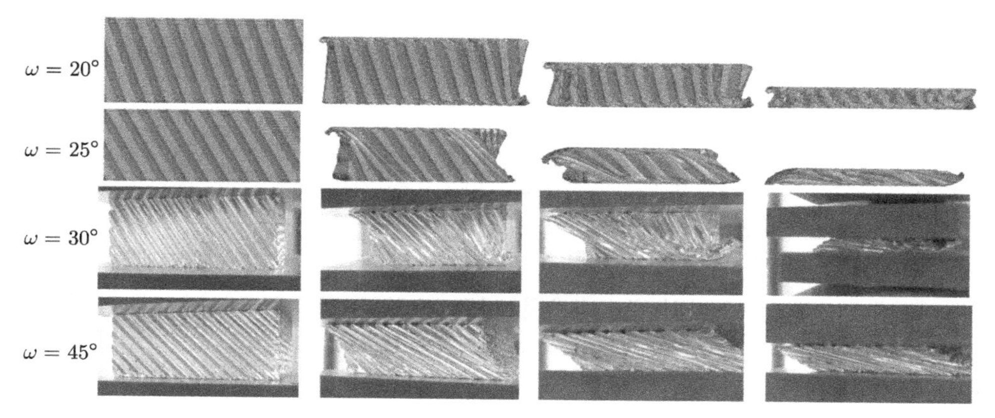

图 4.28 沿 L 方向的不同倾斜角蜂窝变形模式 [27]

图 4.28 中的变形过程解释了图 4.25(a) 和 (b) 所示 $\omega = 30°$ 情况下发生卸载现象的原因。该现象也可以在 Karen [28] 的研究中发现。在他的压缩实验中，68 个胞元的吸能装置相对于垂直方向倾斜 27°，也可以观察到倾斜旋转和塑性屈曲，这与 Ashab [22] 为研究复合压缩剪切载荷下的准静态力学行为的实验现象一致。此外，与 W 方向上加载不同，L 方向的变形模式演化受到铝箔强度或阻力的影响，该方向具有相对更高的承载能力。

从先前的研究来看，当倾斜角从 0° 变为 90° 时，应力明显减小。在较大的倾斜角度下，下降更加明显；对于小倾斜角度的情况，该下降是有限的；当角度大于 45° 时，应力下降幅度明显。根据上述观察，倾斜加载过程有三个典型阶段。对于斜孔蜂窝试样，两个刚性板之间的平台应力可计算为 [29,30]

$$\sigma_x = \frac{\sigma_{\mathrm{c}}}{2}\left(1 + \cos 2\omega\right) \tag{4.55}$$

其中，σ_x 是沿加载方向冲击过程产生的应力，分别表征其抗冲击性能的斜孔蜂窝试样的强度参数。因此，前三个阶段可以表示为

$$\sigma_x = \begin{cases} \sigma_{\text{out}} \cos^2 \omega, & \omega \in [0, \omega_1] \\ \sigma_{\text{out}} \cos^2 \omega_1 - \dfrac{\left(\sigma_{\text{out}} \cos^2 \omega_1 - \sigma_{\text{in}} \sin^2 \omega_2\right)(\omega - \omega_1)}{\omega_2 - \omega_1}, & \omega \in [\omega_1, \omega_2] \\ \sigma_{\text{in}} \sin^2 \omega, & \omega \in [\omega_2, \pi/2] \end{cases} \tag{4.56}$$

其中，σ_{out} 和 σ_{in} 分别是面外压缩和面内压缩下的平台应力；ω_1 和 ω_2 为偏角。很明显，对于前述研究，$\sigma_{\mathrm{out}} = 5.22$ MPa。当载荷垂直作用于 L 方向时，$\sigma_{\mathrm{in}} = 0.36$ MPa；同时，当载荷垂直作用于 W 方向时，$\sigma_{\mathrm{in}} = 0.10$ MPa。因此，将其代入式 (4.56) 中可得 σ_x。此外，还可以建立归一化强度与倾斜角的关系曲线。表 4.3 给出了不同倾角的实验、数值仿真和理论计算结果。在表 4.3 中，"E""S" 和 "T" 分别表示从实验、数值仿真和理论计算中得到的结果。图 4.29 描绘了归一化强度随倾斜角的变化。

表 4.3　不同角度下的归一化强度 [27]　　(单位: MPa)

		角度/(°)												
		0	5	10	15	20	25	30	35	40	45	60	75	90
L	E	1	–	–	0.81	–	–	0.36	–	–	0.08	0.06	0.05	0.07
	S	1	0.96	0.99	0.95	0.93	0.78	0.48	0.10	0.09	0.09	–	–	–
	T	1	0.99	0.97	0.93	0.88	0.67	0.46	0.24	0.03	0.03	0.05	0.06	0.07
W	E	1	–	–	0.73	–	–	0.43	–	–	0.03	0.02	0.02	0.02
	S	1	0.95	0.89	0.84	0.79	0.54	0.13	0.08	0.07	0.06	–	–	–
	T	1	0.99	0.97	0.93	0.88	0.66	0.45	0.23	0.01	0.01	0.01	0.02	0.02

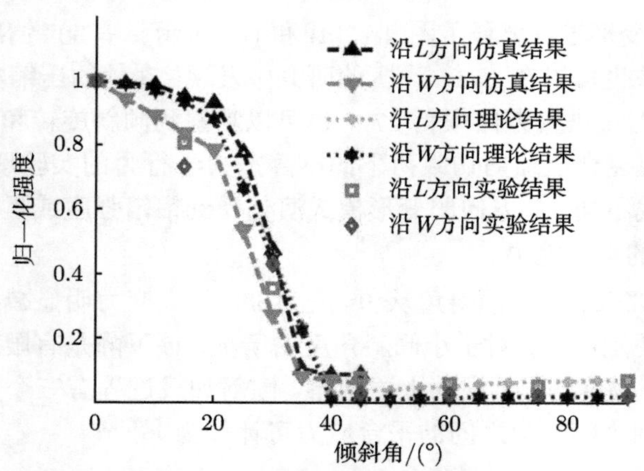

图 4.29　归一化强度随倾斜角的变化曲线 [27]

从图 4.29 描绘的理论曲线、实验曲线和数值仿真曲线可知，实验、数值仿真、理论计算之间展现了良好的重合性。倾斜角小于 45° 时，该变化曲线像一个典型的余弦函数。

从图 4.29 和表 4.3 所描述的 0° ～ 90° 多个倾斜角度的参数分析中可知，对于斜孔蜂窝结构，平台应力随倾斜角度的增大而明显减小，角度越大，平台应力越小。对于角度较小的情况，该下降是有限的，倾斜角对蜂窝变形模式有显著影响。不同倾斜胞元的蜂窝结构具有不同的变形模式。三个主要倾斜段可分别归纳为

$0^\circ \sim 20^\circ$、$25^\circ \sim 40^\circ$、$45^\circ \sim 90^\circ$。① 当 $\omega \leqslant 20^\circ$ 时，蜂窝结构主要呈现轴向渐进塑性坍塌模式；② 当 $25^\circ<\omega<40^\circ$ 时，不仅存在轴向渐进式坍塌，还有一种旋转，呈现为混合变形模式；③ 当 $\omega \geqslant 45^\circ$ 时，胞元先压溃，之后则呈现为面内压缩模式。

4.5 蜂窝结构力学性能随温度的变化

大多数材料的力学性能将会因温度升高而发生膨胀，因温度降低而收缩，继而改变材料的弹性常数和破坏能力。但由于受到外部约束以及各部分之间的变形协调的要求，这种膨胀或收缩不能自由发生，于是就产生了应力，这种应力就是温度应力或热应力。同时，在变形速率较大时，物体变形时也要产生温度变化，压缩变形部位温度升高，膨胀变形部位温度降低，这种温度梯度的出现影响物体中的热传导。因此，力、变形、热是相互耦合而密不可分的，这种耦合使得实际的热弹性问题的计算异常复杂。

诸如飞行器等国之重器中大量使用夹层结构，其在飞行过程中，结构表面与外部空气摩擦，温度剧升。例如，导弹穿越大气层时，弹体表面会与大气层剧烈摩擦，使得弹体表面温度达到 600~2000 ℃。在这样的温度作用下，金属蜂窝结构的本构行为受到影响，继而引发飞行器的各项性能发生显著变化：① 飞行器结构材料弹性模量、极限强度降低，使得飞行器抵抗外部严酷环境的能力明显降低；② 表面温度瞬时骤升，使得其内部温度分布呈现梯度性；③ 各材料之间膨胀系数不同，均会使热应力增大，热应力与外部机械载荷的双重施加将对飞行器整体性能产生影响；④ 外部温升传热至内部，仪器工作性能将降低甚至失效，给飞行器的正常使用带来致命损伤。由此，必须采用耐高温的夹层蜂窝结构。目前主要使用镁合金、普碳钢以及镍基高温合金制作而成的蜂窝板。

4.5.1 热固耦合本构行为

温度对蜂窝结构力学行为影响除了体现在对胞间胶产生热熔作用外，主要在于其热固耦合本构行为。塑性理论认为，可用单位弹性形状改变势能极限值的平方根或用与其只相差一常因子的极限应力强度或极限剪应力强度作为变形抗力指标。由于极限应力强度值仅与材料的性质及变形温度、变形速度和变形程度的大小有关，而与应力状态的种类无关，且在数值上等于线性拉伸 (或压缩) 时的屈服极限，所以在研究材料的塑性变形时可用一定变形温度、一定变形速度和变形程度的线性拉伸 (或压缩) 时的屈服极限作为变形抗力指标。

由于材料在塑性变形过程中的动态响应是材料内部组织演化过程引起的硬化和软化综合作用的结果，故本构关系是高度非线性的，不存在普遍适用的构造方法，因而发展出许多不同的材料本构方程。

对热固耦合本构模型，主要有：Johnson-Cook 本构方程 (简称 J-C 模型)，它是由 Johnson 和 Cook 两位学者在 1983 年提出来的 [31]，用于金属材料大变形、高应变率、高温情况的本构模型，该模型对于大多数金属材料的变形描述都吻合。J-C 模型引入了表征在金属材料变形过程中典型存在的应变硬化效应、应变率强化效应和热软化效应。这三种效应的参数能够反映大应变、大应变率和高温情况下材料的本构行为，适用于不同的材料参数，而且结构形式较为简单。该准则假设材料应力符合屈服准则和各向同性应变硬化准则，具体方程为

$$\sigma = (A + B\varepsilon^n)(1 + C\ln\dot{\varepsilon}^*)\left(1 - T^{*^m}\right) \tag{4.57}$$

式中，σ 为材料的屈服极限；ε 为材料的等效塑性应变；$\dot{\varepsilon}^* = \dot{\varepsilon}/\dot{\varepsilon}_0$ 为无量纲的塑性应变率，$\dot{\varepsilon}_0$ 为参考应变率；n 为应变硬化指数；C 为应变率敏感系数；m 为温度软化指数。$T^* = (T_{\mathrm{e}} - T_{\mathrm{r}})/(T_{\mathrm{m}} - T_{\mathrm{r}})$，$T_{\mathrm{r}}$ 是参考温度，T_{m} 为材料的熔点温度。公式的三个括号项分别反映了流动应力与应变、对数应变速率、温度指数之间的关系，A、B、C、m 和 n 是所要求的材料常数。

除此以外，还有 Arrhenius 型本构方程 [32]、Fields-Backofen 型本构方程 [33]、Zerilli-Armstrong 型本构方程 [34] 等。

4.5.2　高温对蜂窝结构行为的影响

蜂窝结构的压缩强度和剪切强度与温度密切相关 [35]。研究表明，随着温度升高，压缩强度和剪切强度均下降，但趋势不同。压缩强度开始下降较快，以后下降缓慢，而剪切强度总的下降趋势较缓慢。图 4.30 描绘了采用高温镍基合金 GH188 蜂窝产品，分别在 20℃、400℃ 和 800℃ 情况下的平压实验结果。

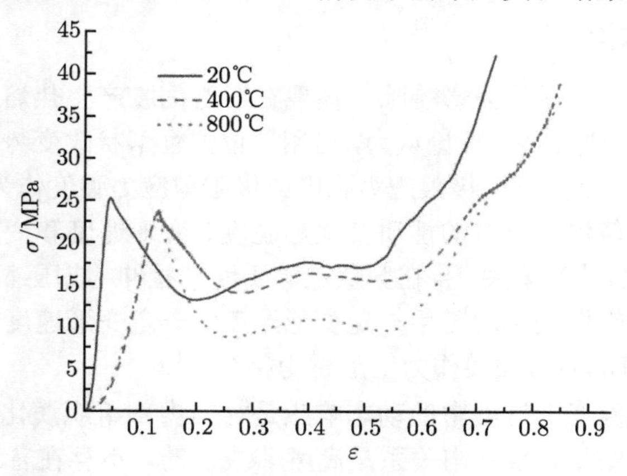

图 4.30　不同温度下的平压实验结果曲线 [35]

从图 4.30 中可以看出，高温的平压弹性模量要低于室温的平压弹性模量，随着温度的升高，平压强度和平台应力下降。此外，载荷–位移曲线具有一个初始的弹性段。随着压缩位移的增加，载荷快速上升至峰值，此阶段载荷和位移呈线性关系，当载荷达到极大值后，载荷又随着位移的增加而快速下降，此时蜂窝边壁发生局部塑性屈曲失稳，蜂窝壁产生折叠。当外力继续增加时，载荷又有略微上升，这是由于相邻的蜂窝壁相互接触或蜂窝壁与面板接触的缘故。之后在载荷稍微下降之后，随着蜂窝板被压得越来越密实，载荷迅速增加。表 4.4 列出了蜂窝夹芯板平压实验数据。

从表 4.4 中可以清楚地看出，随着温度的升高，破坏载荷、平压强度和平台应力呈下降趋势，高温芯子平压的弹性模量比室温下降了 67.5%。

表 4.4 蜂窝夹芯板平压实验数据 [35]

编号	温度/°C	破坏载荷/kN	平压强度/MPa	平台应力/MPa	弹性模量/MPa
C20	20	40.54	25.34	17.24	533
HC400	400	38.11	23.82	15.68	175
HC800	800	36.51	22.82	10.32	173

采用相同材料制作的蜂窝平板试样进行高温弯曲实验，试件尺寸为 50 mm × 20 mm × 8.2 mm，上下面板厚度为 0.076 mm，蜂窝芯子高 8 mm，加载速率为 1.5 mm/min。试件在 20℃、400℃ 和 800℃ 三个温度下进行测试。实验时，先将高温炉加热到所需温度，然后将准备好的试件放入高温炉中的夹具上，保温 10min，然后进行三点弯曲实验。三个温度下都选取三个试件进行测试，取其平均值作为最终结果。实验结果见图 4.31。

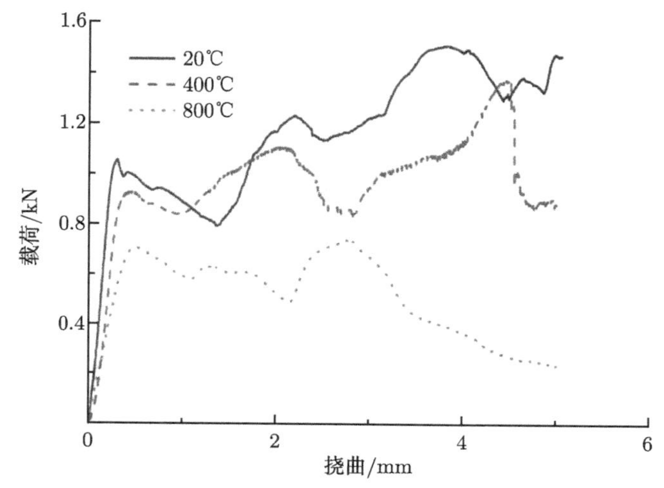

图 4.31 不同温度下的载荷–挠曲变化曲线 [35]

由图 4.31 可知，室温和高温时的弯曲行为相似，只是载荷随温度的升高而下降，故只分析室温下的载荷–位移曲线。室温下的载荷–位移曲线初始时表现出明显的线弹性行为，直到载荷达到屈服载荷。在屈服点附近，蜂窝夹芯板发生了局部塑性变形，表现出线弹性行为。随着位移的增加，载荷达到了一个极大值，而后，又快速下降。这是由于蜂窝板中的某些蜂窝单元发生了塑性失效的缘故。而当位移进一步增加时，载荷又有起伏，直到下层面板断裂，载荷快速下降为止。这表明在弯曲过程中，由于相邻蜂窝单元的挤压，不断有新的蜂窝单元发生塑性变形，然后失效。

实验结果见表 4.5。

表 4.5 跨距为 30mm 时试件的三点弯曲实验结果 [35]

温度/°C	20	400	800
屈服载荷/kN	1.06	0.93	0.7

另一个比较关注的问题是 Nomex 蜂窝面临高温分解的挑战。在美军的具有防火性能要求的各类服装上，均使用的是 Nomex 材料，要求耐热 400°C 达到 10s。其化学名称为 olymetaphenyleneisonphthalamide(抗高温芳香族聚酸胺纤维)。这种物料随着 1960 年“阿波罗”登月计划而问世，并首先应用在太空人的防护衣上。直到现在，在防火安全科技的领域中，Nomex 仍是等级最高的防火材料。Nomex 在 370°C 以上的高温下不是溶解，而是分解，不会在高温下呈现碳化现象，又具备自我熄灭的抗燃特性。

当温度较高时，Nomex 蜂窝夹层板可能发生热分解，在工程应用中一般要避免。热失重分析法 (thermogravimetric analysis，TGA) 是材料的热分解特性分析的常用方法，该方法可以连续测量得到样品的温度、重量、差热等多种信息，具有测量准确、可重复性好、操作简单、数据处理方便等优点，目前已成为研究材料热分解特性的有力工具。该方法是在程序控制温度下测量物质的质量与温度关系的一种技术。其最大的优点在于定量性强，能准确测定物质的起始分解温度和分解速率，且使用的样品量小、分辨率高。它能连续记录质量与温度的函数关系曲线 (TG 曲线)，将质量对时间求导得出微商热失重曲线 (DTG 曲线)。DTG 曲线反映了测试样品在受热过程中质量随时间或温度变化的关系。

在王家伟等 [36] 开展的实验中，采用 NETZSCH-STA-449C 型同步热分析仪分析 Nomex 蜂窝遇高温分解的剩余质量。该实验通过激光加热，升温率为 20°C/min，在氮气 (流动氮气，纯度约为 98.5%) 氛围中完成，以避免热分解气体流出。研究发现：蜂窝芯的 DTG 曲线在 440°C 附近出现明显的失重峰；在 530°C 附近出现比失重峰较弱的失重峰；600°C 时，TG 曲线仍在下降但趋于平稳，表明热分解反应基本完成，此时的剩余质量约为最初质量的 57%。由此可知，高温度对 Nomex 蜂窝的影响是非常显著的。

从以上分析可知，蜂窝结构在弯曲、剪切、疲劳以及双轴乃至多轴等复杂加载条件下的力学行为与准静态条件下单轴加载时存在明显区别，呈现出多种变形模式。科学全面的评估与改性设计，可最大程度地发挥蜂窝结构在复杂工况下承载与吸能方面的鲜明优势，在工程应用中发挥更大的作用。

参 考 文 献

[1] Kelsey S, Gellatly R A, Clark B W. The shear modulus of foil honeycomb cores. Aircraft Engineering and Aerospace Technology, 1958, 30(10): 294-302.

[2] ASTM C273-00. Standard Test Method for Shear Properties for Sandwich Core Materials, 2004.

[3] Pan S, Wu L, Sun Y, et al. Longitudinal shear strength and failure process of honeycomb cores. Composite Structures, 2006, 72(1): 42-46.

[4] Pan S, Wu L, Sun Y. Transverse shear modulus and strength of honeycomb cores. Composite Structures, 2008, 84(4): 369-374.

[5] Chen Y, Das R, Battley M. Response of honeycombs subjected to in-plane shear. Journal of Applied Mechanics, 2016, 83(6): 061004.

[6] Lan L H, Fu M H. Nonlinear constitutive relations of cellular materials. AIAA Journal, 2009, 47(1): 264-270.

[7] Lister J M. Study the effects of core orientation and different face thicknesses on mechanical behavior of honeycomb sandwich structures under three point bending. Scientific Reports, 2014, 4(3): 3786.

[8] ISO/R 373. General Principles for Fatigue Testing of Metals, 1964.

[9] Wahl L, Maas S, Waldmann D, et al. Fatigue in the core of aluminum honeycomb panels: Lifetime prediction compared with fatigue tests. International Journal of Damage Mechanics, 2014, 23(5): 661-683.

[10] Belingardi G, Martella P, Peroni L. Fatigue analysis of honeycomb-composite sandwich beams. Composites Part A: Applied Science and Manufacturing, 2007, 38(4): 1183-1191.

[11] Belouettar S, Abbadi A, Azari Z, et al. Experimental investigation of static and fatigue behaviour of composites honeycomb materials using four point bending tests. Composite Structures, 2009, 87(3): 265-273.

[12] Abbadi A, Tixier C, Gilgert J, et al. Experimental study on the fatigue behaviour of honeycomb sandwich panels with artificial defects. Composite Structures, 2015, 120: 394-405.

[13] Soni S M, Gibson R F, Ayorinde E O. The influence of subzero temperatures on fatigue behavior of composite sandwich structures. Composites Science and Technology, 2009,

69(6): 829-838.

[14] Abbadi A, Tixier C, Gilgert J, et al. Experimental study on the fatigue behaviour of honeycomb sandwich panels with artificial defects. Composite Structures, 2015, 120: 394-405.

[15] Wu X, Yu H, Guo L, et al. Experimental and numerical investigation of static and fatigue behaviors of composites honeycomb sandwich structure. Composite Structures, 2019, 213: 165-172.

[16] Bianchi G, Aglietti G S, Richardson G. Static and fatigue behaviour of hexagonal honeycomb cores under in-plane shear loads. Applied Composite Materials, 2012, 19(2): 97-115.

[17] Abbadi A, Azari Z, Belouettar S, et al. Modelling the fatigue behaviour of composites honeycomb materials (aluminium/aramide fibre core) using four-point bending tests. International Journal of Fatigue, 2010, 32(11): 1739-1747.

[18] Gibson L J, Ashby M F. Cellular Solids: Structure and Properties. Cambridge: Cambridge University Press, 1999.

[19] Triantafillou T C, Zhang J, Shercliff T L, et al. Failure surfaces for cellular materials under multiaxial loads—II. Comparison of models with experiment. International Journal of Mechanical Sciences, 1989, 31(9): 665-678.

[20] Zhang J, Ashby M F. Buckling of honeycombs under in-plane biaxial stresses. International Journal of Mechanical Sciences, 1992, 34(6): 491-509.

[21] Doyoyo M, Mohr D. Microstructural response of aluminum honeycomb to combined out-of-plane loading. Mechanics of Materials, 2003, 35(9): 865-876.

[22] Ashab A S, Ruan D, Lu G, et al. Quasi-static and dynamic experiments of aluminum honeycombs under combined compression-shear loading. Materials & Design, 2016, 97: 183-194.

[23] Hou B, Ono A, Abdennadher S, et al. Impact behavior of honeycombs under combined shear-compression. Part I: Experiments. International Journal of Solids and Structures, 2011, 48(5): 687-697.

[24] Hou B, Pattofatto S, Li Y, et al. Impact behavior of honeycombs under combined shear-compression. Part II: Analysis. International Journal of Solids and Structures, 2011, 48(5): 698-705.

[25] Tounsi R, Markiewicz E, Haugou G, et al. Dynamic behaviour of honeycombs under mixed shear-compression loading: experiments and analysis of combined effects of loading angle and cells in-plane orientation. International Journal of Solids and Structures, 2016, 80: 501-511.

[26] Hou B, Wang Y, Sun T F, et al. On the quasi-static and impact responses of aluminum honeycomb under combined shear-compression. International Journal of Impact Engineering, 2019, 131: 190-199.

[27] Wang Z, Liu J, Hui D. Mechanical behaviors of inclined cell honeycomb structure subjected to compression. Composites Part B: Engineering, 2017, 110: 307-314.

[28] Karen E J. Predicting the dynamic crushing response of a composite honeycomb energy absorber using a solid-element-based finite element models in LS-DYNA. In Proceedings of the 11th International LS-DYNA Users Conference, Dearborn, MI, 2010.

[29] Pernas-Sánchez J, Artero-Guerrero J A, Varas D, et al. Experimental analysis of normal and oblique high velocity impacts on carbon/epoxy tape laminates. Composites Part A: Applied Science and Manufacturing, 2014, 60: 24-31.

[30] López-Puente J, Zaera R, Navarro C. Experimental and numerical analysis of normal and oblique ballistic impacts on thin carbon/epoxy woven laminates. Composites Part A: Applied Science and Manufacturing, 2008, 39(2): 374-387.

[31] Johnson G R. A constitutive model and data for materials subjected to large strains, high strain rates, and high temperatures. Proc. 7th Inf. Sympo. Ballistics, 1983, 54: 1-7.

[32] Fan X, Verpoest I, Pflug J, et al. Investigation of continuously produced thermoplastic honeycomb processing—part I: Thermoforming. Journal of Sandwich Structures & Materials, 2009, 11(2-3): 151-178.

[33] Jia W, Xu S, Le Q, et al. Modified Fields–Backofen model for constitutive behavior of as-cast AZ31B magnesium alloy during hot deformation. Materials & Design, 2016, 106: 120-132.

[34] Samantaray D, Mandal S, Bhaduri A K. A comparative study on Johnson Cook, modified Zerilli–Armstrong and Arrhenius-type constitutive models to predict elevated temperature flow behaviour in modified 9Cr–1Mo steel. Computational Materials Science, 2009, 47(2): 568-576.

[35] 栾旭. 金属蜂窝夹芯板疲劳和冲击力学性能研究. 哈尔滨：哈尔滨工业大学, 2009.

[36] 王家伟. 激光加热下 Nomex 蜂窝夹层板的热力特性研究. 长沙：国防科学技术大学, 2014.

第 5 章　蜂窝结构的动态冲击响应

动态冲击响应是蜂窝结构工程化应用面临的主要问题之一。在动载作用下，蜂窝结构将表现出明显的动载荷效应，包括波动效应、应变率效应以及惯性效应等。按照加载应变率的快慢，蜂窝结构的动态加载可以分为低速加载、高速加载和超高速加载三种。

5.1　动态加载效应

普遍认为，结构在强动载作用下引发的一系列力学响应与静态加载时存在显著不同 [1]。在结构力学响应的前期，弹性波和塑性波可能以各种复杂的方式直接或间接地影响蜂窝结构的力学响应与能量吸收，这主要取决于蜂窝结构自身的几何构型、材质用料以及它所承受的外部动载荷形式、边界条件等。具体表现为：在动载荷作用区，塑性压缩波引起的高应力导致蜂窝结构的局部破坏；高速撞击等动态作用过程中的弹性压缩波到达结构远端 (相对于迎击端) 时的反射可能引发脆性蜂窝结构的破坏；对于细长单薄的梁型蜂窝结构，当受到横向动载荷作用时，结构内部可能存在的弯曲波亦会以复杂的方式影响蜂窝结构的能量耗散。

5.1.1　动态率效应

1. 材料的加载应变率

很多工程材料的力学性质都与其加载应变率有关。强动载作用时，蜂窝结构快速变形，从而出现高应变率。应变率是应变随时间的变化率，其单位为秒的倒数 (s^{-1})，具体计算式为

$$\dot{\varepsilon}=\frac{\mathrm{d}\varepsilon}{\mathrm{d}t} \tag{5.1}$$

比如，某一给定蜂窝结构在准静态试验机上受拉，蜂窝 T 方向的高度 S_0 为 1000 mm，拉伸速度 v_0 为 1 m/s。其拉伸变形的应变率可以计算为

$$\dot{\varepsilon}=\frac{\Delta\varepsilon}{\Delta t}=\frac{\Delta S/S_0}{\Delta S/v_0}=\frac{v_0}{S_0}=1\,\mathrm{s}^{-1} \tag{5.2}$$

这表明，即使拉伸试验机的拉伸速度非常快，高达 1 m/s，该蜂窝试件的应变率仅为 $1\,\mathrm{s}^{-1}$。而常规的材料拉伸试验中，拉伸速度通常为 $1\sim100$ mm/min，对应的试件的应变率却仅约 $10^{-4}\,\mathrm{s}^{-1}$。此外，从式 (5.2) 可以看出，$\dot{\varepsilon}$ 的大小不仅取决于加

载速度，还取决于试件本身的尺寸。对于承受相同加载速度的蜂窝试件，其尺寸越小，变形的应变率越大。

材料的加载应变率与材质密切相关。大量实验结果表明，对于很多材料来说，随着应变率的增加，其屈服强度和强度极限等均会相应升高，而韧性会下降，延伸率降低，呈现出韧脆转变，归纳为应变率效应。图 5.1 描绘了低碳钢在应变率分别为 $0.001\,s^{-1}$、$0.22\,s^{-1}$、$2\,s^{-1}$、$55\,s^{-1}$ 和 $106\,s^{-1}$ 时的拉伸应力–应变曲线 [2,3]，在不同加载应变率作用下，低碳钢呈现出明显的应力增强现象。

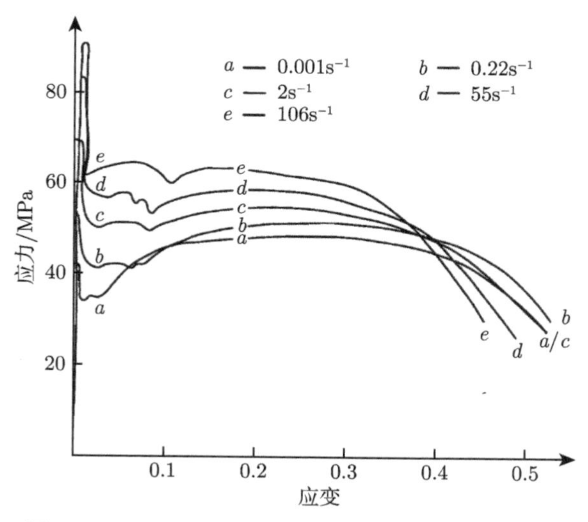

图 5.1 不同应变率下低碳钢拉伸应力–应变曲线 [2]

2. 应变率相关的本构模型

材料的本构模型，又称材料的力学本构方程，或材料的应力–应变模型。它是描述材料力学特性 (应力–应变–强度–时间–温度关系) 的数学表达式。材料的应力–应变关系具有非线性、黏弹塑性、剪胀性 (三轴压缩时，平均主应力增量恒正)、各向异性等，同时应力水平、应力历史以及材料的组分、状态、结构等均对其有影响。在高应变率情况下，材料的塑性变形通常采用率相关本构方程来描述，给出应力 σ 对应变 ε、应变率 $\dot{\varepsilon}$ 以及温度 T_{e} 的依赖关系：

$$\sigma = f\left(\varepsilon, \dot{\varepsilon}, T_{\mathrm{e}}\right) \tag{5.3}$$

由于塑性变形是不可逆的且与变形路径相关，所以材料在某一点处应力与应变之间的关系还与该处的变形历史 $\mathrm{d}h$ 有关。考虑“变形历史”影响的本构关系可以表达为

$$\sigma = f\left(\varepsilon, \dot{\varepsilon}, T_{\mathrm{e}}, \mathrm{d}h\right) \tag{5.4}$$

由弹塑性力学理论，σ 与 ε 均为二阶张量，各自具有 6 个独立的分量，所以式 (5.3) 和式 (5.4) 通常应以张量形式写出。但是，如果忽略应力和应变的球张量部分，只考虑它们的偏张量部分，就可以引入等效应力 σ_{eff} 和等效应变 ε_{eff}，定义如下:

$$\sigma_{\text{eff}}=\frac{\sqrt{2}}{2}\sqrt{(\sigma_1-\sigma_2)^2+(\sigma_2-\sigma_3)^2+(\sigma_3-\sigma_1)^2} \tag{5.5}$$

$$\varepsilon_{\text{eff}}=\frac{\sqrt{2}}{2}\sqrt{(\varepsilon_1-\varepsilon_2)^2+(\varepsilon_2-\varepsilon_3)^2+(\varepsilon_3-\varepsilon_1)^2} \tag{5.6}$$

另外，温度与应变率两者存在耦合作用关系。比如，碳钢在不同温度情况下，其屈服应力随应变率发生变化。

对于应变率敏感性与材料微观机制联系起来的本构模型，工程中更多地采用唯象的显式关系，即考虑到应变率对材料屈服应力和流动应力影响的率相关本构方程。然而，一个成功的本构模型不仅应该能将某一材料的全部实验数据归纳为一个简单的数学形式，还应具备对该式内插和外推来预测现有实验未能覆盖的各种情况的能力；特殊情况下还需综合考虑计算力学方法的实现形式等。目前已经有很多种形式的本构方程，用来描述材料的塑性行为。

在低应变率下，大多数金属在塑性变形阶段近似遵循下列指数关系：

$$\sigma=\sigma_0+k\varepsilon^{n_{\text{r}}} \tag{5.7}$$

其中，σ_0 是屈服应力；n_{r} 为硬化系数 (又称强化系数)；k 为硬化项的系数。当 $n_{\text{r}}=0$ 时，式 (5.7) 退化为理想刚塑性材料；$n_{\text{r}}=1$ 对应于线性强化材料。对于大多数金属来说，n_{r} 的取值范围为 0.2 ~ 0.3。对于多轴应力的情况，式 (5.7) 中应力和应变都取等效量。在应变率不太高 ($\dot{\varepsilon}\leqslant 10^2\,\text{s}^{-1}$) 的情况下，材料的应变率效应可以简单地表示为

$$\sigma\propto \ln\dot{\varepsilon} \tag{5.8}$$

通过有关低碳钢的数据归纳可知，温度 T_{e} 对塑性流动应力 σ 的影响比较显著，它可以通过式 (5.9) 表示为

$$\sigma=\sigma_{\text{r}}\left[1-\left(\frac{T_{\text{e}}-T_{\text{r}}}{T_{\text{m}}-T_{\text{r}}}\right)^m\right] \tag{5.9}$$

式中，σ_{r} 是在该温度下测得的参考应力，T_{m} 是金属的熔点；T_{r} 是参考温度；指数 m 是由实验值得出的拟合参数，该形式相比而言，是一种更简单的曲线拟合方程，它们与式 (4.83) 所表达的 Johnson-Cook 本构模型涵义大体相同 [4]。在 Johnson-Cook 本构模型中

$$\sigma_{\text{r}}=(A+B\varepsilon^n)\left(1+C\ln\frac{\dot{\varepsilon}}{\dot{\varepsilon}_0}\right) \tag{5.10}$$

式中，A、B、C、n 和 m 是通过实验确定的参数。实践证明，恰当选取参数之后，式 (5.10) 能够相当好地描述大多数金属的塑性动力行为，既表达了温度效应，又反映了加载应变率效应。因此，Johnson-Cook 方程是一种非常成功的本构模型，目前被广泛接受，应用于各类典型冲击问题数值模拟中。

其他研究者也提出了相关的经验方程，Klopp 等 [5] 给出如下形式的经验方程：

$$\tau=\tau_0\gamma^n\left(T_{\mathrm{e}}\right)^{-\xi}\dot{\gamma}^m \tag{5.11}$$

其中，τ、γ 和 $\dot{\gamma}$ 分别为剪切应力、剪切应变和剪切应变率；ξ 为温度软化参数；n 和 m 分别为对塑性硬化和应变率敏感程度的指数；τ_0 为在应变为零 $(\gamma=0)$ 且参考应变率 $\dot{\gamma}_{\mathrm{r}}$ 下的屈服应力。

另外，有学者建议采用如下形式的率相关本构方程：

$$\tau=\tau_0\left(1+\frac{\gamma}{\gamma_0}\right)^n\left(\frac{\dot{\gamma}}{\dot{\gamma}_{\mathrm{r}}}\right)^m\mathrm{e}^{-\lambda\Delta T_{\mathrm{e}}} \tag{5.12}$$

其中，ΔT_{e} 是当前温度 T_{e} 与参考温度 T_0 之差。此方程含有一个指数形式的温度软化项。若在式 (5.12) 基础上令

$$\sigma_{\mathrm{r}}=\tau_0\mathrm{e}^{-\lambda\Delta T_{\mathrm{e}}}\left(1+\frac{\gamma}{\gamma_0}\right)^n \tag{5.13}$$

式 (5.12) 的经验公式就变成应变率 $\dot{\gamma}$ 与应力之间的显式方程:

$$\dot{\gamma}=\dot{\gamma}_{\mathrm{r}}\left(\frac{\tau}{\sigma_{\mathrm{r}}}\right)^{1/m} \tag{5.14}$$

另一种类似的表达形式为

$$\tau=\tau_0\gamma^n\left(\frac{\dot{\gamma}}{\dot{\gamma}_0}\right)^m\mathrm{e}^{\frac{W_{\mathrm{e}}}{T_{\mathrm{e}}}} \tag{5.15}$$

其中，τ_0、W_{e}、n 和 m 是由实验确定的参数。式 (5.15) 给出的经验方程可参阅 Vinh 等 [6] 的文献，它本质上与式 (5.12) 是相同的。对于金属铜来说，Campbell 及其合作者 [7] 给出的如下经验公式是非常成功的

$$\tau=A\gamma^n\left[1+m\ln\left(1+\dot{\gamma}/B\right)\right] \tag{5.16}$$

其中，系数 A、B 为通过实验测定的常数。

在结构冲击问题中，往往采用理想塑性模型。Cowper-Symonds 的率相关本构模型是大家所熟知的方程，已被广泛采用，其形式为

$$\dot{\varepsilon}=D\left[\frac{(\sigma_0)^{\mathrm{d}}}{\sigma_0}-1\right]^P \tag{5.17}$$

或者等价地写成如下形式:

$$\frac{(\sigma_0)^{\mathrm{d}}}{\sigma_0} = 1 + \left(\frac{\dot{\varepsilon}}{D}\right)^{1/P} \tag{5.18}$$

其中，$(\sigma_0)^{\mathrm{d}}$ 是在单轴应变率 $\dot{\varepsilon}$ 下的动态流动应力；σ_0 是相应的静态流动应力；D 和 P 是材料常数。显然，Cowper-Symonds 方程给出的是应变率和材料的流动应力之间的关系，只考虑了应变率的影响，并未考虑温度的影响。如对于 6061-T6 铝合金 $D = 1.7\times10^6\,\mathrm{s}^{-1}$，$P=4$。Cowper-Symonds 方程的基本思想是，利用给定的应变率估算动态流动应力 $(\sigma_0)^{\mathrm{d}}$，然后用 $(\sigma_0)^{\mathrm{d}}$ 直接取代原来的静态流动应力 σ_0 进行分析计算。这种方法简单实用，也很容易纳入有限元计算，因而在工程中很受欢迎。根据以上参数可以利用式 (5.18) 计算不同应变率下的材料动态流动应力 $(\sigma_0)^{\mathrm{d}}$。例如，当应变率为 $\varepsilon = 100\,\mathrm{s}^{-1}$ 时，低碳钢的动态流动应力为 $(\sigma_0)^{\mathrm{d}} = 2.20\,\sigma_0$；而在同样应变率情况下，铝合金的流动应力为 $(\sigma_0)^{\mathrm{d}} = 1.35\,\sigma_0$，显然低碳钢对应变率的敏感性高于铝合金。

从以上讨论可知，金属的变形机制主要取决于温度和应变率。在大多数变形机制中，流动应力随着温度的升高而降低，随着应变率的升高而升高。通常，当金属的变形机制发生改变的时候，材料的微观结构也发生了相应的变化。

5.1.2　惯性效应

惯性效应是动态冲击广泛存在的现象。作为响应模式的二级效应，高速冲击条件下的惯性效应问题一直是一个不容忽视的问题，对它的充分认识，不仅可挖掘吸能结构的潜在吸能能力，还可明确惯性量对蜂窝结构动力响应的敏感程度，进一步指导吸能结构设计。

1983 年, Calladine[8] 通过实验发现，在冲击条件下，金属结构通过整体塑性变形来吸收能量，且吸能能力与结构属性类型密切有关。依据各种结构整体静态载荷位移曲线的形状，将吸能结构区分出两种类型：I 类吸能结构和II 类吸能结构，如图 5.2(a) 和 (b) 所示。I 类结构受载后先出现峰值，继而回落 (图 5.2(a))，比较典型的结构有金属方管、圆管等；II 类结构则在受载作用下体现较“平坦”的曲线，也可能呈现出承载能力提高的现象 (图 5.2(b))，比较典型的结构有泡沫铝、切削吸能装置等。Booth 通过研究发现，存在典型初始峰值的结构比平缓结构对碰撞速度更敏感，即存在结构冲击响应的二级效应 [9]。

I 类吸能结构和II 类吸能结构，这两类结构对冲击的敏感性，可以采用如图 5.3 所示的示意图进行理解。假定对于给定的原型模型和缩放后的模型均承受冲击载荷作用，由于应变率效应和惯性效应，将小尺寸模型的动态极限载荷按比例放大以后，要高于原型动态极限载荷。为保证碰撞能量在同一水平，比例放大后的模型的最终位移应小于原型模型的最终位移。如果载荷位移 $(F-\varDelta)$ 曲线是“急剧下降”的形式 (第 I 类结构)，“相等放大能量”的条件要求其面积相等，模型与原型在最终位移之间的差别将非常显著 (图 5.3(a))；但如果极限载荷在大变形过程中保持不变 (这对于第 II 类结构是很典型的)，则根据同样的规则，为保证面积相等，此差别并不显著 (图 5.3(b))。由此可知，I 类结构相比 II 类结构体现出更强的敏感性。

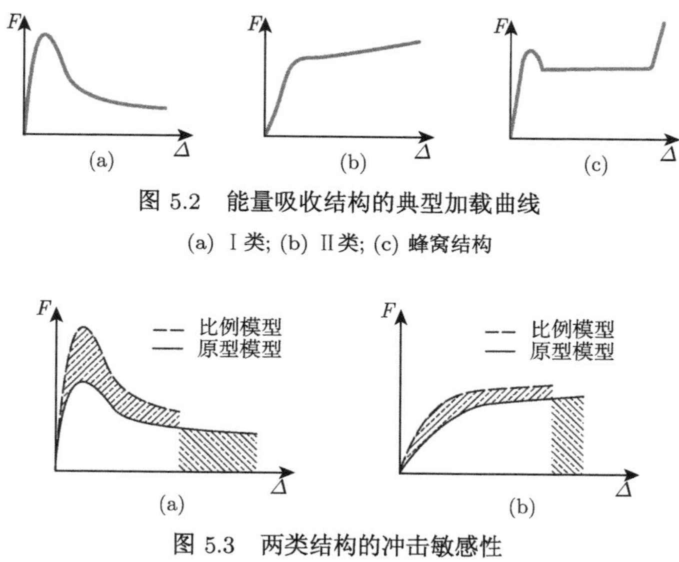

图 5.2 能量吸收结构的典型加载曲线

(a) I 类; (b) II 类; (c) 蜂窝结构

图 5.3 两类结构的冲击敏感性

(a) I 类吸能结构; (b) II 类吸能结构

虽然蜂窝结构受力过程与第 I 类吸能结构和第 II 类吸能结构均有所区别，存在初始峰值力和明显的平台区，但总体上与第 II 类结构类似，其惯性效应在整体上并不会过于明显。

5.2 共面低速冲击响应

5.2.1 x_1 方向加载

蜂窝结构在 x_1 方向加载时，其动态响应模式随速度与几何构型呈现多样性变化。为了全面分析蜂窝结构在 x_1 方向加载的动态力学响应，采用全尺度小规模模拟方法，运用 Ansys/Explicit 开展显式有限元分析仿真。有限元模型在 x_1 方向使用了 15 个正六边形胞元 (双壁厚蜂窝)，边长尺寸为 4.0 mm ($h = l, \theta = 30°$)，壁厚为 0.06 mm。胞壁材料假定为理想弹塑性，其基本力学性能为：密度为 2700 kg/m^3，弹性模量为 68.97 GPa，泊松比为 0.35，屈服强度为 292 MPa。蜂窝结构在左侧承受刚性平板的撞击，作用有定常的水平速度 (沿 x_1 方向)，右侧为固定的无限大平面刚性墙。图 5.4～ 图 5.7 为蜂窝结构在 x_1 方向分别承受 $v = 3\,\mathrm{m/s}$、$v = 10\,\mathrm{m/s}$、$v = 30\,\mathrm{m/s}$

和 $v = 70\,\mathrm{m/s}$ 的冲击时，压缩量 δ 分别为 10.5 mm、21 mm、31.5 mm、42 mm、52.5 mm、63 mm、73.5 mm 和 84 mm 时的变形情况。

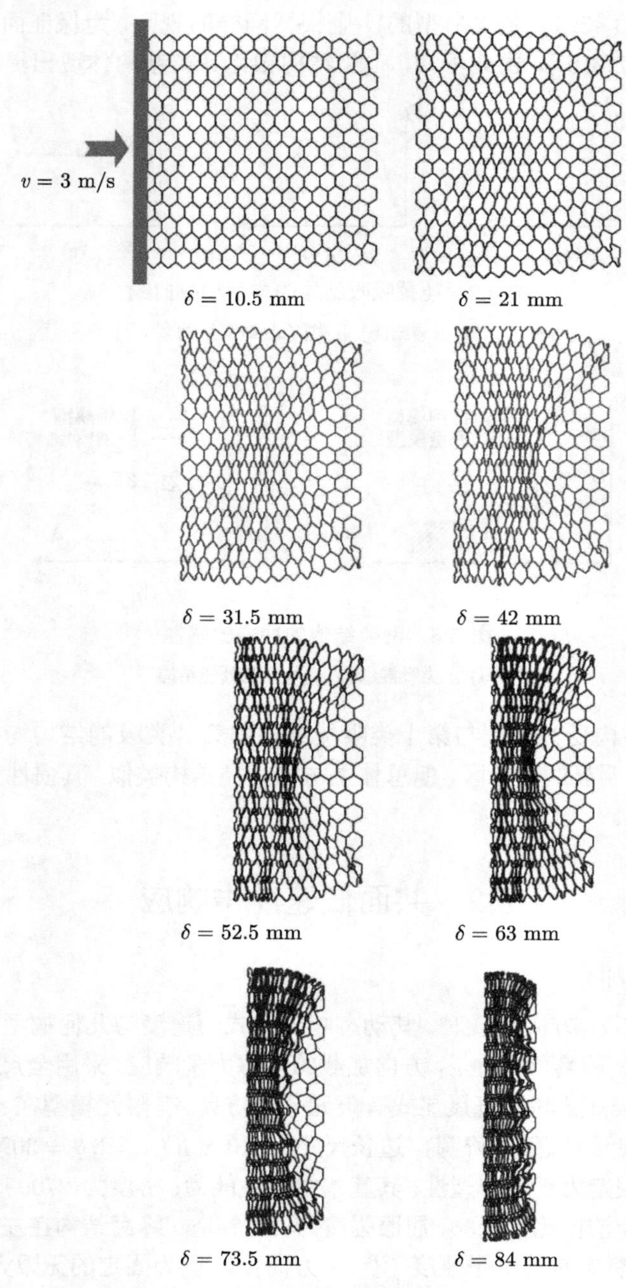

图 5.4　x_1 方向的压缩 X 形变形模式图 ($v = 3\,\mathrm{m/s}$)

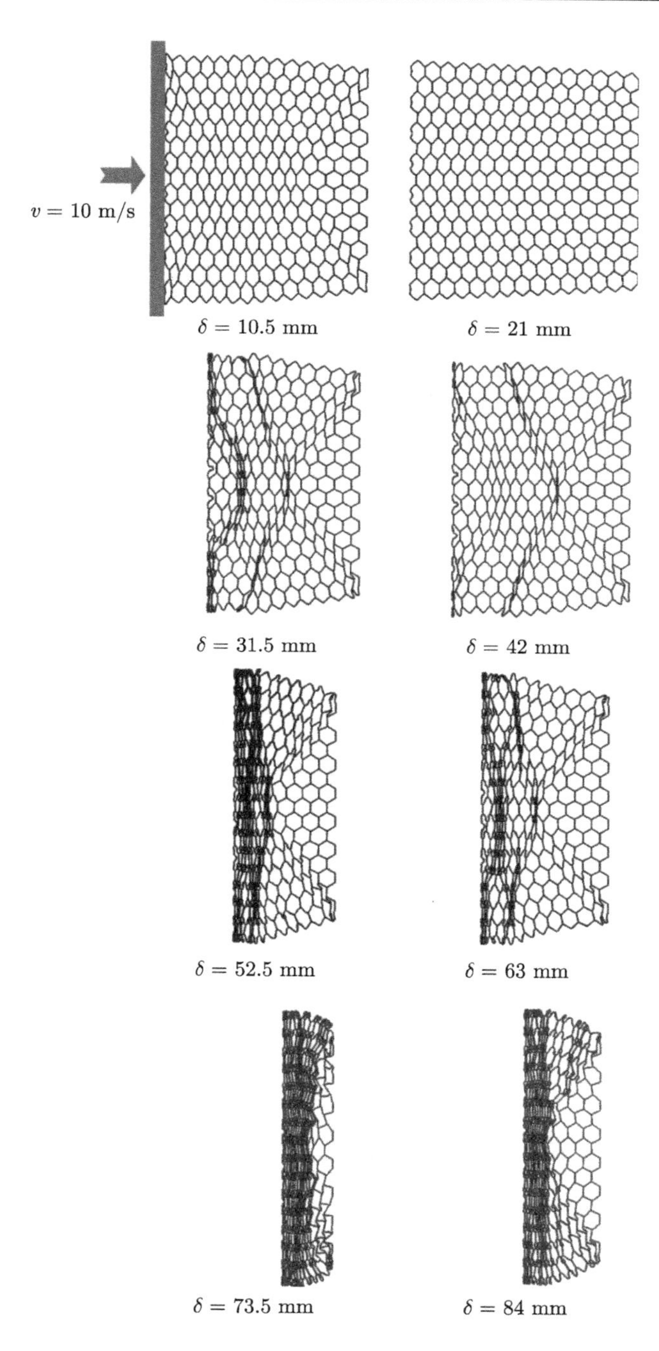

图 5.5 x_1 方向的压缩 X 形变形模式图 ($v = 10\,\mathrm{m/s}$)

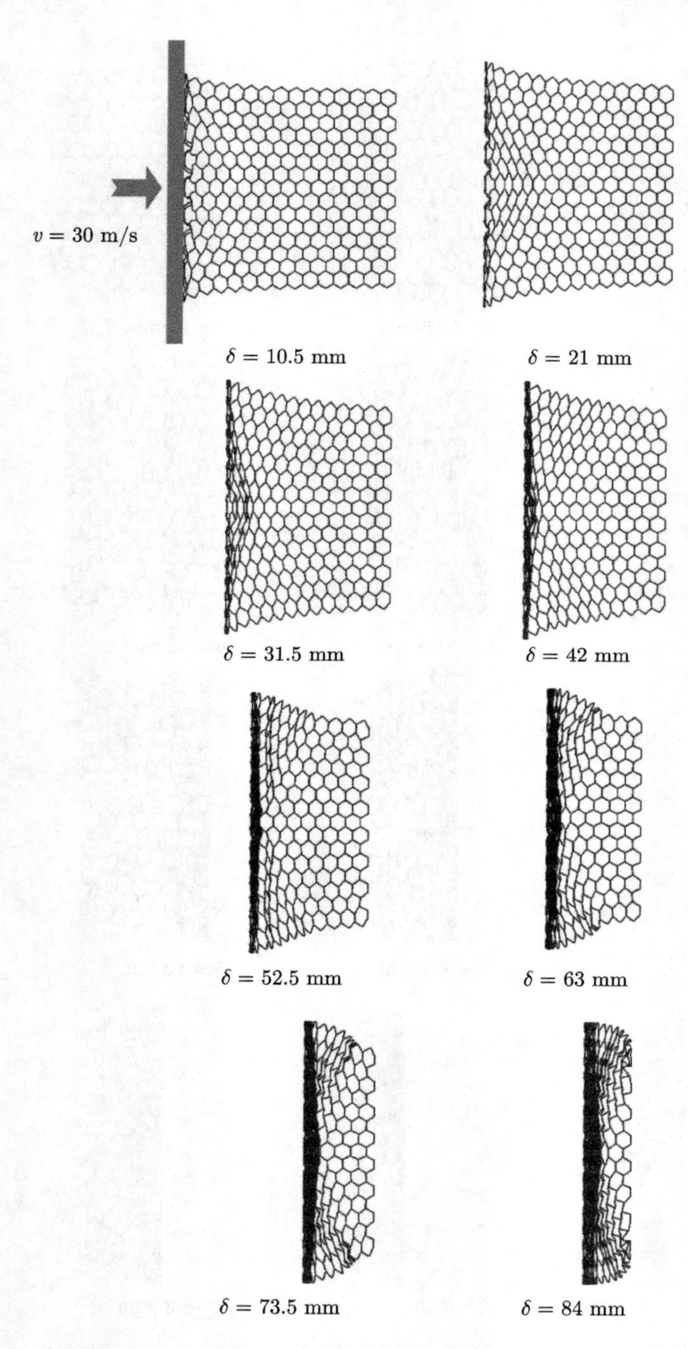

图 5.6　x_1 方向的压缩 V 形变形模式图 ($v = 30\,\mathrm{m/s}$)

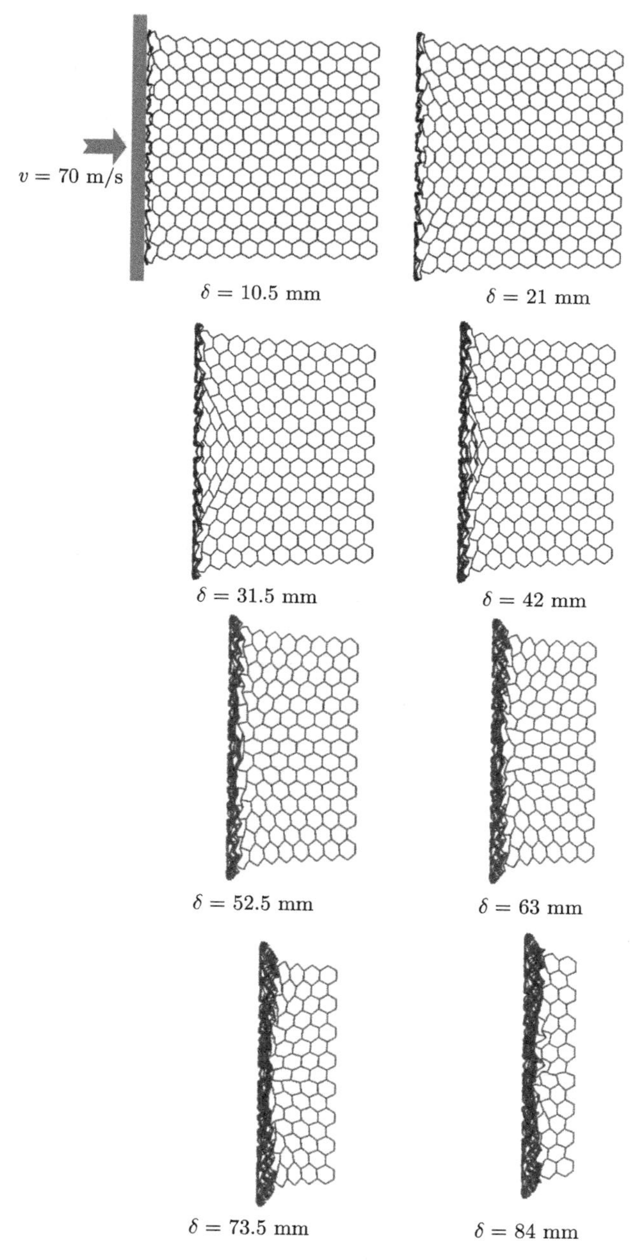

图 5.7 x_1 方向压缩 I 形变形模式图 ($v = 70\,\mathrm{m/s}$)

从图可知，对于速度为 $v = 3\,\mathrm{m/s}$ 的刚性平板撞击情况，当蜂窝结构左侧的位移较小时，即发生初始局部密实化。从撞击端开始产生了一个 X 形的变形带，随着位移增加，第二条 X 形变形带从固定侧发展起来，它与第一条局部化变形带相交，在试件中心形成一个菱形 (图 5.4，$\delta = 21\,\mathrm{mm}$)。随着压溃的推进，又有一层胞元沿着 X 形变形带被压溃，从而形成局部化更为明显的变形带。此后，局部化在中心菱形内发生 (图 5.4，$\delta = 42\,\mathrm{mm}$)。最后，菱形内不能再变形，更多的局部化带在加载侧附近发生，直到蜂窝被完全压溃。这一现象在 $v = 10\,\mathrm{m/s}$ 时更加明显 ((图 5.5)。这种 X 形局部化变形带在准静态实验中也曾被观察到 (图 3.7)。

当 $v = 30\,\mathrm{m/s}$ 时，与 $v = 3\,\mathrm{m/s}$ 和 $v = 10\,\mathrm{m/s}$ 时的 X 形变形模式不同，靠近蜂窝结构左边界的胞元在 V 形块的范围内被轻微压溃，变形开始时并未观察到明显的局部化变形带。然后，局部化变形带在加载端边界产生。变形带呈现为 V 形 (图 5.6，$\delta = 31.5\,\mathrm{mm}$)；同时，后续部分胞元呈现出 X 形的右半枝 (图 5.6，$\delta = 42\,\mathrm{mm}$)，但是比 $v = 3\,\mathrm{m/s}$ 冲击时略微弱一些。随着变形进一步发展，逐渐产生了更多的局部变形带。

当碰撞速度更高时 ($v = 70\,\mathrm{m/s}$)，在整个压溃过程中蜂窝结构内部没有发现明显的局部化变形带。只有在加载端的边缘附近观察到垂直于碰撞方向的横向局部化变形带，它一层接着一层地连续传播，直到固定边界，如图 5.7 所示。这种变形是以平面波的形式传播的。

从图 5.4~ 图 5.7 不同冲击速度作用下蜂窝结构的动态响应图可以看出，在 x_1 方向观察到的变形可以分成三种类型。第一种类型是 X 形变形模式。这种模式的特征是当蜂窝结构被压溃时，即使变形很小，X 形局部化变形带仍然可以被清楚地观察到。第二种类型是 X 形和 I 形变形模式之间的过渡模式，也可称为 V 形变形模式。这种模式的局部化变形带是倾斜的，但是当蜂窝结构被压至位移 $\delta = 21\,\mathrm{mm}$ 时，它们也没有形成一个完整的 X 形。第三种类型是 I 形变形模式。这种模式在整个压溃过程中看不到明显的倾斜局部化变形带，只发现垂直于加载方向的竖直变形带。变形模式 X 和 I 之间的区别是明显的，而与变形模式 V 的差别就不那么明显了，所以 V 形变形模式通常也称为过渡模式，

Ruan 等 [10] 分析了单壁厚蜂窝在 x_1 方向的动态压缩响应，获得了更系统性的结果。根据量纲分析，对于固体动态响应经常采用无量纲临界速度 $v/(\sigma/\rho_\mathrm{c})^{1/2}$。假定蜂窝试件的尺寸对结果影响不计， 无量纲速度只取决于无量纲量 t/h。 但因为

$$\sigma \propto \sqrt{t/h} \tag{5.19}$$

$$v_\mathrm{c} \propto \sqrt{t/h} \tag{5.20}$$

易知

$$\rho_\mathrm{c} \propto \sqrt{t/h} \tag{5.21}$$

通过分析，他们建立了沿 x_1 方向的压缩模式演化图谱，并分别确定了 X 形变形模式向 V 形变形模式转变的临界速度 v_{c1} 和 V 形变形模式向 I 形变形模式转变的临界速度 v_{c2}，如图 5.8 所示。由图可知，v_{c1} 几乎与 t/h 无关，但 $v_{c2} \propto \sqrt{(t/h)}$。两个临界速度的经验方程分别为

$$v_{c1} = 14\,\mathrm{m/s} \tag{5.22}$$

和

$$v_{c2} = 277\sqrt{t/h}\,\mathrm{m/s} \tag{5.23}$$

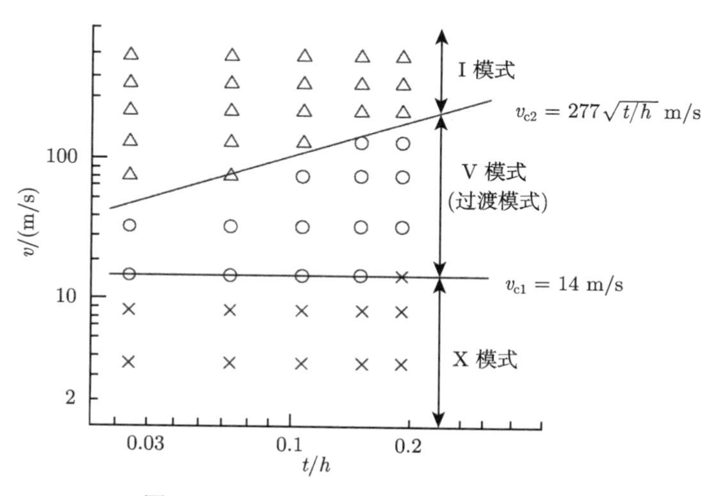

图 5.8　x_1 方向的压缩模式演化图谱 [10]

当冲击速度足够大时，变形模式为平面塑性波的传播。从整体上看，蜂窝结构的静态应力–应变曲线表现为锁紧应变硬化，其动态应力的最简单形式是 [10]：

$$\sigma_{md} = \sigma_{ms} + \frac{\rho_c v^2}{\varepsilon_d} = \sigma_{ms} + A_d v^2 \tag{5.24}$$

式中，σ_{md} 为动态平台应力；σ_{ms} 为各种蜂窝结构的静态平台应力；ρ_c 为蜂窝结构的密度 (计算方式见式 (2.6))；v 为冲击速度；ε_d 为静载荷下蜂窝结构的密实应变；A_d 等于 ρ_c/ε_d。通过对计算结果的拟合，得到

$$A_d = 4742\left(\frac{t}{h}\right)^2 + 3115\left(\frac{t}{h}\right) + 0.75 \tag{5.25}$$

而由 Gibson[11] 的研究结果，各类型蜂窝结构的静态平台应力 σ_{ms} 为

$$\sigma_{ms} = 1.15 \times \frac{2}{3}\sigma_0\left(\frac{t}{h}\right)^2 \tag{5.26}$$

其中，σ_0 为蜂窝箔片材料的屈服强度。因此，式 (5.25) 可以重写为

$$\sigma_{\mathrm{md}} = 0.8\left(\frac{t}{h}\right)^2 \sigma_0 + \left[4742\left(\frac{t}{h}\right)^2 + 3115\left(\frac{t}{h}\right) + 0.75\right] v^2 \tag{5.27}$$

类似地，I 形变形模式下蜂窝结构的动态平台应力方程为 (在他们的工作中，$\sigma_0 = 76\,\mathrm{MPa}$，且在该值给定的基础上获得以下公式)

$$\frac{\sigma_{\mathrm{md}}}{\sigma_0} = 0.8\left(\frac{t}{h}\right)^2 + \left[62\left(\frac{t}{h}\right)^2 + 41\left(\frac{t}{h}\right) + 0.01\right] \times 10^{-6} v^2 \tag{5.28}$$

比如，当 $v = 100\,\mathrm{m/s}$，代入式 (5.27)，得

$$\frac{\sigma_{\mathrm{md}}}{\sigma_0} = 1.39\left(\frac{t}{h}\right)^2 + 0.41\left(\frac{t}{h}\right) + 0.0001 \tag{5.29}$$

对于 0.03 ~ 0.18 范围内的 t/h，式 (5.29) 也可以近似表述为以下幂函数形式

$$\frac{\sigma_{\mathrm{md}}}{\sigma_0} = 0.9\left(\frac{t}{h}\right)^{1.2} \tag{5.30}$$

同样地，可以将该型蜂窝结构在 140 m/s、200 m/s、280 m/s 冲击速度条件下的有限元仿真结果以多项式形式和幂函数形式进行归纳，如表 5.1 所示。

表 5.1　等壁厚蜂窝结构在不同冲击速度下的动态平台力 [10]

v/(m/s)	多项式形式	幂函数形式
100	$\frac{\sigma_{\mathrm{md}}}{\sigma_0} = 1.39\left(\frac{t}{h}\right)^2 + 0.41\left(\frac{t}{h}\right) + 0.0001$	$\frac{\sigma_{\mathrm{md}}}{\sigma_0} = 0.9\left(\frac{t}{h}\right)^{1.2}$
140	$\frac{\sigma_{\mathrm{md}}}{\sigma_0} = 2\left(\frac{t}{h}\right)^2 + 0.8\left(\frac{t}{h}\right) + 0.0002$	$\frac{\sigma_{\mathrm{md}}}{\sigma_0} = 15\left(\frac{t}{h}\right)^{1.2}$
200	$\frac{\sigma_{\mathrm{md}}}{\sigma_0} = 328\left(\frac{t}{h}\right)^2 + 164\left(\frac{t}{h}\right) + 0.0004$	$\frac{\sigma_{\mathrm{md}}}{\sigma_0} = 27\left(\frac{t}{h}\right)^{1.2}$
280	$\frac{\sigma_{\mathrm{md}}}{\sigma_0} = 566\left(\frac{t}{h}\right)^2 + 321\left(\frac{t}{h}\right) + 0.0008$	$\frac{\sigma_{\mathrm{md}}}{\sigma_0} = 54\left(\frac{t}{h}\right)^{1.2}$

从表 5.1 可知，在不同的冲击速度下，等壁厚蜂窝结构几乎具有相同的平台力表达形式，幂函数格式一致、指数相同、幂函数系数随冲击速度的增加逐渐增大。在 100~280 m/s 的冲击速度范围内，根据能量定律，平台应力与胞元厚跨比 (t/h) 具有良好的相关性，即

$$\frac{\sigma_{\mathrm{md}}}{\sigma_0} = B_{\mathrm{e}}\left(\frac{t}{h}\right)^{p_{\mathrm{e}}} \tag{5.31}$$

这里，B_{e} 为幂函数的常数系数；p_{e} 为指数。B_{e} 和 p_{e} 都取决于冲击速度。在低速时，p_{e} 等于 2 (式 (5.26))，这与静态情况相同。而在高速情况下，p_{e} 小于 2。为更

直观地描述多项式与幂函数两种形式带来的差别，图 5.9 描绘了两组结果的趋势线 ($\mu = t/h$，其取值区间为 (0 0.1])。在图 5.9 所绘结果中，从曲线的变化趋势可以清晰地看出，在速度较低时，如 $v = 200\,\mathrm{m/s}$ 和 $v = 140\,\mathrm{m/s}$ 时，多项式与幂函数所表达的结果基本重合，而当 $v = 200\,\mathrm{m/s}$ 和 $v = 280\,\mathrm{m/s}$ 时，两者稍有偏差，且采用多项式表达的结果比采用幂函数所表达的结果要大。

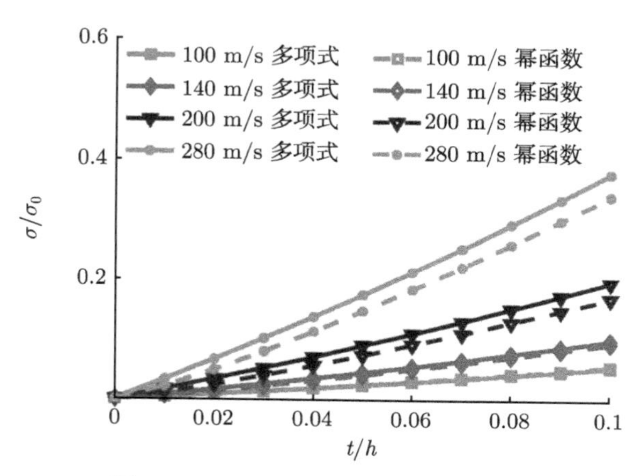

图 5.9　x_1 方向的压缩模式演化图谱

对于双壁厚蜂窝结构，与等壁厚蜂窝一样，具有相似的模式演变图谱，但在偏载作用下呈现不一致的模式演变过程 [12]。通过建立双壁厚蜂窝的偏斜加载仿真模型 (图 5.10)，分析不同偏载作用下 (偏角 θ_c) 蜂窝结构的变形响应。所用的正六边形蜂窝孔格壁厚为 0.06 mm，边长均为 4 mm。在 $W(x_1)$ 方向和 $L(x_2)$ 方向分别有 15×15 胞元，T (x_3) 方向厚度为 5 mm。蜂窝箔片的材料参数为：密度 2700 kg/m^3，杨氏模量 68.97 GPa，泊松比 0.35，屈服强度 292 MPa。加载速度为 3 m/s。

图 5.11 对比了双壁厚蜂窝在 $\theta_c = 0°$ 和 $\theta_c = 10°$ 受载情况下的变形过程。当 $\theta_c = 0°$ 时，其变形过程与前述观察到的现象一致。在压缩 10 ms 后，隐约出现 X 形变形模式；慢慢地，X 形右翼逐渐局部密实化，X 形状逐渐消退 (图 5.11(a)，25 ms)，直到完全密实段出现时 (图 5.11(a)，30 ms)，X 形全部消退。

与 $\theta_c = 0°$ 相比，当 $\theta_c = 10°$ 时，变形模式有所不同，完整的 X 局部带不再出现，取而代之的是 “半枝-X” 局部带，如图 5.11(b) 所示。在 10 ms 时，一个 “半枝-X” 清晰可见，在 15 ms 时变成两个；随加载的深入，“半枝-X” 逐渐增多。密实阶段同样有所延迟，且密实主要发生在冲击域附近，在左上半区出现了未完全压缩的蜂窝胞孔，整体变形呈现出不协调性。显然，这种变形模式对吸能是不利的。

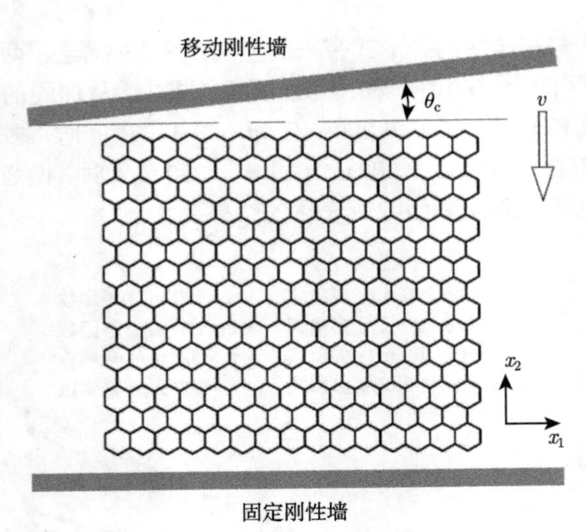

图 5.10　蜂窝结构偏斜加载示意图 (x_1 方向) [12]

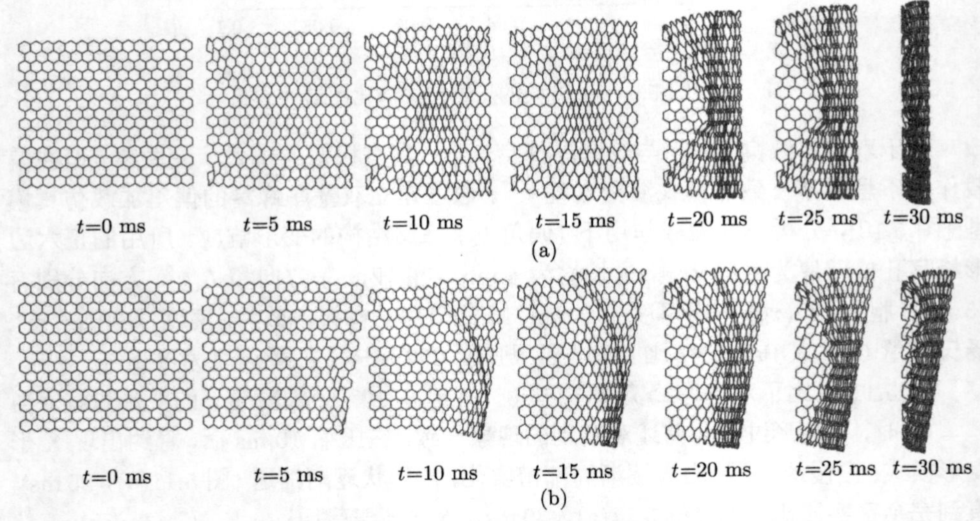

图 5.11　x_1 方向斜向压缩模式对比 [12]

(a) $\theta_c = 0°$; (b) $\theta_c = 10°$

图 5.12 展示了其在 x_1 方向 3 m/s 速度冲击时蜂窝结构平台应力以及吸能量随压缩时间的变化过程。图 5.12(a) 中所示的应力–时间历程曲线表明，倾斜加载不会影响平台阶段的承载能力。与初始屈曲阶段相关的峰值力在 $\theta_c = 0°$ 时出现，而在 $\theta_c = 10°$ 时明显减小。此外，图 5.12(b) 中的曲线表明，$\theta_c = 10°$ 加载时，蜂窝结构的能量吸收并不总是小于 $\theta_c = 0°$ 情况，如在 20~30 ms，$\theta_c = 10°$ 的蜂窝结构

吸能量反而要高于 $\theta_c=0°$ 的蜂窝结构吸能量。这主要是因为在此段时刻，偏载作用下的蜂窝结构的密实区域略大于 $\theta_c=0°$ 的密实区。

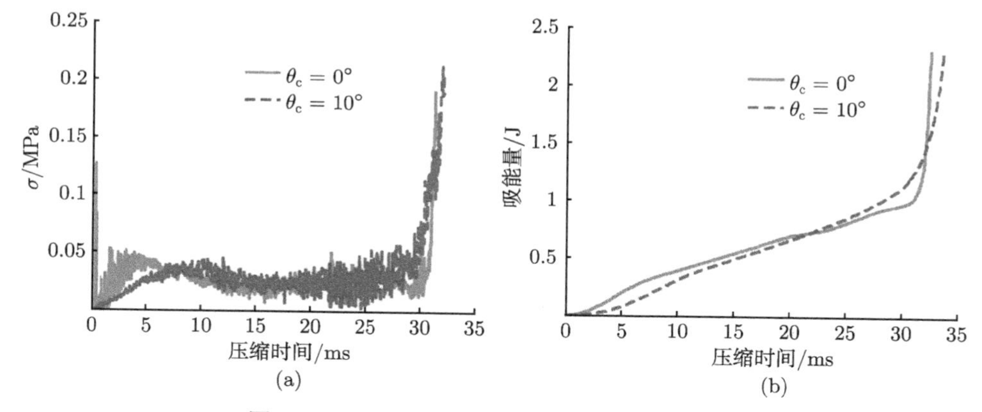

图 5.12 x_1 方向正向与斜向加载结果对比 [12]

(a) 力响应曲线; (b) 吸能曲线

图 5.13 描绘了蜂窝结构沿 x_1 方向在不同速度和不同偏斜角度加载时的变形序列。与图 5.11 所描绘的一样，在低速冲击条件下，蜂窝结构维持了“X”和“半枝-X”两种主要的变形模式，如图 5.13(b) ~ (d) 所示，在 $\theta_c=8°$ 和 $\theta_c=4°$ 时皆是如此。然而，随着速度的增加，该模型逐渐转变为稳定的 I 形变形模式 (在加载区邻域附近)，在其间有模糊的 V 形变形模式出现，如图 5.13(e) ~ (h) 之间的过渡模式。当压缩速度大于 70 m/s 后，过渡的 V 形变形模式不再可见，仅有 I 形变形模式的局部带存在，直到最终压缩完全。

以上讨论的变形模式可以使用分类图进行总结，如图 5.14 所示。除了传统的 X 形变形模式和 I 形变形模式外，还可以识别其他三个区域，即“半枝-X”形变形模式、V 形变形模式和先“半枝-X”形后 I 形变形模式 (图 5.15(f))。这三个区域只是从 X 形变形模式过渡到 I 形变形模式。对于 $v\leqslant 10$m/s 且 $\theta_c<6°$，蜂窝结构表现为 X 形变形模式；对于较小的倾斜角度 ($\theta_c\leqslant 4°$)，也会出现相同的变形模式，直到 $v\leqslant 30$m/s。“半枝-X”形占据着 $v\leqslant 10$m/s 且 $\theta_c\geqslant 6°$、10m/s $\leqslant v\leqslant$ 30m/s 且 $\theta_c\geqslant 4°$ 所在的区域。冲击速度增加后，V 形变形模式出现，并占据 30m/s $\leqslant v\leqslant$ 50m/s、$\theta_c\leqslant 4°$ 和 50m/s $\leqslant v\leqslant$ 70m/s、$\theta_c\leqslant 6°$ 的区域。当蜂窝结构在相同的速度范围内以较大的倾角加载时，会发生先“半枝-X”形后 I 形变形模式的过渡。最后，在速度大于 70 m/s 时，单一 I 形变形模式可以被观察到。

从各变形图中还可以发现，在相同的倾斜加载条件下，蜂窝结构迎击端局部区域孔格变化受偏载角度的影响，底层单元比顶层单元更早地坍塌 (由偏斜所致)，X 形的右半枝只有下半部分首先塌陷。此现象将导致右上角胞元塌陷不足，并向下移动漫延至 X 形中心，由此可能引发旋转受力，变形模式亦由对称转向非对称，结构的承载能力进一步损失。在达到 70 m/s 之前，该响应在不同的冲击速度下持续存在。

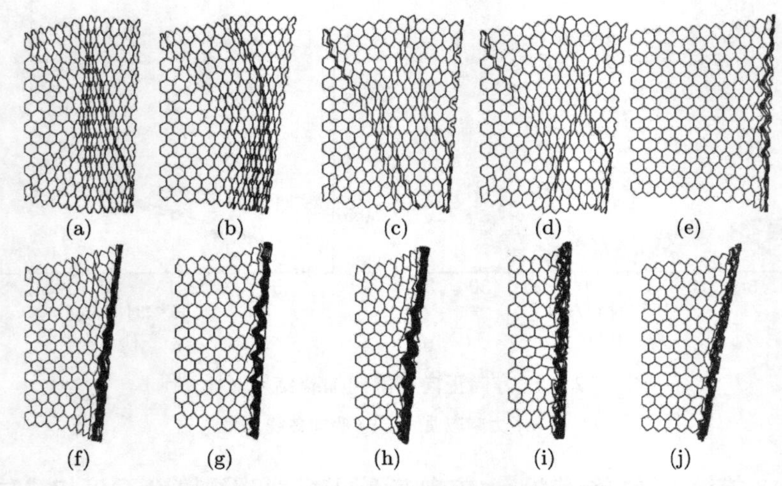

图 5.13　x_1 方向斜向压缩变形模式 [12]

(a) $\delta=45\,\mathrm{mm}$, $v=3\,\mathrm{m/s}$, $\theta_\mathrm{c}=2°$; (b) $\delta=45\,\mathrm{mm}$, $v=3\,\mathrm{m/s}$, $\theta_\mathrm{c}=8°$; (c) $\delta=36\,\mathrm{mm}$, $v=10\,\mathrm{m/s}$, $\theta_\mathrm{c}=4°$; (d) $\delta=36\,\mathrm{mm}$, $v=10\,\mathrm{m/s}$, $\theta_\mathrm{c}=6°$; (e) $\delta=30\,\mathrm{mm}$, $v=30\,\mathrm{m/s}$, $\theta_\mathrm{c}=2°$; (f) $\delta=60\,\mathrm{mm}$, $v=30\,\mathrm{m/s}$, $\theta_\mathrm{c}=6°$; (g) $\delta=60\,\mathrm{mm}$, $v=50\,\mathrm{m/s}$, $\theta_\mathrm{c}=4°$; (h) $\delta=75\,\mathrm{mm}$, $v=50\,\mathrm{m/s}$, $\theta_\mathrm{c}=6°$; (i) $\delta=75\,\mathrm{mm}$, $v=70\,\mathrm{m/s}$, $\theta_\mathrm{c}=2°$; (j) $\delta=75\,\mathrm{mm}$, $v=70\,\mathrm{m/s}$, $\theta_\mathrm{c}=10°$

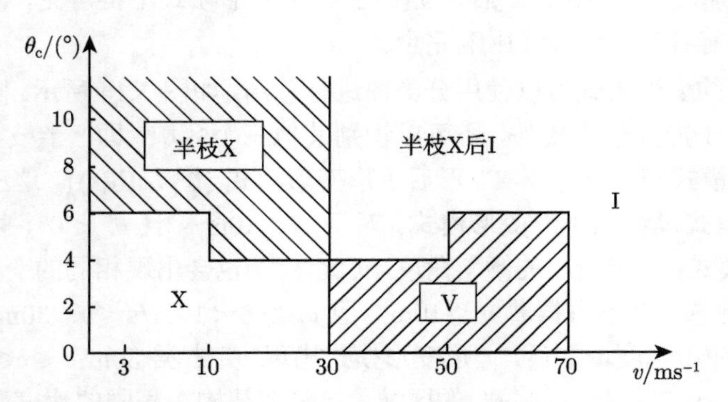

图 5.14　x_1 方向斜向压缩变形模式演化图谱 [12]

为了反映偏载对承载能力的影响，表 5.2 列出了以 70 m/s 的速度、不同倾角加载时，蜂窝结构在平台阶段的峰值应力 σ_p 和平台应力 σ_m。从表 5.2 可以看出，倾斜角度从 0° 增加到 2° 时，其峰值应力 σ_p 即显著下降，直至 $\theta_\mathrm{c}=10°$ 均是如此。而在不同倾角下，σ_m 几乎保持不变。由此可见，蜂窝结构在承受小角度偏载时，其平台区的载荷水平同样可以得到一定程度保持。

表 5.2 x_1 方向斜向加载时的强度 (70 m/s) [12]

	$\theta_c=0°$	$\theta_c=2°$	$\theta_c=4°$	$\theta_c=6°$	$\theta_c=8°$	$\theta_c=10°$
σ_p/MPa	3.456	0.666	0.482	0.535	0.334	0.437
σ_m/MPa	0.249	0.253	0.266	0.257	0.248	0.242

5.2.2 x_2 方向加载

蜂窝结构在 x_2 方向体现出与 x_1 方向不同的变形演变模式。类似地，分析与前述相同结构参数、相同材料属性的蜂窝结构承受来自 x_2 方向撞击的情况；同样地，其顶部为移动刚性平板，底边为固定边界刚性平板，而左右两侧为自由边，压缩速度亦分别为 $v=3\,\text{m/s}$ 和 $v=70\,\text{m/s}$($v=10\,\text{m/s}$ 情况下，蜂窝结构的变形模式与 $v=3\,\text{m/s}$ 时类似，故在此不再赘述)。在压缩量 δ 分别为 12.09 mm、24.18 mm、36.27 mm、48.36 mm、60.45mm 和 72.54mm 时的变形模式图如图 5.15 和图 5.16 所示。

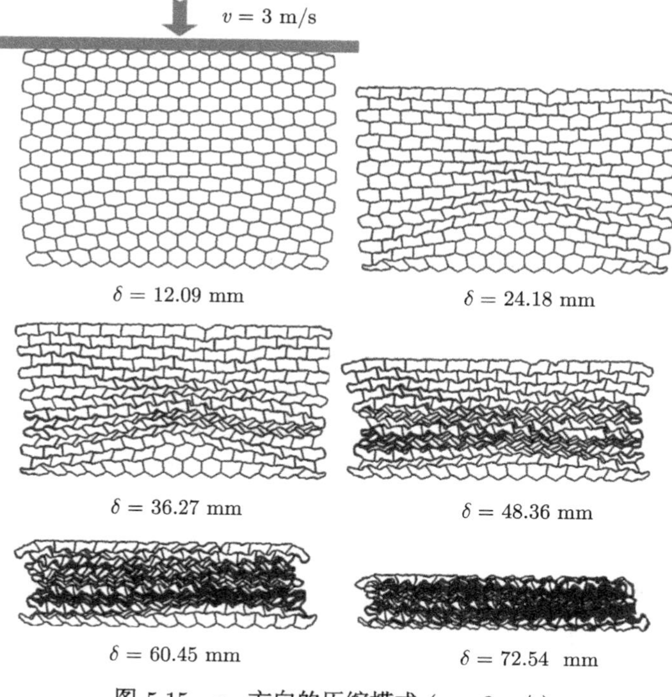

图 5.15 x_2 方向的压缩模式 ($v=3\,\text{m/s}$)

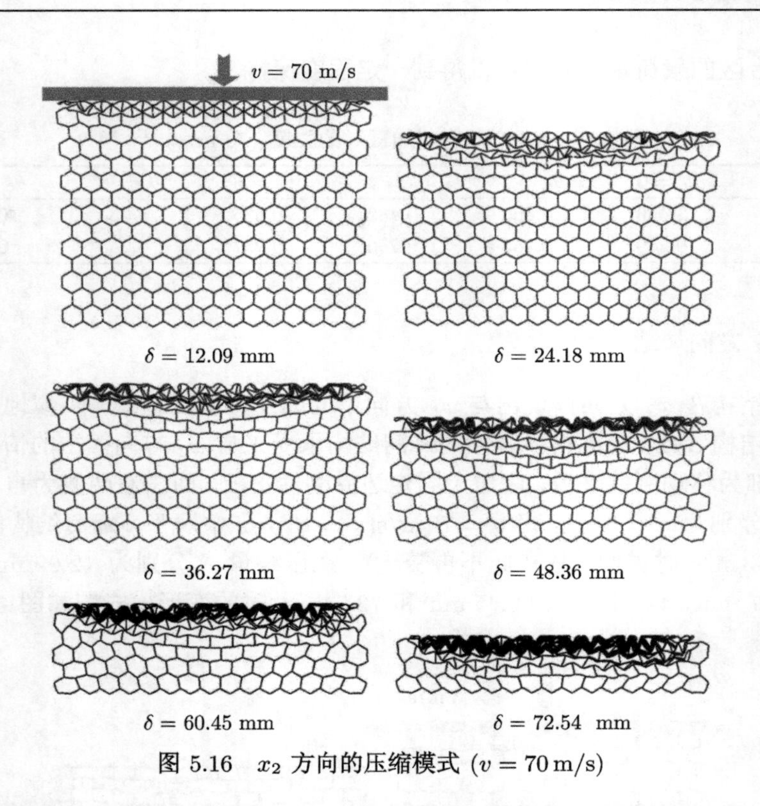

图 5.16　x_2 方向的压缩模式 ($v = 70\,\mathrm{m/s}$)

当速度较小时 ($v = 3\,\mathrm{m/s}$)，在变形的初始阶段，固定端附近产生了一个拱形，相当于 x_1 轴方向变形的 V 形 (图 5.15，$\delta = 24.18\,\mathrm{mm}$)。该过渡的 V 形变形模式并不是出现在受载区域附近，而是出现在腰部附近。但此 V 形变形带相对于在 x_1 轴方向加载时出现的 V 形要模糊得多。在随后的变形中，胞元大部分按照 I 形横向一层一层地被压实 (图 5.15，$\delta = 48.36\,\mathrm{mm}$)，而没有产生明显的倾斜变形带。当速度提升到 70 m/s 时，在冲击端产生一个类似 I 形的变形带。随着冲击的进行，胞元一层层地有序压溃 (图 5.16，$\delta = 24.18\,\mathrm{mm}$)。在冲击的中后段，随着冲击变形的深入，可以观察到在蜂窝结构的中轴线上的胞元首先被压扁 (图 5.16，$\delta = 48.36\,\mathrm{mm}$)，并向两边蔓延，形成类似于弱 V 形变形带，直到整个蜂窝结构被压实。

相对于 x_1 方向，在 x_2 方向冲击时，蜂窝结构变形比较单一，原因在于当 x_1 方向冲击时，变形主要由斜梁弯曲产生；而在 x_2 方向冲击时，冲击能量大部分被垂直的梁的压缩变形所承担。因此在沿 x_2 方向冲击下，每个胞元都与单个胞元在冲击下的变形模式相似，产生对称的变形压缩，而没有出现与 x_1 方向冲击下同样的反对称变形。正因为此，在 x_2 方向冲击下没有出现明显的 X 形变形带。即使是模糊的 V 形变形带也不是因为胞元的反对称变形，而是因为在压缩变形中，单个胞元向水平方向扩展，中间地带的胞元在两旁胞元的簇拥下无法扩张，只得转向垂直伸展，才造成了中间部分的拱起，形成一个 V 形。

当承受沿 x_2 方向偏斜载荷作用时，蜂窝结构的变形模式与 x_1 方向偏载作用时亦不相同。蜂窝结构在不同偏斜角度加载时的响应历程、变形模式及模式分类图如图 5.17 ~ 图 5.19 所示 (蜂窝结构的加载方式与边界条件与前述同)。从图 5.17 所示的典型模式序列可以观察到，斜向加载时，相比于 $\theta_c = 0°$ 时蜂窝在腰部呈现的 V 形变形模式，蜂窝结构表现出了如图 5.17(b) 中的典型变形模式。除了 V 模型的压溃式变形外，在边界处还同时存在变形，且该变形为 I 形的层叠形式，演化为 "腰部 V 边界 I" 的混杂模式 (在压缩至 12 ms 与 18 ms 时)。

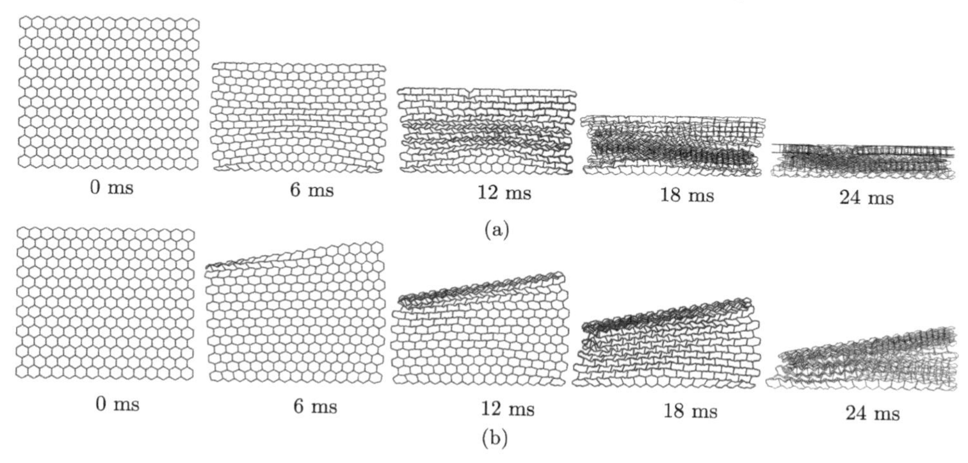

图 5.17 不同角度加载时的蜂窝结构响应历程 [12]

(a) $\theta_c = 0°$; (b) $\theta_c = 10°$

另外，对于沿 x_2 方向偏斜加载的蜂窝结构，在倾斜冲击载荷以 3 m/s 的速度，$\theta_c = 2°$ 的小角度加载时，体现为 "腰部-V" 变形模式，如图 5.18(a) 所示。而对于 $v \geqslant 30$m/s 以后，"腰部 V 边界 I" 变形模式占主导地位；直到 50 m/s 时，蜂窝结构才显现出纯 I 形变形模式 (图 5.18(g) ~ (h))。

从图 5.19 中的模式分类图中，可以发现 "腰部-V" 变形模式出现在 $v \leqslant 10$m/s 且 $\theta_c<8°$ 和 10m/s $\leqslant v \leqslant$ 30m/s 且 $\theta_c < 6°$ 之间。典型的 I 形变形模式则主要分布在以下区间：30m/s $\leqslant v \leqslant$ 50m/s、$\theta_c \geqslant 8°$ 及 50m/s $\leqslant v \leqslant$ 70m/s、$\theta_c \geqslant 2°$ 以及 $v \geqslant 70$m/s。该阶梯状中间过渡带显示为 "腰部 V 边界 I" 混杂模式。

同样地，表 5.3 展示了蜂窝结构沿 x_2 方向以 70 m/s 的速度不同倾角加载时，在平台阶段的峰值应力 σ_p 和平台应力 σ_m。从表 5.3 可以看出，其规律与沿 x_1 方向加载时类似，倾斜角度从 0° 增加到 2° 时，峰值应力均显著下降。不同倾角下，σ_m 几乎保持不变。

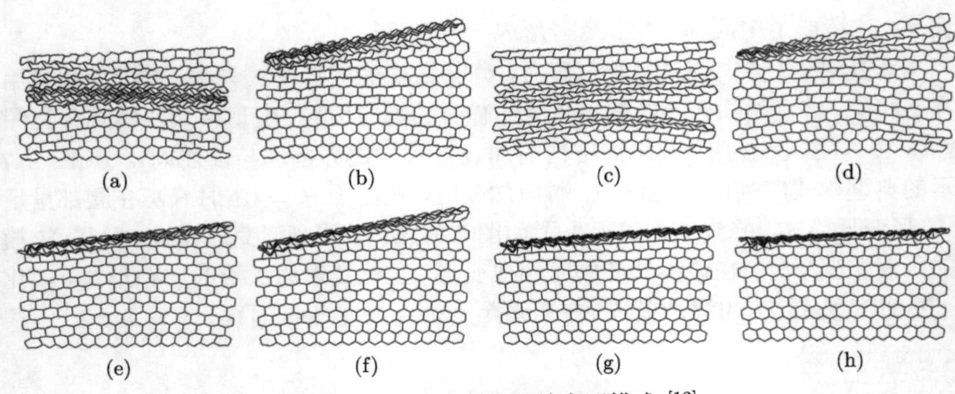

图 5.18　x_2 方向斜向压缩变形模式 [12]

(a) $\delta = 36\,\mathrm{mm}$, $v = 3\,\mathrm{m/s}$, $\theta_c = 2°$; (b) $\delta = 36\,\mathrm{mm}$, $v = 3\,\mathrm{m/s}$, $\theta_c = 10°$; (c) $\delta = 36\,\mathrm{mm}$, $v = 10\,\mathrm{m/s}$, $\theta_c = 2°$; (d) $\delta = 36\,\mathrm{mm}$, $v = 10\,\mathrm{m/s}$, $\theta_c = 10°$; (e) $\delta = 36\,\mathrm{mm}$, $v = 30\,\mathrm{m/s}$, $\theta_c = 6°$; (f) $\delta = 36\,\mathrm{mm}$, $v = 30\,\mathrm{m/s}$, $\theta_c = 10°$; (g) $\delta = 36\,\mathrm{mm}$, $v = 50\,\mathrm{m/s}$, $\theta_c = 4°$; (h) $\delta = 36\,\mathrm{mm}$, $v = 70\,\mathrm{m/s}$, $\theta_c = 2°$

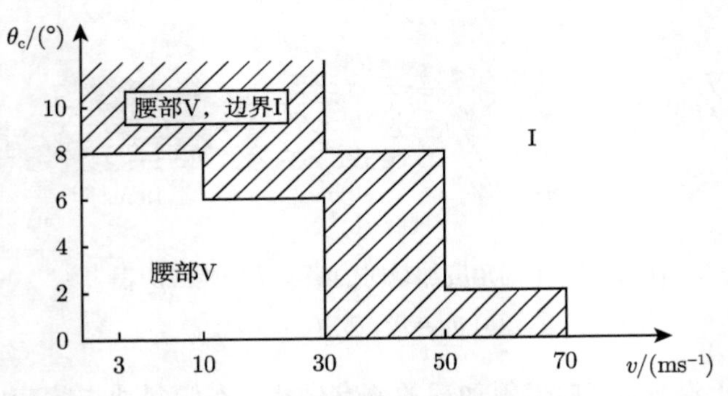

图 5.19　x_2 方向斜向压缩变形模式演化图谱 [12]

表 5.3　x_2 方向斜向加载时的蜂窝平台强度 (70 m/s) [12]

	$\theta_c = 0°$	$\theta_c = 2°$	$\theta_c = 4°$	$\theta_c = 6°$	$\theta_c = 8°$	$\theta_c = 10°$
σ_p/MPa	4.417	1.087	0.575	0.744	0.344	0.653
σ_m/MPa	0.364	0.362	0.332	0.374	0.367	0.302

5.3　异面低速冲击响应

如第 3 章所述，蜂窝结构在异面体现出来的力学性能与共面存在较大的差异。以缓冲吸能为目标的蜂窝结构设计，主要以吸能量为目标，需首先考虑提供更高的吸能能力，因而重点关心其异面的冲击性能。

5.3.1 动态吸能理论模型

基于 5.1 节分析可知，蜂窝箔片材料特性与加载应变率密切相关，继而引起吸能能力的变化。与准静态加载不同之处在于，动态吸能模型需详细考虑率加载效应。Xu 等 [13,14] 通过实验测定，发现蜂窝结构在动态应变率加载下，平台强度存在提升现象，且不同厚跨比的蜂窝结构，提升性能各不相同。他们通过实验，构建了如下关系：

$$\sigma_{\mathrm{md}} \approx \sigma_{\mathrm{ms}}[1+F(\eta,\dot{\varepsilon})^{k}] \tag{5.32}$$

其中，σ_{md} 为动态平台强度；σ_{ms} 为准静态平台强度；$F(\eta,\dot{\varepsilon})^{k}$ 为关于厚跨比、加载率 $\dot{\varepsilon}$ 的系数项，k 为幂指数，其具有与 Cowper-Symonds 本构模型相同的表达形式。图 5.20 依托 Xu 等的实验结果拟合了相应的曲线，表达了动态平台强度与准静态平台强度比值在不同加载应变率下的提升幅度 [15]。

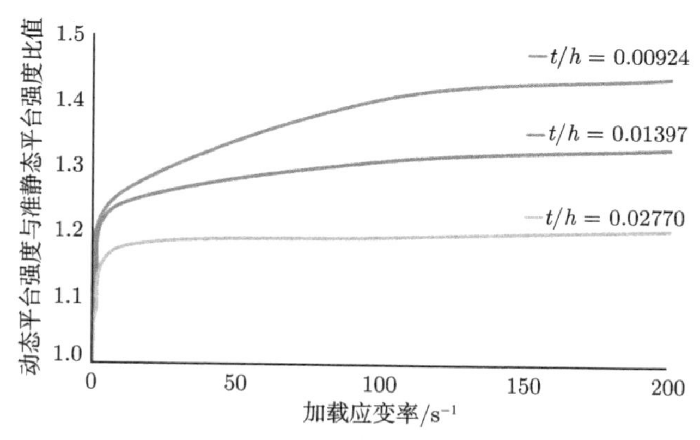

图 5.20 动态加载时平台强度相对准静态加载的提升幅度 [15]

显然，与载荷提升对蜂窝结构吸能能力的增加的贡献相比，动态加载条件下蜂窝结构压缩比率的微小增量对整体吸能的贡献可以忽略。为简化计算，可将其平台强度的提升直接推演至吸能能力的提升，即直接由准静态条件下的吸能量与其动态加载率效应项相乘，得到动态条件下的总吸能量 E_{bd}，并将其表达为与 Cowper-Symonds 相同的形式，根据第 3 章确定的静态加载条件下任意构型蜂窝结构的理论吸能模型 (式 (3.122) 和式 (3.123))，将应变率相关项与式 (3.122) 相融合，动态条件下蜂窝结构的总吸能量 E_{bd} 可表示为

$$E_{\mathrm{bd}} \approx E_{\mathrm{b}}1+[C(\mu)\dot{\varepsilon}/D]^{1/P} \tag{5.33}$$

其中，E_{b} 为蜂窝结构的静态理论吸能量；D 和 P 为动态本构模型的材料常数，可通过实验确定 (形式与式 (5.17) 相同)；$C(\mu)$ 为修正的系数项，它反映了不同厚跨比蜂窝结构在不同加载率下的结构力学特性，与厚跨比 μ 密切相关。通过图 5.20

所绘的实验提升幅度曲线，可以拟合出不同厚跨比的蜂窝结构在不同加载率下的系数项 $C(\mu)$，将其回代到式 (5.33) 可得

$$E_{\mathrm{bd}} \approx E_{\mathrm{b}} 1 + [0.0034(\mu)^{-2.502} \dot{\varepsilon}/D]^{1/P} \tag{5.34}$$

同理，将应变率相关项与式 (3.123) 相融合，可得到动态比吸能的表达式，如下所示：

$$E_{\mathrm{Pd}} = E_{\mathrm{p}} 1 + [0.0034(\mu)^{-2.502} \dot{\varepsilon}/D]^{1/P} \tag{5.35}$$

5.3.2　低速冲击实验

选择表 5.4 所示六种规格的正六边形商用蜂窝产品，开展准静态压缩和低速冲击实验，其胞壁厚均为 $t = 0.06\,\mathrm{mm}$，边长分别为 $h = 5.0\,\mathrm{mm}$、$h = 4.0\,\mathrm{mm}$、$h = 3.0\,\mathrm{mm}$、$h = 2.0\,\mathrm{mm}$、$h = 1.83\,\mathrm{mm}$ 和 $h = 1.50\,\mathrm{mm}$，分别对应编号为准静态实验的 Q-1、Q-2、Q-3、Q-4、Q-5 和 Q-6，以及动态实验的 D-1、D-2、D-3、D-4、D-5 和 D-6。所有蜂窝结构的材质均为 5052 铝，箔片材料物理属性分别为：密度 $2680\mathrm{kg/m^3}$，弹性模量为 69.3 GPa，泊松比为 0.33。准静态加载速度为 100 mm/min，动态冲击实验的撞击初速度依蜂窝结构的吸能能力反向预估，因而各不相同，实测速度分别为 5.94 m/s、8.11 m/s、9.34 m/s、10.56 m/s、12.01 m/s 和 13.36 m/s。实验前分别测定各试件的初始几何尺寸，并进行称重。准静态实验试件的几何尺寸分别为 100 mm × 200 mm × 120 mm ($L\times W\times T$)；动态冲击实验所用样品的规格为 400 mm × 200 mm × 240 mm ($L\times W\times T$)。各试件参数及实测撞击初速度 v_0 如表 5.4 所示，实验结果如图 5.21 所示。

表 5.4　各规格铝蜂窝结构参数及相应加载速度 [15]

工况	序号	构型			质量/kg	尺寸			v_0
		t/mm	l/mm	h/mm		a_L/mm	a_W/mm	a_T/mm	
准静态	Q-1	0.06	5.0	5.0	0.125	100	200	120	100mm/min
	Q-2	0.06	4.0	4.0	0.155	100	200	120	
	Q-3	0.06	3.0	3.0	0.215	100	200	120	
	Q-4	0.06	2.0	2.0	0.285	100	200	120	
	Q-5	0.06	1.83	1.83	0.335	100	200	120	
	Q-6	0.06	1.50	1.50	0.405	100	200	120	
动态	D-1	0.06	5.0	5.0	1.000	400	200	240	5.94 m/s
	D-2	0.06	4.0	4.0	1.235	400	200	240	8.11 m/s
	D-3	0.06	3.0	3.0	1.605	400	200	240	9.34 m/s
	D-4	0.06	2.0	2.0	2.375	400	200	240	10.56 m/s
	D-5	0.06	1.83	1.83	2.600	400	200	240	12.01 m/s
	D-6	0.06	1.50	1.50	3.250	400	200	240	13.36 m/s

从图 5.21 可知，无论是准静态加载，还是动态加载，蜂窝结构均呈现出标准

的线弹性、塑性坍塌、渐进屈曲、密实化四个阶段，表现为典型的应力–应变曲线(图 2.3)。所有蜂窝结构均体现出优良的吸能性能，平台区载荷稳定。随着蜂窝孔格的不断变密，其名义应力的水平也在逐渐提升。与准静态加载相比，动态加载的力特性要比准静态加载波动明显，但仍然是比较理想的，总体上较平稳。在密实率方面，无论是在准静态实验还是动态撞击实验中均可看出，随着孔格边长的减小，蜂窝结构的密实初始时刻逐步提前。

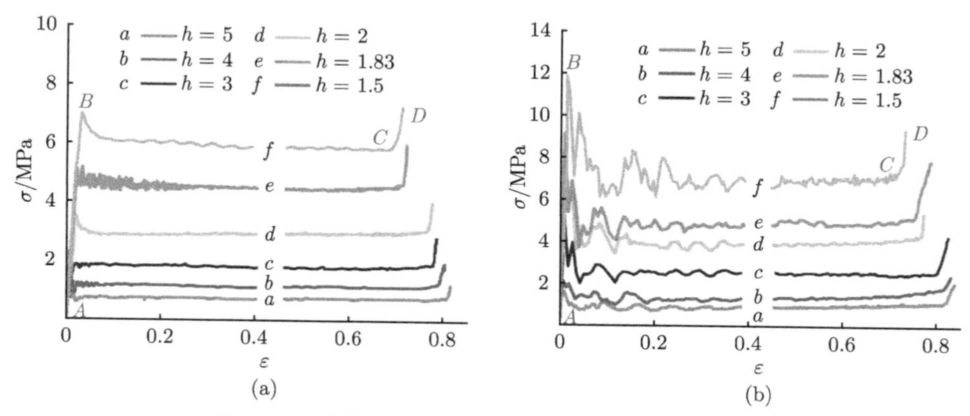

图 5.21 准静态与动态撞击实验应力–应变曲线 [15]

(a) 准静态实验; (b) 动态撞击实验

5.3.3 低速冲击数值仿真

采用小规格全尺度模拟仿真方法，对应 5.3.2 节所述 $t = 0.06\,\text{mm}$，边长分别为 $h = 5.0\,\text{mm}$、$h = 4.0\,\text{mm}$、$h = 3.0\,\text{mm}$、$h = 2.0\,\text{mm}$、$h = 1.83\,\text{mm}$ 和 $h = 1.50\,\text{mm}$ 的样品，铝箔材料的率效应模型为 Cowper-Symonds 模型 (式 5.18)，其参数 $D = 1700000\,\text{s}^{-1}$、$P= 4$，具体参数如表 5.5 所示。

表 5.5 蜂窝低速动态压缩数值仿真材料模型

属性	密度	弹性模量	屈服强度	泊松比	切向模量	D	P
单位	kg/m^3	GPa	MPa	—	MPa	s^{-1}	—
值	2680	69.3	215	0.33	690	1700000	4

各种规格的蜂窝结构的名义应力–应变结果曲线如图 5.22 所示。从图 5.22 可知，蜂窝结构低速动态加载曲线与实验所测结果的规律基本一致。相同壁厚情况下，不同孔格边长的蜂窝结构对应的名义应力随压缩应变的响应各不相同，越密的孔格，其强度越高。从仿真曲线可以直观看出，各蜂窝结构的压缩率也随孔格密度发生变化，孔格边长越大，压缩率越高。仿真所得的结果及规律与图 5.21 所描绘的准静态实验与动态撞击实验的结果基本一致，规律完全吻合。

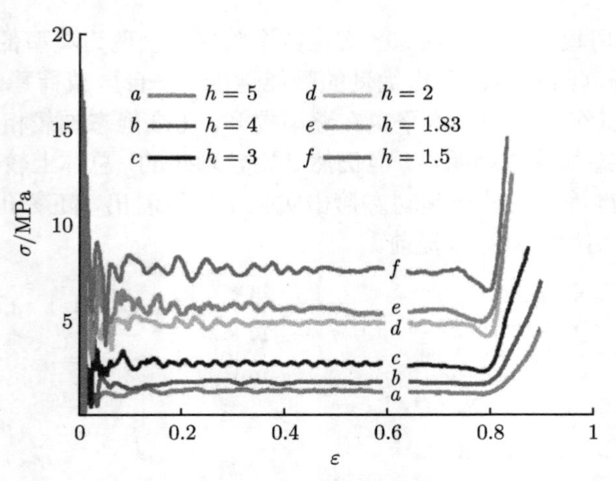

图 5.22　名义应力–应变结果曲线 [15]

5.3.4　对比分析

1. 吸能特性

依前述能量计算方法，能量积分从初始加载时刻开始至密实起点结束，分析上述样品的吸能特性。考虑数值仿真模型与实验样品不完全相同，因而进行相对几何尺寸的单位化处理。图 5.23 描绘了不同胞元构型的蜂窝结构单位体积吸能量随其压缩比率的变化情况。由于准静态压缩模拟耗时太长，且动态结果已然能反映其静态的吸能特性，因而此处的吸能特性分析未描绘与准静态实验相一致的数值仿真结果。

从图 5.23 可以看出，单位体积吸收的能量与蜂窝结构的几何构型密切相关，胞元边长 h 越小，其单位体积吸收的能量越大。需要说明的是，在数值仿真工作中，小尺寸的离散蜂窝与真实实验蜂窝样品间的几何差异，将引起小量的结果误差，主要是因其在 T 加载方向上尺寸的不同导致的加载应变率 $\dot{\varepsilon}$ 的不同。先前所述的名义应力–应变曲线表明，在稳定的载荷作用下，初始加载速度随加载的深入线性减小。因此，在加载过程中，平均应变率 $\bar{\dot{\varepsilon}}$ 可以表达为 $\bar{\dot{\varepsilon}} = 2a_T/v_0$。假定两个蜂窝样品 M-1 和 M-2, 它们具备相同的基材与孔格构型，仅在 T 加载方向上的尺寸 a_T 不同，且 a_T 满足 $(a_T)_1 = 2\,(a_T)_2$，其中 $(a_T)_1$ 和 $(a_T)_2$ 分别代表 M-1 和 M-2 在 T 方向的几何高度。下标 “1” 和 “2” 用于区别 M-1 和 M-2 样本。由此可知，M-1 所吸收的能量必然为 M-2 所吸收的能量的两倍，即 $U_1 = 2U_2$. 这也就意味着，对于给定的冲击质量块，满足此条件需要其初始的冲击速度满足 $v_1 = \sqrt{2}v_2$，由此可进一步得到其加载的平均应变率为 $\bar{\dot{\varepsilon}}_1 = \sqrt{2}\bar{\dot{\varepsilon}}_2/2$。此即为图 5.23 所示的数值仿真结果稍大于准静态实验和动态加载实验结果的原因。

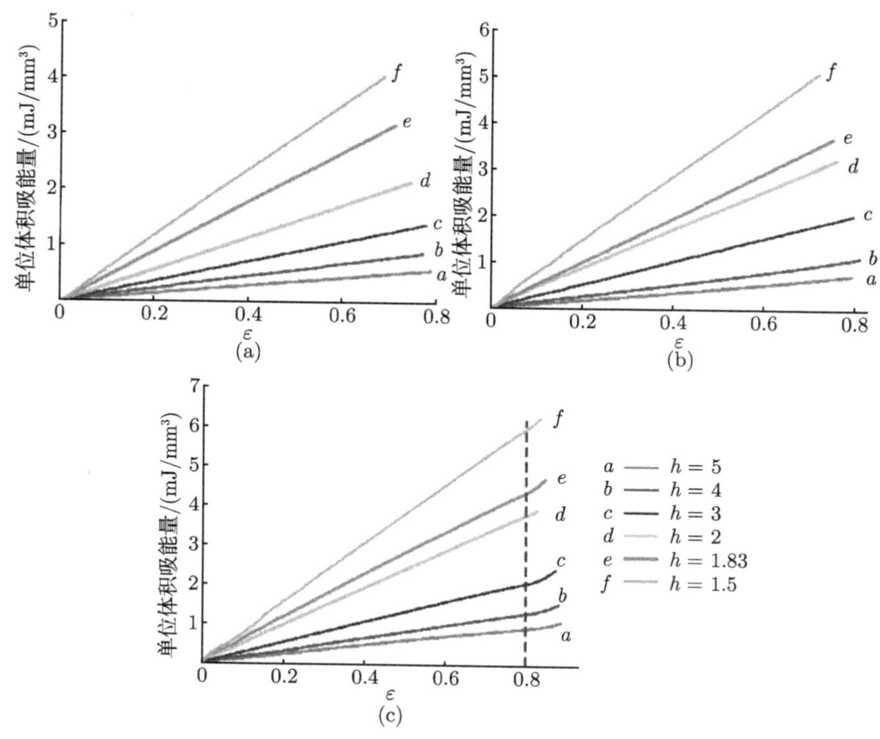

图 5.23 单位体积吸能量随压缩比率的变化 [15]

(a) 准静态实验; (b) 动态实验; (c) 数值仿真

2. 总吸能量

由于不同几何尺寸的蜂窝结构总能量不同,因而将所有的准静态和数值仿真的蜂窝结构吸能量参照低速动态加载一致的蜂窝结构的几何规格,按体积关系换算为相等体积下的能量吸收,即均考量体积为 400 mm ×200 mm ×240 mm ($L\times W\times T$) 的蜂窝结构所吸收的能量。表 5.6 列出了所有理论的、实验的和数值仿真 (以下称仿真) 的结果。其中,理论的结果数据是通过将与实验和仿真相对的蜂窝的几何构型参数 t、h 和 l 代入式 (3.122) 和式 (5.34) 中计算得到的。实验结果是由所测定的载荷–位移曲线依前述能量积分方法得到的,而仿真结果则是直接从计算机显示积分输出的。考虑到加载率效应引起的微小误差,表 5.6 同时列出了在名义应力–应变曲线积分至等量的压缩率时的能量结果 (修正值)。t/h 为所采用蜂窝结构的厚跨比。由样品壁厚 $t=0.06$ mm,边长分别为 $h=5.0$ mm、$h=4.0$ mm、$h=3.0$ mm、$h=2.0$ mm、$h=1.83$ mm 和 $h=1.5$ mm,计算得对应的厚跨比分别为 0.012、0.015、0.020、0.030、0.033 和 0.040。

从表 5.6 结果可以看出，随着 t/h 的增大，蜂窝结构在准静态与动态条件下，吸能量均显著提升。以实验值为例，在准静态条件下，吸能量由 $t/h = 0.012$ 时的 11.61 kJ 提升至 78.08 kJ ($t/h = 0.040$)。图 5.24 描绘了准静态和动态条件下总吸能量随 t/h 变化的关系曲线。

表 5.6 总吸能量对比 [15] (单位: kJ)

t/h	准静态		动态			
	理论	实验	理论	实验	仿真	修正值
0.012	13.86	11.61	16.59	15.84	18.22	17.35
0.015	19.35	18.12	22.98	24.36	25.06	24.74
0.020	29.84	26.72	34.68	36.17	39.98	39.10
0.030	57.06	49.47	64.41	62.38	73.07	69.11
0.033	64.67	61.20	72.87	71.21	84.81	78.39
0.040	89.43	78.08	99.71	98.04	112.33	103.34

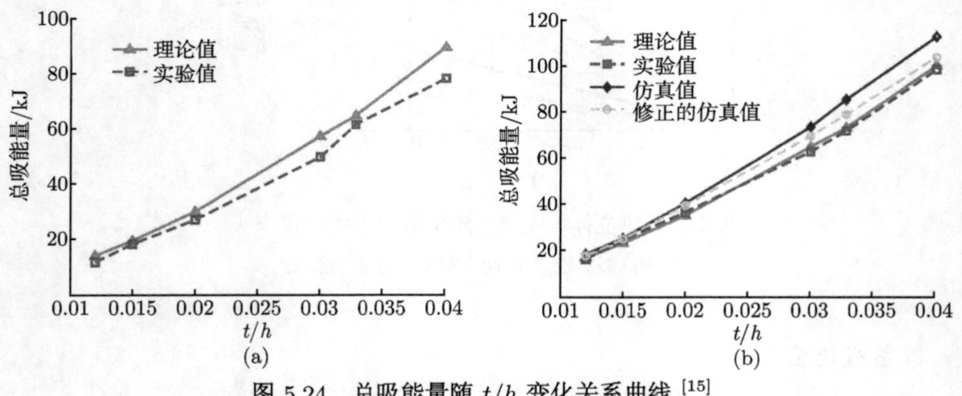

图 5.24 总吸能量随 t/h 变化关系曲线 [15]

(a) 准静态; (b) 动态

正如表 5.6 和图 5.24 所示，准静态和动态条件下蜂窝结构吸能量的理论结果与实验及仿真结果具有良好的一致性，且均随 t/h 变化而变化，t/h 越大，吸能量越多。值得注意的是，理论模型并未考虑各皱褶的耗能差异，也未考虑胞间胶量的影响，因而理论模型结果稍高于实验结果，而仿真结果却明显高于理论结果和实验结果。从修正后的比较可以看出，修正的总吸能量与理论结果非常接近，这也间接证明了小规模全尺度仿真将引起加载率效应下的结果误差。从总吸能量看，在动态条件下，理论结果和实验结果平均提升分别为 1.15 倍和 1.29 倍。以实验结果为参考值，计算准静态理论值、动态理论值、动态仿真值、修正的动态仿真值的最大相对误差，出现最大误差的值及样品分别为准静态理论值相对误差为 19.41%($h = 5.0\,\mathrm{mm}$)，动态理论值相对误差为 5.67%($h = 4.0\,\mathrm{mm}$)，动态仿真值相对误差为 19.10%($h =$

1.83 mm) 和修正动态仿真值的相对误差为 10.80% ($h = 1.5$ mm)，相同次序的平均误差分别为 12.24% ($h = 5.0$ mm)、3.63% ($h = 4.0$ mm)、13.21% ($h = 1.83$ mm) 和 7.57% ($h = 1.5$ mm)。

蜂窝结构的总体外观尺寸也会对结果产生影响，尤其在几何尺寸较小时，其产生的误差将增大。当然，一般情况下实验所采用样品的 a_L 和 a_W 均已足够大，由此产生的误差结果可以忽略。同时，该数量已明显大于第 2 章所论述的蜂窝胞元数收敛性要求 [16] 和国家标准规范《GB/T 1453—2005 夹层结构或芯子平压性能试验方法》所规定的胞元数。由此得到的蜂窝结构吸能理论评价结果在工程应用范围是可以接受的。

3. 质量比吸能

采用相同的方法，表 5.7 列出了相应的质量比吸能 (E_{SEA}) 结果对比，表中理论结果是通过将蜂窝几何参数 t，h 和 l 回代入式 (3.123) 和式 (5.35) 计算得到的；数值仿真结果则由显式积分的塑性能除以模型质量得到。图 5.25 描绘了质量比吸能随 t/h 变化关系曲线。

表 5.7 质量比吸能结果对比 [15] (单位: kJ/kg)

t/h	准静态		动态			
	理论	实验	理论	实验	仿真	修正
0.012	14.58	11.61	17.45	15.84	18.96	18.05
0.015	16.28	14.61	19.34	19.72	20.86	20.59
0.020	18.83	15.54	21.89	22.54	24.96	24.41
0.030	24.01	21.70	27.10	26.27	30.42	28.77
0.033	24.90	22.84	28.06	27.39	32.30	29.86
0.040	28.22	24.10	31.47	30.17	35.07	32.26

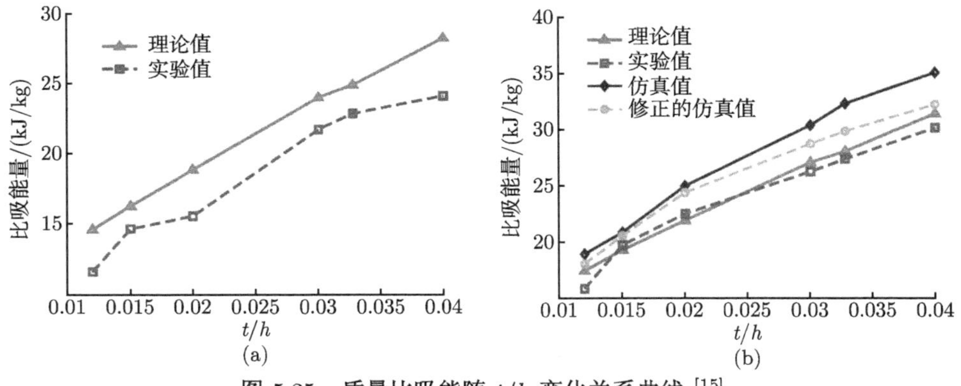

图 5.25 质量比吸能随 t/h 变化关系曲线 [15]

(a) 准静态加载; (b) 动态加载

从图 5.25 可以看出，与总吸能量变化趋势一致，理论结果和实验结果同样具有相近的变化趋势，均随厚跨比的增大而增加；但在准静态加载时，两者的吻合程度较动态加载时弱。采用与前述相同的方法，将质量比吸能的实验结果作为参考值，计算准静态理论值、动态理论值、动态仿真值、修正的动态仿真值的最大相对差，出现最大误差的值及样品分别为准静态理论值相对误差为 25.62%($h = 5.0\,\mathrm{mm}$)，动态理论值相对误差为 10.16%($h = 4.0\,\mathrm{mm}$)，动态仿真值相对误差为 19.70%($h = 1.83\,\mathrm{mm}$) 和修正动态仿真值的相对误差为 13.97%($h = 1.5\,\mathrm{mm}$)。相同次序的平均误差值分别为 15.84%($h = 5.0\,\mathrm{mm}$)、4.16%($h = 4.0\,\mathrm{mm}$)、14.37%($h = 1.83\,\mathrm{mm}$) 和 8.69%($h = 1.5\,\mathrm{mm}$)。

4. 能量吸收图

根据第 2 章所介绍的能量吸收图的构造方法，分别构建准静态压缩实验、低速动态压缩实验及数值仿真所得的能量吸收图，如图 5.26 所示。从图 5.26(a)~(c)

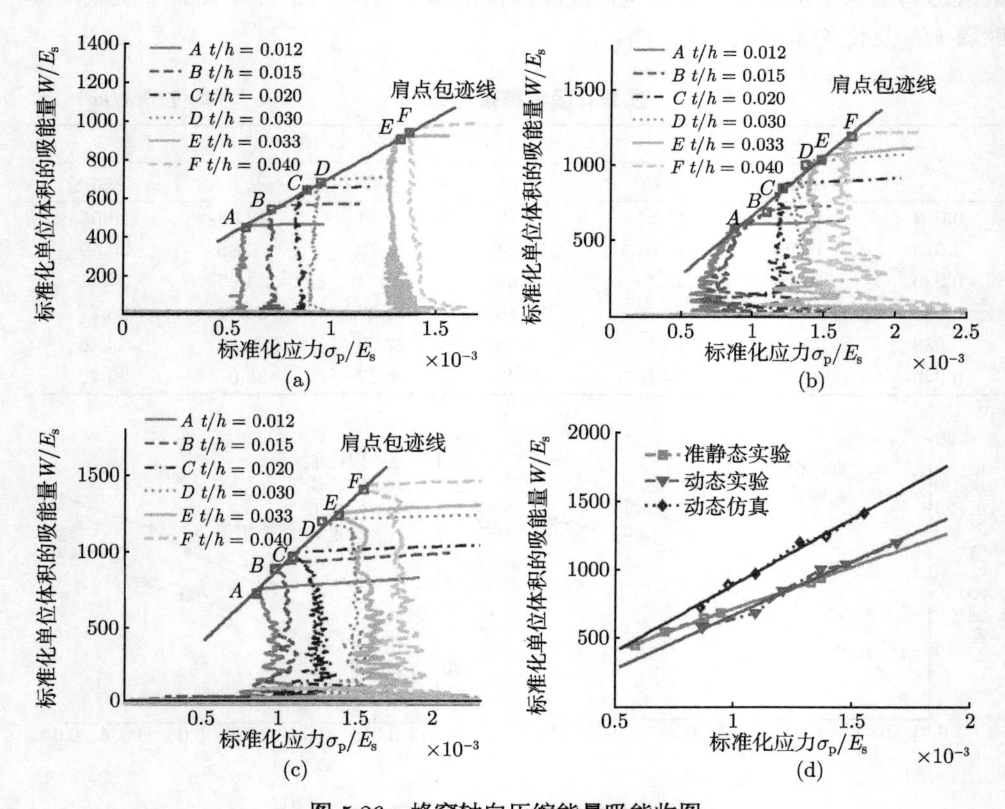

图 5.26 蜂窝轴向压缩能量吸能收图

(a) 准静态实验; (b) 动态实验; (c) 动态仿真; (d) 肩点包迹线对比

所绘的蜂窝结构准静态压缩、低速动态压缩及低速压缩仿真能量吸收图均可清晰看出，各型蜂窝结构的能量吸收曲线均存在明显的肩点，反映出其良好的吸能性能。将不同蜂窝胞壁厚跨比所对应的能量吸收曲线的肩点连接起来，形成肩点包迹方程，即可构建出设计应力 σ_{p} 与单位体积吸收能量之间的关系。基于此，可实现工程能量需求的蜂窝结构平台强度的反演设计，优选出合乎工程实际需求的蜂窝结构产品。

图 5.26(d) 描绘了蜂窝结构准静态压缩实验、低速动态压缩实验、低速动态压缩仿真三种情况所对应的肩点包迹线。从图示肩点水平分布可以看出，由低速动态压缩实验与低速压缩仿真结果所构包迹线的肩点明显晚于准静态压缩实验肩点，反映出动态条件下蜂窝单位体积吸收的能量明显提升的现象。而从图示肩点垂直分布来看，低速动态压缩实验及其仿真的结果明显高于准静态实验的结果，充分反映出动载效应对蜂窝吸能能力的影响。而比较三种情况所构包迹线的斜率可以发现，低速动态压缩实验及其仿真结果所构包迹线的斜率吻合良好，且稍大于准静态压缩实验所构包迹线斜率。

5.4 异面高速冲击响应

5.4.1 实物实验

采用 2.3 节蜂窝结构高速冲击实验中的水平高速冲击实验系统开展蜂窝结构的异面高速冲击响应研究，实验速度为 $20 \sim 80$ m/s。考虑到能量与速度成平方关系，对蜂窝结构的吸能能力要求较高，因而采用两种不同的蜂窝样品。对于速度较低的情况 (27.98 m/s)，蜂窝结构的尺寸为 175 mm ×120 mm ×240 mm ($L\times W\times T$)，而对其他速度较高情况，采用 350 mm ×240 mm ×240 mm ($L\times W\times T$) 的蜂窝结构。它们在高度方向上相等，从结构尺寸层面不会带来应变率的影响。蜂窝铝箔材料为 5052H18，铝箔厚度均为 0.06 mm，胞孔边长均为 2 mm。

实验通过四个布设于刚性墙后端的石英晶体传感器，测定碰撞过程的撞击力时程响应，所测得曲线如图 5.27(a) 所示。

在高速实验条件下，原有高速摄影系统的采样频率已不足以完全满足蜂窝结构位移变化的测量，需采用高频的线阵采集分析方法。该方法是通过自开发的高频线阵采集分析系统来实现的。通过高扫描频率、高分辨率的线阵摄影来完成对试件撞击过程的观察。实验前选用一固定长度的标尺对两个相机进行标定，得到标准长度在相机拍摄的照片上的长度，在小车撞击的整个过程中用触发装置多次激发相机使其对同一水平面进行多次拍照，再将所拍下的多幅“条”形图像拼接成一张图片。由于小车、试件和周围环境的亮度均不相同，拼接后的图片便可足够清楚地显示小车行进的轨迹，再将图片与之前的标定距离进行对比，可得到小车在通过标定距离的过程中用去了多少“条”图片。通过这些图片即可分析出小车行进过程及试件压缩过程的速度变化情况，典型的位移–时间曲线如图 5.27(b) 所示。

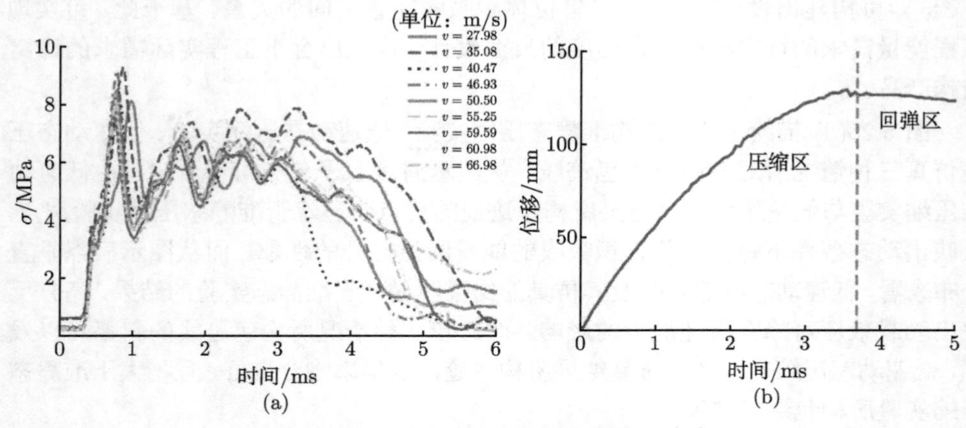

图 5.27　蜂窝结构高速冲击实验结果 [17]

(a) 载荷时程曲线; (b) 典型位移时程曲线

图 5.27(a) 所示的响应曲线明显反映出在高速条件下，蜂窝结构的历程响应曲线并未像低速动态压缩那样平稳，平台区存在部分波动，这可能是实验条件的限制，因而仅采用其平台强度评价其不同加载速度下的蜂窝响应特性。

5.4.2　力学特性

前述 Cowper-Symonds 率相关本构模型虽然给出了不同加载应变率对材料静态屈服应力的影响，但却并不能直接得到蜂窝结构的率加载效应。应用显式有限元方法，建立蜂窝结构的小规格全尺度模型，基于金属箔片的 Cowper-Symonds 率相关本构模型，对不同规格的铝蜂窝试件，以不同撞击速度进行率加载效应数值模拟，探究蜂窝试件吸能特性与速度间的关系。图 5.28 描绘了国际知名蜂窝生产厂家 Hexcel 公司所生产产品的动态实验研究结果、低速动态冲击的实验结果 (图 5.21(b))，以及高速冲击实验结果 (图 5.27) 随加载速度的变化。从图中可以发现，对于不同速度加载的蜂窝结构，在 20 m/s 以后，其平台强度趋于平坦，变化不显著。

率加载效应耦合几何构型这一因素，比载荷 F_s 可以很大程度地反映不同表观密度蜂窝结构的吸能能力，因此，更合理的方法是采用比载荷 F_s 评价。由于蜂窝结构平台区远长于初始坍塌区与密实区，此处比载荷由 $F_s = \sigma_m/\rho_c$ 计算得到。图 5.29 分别描绘了不同孔格边长 ($h = 2\,\text{mm}$、$h = 3\,\text{mm}$、$h = 4\,\text{mm}$、$h = 5\,\text{mm}$、$h = 6\,\text{mm}$、$h = 7\,\text{mm}$、$h = 8\,\text{mm}$，且均 $t = 0.06\,\text{mm}$) 和不同孔格壁厚 ($t = 0.03\,\text{mm}$、$t =$

0.04 mm、$t = 0.05$ mm、$t = 0.06$ mm、$t = 0.07$ mm、$t = 0.08$ mm、$t = 0.09$ mm、$t = 0.10$ mm、$t = 0.11$ mm、$t = 0.12$mm，且均 $h = 4$ mm) 的蜂窝结构随不同加载速度变化的比载荷情况。同时，图中还描绘了其关于当前表观密度的变化趋势。从图可明显发现，表观密度是重要影响因素，在相同的孔格边长条件下，壁厚越厚的蜂窝，其比载荷越高；而壁厚相同的情况下，孔格边长越小的蜂窝，其比载荷越高。这也间接反映了表观密度对比载荷的影响。

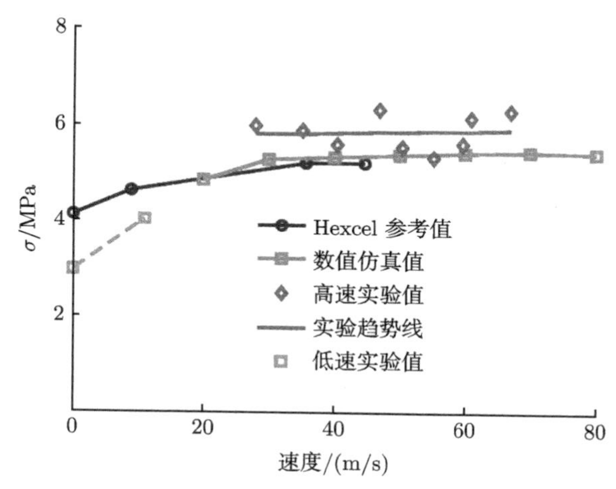

图 5.28 不同速度冲击下蜂窝结构的平台应力变化曲线 [17]

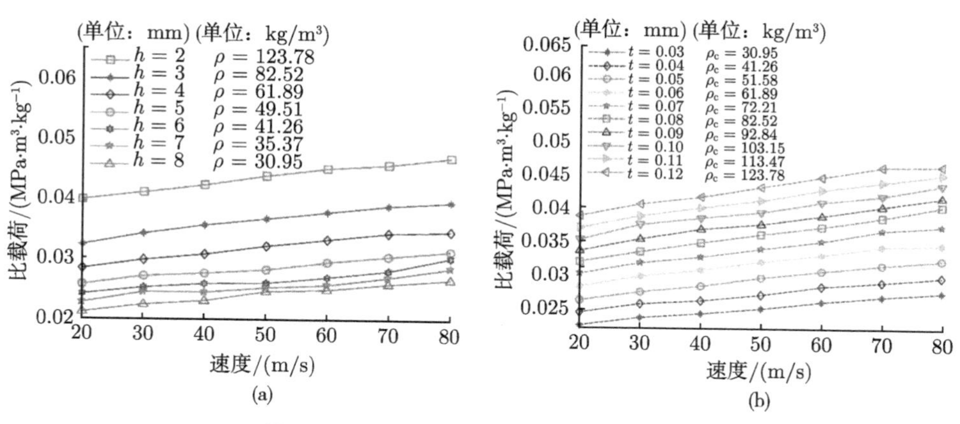

图 5.29 孔壁厚度与孔格参数化比较 [17]

(a) 不同孔格边长; (b) 不同孔格壁厚

除 $t = 0.06$ mm，$h = 4$ mm 所对应仿真结果已描绘于图 5.29 外，另提取表观密度相同的四组结果进行不同加载条件下蜂窝结构比载荷对比，如表 5.8 所示。

表 5.8　相同厚跨比蜂窝结构样品 [17]

序号	$\rho_c/(\mathrm{kg/m^3})$	样品 1		样品 2	
		t/mm	h/mm	t/mm	h/mm
组 1	30.95	0.06	8	0.03	4
组 2	41.26	0.06	6	0.04	4
组 3	82.52	0.06	3	0.08	4
组 4	123.78	0.06	2	0.12	4

为便于比较，图 5.30 描绘了四组不同孔格构型但具备相同表观密度的蜂窝结构所表现的比载荷柱状对比图。从图可知，不同速度下各规格蜂窝结构的比载荷均保持良好的一致性，且该一致性表明，表观密度与冲击速度一样，均对蜂窝结构的比载荷有影响显著。

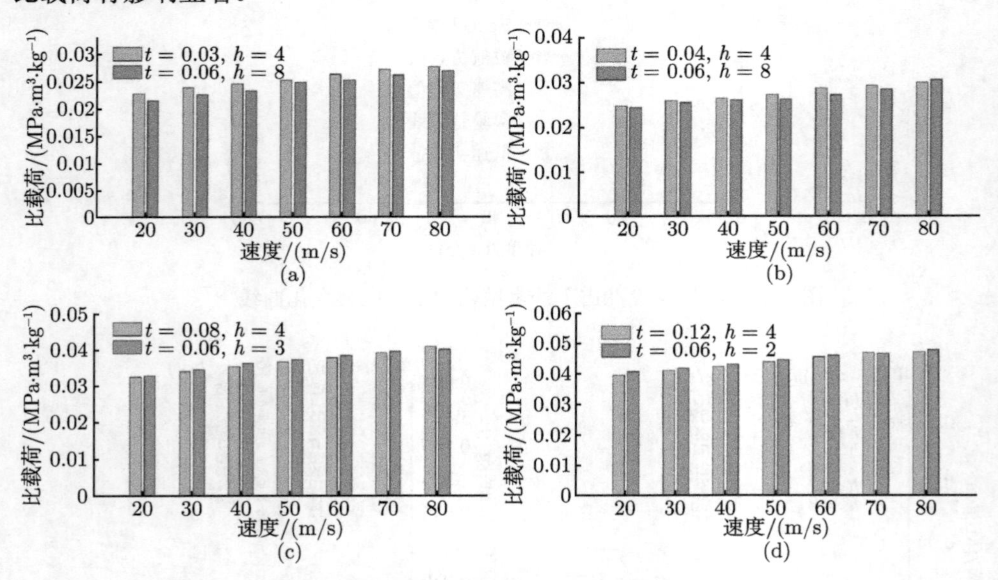

图 5.30　不同速度下蜂窝结构等效密度对比载荷的影响 [17]

如前所定义的厚跨比 $\eta = t/l$，(见式 (2.2) 且 $h = l$)，图 5.31 描绘了不同厚跨比的蜂窝结构分别在 20~80 m/s 速度冲击条件下的比载荷的变化情况。从图可知，不同的几何构型对应有不同的表观密度，且表现出不同的比载荷特性。不同速度条件下的蜂窝比载荷与蜂窝厚跨比的变化趋势几乎一致，均随厚跨比的增大而提升。参照 Wierzbicki 的表达形式，将其表达为如 $\sigma_\mathrm{f} = c_\mathrm{e}\eta^k$ 形式，其中，c_e 和 k 均为常数。表 5.9 所列为通过插值曲线确定的 c_e 和 k 值。

正如表 5.9 和图 5.31 所示，厚跨比对比载荷影响显著。表 5.9 中的 c_e 值随速度的增大而逐渐增大。相比之下，k 却几乎保持不变，且 0.42 是一个相对稳定的值。

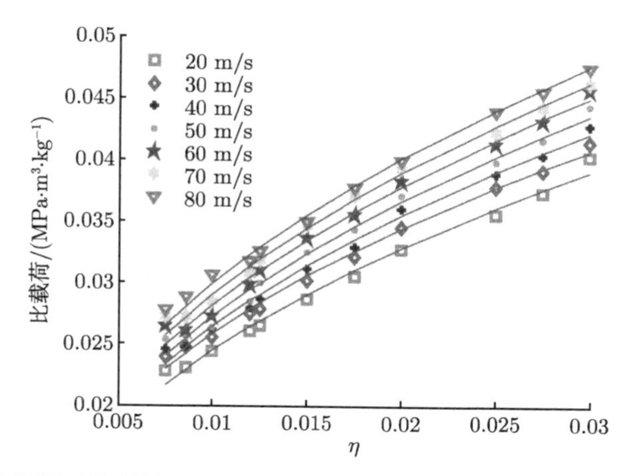

图 5.31 不同厚跨比的蜂窝结构在不同速度冲击条件下的比载荷变化曲线 [17]

表 5.9 不同冲击速度下蜂窝结构所对应的 c_e 和 k[17]

v/(m/s)	20	30	40	50	60	70	80
c_e	0.174	0.174	0.189	0.196	0.202	0.206	0.209
k	0.426	0.414	0.427	0.429	0.428	0.425	0.422

从以上研究中可以发现，在高速条件下，同种蜂窝结构的强度提升并不明显。因而，在蜂窝设计与选取过程中，可参考低速动态条件下建立的理论公式预估蜂窝结构高速冲击条件下的吸能能力。但对已知吸能需求反向选择蜂窝平台强度的情况，建议综合考虑结构因素与动态加载效应开展蜂窝选材与结构设计。

5.4.3 惯性效应

采用全板壳单元的数值仿真手段进行蜂窝结构惯性效应研究 [17]，建模方法、几何参数、材料属性等均与蜂窝结构的动态仿真相同，区别在于所用的蜂窝胞元孔格数为 11×13 ($L\times W$)。以与台车高速冲击蜂窝结构力学行为实验研究中的撞击小车一致的质量为基准质量 m_0，但进行了几何规格的尺寸换算。速度边界与约束边界采用与实验一致的边界条件，进行不同质量蜂窝结构在不同速度条件下的冲击仿真。质量块的质量分别为 $5m_0$、$10m_0$、$20m_0$、$40m_0$、$80m_0$、$160m_0$，速度条件分别为 20 m/s、30 m/s、40 m/s、50 m/s、60 m/s、70 m/s、80 m/s。需要说明的是，相同速度条件下不同质量块对蜂窝结构的冲击并非为严格的等能量输入情况，是一种广义的惯性效应。

图 5.32 描绘了承受不同速度冲击的蜂窝结构的平台强度随质量比因子 (5~160) 的变化情况。从图可发现，在质量比因子较低时，计算并不稳定，此段结果不能用于评价蜂窝的平台强度的提升。同速度条件下低质量块冲击与同质量块低速冲击

均会出现压缩阶段不完整的现象，无法观测到密实段的曲线陡升，直到质量达到 $20m_0$ 后，蜂窝以 20~80 m/s 的任一速度冲击，质量块的初始动能均足以使蜂窝结构进入密实段，出现密实区应力陡升现象。更为重要的是，进入密实段的蜂窝，其压缩率均可达 70%。但在 $20m_0$ 后，平台强度随质量比因子的增大提升幅度并不明显。在 $40m_0 \sim 160m_0$，几乎趋于水平。由此可知，在 20~80 m/s 的速度范围内，蜂窝结构的平台强度不随初始冲击质量的增加而显著变化，蜂窝的广义惯性效应并不明显。

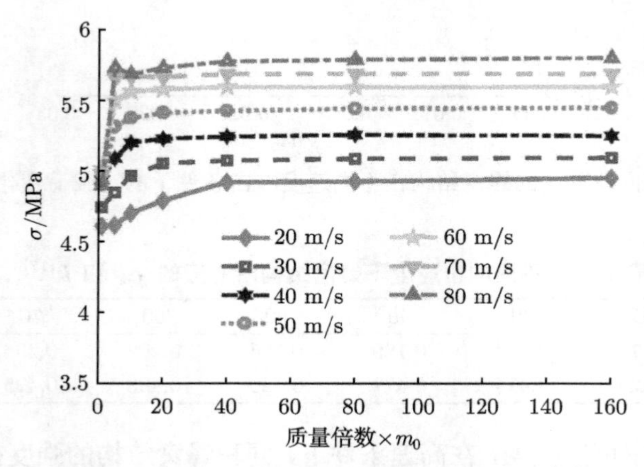

图 5.32　平台强度随质量比因子变化曲线 [17]

5.5　异面超高速冲击响应

前述蜂窝结构的高速动态冲击实验与仿真，其主要受载速度均为 280 m/s 以下，对于更高速度尤其是诸如 5000 m/s 以上的蜂窝结构动态冲击响应，其力学行为与演变规律可能发生质的变化。在高速冲击条件下，材料与结构可能呈现流态，需采用光滑流体动力学法开展研究。

Sibeaud 等 [18] 采用 CEG 自主研发的二级轻气炮完成了速度高达 5818 m/s 的蜂窝结构超高速冲击实验，包括正面垂直冲击与 45° 偏角冲击蜂窝夹芯结构等工况，试件大小为 150 mm ×150 mm (或 150 mm ×190 mm)，蜂窝芯 T 方向厚度为 20 mm，孔格壁厚为 0.025 mm，对边距为 4 mm，采用拉伸法生产而来，上下两侧各覆 0.8 mm 的铝板作为面板/背板。铝制弹丸直径 7 mm，重 0.49 g。图 5.33 描绘了弹丸以 5818 m/s 的速度垂直冲击蜂窝夹芯板的结果。在超高速冲击条件下，铝板和蜂窝芯均成贯穿式破坏。

与此同时，他们还采用 Ouranos 软件开展了数值模拟，该软件具有流体动力学模拟功能 [18]，适用于多材料、大变形冲击波物理的二维与三维模型。它基于拉格朗日和欧拉方程组，最新的版本充分考虑了高速冲击的高应变率和侵彻现象。图 5.34 描绘了直径为 1.6 mm 斜向 15° 的小球以 3 km/s 的速度冲击作用，以及直径为 3 mm 的小球分别以斜向 30° & 3 km/s、斜向 45° & 5.8 km/s 和斜向 45° & 9 km/s 冲击作用时蜂窝结构的动态响应结果。以上各冲击场景的剩余速度 v_r 分别为 200 m/s、1200 m/s、600 m/s 和 800m/s，蜂窝芯对超高速冲击的阻抗作用是非常显著的。

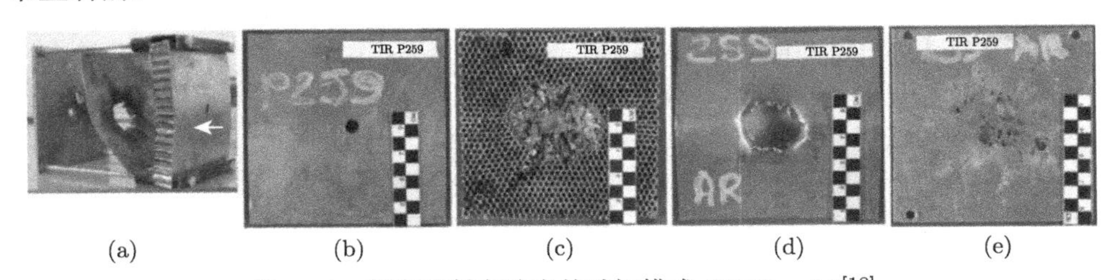

图 5.33 超高速斜向冲击的破坏模式 (5818 m/s)[18]

(a) 总体情况; (b) 前面板; (c) 蜂窝芯; (d) 背面板; (e) 校验板

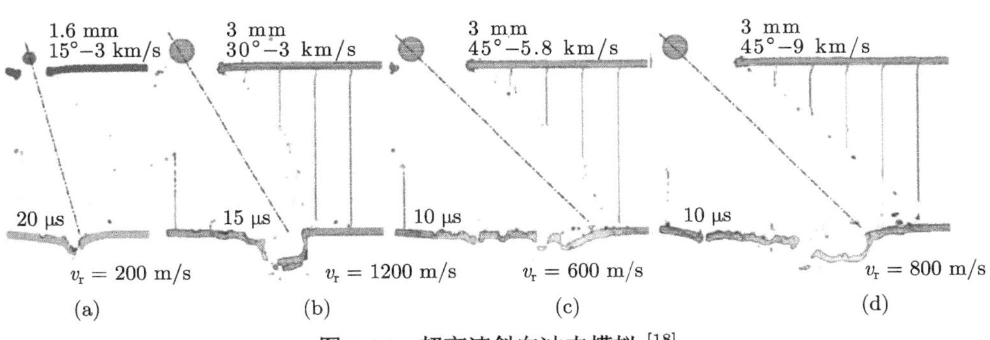

图 5.34 超高速斜向冲击模拟 [18]

(a) 斜向 15°, 3 km/s; (b) 斜向 30°, 3 km/s; (c) 斜向 45°, 5.8 km/s; (d) 斜向 45°, 9 km/s

从上分析可知，蜂窝结构的动态响应与蜂窝的材质、构型、受载条件等密切相关。虽然铝制蜂窝的应变率效应并不十分敏感，但相比于准静态加载，动态条件下蜂窝的冲击仍然体现出动载特性，且响应更显复杂。

参 考 文 献

[1] Jones N. Structural Impact. 2nd ed. Cambridge: Cambridge University Press, 2012.

[2] Campbell J D, Cooper R H. Yield and flow of low-carbon steel at medium strain rates [C]//Proceeding of the Conference on the Physical Basis of Yield and Fracture. London: Institute of Physics and Physical Society, 1966: 77-87.

[3] Campbell J D. Plastic instability in rate-dependent materials. Journal of the Mechanics

and Physics of Solids, 1967, 16: 359-370.

[4] Johnson G R, Cook W H. A constitutive model and data for metals subjected to large strains, high strain rates, and high temperatures. Proc 7th Inf Sympo Ballistics, 1983, 21: 541-547.

[5] Klopp R W, Clifton R J, Shawki T G. Pressure-shear impact and the dynamic viscoplastic response of metals. Mechanics of Materials, 1985, 4(3-4): 375-385.

[6] Vinh T, Afzali M, Roche A. Fast fracture of some usual metals at combined high strain and high strain rate. Mechanical Behaviour of Materials, 1980, 3(2): 633-642.

[7] Campbell J D, Eleiche A M, Tsao M C. Strength of metals and alloys at high strains and strain rates. Fundamental Aspects of Structural Alloy Design, 1977: 545-563.

[8] Calladine C R. An investigation of impact scaling theory. In: Structural Crashworthiness. 1st International Symposium held at University of Liverpool. Butterworth-Heinemann Ltd, 1983: 169-174.

[9] Booth E, Collier D, Miles J. Impact scalability of plated steel structures. Structural Crashworthiness, 1983: 136-174.

[10] Ruan D, Lu G, Wang B, et al. In-plane dynamic crushing of honeycombs—a finite element study. Int J Impact Eng, 2003, 28(2): 61-182.

[11] Gibson L J, Ashby M F. Cellular Solids: Structures and Properties, 2nd ed. Cambridge: Cambridge University Press, 1997.

[12] Wang Z, Lu Z, Yao S, et al. Deformation mode evolutional mechanism of honeycomb structure when undergoing a shallow inclined load. Composite Structures, 2016, 147: 211-219.

[13] Xu S, Beynon J H, Ruan D, et al. Experimental study of the out-of-plane dynamic compression of hexagonal honeycombs. Compos Struct, 2012, 94(8): 2326-2336.

[14] Xu S, Beynon J H, Ruan D, et al. Strength enhancement of aluminum honeycombs caused by entrapped air under dynamic out-of-plane compression. Int J Impact Eng, 2012, 47: 1-13.

[15] Wang Z, Lu Z, Tian H, et al. Theoretical assessment methodology on axial compressed hexagonal honeycomb's energy absorption capability. Mechanics of Advanced Materials and Structures, 2016, 23(5): 503-512.

[16] Sun D, Zhang W, Wei Y. Mean out-of-plane dynamic plateau stresses of hexagonal honeycomb cores under impact loadings. Composite Structures, 2010, 92(11): 2609-2621.

[17] Wang Z, Tian H, Lu Z, et al. High-speed axial impact of aluminum honeycomb–Experiments and simulations. Composites Part B: Engineering, 2014, 56: 1-8.

[18] Sibeaud J M, Thamié L, Puillet C. Hypervelocity impact on honeycomb target structures: Experiments and modeling. International Journal of Impact Engineering, 2008, 35(12): 1799-1807.

第6章　含缺陷蜂窝结构的力学性能

产品缺陷是指存在于产品的设计、原材料和零部件、制造装配或说明指示等方面，未能满足消费或使用产品所必须合理安全要求的情形。对于蜂窝产品而言，由于加工工艺、运输搬移、运用场景等原因，在制备和服役过程中，难以完全避免缺陷。作为一种薄壁多孔的周期性结构，无论是金属还是非金属的蜂窝产品，在生产过程中均易出现胞间脱胶、缺胞、胞元畸形的局部缺陷，以及拱弯、翘曲等整体性缺陷。承受载荷过大时甚至发生压皱、坍塌、撕裂等，形成过载缺陷。以上缺陷主要发生在蜂窝的结构层面，因而统称为结构性缺陷，任何一种缺陷都可能对蜂窝结构力学性能产生较大影响 [1]。

6.1　蜂窝结构缺陷

6.1.1　漏缺孔壁

漏缺孔壁是常见的蜂窝结构缺陷之一。通常来讲，对于少数胞壁的缺失，不足以给蜂窝以及以此为芯材的夹芯结构的力学性能带来特别重大的影响。在少量缺胞状态下，蜂窝结构的弯曲、剪切等基本的力学性能往往能够继续得以保持。研究表明，漏缺孔壁对蜂窝结构的影响主要体现在缺壁规模 (缺失率) 和缺失位置两个方面。但当蜂窝结构承受动态冲击载荷时，与常规静态和准静态问题不同，缺壁规模以及缺陷分布位置均会对蜂窝结构的动力学响应产生重要影响，诱发变形模式失稳 [2]。

漏缺孔壁可以采用缺失率 ϕ 来表示：

$$\phi = \frac{\bar{N}}{N} \tag{6.1}$$

其中，$\bar{N}$ 和 N 分别是给定域内缺失的蜂窝胞孔数和域内总蜂窝胞孔的数目。缺失率亦可以定义为给定域内缺失的蜂窝结构的边数和域内总边数的比值。由于蜂窝产品裁切过程中，对处于边界位置的胞孔边很难完整地保留，因而在小面积蜂窝胞元情况下，缺失率 ϕ 的误差相对较大。胞元数越多，ϕ 值的计算精度越高。

以单壁厚蜂窝结构为例，进一步计算得到缺陷蜂窝的相对密度为

$$\Delta\rho(\phi) = \frac{\rho_{\mathrm{c}}(\phi)}{\rho_0} = \sum_{i=1}^{N-\bar{N}} h_i t_i / A_0 \tag{6.2}$$

其中，h_i 为第 i 个胞元的边长；t_i 为该胞元的壁厚；A_0 为试件的初始面积；$\rho_c(\phi)$ 和 ρ_0 分别为该缺陷蜂窝的密度以及母材箔片的密度。由于胞元边长 h 和厚度 t 为常数，式 (6.2) 可改写为

$$\Delta\rho(\phi) = \frac{Nht}{A_0}\left(1-\frac{\bar{N}}{N}\right) = (1-\phi)\,\Delta\rho(0) \tag{6.3}$$

式中，$\Delta\rho(0)$ 为理想的、完整无缺失蜂窝结构 (缺失率为 0) 的相对密度。

图 6.1 描绘了棱边随机缺失的蜂窝结构示意图，图中蜂窝在 L 方向和 W 方向均选取了 6 个胞元。图 6.1(a) ~ (d) 分别描绘了 $\phi=0$，10%，20%，30% 的蜂窝结构。当随机缺失率较高时，蜂窝从形态上被分割成若干个部分 (图 6.1(d))，而非连接为一体的结构。在此情况下，可能会出现蜂窝结构内部大面积贯通的现象。即使在胞孔较多的情况下，该现象同样存在，如图 6.2 所示，其蜂窝结构单向胞元数已达 20 个，但贯通线仍清晰可见。

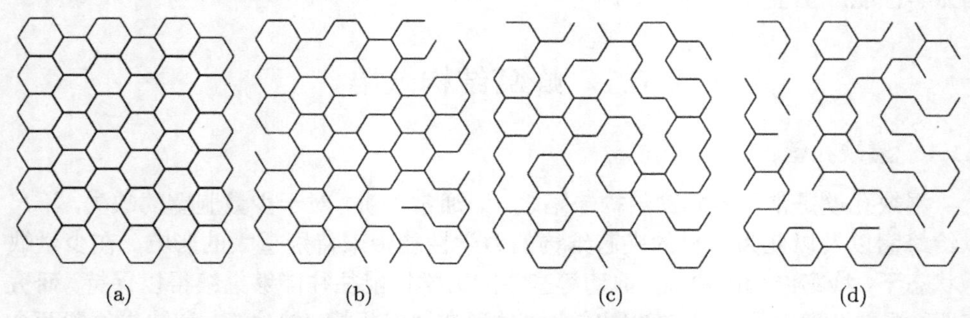

图 6.1 随机缺失率为 ϕ 的蜂窝结构 (胞元数 6 ×6)

(a) $\phi=0$; (b) $\phi=10\%$; (c) $\phi=20\%$; (d) $\phi=30\%$

与缺失孔壁相近的另一类似问题是缺陷集中问题。在这类问题中，蜂窝胞孔不是随机地在结构内部缺失，而是集中地在某一个位置或少数几个位置消失 [3,4]，如图 6.3 所示。该位置可能出现在蜂窝芯块的几何中心，亦可能出现在边缘区域。需要说明的是，集中缺陷有时是因生产工艺而导致的，有时却是现场安装人为产生的，这种人为是必要的。比如，对蜂窝块进行固定和装夹时，需要在蜂窝产品内部打孔，人为地将该区域的蜂窝胞孔移除。当然，在实际加工过程中，各种缺陷可能单发、偶发甚至群发，且其缺陷形式存在明显的不确定性，此类型的缺陷分布在工程中更应引起重视。在工程蜂窝产品的生产过程中，ϕ 并不像图 6.1 所描述的，高达 30%以上。实际上，ϕ 达到 15%以上的蜂窝产品是比较少见的，一般在 10%以内。

随机缺陷蜂窝结构的力学分析，既可以采用数学工具 (如 Matlab 等) 生成总体蜂窝构型后，在结构内部随机地移除给定比例的胞元，构造出随机分块分布或

集中分布特征的缺陷蜂窝，再导入相关的数值模拟软件 (如常用的 Ansys、Abaqus 等)，进行力学特性分析；亦可以借助数值模拟软件内嵌的建模工具直接在软件内对完整蜂窝结构随机移除胞元。两条路径均是通过随机移除有限域内胞元胞壁来实现的。

图 6.2 蜂窝结构胞壁随机缺失 (胞元数 20 ×20)

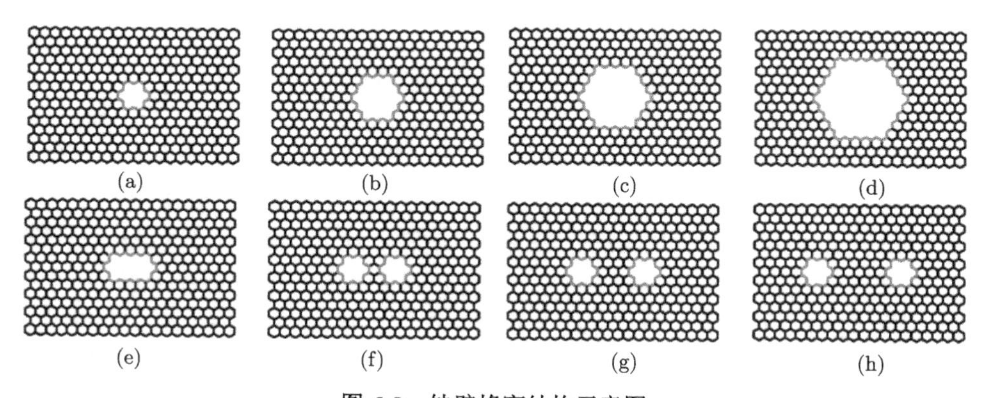

图 6.3 缺壁蜂窝结构示意图

(a) 集中缺 1 个胞元; (b) 集中缺 7 个胞元; (c) 集中缺 19 个胞元; (d) 集中缺 37 个胞元; (e) 双区缺 2 个胞元、相连; (f) 双区缺 2 个胞元、间隔 1 个胞; (g) 双区缺 2 个胞元、间隔 3 个胞; (h) 双区缺 2 个胞元、间隔 5 个胞

6.1.2 胞孔畸形

胞孔畸形是最常见的缺陷形式，它广泛存在于蜂窝产品中。由于在生产时，拉伸蜂窝所施加的节点力可能出现不均衡，蜂窝在受拉过程中，其几何形状也会出现歪斜，尤其在拉伸端部，蜂窝孔型由所期望的正六边形演变为左倾斜孔、右倾斜孔

以及胞元过拉 (过渡状态)，引发胞孔不规则 [5]，如图 6.4 所示。

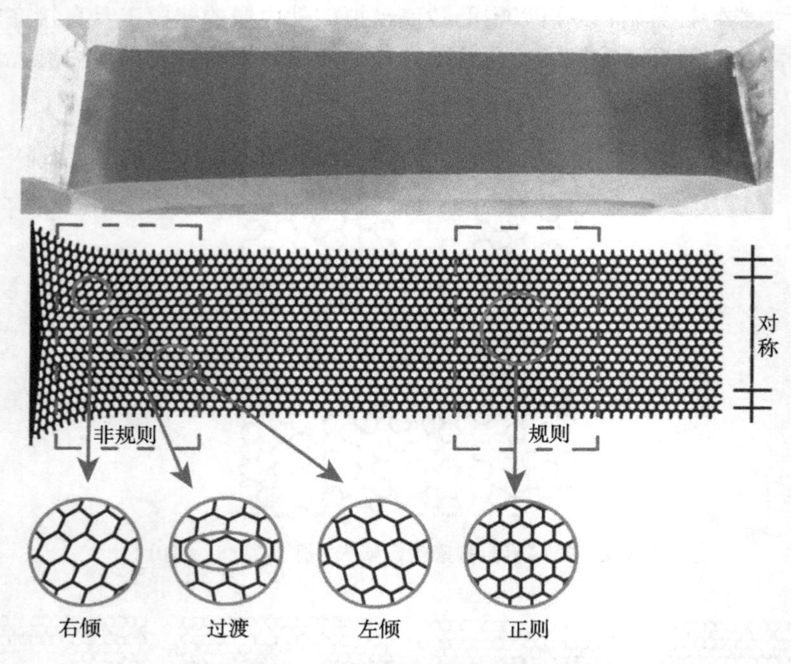

图 6.4　拉伸法生产蜂窝非规则孔型示意图 [5]

根据蜂窝结构的几何形状特点，蜂窝胞孔畸形可分为两类，一类为孔格仍然具有六边形，胞元的对边依然保持平行，满足 $h=l$，但其夹角发生改变 $\theta\neq 30°$，如表 6.1 所示。此类型的蜂窝缺陷产生的主要原因在于拉伸过程中，蜂窝胞元是渐渐展开的，节点力把控不准确，呈现出欠拉伸、正拉伸和过拉伸的三种状态。从几何关系可知，这与角度 θ 密切相关。在欠拉伸状态时，$30° < \theta < 90°$；在正拉伸状态时，$\theta = 30°$；在过拉伸状态时，$0 < \theta < 30°$。在此类缺陷情况下，这种胞孔畸形实际上仅仅是胞元的几何跨度比例发生了改变，蜂窝的力学性能相对还是比较稳定的，收敛在一个稳定的结果。

表 6.1　蜂窝胞元拉伸状态 [5]

θ	$30°<\theta<90°$ 欠拉伸	$\theta=30°$ 正拉伸	$0°<\theta<30°$ 过拉伸
θ — $30°<\theta<90°$ — $\theta=30°$ — $0°<\theta<30°$			

另一类胞元的非规则性为类似于“人”字形的蜂窝胞孔，产生这类结构性缺陷的原因在于，在拉伸过程中蜂窝结构局部展开速度不一致 (可能是拉伸速度过快或者蜂窝局部黏连)，出现一部分展开而另一部分未充分展开的现象，在展开和未展开的过渡区域形成“人”字形孔格缺陷 (图 6.5)。

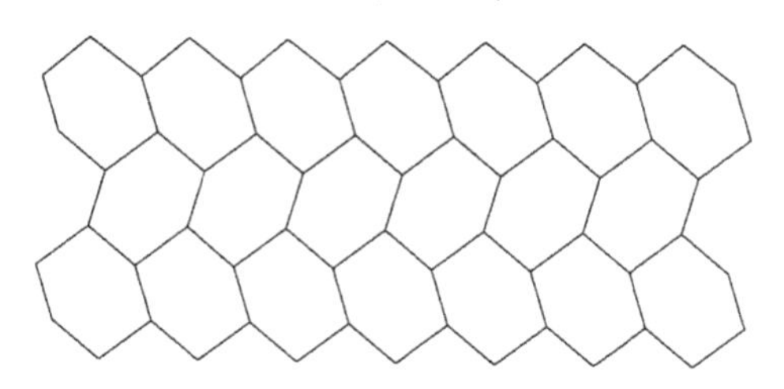

图 6.5　“人”字形蜂窝孔格缺陷

还存在胞元极度非规则性畸形的情况，此种类型的缺陷在流水线生产作业过程中很少见到，一般出现在运输过程中。在蜂窝产品转运时，由于构成蜂窝结构的箔片非常薄，蜂窝结构为中空型结构，如第 3 章与第 4 章所描述的那样，其面内刚度相对较弱，较小的载荷即可使蜂窝结构的胞元产生较大的变形，出现如图 6.6 所示的实物照片所展示的蜂窝结构的极不规则几何畸形。在图 6.6 所示的蜂窝中，几乎没有一个规则的六边形，个别棱边甚至出现了 $\theta \approx 90°$ 的情况 (六边形退化为五边形)，畸形度非常高。

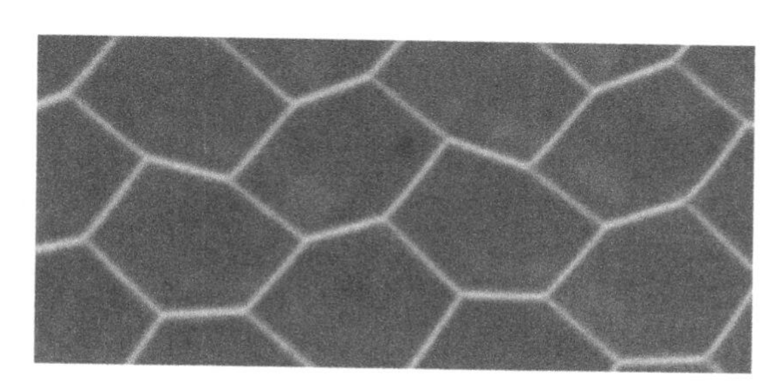

图 6.6　极不规则蜂窝产品

对于常规的工程产品而言，孔格是相对规整的，通常采用偏角 θ 表征其规则度即可。对于极不规则的蜂窝结构，目前尚无法采用有关的参数指标进行表征。

6.1.3　孔壁脱胶

在工程样品中，蜂窝结构的脱胶现象普遍可见。蜂窝孔壁的脱胶，主要指生产过程中，两相邻蜂窝胞元间隙间的胶接面积发生改变，胞元孔格的边与边之间出现脱开现象，如图 6.7 所示。

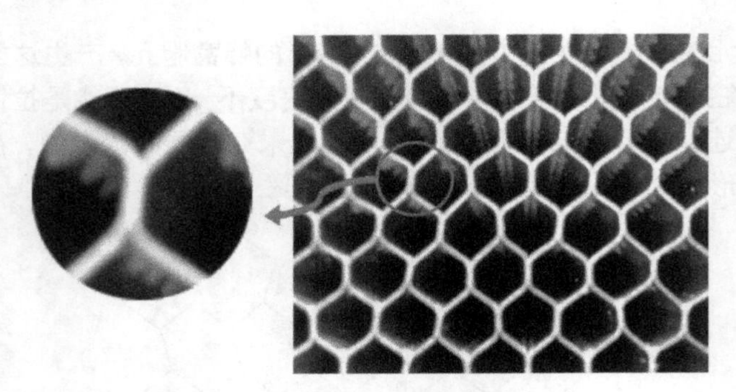

图 6.7　脱胶蜂窝结构实物图

蜂窝结构脱胶后，原正六边形蜂窝孔格逐步演化为非规则几何胞孔，如图 6.8 所示。与前述的欠拉伸、过拉伸所不同的是，脱胶蜂窝结构的 h 减小，l 增大。

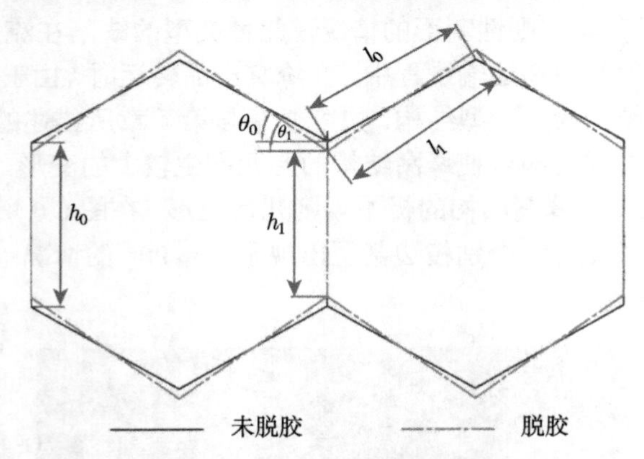

图 6.8　脱胶蜂窝结构示意图

还有一种特殊的 S 形的蜂窝胞状，如图 6.9 所示。其与脱胶蜂窝结构的区别在于，S 形蜂窝结构是圆滑过渡整体成型的蜂窝结构，其两个胞元斜边成 S 形曲线，而原始黏胶边退化为近似两曲线接触的边。需要说明的是，S 形蜂窝因其独特的几何特征及优势，在某些类蜂窝结构 (见第 9 章) 的创新设计中，特意将其设计为 S 形形式，以提升其面内抗冲击的能力。

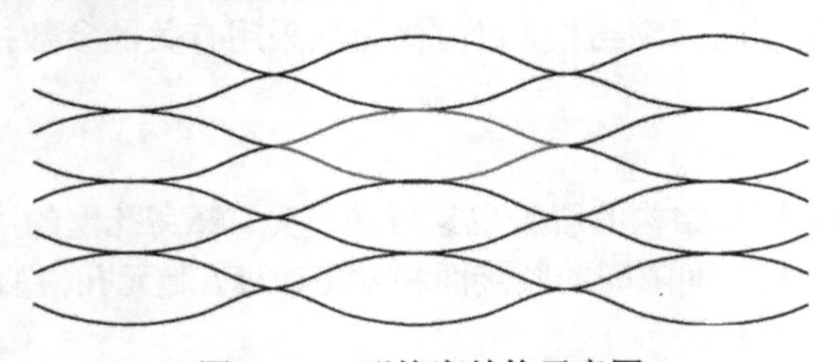

图 6.9　S 形蜂窝结构示意图

造成孔壁脱胶的主要原因在于，蜂窝产品成型过程中，拉伸速度过快或者节点强度不足，导致局部脱胶；另外，蜂窝产品在定型过程中受热不均匀也易造成蜂窝结构的局部脱胶开裂。

蜂窝结构的孔壁脱胶，可以采用脱胶度与脱胶率来表征。假定拉伸过程以 W 方向为参照跨度，脱胶后，蜂窝的边长由 h_0 变为 h_1，l 边由 l_0 变为 l_1，则脱胶度 λ_g 及脱胶率 ϕ_g 分别可表示为

脱胶度：

$$\lambda_g = \frac{h_1}{h_0} \tag{6.4}$$

脱胶率：

$$\phi_g = \frac{\bar{N}_g}{N} \tag{6.5}$$

式中，$\bar{N}_g$ 和 N 分别为脱胶胞孔数和胞孔总数。脱胶度反映的是单个胞元的脱胶程度，显然，不同的胞元可能出现不同的脱胶度，可以采用最大脱胶度、平均脱胶度等进行度量；而脱胶率反映的是脱胶胞元的总数，是一个总体的量，用以评价蜂窝整体规则性的程度。

6.1.4 多焊堵胶

有些纸蜂窝在生产过程中需用到浸胶固化。将未浸胶蜂窝块浸泡至树脂溶液中，以一定速度提拉出树脂溶液，反复多次直至蜂窝结构达到所要求的密度后，在高温烘箱中加热固化，制成蜂窝块。在此过程中，可能出现嵌套孔格、蜂窝孔格堵胶、蜂窝孔格气泡以及孔格黏连等一系列的结构性缺陷 [6]，如图 6.10 所示。在采用成型法制造高密度蜂窝产品，对已成形的六角波纹板钎焊连接过程中，也易使焊液滴注至胞孔内，形成多焊、堵焊等现象。

引起蜂窝堵胶的原因主要有：① 拉伸时蜂窝叠板局部存在芯条胶拉丝、芳纶纸透胶等工艺缺陷，造成蜂窝孔格无法拉开或拉伸后出现蜂窝壁破坏，破坏部位的芳纶纤维凸起后阻挡树脂的流动，造成蜂窝孔格堵胶；② 蜂窝结构在拉伸过程中出现表面划伤且划伤在浸胶前未去除，造成浸胶后在划伤处堵胶；③ 对于局部蜂窝孔格未拉开或者堵胶蜂窝，在蜂窝孔格堵胶的背面出现蜂窝局部缺胶的现象；④ 蜂窝壁破坏部位纤维凸起较少，未引起蜂窝堵胶缺陷，但树脂在流过凸起的纤维时，会与蜂窝壁形成一个空腔，蜂窝在固化后形成蜂窝孔格气泡缺陷；⑤蜂窝固化前溶剂含量较大，高温下溶剂挥发过快，导致蜂窝孔壁出现气泡缺陷；⑥ 浸渍树脂 (通常为酚醛树脂) 在固化过程中小分子释放，造成蜂窝孔壁出现气泡缺陷。凡此种种，都是在生产过程中因工艺而产生的。

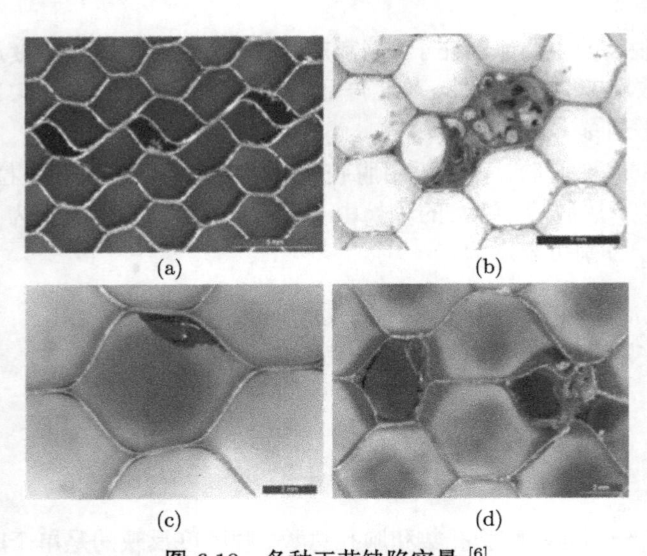

图 6.10　各种工艺缺陷实景 [6]

(a) 嵌套孔格; (b) 孔格堵胶; (c) 孔格气泡; (d) 孔格黏连

6.1.5　整体翘曲

在整体上，蜂窝结构易出现顶面不平、轴线不直、侧面不平等一系列拱弯、翘曲现象。蜂窝结构的翘曲度，即为在自然状态下蜂窝平面在空间的弯曲程度。翘曲是蜂窝结构宏观缺陷的具体体现。产生翘曲的原因有很多，在拉伸工艺过程中、在裁取过程中、在运输过程中均可能存在。《BB/T 0016—2018 包装材料蜂窝纸板》[7] 规定：“蜂窝纸板表面应平整，每米长的单张蜂窝纸板纵、横方向翘曲不得大于 20 mm”。

对于块状蜂窝产品而言，翘曲主要存在于两个方面，一个是侧面翘曲，另一个则是垂直翘曲。

1. 侧面翘曲

侧面翘曲主要发生在叠块拉伸过程中，如图 6.11(a) 和 (b) 所示 (示意图仅用于表示宏观整体翘曲，内部蜂窝格子代表蜂窝结构，未体现蜂窝的非规则类型)。图 6.12 是蜂窝生产过程中观测到的蜂窝结构的侧面翘曲实物图。

蜂窝结构的侧面翘曲可以用翘曲度 μ_l 表示。

$$\mu_l = \frac{d_{\mathrm{s}}}{L} \tag{6.6}$$

其中，d_{s} 为侧面最大翘曲位移；L 为蜂窝翘曲边的长度。

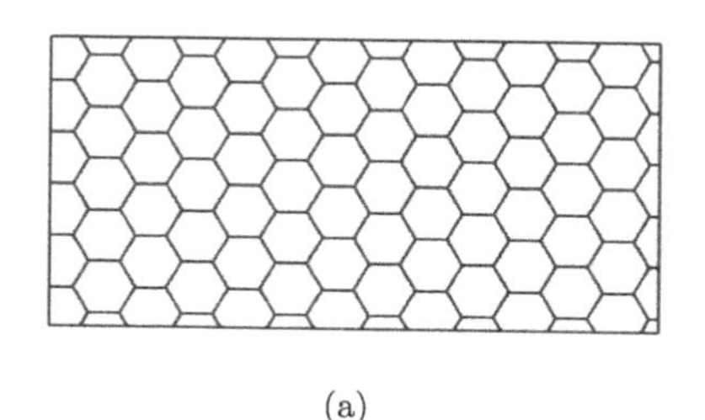

(a)

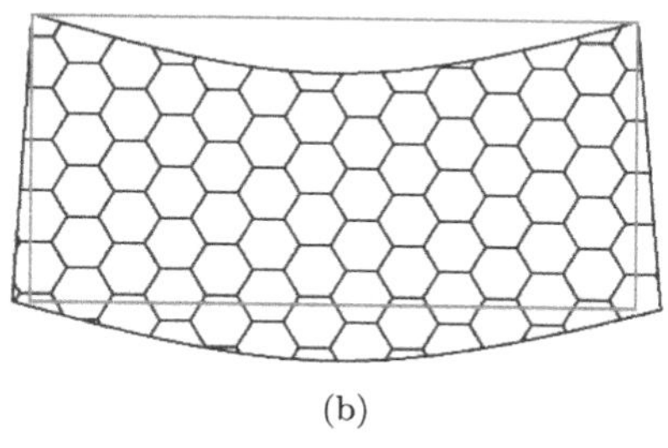

(b)

图 6.11 蜂窝结构侧面翘曲示意图

(a) 规则蜂窝结构; (b) 翘曲蜂窝结构

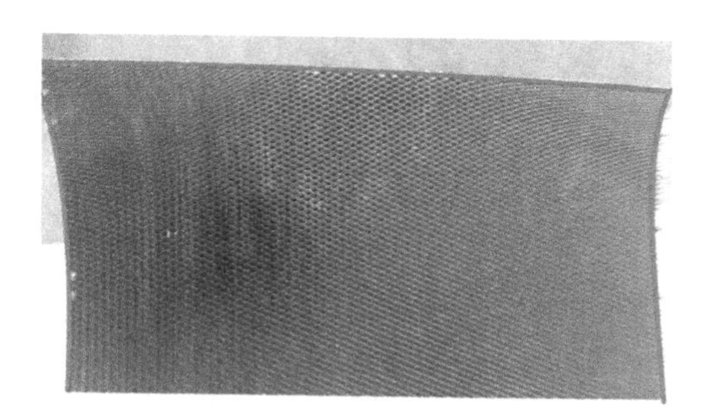

图 6.12 蜂窝结构的侧面翘曲实物图

2. 垂直翘曲

垂直翘曲与侧面翘曲类似，均由拉伸工艺引发，如图 6.13 所示，它主要是蜂窝结构在垂直方向上呈现出整体弯曲的状态。在此状态下，蜂窝结构的胞孔轴线与其平面不垂直，呈拱起状态。在工程实际中，有部分蜂窝应工程需要，特意设计为曲面形式，其形态与蜂窝的垂直翘曲相近。然而，这类形态是人为主动设计的结果，通常呈对称分布，具有明显的规律。而生产过程中出现的垂直翘曲缺陷是因工艺条件不完善而产生的，基本不呈对称性，如图 6.13(b) 所示。

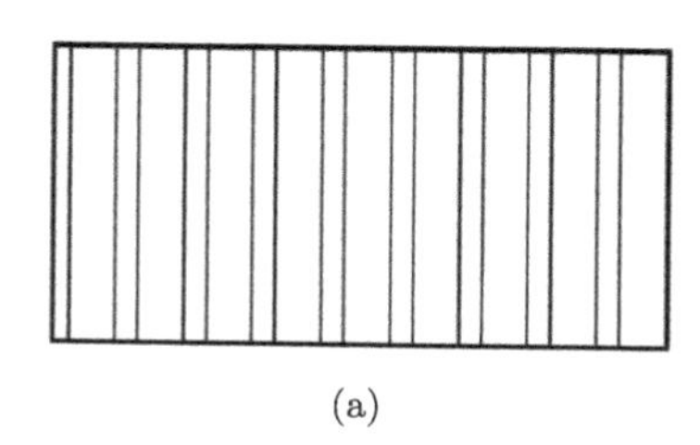

(a)

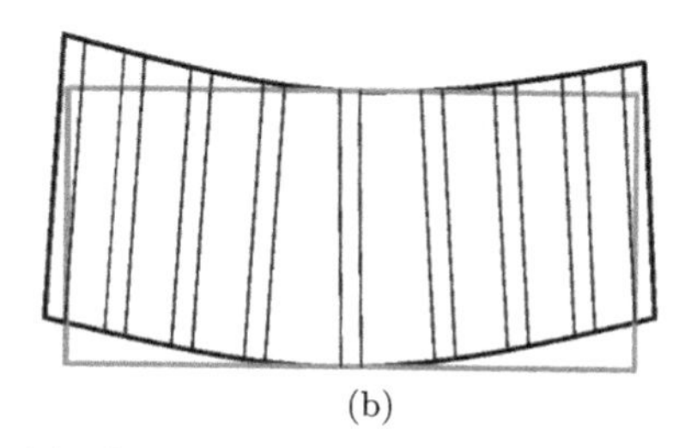

(b)

图 6.13 蜂窝结构垂直翘曲示意图

(a) 规则蜂窝结构; (b) 翘曲蜂窝结构

蜂窝结构的垂直翘曲可以用翘曲度 η_v 来表示

$$\eta_v = \frac{d_v}{W} \tag{6.7}$$

其中，d_v 为垂向最大翘曲位移；W 为蜂窝翘曲边的长度。

6.2　缺陷蜂窝结构力学性能

6.2.1　漏缺孔壁的影响

蜂窝孔壁的缺失将对蜂窝结构的力学性能造成比较大的影响。以杨氏模量计算为例，对于规则的、完整的蜂窝结构，根据第 3 章建立的模量与蜂窝结构胞元厚跨比的关系 (式 (3.11))，以及弹性屈曲载荷 σ_{el}^* 与模量的关系 (式 (3.24))，分别为

$$E_1^* = E_2^* = 2.3094\left(\frac{t}{l}\right)^3 E_s \tag{6.8}$$

$$\sigma_{el}^* = 0.2235\left(\frac{t}{l}\right)^3 E_s \tag{6.9}$$

Guo 等 [4] 采用有限元分析方法，提取蜂窝边界处的反作用力，对正六边形蜂窝结构的弹性模量 E_1^*、E_2^* 和屈曲载荷 σ_{el}^* 进行拟合得到了与上两式相近的结果：

$$E_1^* = 2.14\left(\frac{t}{l}\right)^{2.97} E_s \tag{6.10}$$

$$E_2^* = 1.93\left(\frac{t}{l}\right)^{2.98} E_s \tag{6.11}$$

$$\sigma_{el}^* = 0.212\left(\frac{t}{l}\right)^{2.99} E_s \tag{6.12}$$

当蜂窝结构中存在缺陷时，其 L 方向与 W 方向的模量变化也不一样。他们通过分别对图 6.3 所示的蜂窝结构集中缺 1 个胞元、集中缺 7 个胞元、集中缺 19 个胞元、集中缺 37 个胞元、双区缺 2 个胞元 (相连)、双区缺 2 个胞元且此胞元间隔 1 个胞、双区缺 2 个胞元且此胞元间隔 3 个胞、双区缺 2 个胞元且此胞元间隔 5 个胞的蜂窝结构展开有限元仿真发现，杨氏模量 E_1^* 和 E_2^* 将随着缺陷尺寸的增加而减小。具体结果如表 6.2 所示。

图 6.14 描绘了表 6.2 中所列的结果，分别绘出了理论解、有限元仿真解，集中缺失 1 个、7 个、19 个、37 个胞元 (图 6.14(a))，双区缺失相连、缺 1 个、3 个、5 个和 7 个胞元的 E_1^*/E_s 变化情况 (图 6.14(b))，其中假设了 ($t = 0.06\,\text{mm}$，$h = l = 4\,\text{mm}$)。从图中可以看出，集中缺失胞元情况与双区缺失胞元情况相比有所不同，表现出不

同的力学性能变化。对于集中缺失而言，在缺少 1 个胞元情况下，其模量下降幅度很小，但缺胞数从 1 增加至 7、19、37 的过程中，弹性模量随缺胞数的增加快速下降。而对于双区缺胞情况，弹性模量的变化随区域移动变化并不明显。在同样缺少 7 个胞元的情况下，双区缺胞 (实际达 14 个) 获得了比集中缺失胞元 (7 个) 更大的弹性模量。在 E_2^*/E_s 和 σ_{el}^*/E_s 中同样可得到类似的结论。

表 6.2 模量随缺陷的变化 ($\eta = t/l$)[4]

	缺胞情况	E_1^*/E_s	E_2^*/E_s	σ_{el}^*/E_s
理论解	–	$2.31\eta^3$	$2.31\eta^3$	$0.22\eta^3$
有限元仿真	–	$2.14\eta^{2.97}$	$1.93\eta^{2.98}$	$0.212\eta^{2.99}$
集中缺失胞元	1	$2.04\eta^{2.97}$	$1.84\eta^{2.98}$	$0.188\eta^{2.99}$
	7	$1.84\eta^{2.97}$	$1.68\eta^{2.98}$	$0.157\eta^{2.99}$
	19	$1.57\eta^{2.97}$	$1.49\eta^{2.98}$	$0.136\eta^{2.99}$
	37	$1.25\eta^{2.97}$	$1.28\eta^{2.98}$	$0.117\eta^{2.99}$
双区缺失胞元	相连	$2.01\eta^{2.97}$	$1.69\eta^{2.98}$	$0.160\eta^{2.99}$
	1	$1.99\eta^{2.97}$	$1.76\eta^{2.98}$	$0.129\eta^{2.99}$
	3	$1.98\eta^{2.97}$	$1.76\eta^{2.98}$	$0.154\eta^{2.99}$
	5	$1.97\eta^{2.97}$	$1.76\eta^{2.98}$	$0.165\eta^{2.99}$
	7	$1.98\eta^{2.97}$	$1.76\eta^{2.98}$	$0.171\eta^{2.99}$

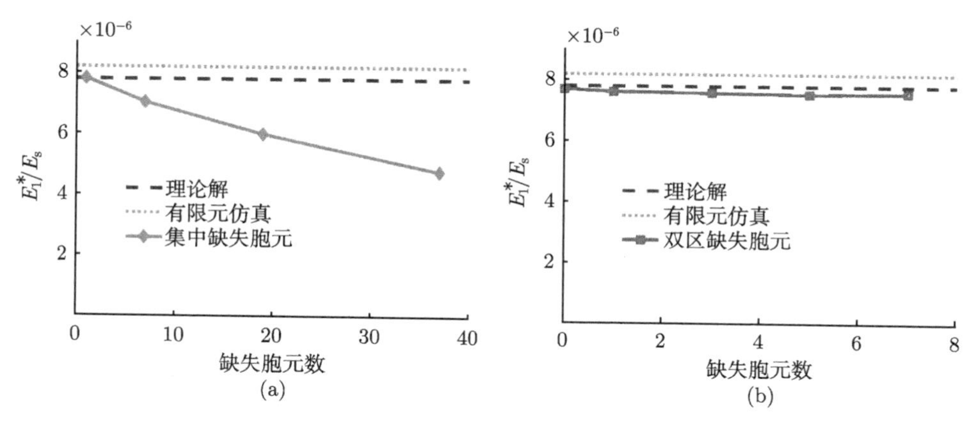

图 6.14 模量随缺陷的变化

(a) 集中缺失; (b) 双区缺失

已有的研究工作表明：具有六边形孔格的理想蜂窝结构和 Voronoi 蜂窝结构，其杨氏模量和塑性抗压强度均随漏缺孔壁数的增加而急剧降低。Guo 采用 Voronoi 蜂窝对比分析发现，仅缺少 5%的孔壁，就会导致模量或强度降低量超 30%[8,9]，而当六边形网格中去掉 35%的孔壁时，就会沿着漏缺的孔壁从材料的一边到另一边出现一条连续的通道：蜂窝体分裂成两片。数值模拟结果证实，当移去 35%的孔壁时，蜂窝体的模量和强度均完全丧失。此现象在三角形、四边形蜂窝结构中同样存在 [10]。

漏缺孔壁还可能影响到破坏模式。对不同缺陷的蜂窝结构面内冲击响应分析表明，在一个具有规则重复孔格的蜂窝体内，移去单一孔壁导致的破坏始于削弱的孔格，而当周围完整的孔穴坍塌时，就会引起应变硬化。应变集中于局部变形带，在大约 4 个孔格直径处衰减成远场值。若多个缺陷靠近某一临界影响距离时，将会产生交互作用。对于在 x_1 方向上的加载，若缺陷在变形带内集结，就会出现互动性坍塌；而对于在 x_2 方向上的加载，变形带在某一缺陷处形核，并推向另一缺陷。

显然，缺陷的位置及形式对蜂窝结构变形模式有着显著的影响。为此，选用蜂窝孔格边长为 4 mm，壁厚为 0.06 mm 的蜂窝结构，在 L 和 W 方向的胞元数为 15 × 17 ($L\times W$)，研究了子域空间中不同部位的蜂窝缺陷对结构变形模式的影响。考虑到蜂窝结构的对称性，选取了左上、中上、左中、中、左下、中下六个子域，分别编号为 1、2、3、4、5、6，具体分布图如图 6.15 所示。

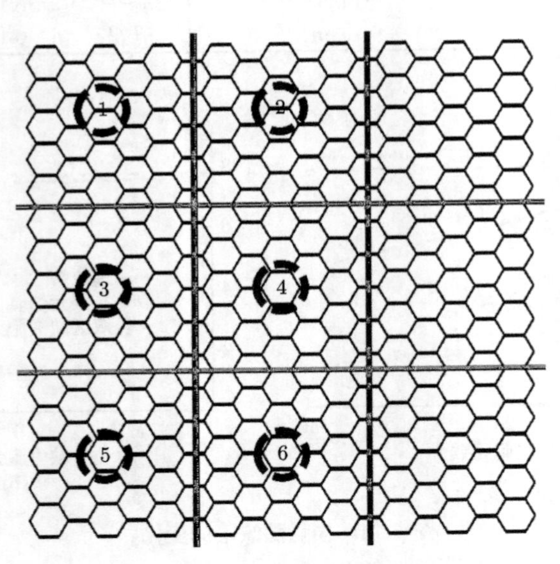

图 6.15　缺陷子域分布图

通过在蜂窝结构内部的上述 6 个区域内分别设置缺胞情况，采用全尺度小规格模拟方法，分析其在 x_1 方向承受速度为 3 m/s、10 m/s 和 70 m/s 冲击的动态响应，所得变形模式图如图 6.16 ~ 图 6.18 所示 (均在压缩至 45 mm 时的状态)，(a) ~ (f) 分别对应图 6.15 所示的 6 个缺陷位置时蜂窝结构的响应。

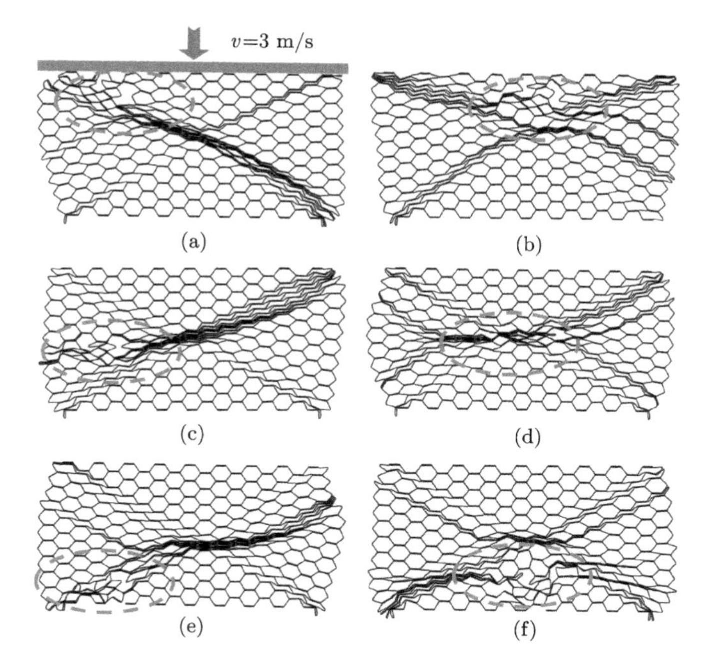

图 6.16 不同缺陷区域的蜂窝结构在 x_1 方向的冲击响应 ($v= 3\,\mathrm{m/s}$)

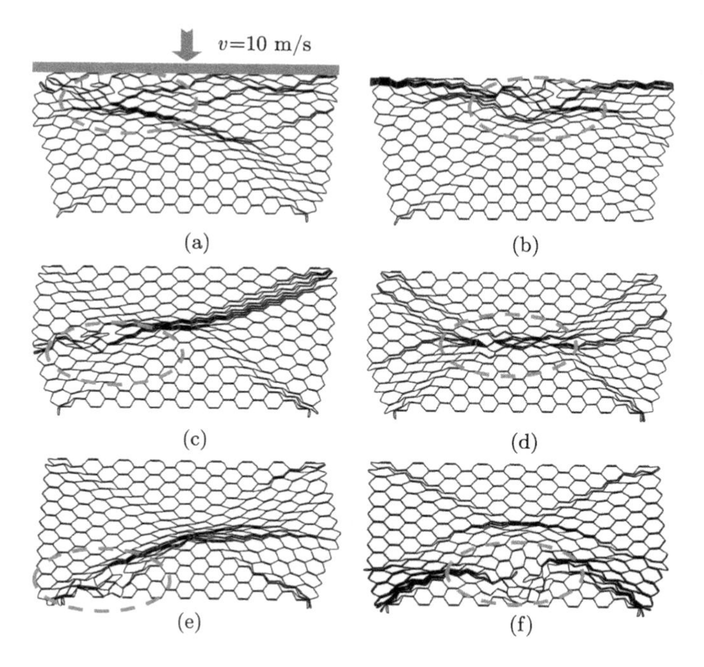

图 6.17 不同缺陷区域的蜂窝结构在 x_1 方向的冲击响应 ($v= 10\,\mathrm{m/s}$)

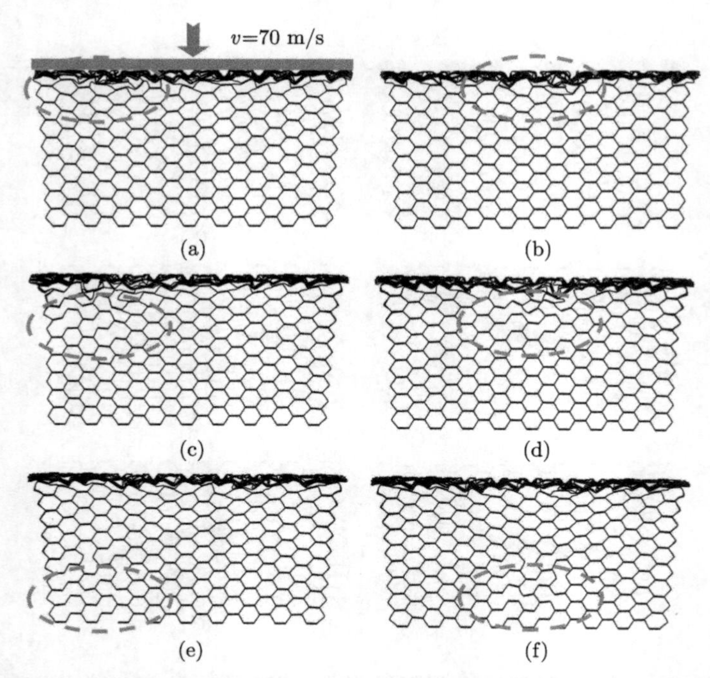

图 6.18　不同缺陷区域的蜂窝结构在 x_1 方向的冲击响应 (v= 70 m/s)

通过图 6.16 ~ 图 6.18 不同位置的缺陷分布情况下蜂窝结构变形模式的变化来看，总体上，不同位置的缺陷对蜂窝结构动态冲击变形模式变化差异比较明显，尤其在低速情况下 (v= 3 m/s 和 v= 10 m/s)。如图 6.16 和图 6.17 所示，虽然总体上蜂窝结构在小部位缺胞情况仍然保留了呈 X 形为主的变形模式，但 X 的形状及构造的位置均发生了改变，成核区向缺陷位置处靠拢，主要原因在于该处胞壁缺失，局部刚度在此位置及其邻域附近减弱。相比于出现在中 (4)、中上 (2) 和中下 (6) 三个位置的蜂窝结构，当缺陷出现在左上 (1)、左中 (3) 和左下时 (5)，缺陷对蜂窝结构变形模式的改变更加明显，X 形也不再呈对称分布。而当速度较高时 (v= 70 m/s)，不管缺陷分布在哪个位置，蜂窝结构仍表现出与传统的 I 模式一致的变形模式，缺陷的存在对蜂窝结构的变形影响非常小。可以看出，高速冲击时，蜂窝结构的力学响应对局部微小缺陷不敏感。

相比于在 x_1 方向加载，具有不同子域缺陷的蜂窝结构，承受来自 x_2 方向的冲击时，子域位置对响应模式变化的影响主要是改变了变形模式的形式，形成层状式压溃，压溃首先发生在缺陷所在的层，如图 6.19 所示。在 10 m/s 的冲击速度作用下，蜂窝结构传统的 V 形模式转化为局部带状压溃式变形。各子域位置对水平方向的变形影响不大，这主要归因于沿 x_2 方向的棱边的抗弯能力。对比左侧区域的局部缺陷和中间区域的局部缺陷，可以发现，变形模式并不随缺陷在水平方向

(x_1 方向) 的移动而改变，局部缺陷处在同一高度的蜂窝结构呈现出相近的层状式压溃。

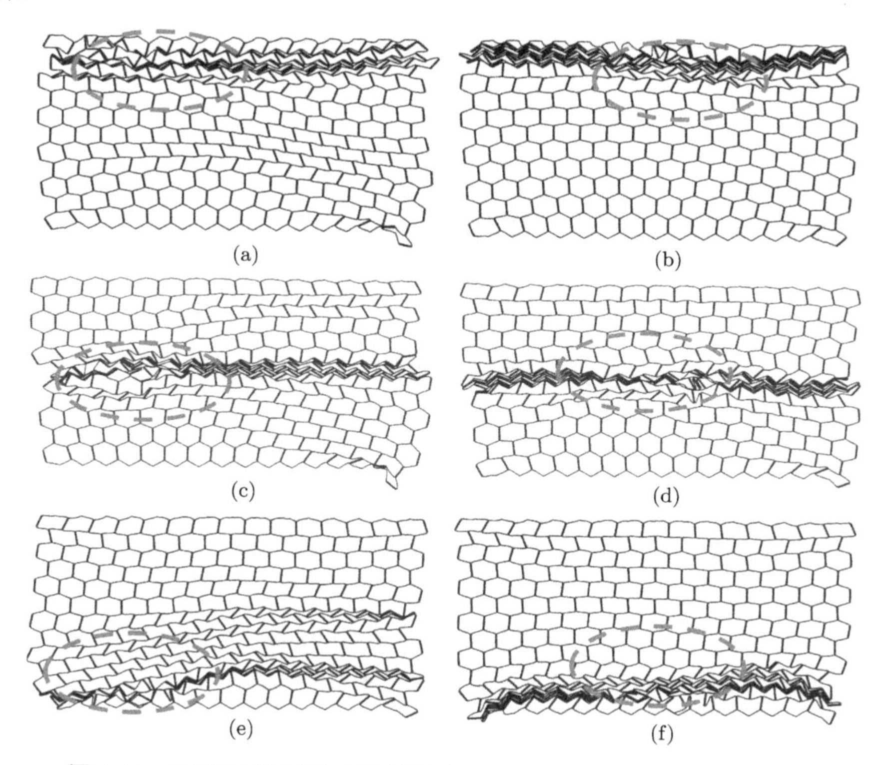

图 6.19 不同缺陷区域的蜂窝结构在 x_2 方向的冲击响应 (v =10 m/s)

缺陷蜂窝结构的另一个问题是应力集中问题，Chen [11,12] 采用有限元方法重点针对蜂窝结构缺陷讨论了此问题。在一个 W 方向有 120 个胞元、L 方向有 80 个胞元的蜂窝芯块中部，预先设定了一定的漏胞缺陷，讨论拉伸载荷作用下缺陷蜂窝结构的局部应力集中现象，加载方式为沿 x_2 方向的拉伸。图 6.20 为缺陷蜂窝结构的几何示意图。图中 A、B 两点为应力集中位置的兴趣点，Ⅰ、Ⅱ为两处缺陷位置。

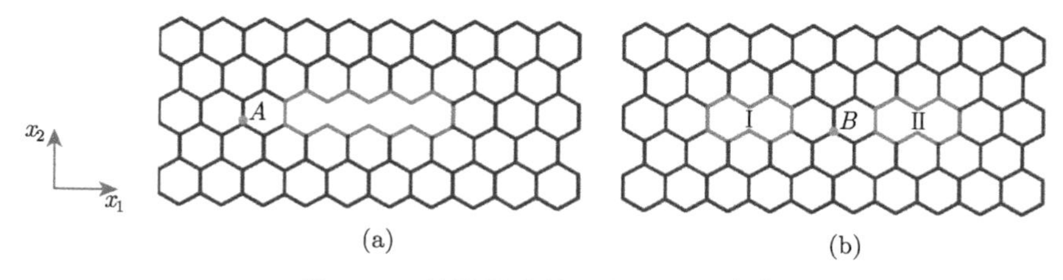

图 6.20 缺陷蜂窝的几何示意图 [11]

(a) 集中缺失; (b) 双区缺失

Chen 通过理论推导，给出了具体的分析结果 [11,12]。考虑缺少 n 个胞元所对应的应力为 $\sigma_2^{\rm P}$，根据 Gibson 和 Ashby 提出的公式，该种情形下的应力集中问题可根据均匀平板内一定长度裂纹应力来估计。由此 $\sigma_2^{\rm P}$ 为

$$\sigma_2^{\rm P} = \frac{d_1}{\sqrt{(d_1)^2 - (a/2)^2}}\sigma_2^0 \tag{6.13}$$

其中，a 为距裂纹中心的距离；d_1 为离缺陷中心点的距离；σ_2^0 为离缺陷中无穷远处的应力值 (不受缺陷位置的影响处的应力)。将 $a = 2nl\cos\theta$ 代入，可得

$$\sigma_2^{\rm P} = \frac{d_1}{\sqrt{(d_1)^2 - (nl\cos\theta)^2}}\sigma_2^0 \tag{6.14}$$

但采用此方法，有一个相对比较大的误差。Chen 将孔洞缺陷位置视为无限大均匀平板，并且椭圆形孔洞的长轴与短轴分别由 a 和 b 表示：$a = (n + 0.3)\,; b = 0$。相应地，可获得更精确的结果

$$\sigma_2^{\rm P} = \frac{d_1}{\sqrt{(d_1)^2 - [(n+0.3)l\cos\theta]^2}}\sigma_2^0 \tag{6.15}$$

图 6.21 描绘了 $n = 1$ 和 $n = 5$ 两种情况下有限元仿真的结果 ($\sigma_2^{\rm P}$)。图中横坐标轴 $d_1/2l\cos\theta$ 代表从中心缺陷至两边的倍胞距离 (实际即中心两侧胞元数目)，纵坐标轴为缺失胞元情况下的应力与完整蜂窝结构应力的比值。

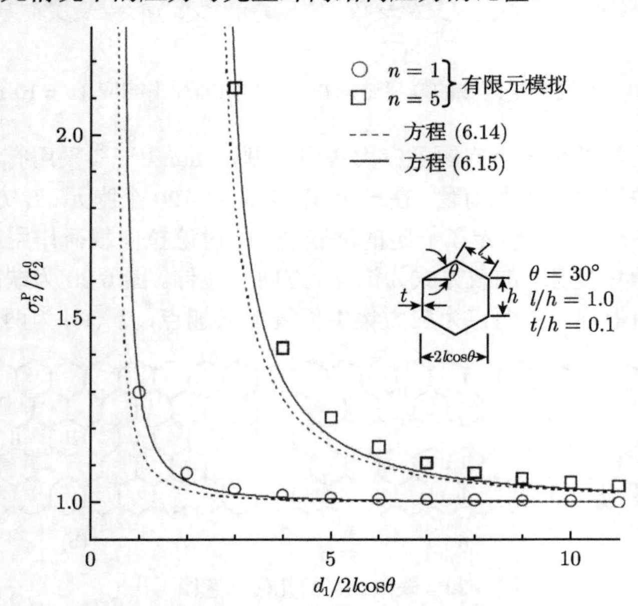

图 6.21　缺陷区域附近胞元拉伸应力随距离的分布 [11]

在双区缺胞情况下，蜂窝的应力分布更为复杂，两缺陷之间可能存在干涉作用。已有研究表明，当某个应力区域出现由第一个凹坑 (缺陷) 引发第二个凹坑 (缺陷) 时，干涉效应会出现在每一个凹坑周围。这就正如缺陷 I 与缺陷 II 独立的、格式一致的应力

$$\sigma_2^{0,1} = \sigma_2^0 + \left[\sigma_2^{\mathrm{P}}(d_0, n_2) - \sigma_2^0\right] \frac{\sigma_2^{0,2}}{\sigma_2^0} \tag{6.16}$$

$$\sigma_2^{0,2} = \sigma_2^0 + \left[\sigma_2^{\mathrm{P}}(d_0, n_1) - \sigma_2^0\right] \frac{\sigma_2^{0,1}}{\sigma_2^0} \tag{6.17}$$

其中，$\sigma_2^{0,1}$ 和 $\sigma_2^{0,2}$ 分别为缺陷 I 与缺陷 II 处的应力；n_1 和 n_2 为缺陷位置 I 和 II 处缺失的胞壁数。$\left[\sigma_2^{\mathrm{P}}(d_0, n_2) - \sigma_2^0\right]$ 和 $\left[\sigma_2^{P}(d_0, n_1) - \sigma_2^0\right]$ 是 σ_2^{P} 由于缺失 n 个胞元而产生的，它发生在距离中心缺陷 d 的位置，为

$$\sigma_2^{\mathrm{P}}(d_0, n) = \left[1 + \frac{1}{\sqrt{1 - \left(\dfrac{n + 0.3}{d/l\cos\theta}\right)^2}}\right] + \sigma_2^0 \tag{6.18}$$

由式 (6.16)、式 (6.17) 和式 (6.18) 可得

$$\sigma_2^{0,1} = \frac{\sqrt{1 - \left(\dfrac{n_1 + 0.3}{2m_0}\right)^2}}{\sqrt{1 - \left(\dfrac{n_1 + 0.3}{2m_0}\right)^2} + \sqrt{1 - \left(\dfrac{n_2 + 0.3}{2m_0}\right)^2} - 1} \sigma_2^0 \tag{6.19}$$

$$\sigma_2^{0,2} = \frac{\sqrt{1 - \left(\dfrac{n_2 + 0.3}{2m_0}\right)^2}}{\sqrt{1 - \left(\dfrac{n_1 + 0.3}{2m_0}\right)^2} + \sqrt{1 - \left(\dfrac{n_2 + 0.3}{2m_0}\right)^2} - 1} \sigma_2^0 \tag{6.20}$$

式中，m_0 为集中缺失胞壁的数目。于是，B 点沿 x_2 方向的拉伸应力为 ($d_1 = 2m_1 l\cos\theta$, $d_2 = 2m_2 l\cos\theta$, m_1 和 m_2 为离缺陷中心的胞子的数目)

$$\sigma_2^{\mathrm{P},B} = \sigma_2^0 + \left[\frac{1}{\sqrt{1 - \left(\dfrac{n_1 + 0.3}{2m_1}\right)^2}} - 1\right] \sigma_2^{0,1} + \left[\frac{1}{\sqrt{1 - \left(\dfrac{n_2 + 0.3}{2m_2}\right)^2}} - 1\right] \sigma_2^{0,2} \tag{6.21}$$

图 6.22 分别描绘了从式 (6.21) 理论解计算得到的，以及通过有限元分析得到的 $n=1$ 时的仿真值的比值，该值收敛在 1 附近，表明两者吻合得比较好，验证了该近似理论计算结果的正确性。

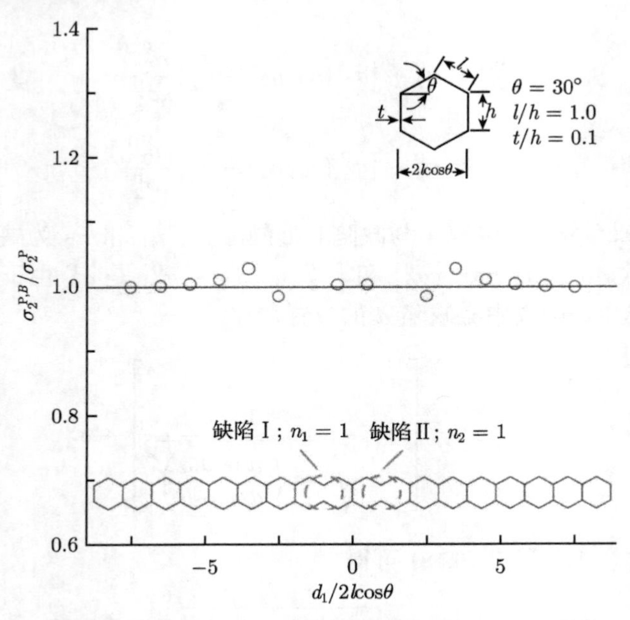

图 6.22 缺陷区域附近胞元拉伸应力分布 ($n=1$)[11]

6.2.2 胞孔畸形的影响

胞孔畸形同样对蜂窝结构的力学性能与变形模式产生较大影响 [13−15]。为具体分析，采用准静态压缩实验方法对比蜂窝胞孔畸形与常规蜂窝结构之间的力学性能变化。由于拉伸工艺的影响，即便是同一块 (几何尺寸较大) 蜂窝芯，其内部亦可能存在强度不均匀性。通过分析同一材质、同一几何构型、同一工艺蜂窝芯块各部位平台强度的差异，评价蜂窝芯块的强度均匀性。选取壁厚为 0.06 mm，孔格边长为 4 mm，样品几何尺寸为 400 mm ×200 mm ×240 mm ($L \times W \times T$) 的蜂窝结构按照如图 6.23(a) 和 (b) 所示方法划分为 12 个小件。单件尺寸为 133 mm ×100 mm ×120 mm ($L\times W\times T$)。

对此 12 个不同位置蜂窝子块分别编号，上层为 F-1 ~ F-6，下层为 F-7 ~ F-12，如图 6.23(d) 所示。对各试件进行如 6.23(c) 所示的蜂窝结构准静态压缩实验，将所得的前列位置蜂窝子块 (如 F-1) 和对应的后列位置的蜂窝子块 (如 F-4) 的对比结果列于表 6.3。其中 $\varDelta$ 与各子块蜂窝平台强度与平均值间的差值。

图 6.24 描绘了代表性的对应样品组的应力–应变对比曲线，以及 12 个试件的

强度结果。其中图 6.24(a) 描绘的是该 12 个子块中最低值样品 F-7(1.01 MPa) 和最高值样品 F-11 (1.17MPa) 的对比结果，图 6.24(b) 描绘了各样品的平齐度。

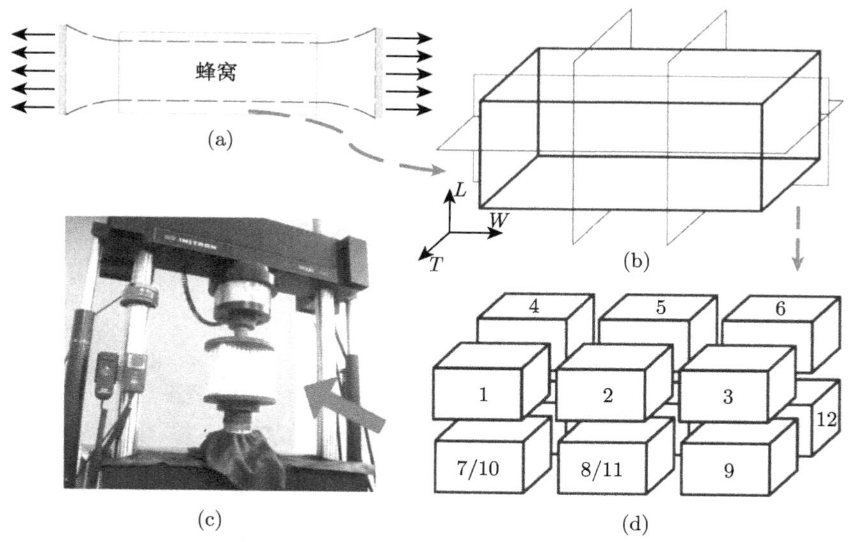

图 6.23 蜂窝产品的均匀性实验 [5]

(a) 切分前; (b) 切分方法; (c) 实验加载; (d) 子块编号

表 6.3 蜂窝缺陷均匀性检测结果 [5] (单位: MPa)

	F-1/F-4	F-2/F-5	F-3/F-6	F-7/F-10	F-8/F-11	F-9/F-12	平均值
$\sigma_{\rm m}$	1.05/1.05	1.15/1.09	1.09/1.03	1.01/1.06	1.16/1.17	1.03/1.09	1.05
Δ	0.00/0.00	0.10/0.04	0.04/0.02	0.04/0.01	0.11/0.12	0.02/0.05	0.05

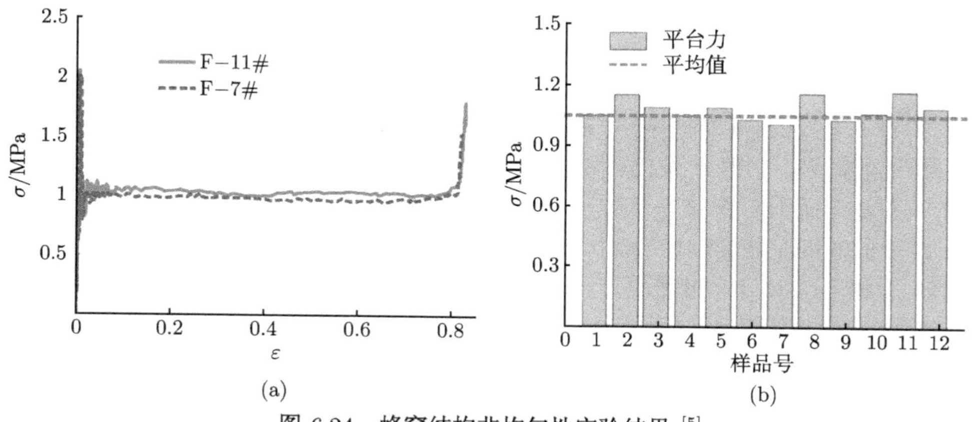

图 6.24 蜂窝结构非均匀性实验结果 [5]

(a) F-7 与 F-11 对比; (b) 各样品平齐度

由图 6.24 可知，对于此型蜂窝芯块，各子试件的强度在 1.05 MPa 左右。从分布上看，F-2、F-5、F-8、F-11 明显偏高，也反映出蜂窝块中间强、两侧弱的现象，这主要是在蜂窝加工过程中两侧端节点拉力不匀引起的，属于正常的工艺现象；而从平均值来看，平台强度最大偏差为 0.11 MPa，体现出同一个蜂窝样品间分布的不均匀性。

针对拉伸度对蜂窝力学性能的影响，图 6.25 描绘了规则和非规则拉伸蜂窝结构在相同冲击速度 (10 m/s) 加载下，蜂窝结构的载荷与吸能量的比较。从图中可以看出，非规则蜂窝结构虽然保持了规则蜂窝结构的弹性、塑性坍塌、渐进屈曲和密实化四个典型的变形阶段，但其载荷明显下掉，吸能水平有所下降。

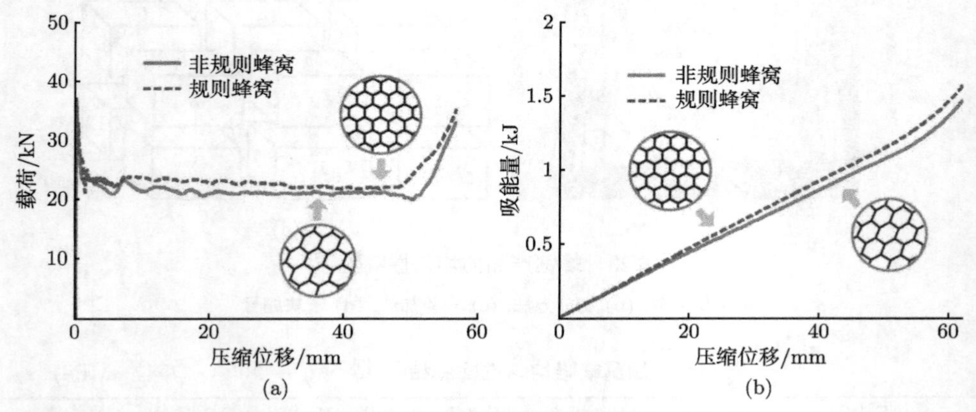

图 6.25　规则蜂窝与非规则蜂窝力学性能对比 [5]

(a) 载荷; (b) 吸能量

蜂窝胞孔畸形另一个重要的议题是蜂窝结构角度 θ 的变化对其力学性能的影响。通过分析 $t = 0.06\,\text{mm}$、$h = 4\,\text{mm}$ 与 $l = 4\,\text{mm}$，倾角分别为 $\theta = 15°$、$\theta = 30°$、$\theta = 45°$、$\theta = 60°$ 和 $\theta = 75°$ 的蜂窝轴向加载动态冲击响应，所得结果见图 6.26 和表 6.4。从图 6.26 不同角度下的载荷–压缩位移历程曲线和表 6.4 的平台力 F_{m} 和吸能量 E_{TEA} 随 θ 变化可以看出，随着 θ 从 75° 减小到 30° (欠拉伸状态)，平台载荷逐渐提升。在 $\theta = 75°$、$\theta = 60°$、$\theta = 45°$ 和 $\theta = 30°$ 时，平台力分别为 7.37 kN、8.86 kN、10.05 kN 和 12.33 kN，对应的吸能量分别为 302.09 J、383.05 J、433.49 J 和 543.86 J。相比而言，当 θ 从 30° 减小到 15°(过拉伸)，平台承载能力与吸能量也相应减小，其平台力从 12.33 kN 减小到 11.09 kN，吸能量减少到 484.50 J。显然，当 $\theta = 30°$ 时，蜂窝结构的力学性能最为优越，这与先前的大量研究结果相吻合，再次验证了天然蜂窝结构正六边形的合理性。

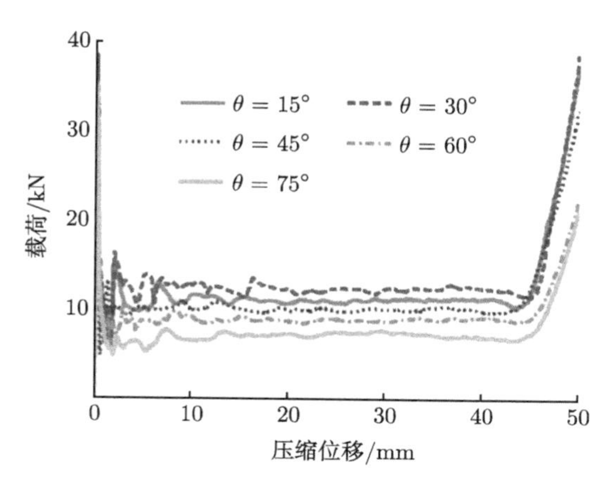

图 6.26 不同拉伸胞元蜂窝结构载荷–压缩位移历程曲线 [5]

表 6.4 不同拉伸胞元蜂窝结构力学性能 [5]

θ	15°	30°	45°	60°	75°
F_{m}/kN	11.09	12.33	10.05	8.86	7.37
E_{TEA}/J	484.50	543.86	433.49	383.05	302.09

6.2.3 孔壁脱胶的影响

孔壁小比例脱胶会一定程度上导致蜂窝结构承载水平与吸能能力的下降，但不至于给其变形模式带来毁灭性的影响。采用与前述一致的数值仿真方法，研究不同的蜂窝孔壁脱胶情况 λ_{g} (与 l_1、h_1 和 θ_1 相关) 对平台区载荷和吸能量的影响。图 6.27 和表 6.5 列出了蜂窝结构孔壁脱胶后的动态平台载荷 F_{m} 和吸能量 E_{TEA} 的变化。

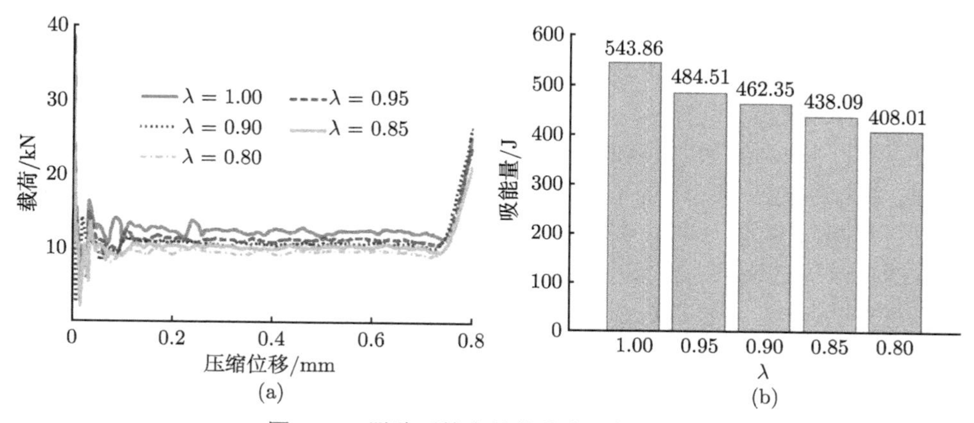

图 6.27 脱胶后蜂窝结构的力学性能变化

(a) 载荷; (b) 吸能量

从图 6.27(a) 可知，脱胶后蜂窝结构依然保留其通常的弹性、塑性坍塌、渐进屈曲和密实化四个阶段，但其承载水平与吸能能力却随着 λ_g 的减小而逐渐减小。比如，当 $\lambda_g = 1.00$ 时，蜂窝结构的平台载荷可达 12.33 kN；当 $\lambda_g = 0.95$、$\lambda_g = 0.90$、$\lambda_g = 0.85$ 和 $\lambda_g = 0.80$ 时，平台载荷逐渐减小为 11.23 kN、10.67 kN、10.20 kN 和 9.57 kN。同样地，当 $\lambda_g = 1.00$ 时，吸能量可达 543.86 J；而当 $\lambda_g = 0.95$、$\lambda_g = 0.90$、$\lambda_g = 0.85$ 和 $\lambda_g = 0.80$ 时，吸能量逐渐减小为 484.51 J、462.35 J、438.09 J 和 408.01 J，减幅最高达 24.98%，脱胶导致的吸能能力减损幅度较大。

表 6.5　蜂窝结构脱胶的数值模拟结果

λ_g	h_1/mm	l_1/mm	θ_1/(°)	F_m/ kN	E_{TEA}/ J
1.00	4.0	4.0	30.00	12.33	543.86
0.95	3.8	4.2	27.14	11.23	484.51
0.90	3.6	4.4	24.55	10.67	462.35
0.85	3.4	4.6	22.17	10.20	438.09
0.80	3.2	4.8	20.00	9.57	408.01

6.3　蜂窝结构缺陷的控制

6.3.1　工艺改进

蜂窝结构的缺陷不可完全避免，而较大的结构性缺陷对其承载水平与吸能能力有比较大的影响。因此，必须采取必要的手段进行结构性缺陷控制。通过改进蜂窝产品加工工艺可在一定程度上改进蜂窝结构的几何缺陷，提升几何规则度。蜂窝产品制作的每道工序均有可能使产品出现缺陷，需系统性开展全链条的工艺保障，比如拉伸法制作蜂窝产品时，涂胶压制工序是各工序中保证蜂窝产品质量最为关键的一道工序。以制作芳纶纸蜂窝为例，在该工序中出现芯条胶拉丝、透胶，叠合位置不准确，芯条胶含胶量不足、压制压力不适宜等问题等，均会对芳纶纸蜂窝的后续制作造成影响。

在认识了蜂窝结构性缺陷的成因后，蜂窝产品的相关生产工艺即可有针对性地改进。针对涂胶压制工序的不足，可通过对涂胶机局部隔离后加装空调、除湿设备等对环境温湿度进行控制，降低拉丝现象；通过引入自动化叠合设备，提高叠合精度，减少双层壁缺陷、嵌套孔格缺陷和锥型孔格缺陷；通过加装胶液过滤设备，减少胶液中的杂质，提高涂胶质量；优化涂胶辊印胶槽的尺寸，综合考虑含胶量和压制宽度，可保证蜂窝结构的节点宽度。高标准的涂胶可减少蜂窝在拉伸过程中“人”字形孔格缺陷的出现。另一方面，卡控涂胶工序质量，还可在一定程度上减少蜂窝产品在固化后出现孔格堵胶、孔格气泡和局部缺胶等缺陷。

若在浸胶后 (树脂未固化) 发现蜂窝孔格已经出现堵胶现象，可采取物理的方法去除孔格堵胶；因溶剂挥发不充分而导致的蜂窝孔格气泡，可通过延长晾置时间来减少缺陷；而因酚醛树脂反应时小分子释放而产生的气泡缺陷，可通过增加固化台阶、减少每次浸胶的上胶量等措施来减少缺陷的产生；在蜂窝净化和烘干固化时对风速进行有效控制，使溶剂均匀挥发，整块蜂窝上的树脂固化速度保持基本一致，可有效减少蜂窝产品外观颜色不均匀缺陷的产生。

若拉伸过程中发现蜂窝产品局部出现了“人”字形或其他形式的孔格不规则现象，应当降低拉伸速度，同时采用热水对局部进行加热，减少或者去除“人”字形孔格缺陷；针对蜂窝产品在定型过程中出现的局部开裂现象，除增加节点强度外，还需要对烘房热风的均匀性进行控制，使其均匀受热，减少受热不均产生的内应力，从而降低蜂窝结构局部开裂的风险。

最后，在切片加工时选择适合的切片带锯，调整进刀速度和线速度在合理范围内，可解决蜂窝产品表面纤维毛较多、垂直翘曲和侧面翘曲等问题。

针对蜂窝结构缺陷的检测主要采用超声波无损检测方法 [16]，可初步获取蜂窝内部缺陷的基本类型和大致位置，对缺陷的改进性设计提供基础指导。

6.3.2 几何识别改进规整性

另一种解决的思路是在蜂窝产品拉伸过程中，动态控制蜂窝结构的孔格胞元点，通过图像测量技术提取蜂窝结构的角点，重构几何信息，动态监控蜂窝产品的拉伸过程，改进蜂窝结构的规整度。在产品生产过程中，直观地给出所给定的蜂窝芯块的平面几何规则度，避免使用结构几何性缺陷较大的蜂窝产品 [17]。

识别蜂窝产品图像中胞孔的角点对判断胞孔规则性具有重要意义。该方法基于机器视觉原理，采用 CCD 摄取被测蜂窝结构平面有序的关键图像，利用图像处理技术，提取出蜂窝在当前状态下的几何信息，实现对测量对象的非接触测量。典型的蜂窝胞元正面图像呈多个彼此相接的六边形，包含胞元空腔与蜂窝薄壁两种主要元素，空腔可视为灰度均匀的深色背景，薄壁可视为具有一定线宽的浅色细线段，空腔与薄壁灰度差异明显。传统角点检测方法主要有 Susan 方法、CSS 方法、Harris 方法等，可在一定程度上实现蜂窝胞孔角点的检测，也存在一些问题有待进一步解决。目前还发展了分枝点方法等，取得了较好的识别效果。

1. Susan *方法*

Susan 方法首先由牛津大学的 Smith 和 Brady[18] 于 1997 年提出，其算法的核心准则是吸收核同值区，利用圆形模板图像，在模板内部每个图像像素点的灰度与模板中心像素的灰度进行比较；若模板内某个像素的灰度与模板中心像素灰度的差值小于一定值，则认为该点与核具有相同或相似的灰度。由满足这样条件的像素组成的区域称为吸收核同值区 (univalue segment assimilating nucleus，USAN)。

将位于圆形窗口模板中心等待检测的像素点称为核心点。核心点的邻域被划分为两个区域：灰度值等于 (相似于) 核心点灰度的区域即核值相似区和灰度值不相似于核心点灰度的区域。它包含了图像结构中大量的信息。USAN 具有三种典型情况，图 6.28 描绘了不同位置 USAN 区域的识别原理，显示了不同位置的 USAN 区域面积大小。USAN 区域包含了图像结构的以下信息：在 a 位置，核心点在角点上，USAN 面积达到最小；在 b 位置，核心点在边缘线上时，USAN 区域面积接近最大值的一半；在 c 和 d 位置，核心点处于黑色矩形区域之内，USAN 区域面积较大；在 e 位置或模板完全在暗区内，USAN 区域面积达到最大值。因此，可以根据 USAN 区的面积大小检测出角点。

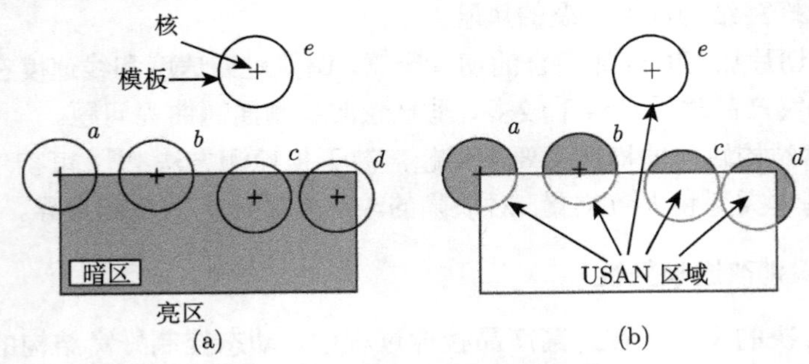

图 6.28　不同位置 USAN 区域的识别原理

(a) 不同位置模板; (b) USAN 区域显示

基于这一原理，将模板中的各点与核心点 (当前点) 的灰度值用式 (6.22) 的相似比较函数来进行比较：

$$C(\boldsymbol{r},\boldsymbol{r}_0)=\begin{cases}1, & 若\,|I(\boldsymbol{r})-I(\boldsymbol{r}_0)|\leqslant G_t\\0, & 若\,|I(\boldsymbol{r})-I(\boldsymbol{r}_0)|>G_t\end{cases}\tag{6.22}$$

式中，C 是用来比较输出的函数；$\boldsymbol{r}_0$ 为二维图像中核心点的位置；$\boldsymbol{r}$ 是模板其他点的位置；$I(\boldsymbol{r})$ 是模板中任意像素点的灰度值；G_t 是表示灰度差值的一个门限值，由图像中目标与背景的对比程度确定，由模板中所有像素参与运算得出。对比度越大，G_t 应越小。不过 G_t 的选取从原则上讲是要在特征点处产生一个脉冲响应，因此 G_t 的选取还应考虑图像的噪声和特征点的性质。

Susan 角点检测法最突出的优点是其对局部图像噪声不敏感、抗噪能力强。由于不需求导和梯度运算，不依赖于前期图像分割的结果，而且具有积分特性，因此 Susan 算法具有很强的抗噪能力，检测速度比较快。但它同样存在一些适用性方面的不足，如相似比较函数计算复杂、稳定性差等，主要是该算法对 G_t 的依赖性很大，倘若 G_t 选择过大或过小都将造成角点检测的错误。USAN 的三种典型形状为理想情况，即认为与核心点处于同一区域物体或背景的像素与核心点具有相似灰度值，而另一区域则与它相差较大。实际中，由于图像边缘灰度的渐变性，与核值相似的像素并不一定与它属于同一物体或背景，而离核心点较远，与它属于同一物体或背景的像素灰度值却可能与核值相差较远。

2. CSS *方法*

Mokhtarian 和 Suomela [19] 基于 Witkin 提出的尺度空间的图像分析理论 [20]，提出了基于曲率尺度空间 (curvature scale space，CSS) 的角点检测算法。它是一种基于图像边缘的角点检测算法。该方法通常先提取边界特征，或在已有曲线的情况下，依据曲率来获得角点特征。首先提取输入影像的边界，可以用效果好的边界提取算子 (如 Canny 算子) 从原始图像中提取图像边缘；继而从边缘图像中提取边缘轮廓，填充边缘轮廓的缺口，找到轮廓上交叉点，标记为角点；然后以高斯函数的参数为尺度因子，在一个较高的尺度上计算轮廓曲线上任意一点处的曲率；把局部曲率最大点作为候选角点，如果某个候选角点处的曲率值大于所设定阈值，则把该角点作为正确的角点；最后在较低的尺度下定位这些角点，并与目标点比对，剔除相隔较近的两个中的一个角点。

CSS 算法在众多角点检测算法中具有较好的检测效果。但是该算法在边界提取时耗费了大部分的时间，并且当尺度因子较大时存在误判和错判的情况。

3. Harris *方法*

Harris 算法，又称 Plessey 算法，是一种基于图像灰度信息的角点检测算法。它起源于 1977 年 Moravec[21] 提出的“兴趣算子”(也称 Moravec 算子) 的角点提取方法。1988 年，Harris 和 Stephens[22] 在 Moravec 算法基础上进行了改进，建立了 Harris 方法。通过计算像素点沿不同方向的灰度变化方差，选取最小值作为该点的响应函数 (即兴趣值)，对兴趣值设定阈值来作为角点判据。其主要步骤为：

S1. 计算各像元的兴趣值 IV。如图 6.29 所示，阴影框代表目标像素，在以像素 (c, r) 为中心的 $w\times w$ 的影像窗口中 (图中 5×5 窗口)，根据式 (6.23) 计算图中所示的 8 个方向相邻像素灰度差的平方和。

$$\begin{cases} V_1 = \sum\limits_{i=-k}^{k-1} (g_{c+i,r} - g_{c+i+1,r})^2 \\ V_2 = \sum\limits_{i=-k}^{k-1} (g_{c+i,r+1} - g_{c+i+1,r+1})^2 \\ V_3 = \sum\limits_{i=-k}^{k-1} (g_{c,r+1} - g_{c,r+i+1})^2 \\ V_4 = \sum\limits_{i=-k}^{k-1} (g_{c+i,r-1} - g_{c+i+1,r-i-1})^2 \end{cases} \tag{6.23}$$

其中，$k=\mathrm{Int}\,(w/2)$，Int() 为取整函数，$g()$ 为像素灰度函数。取其中最小者作为该像素 (c, r) 的兴趣值：

$$IV_{c,r}=\min(V_1,V_2,V_3,V_4) \tag{6.24}$$

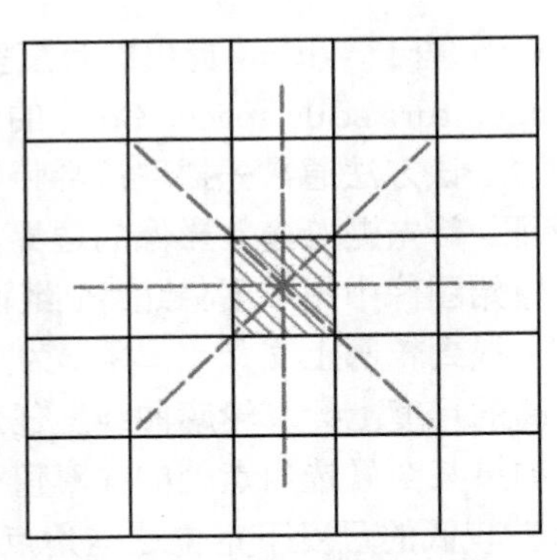

图 6.29　Harris 算法的 Moravec 算子

S2. 设定阈值，将兴趣值大于该阈值的像素 (即兴趣值计算窗口的中心点) 作为候选角点。阈值的选择应以候选点中包括所需要的特征点，而又不含过多的非特征点为原则。

S3. 选择候选点中的极值点作为特征点。在一定窗口内 (可以不同于兴趣值计算窗口，如 5×5，7×7 或 9×9 像元)，将候选点中兴趣值不是最大者去掉，仅留下最大者，该像素即为一个特征点。这一步骤可称为 “抑制局部非最大”。

Moravec 算子因其构造思路而具有鲜明的特征。而因其仅考虑八个方向，该方法具有方向上的局限性；在抑制噪声方面表现不佳；由于只选取最小值进行判定，对边缘响应较为敏感。也正是由于 Moravec 算子存在的这些不足，改进的 Harris 算法得以发展。Harris 算法采用与 Moravec 相同的角点定义，但它就 Moravec 算子的几个不足的方面做出了重要改进。针对其像素点的非正则化自相关值时只考虑了像素点的八个方向 (每个 45° 取一个方向)，可以通过将区域变化式扩展，将所有方向小的偏移表现出来；在图像抑噪、降噪方面，使用平移的圆形窗口 (如高斯窗口) 先对图像进行预处理来降低噪声影响。

Harris 算法通过观察窗口在任意方向上移动后，窗口内响应函数 $R\,(x,y)$ 的灰度变化来检测角点。$R\,(x,y)$ 值越大，表明该点越可能是角点。对于 $R\,(x,y)$ 值的大小与相应的点特征的关系如图 6.30 所示。如果 $|R\,(x,y)|$ 为较小的正数，对应图像的平坦区域。平坦区域内，窗口 I 在任意方向上移动后窗口内灰度值无明显变化；如果 $R\,(x,y)$ 较小但是小于零，则对应边缘区域。在边缘时，窗口 II 只在沿边缘移动时，灰度无明显变化；当 $R\,(x,y)$ 为较大值正数时，对应为角点。在角点时，

窗口Ⅲ在任意方向上移动灰度值均有明显变化。

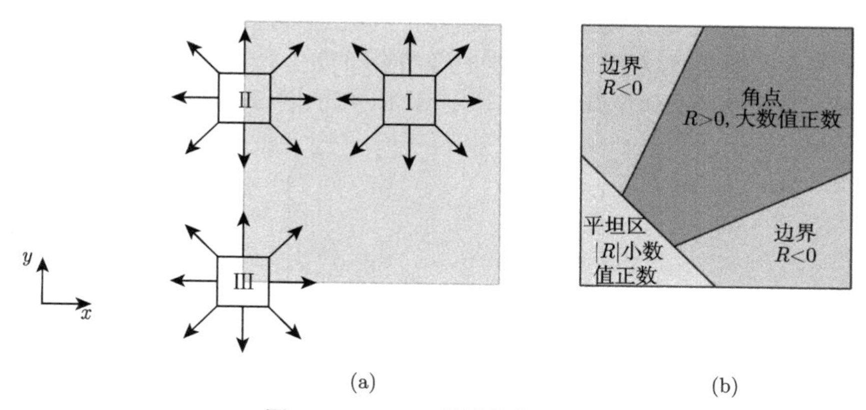

(a) (b)

图 6.30 Harris 算法的位置差别

(a) 点状态; (b) 判断准则

综上可见，Harris 角点检测算法由于计算中采用了差分求导，计算相对较为简单，具有较高的稳定性和鲁棒性，能够在图像旋转、灰度变化以及噪声干扰等情况下准确地检测特征点，具有较高的点重复度和较低的误检率，所提取的点特征均匀而且合理，检测出角点的可靠性高。但它亦存在一些不足，比如其定位性能相对比较差，定位精度只能达到一个像素，在需要精确定位的应用中不能满足要求。

以图 6.6 所示的畸形蜂窝胞元为例，提取蜂窝结构的角点，采用 Harris 算法检测的结果如图 6.31 所示，在图给出的实例图像中出现了角点的遗漏以及个别角点识别错误的情况，这主要是受到图片像素、对比度等的影响。

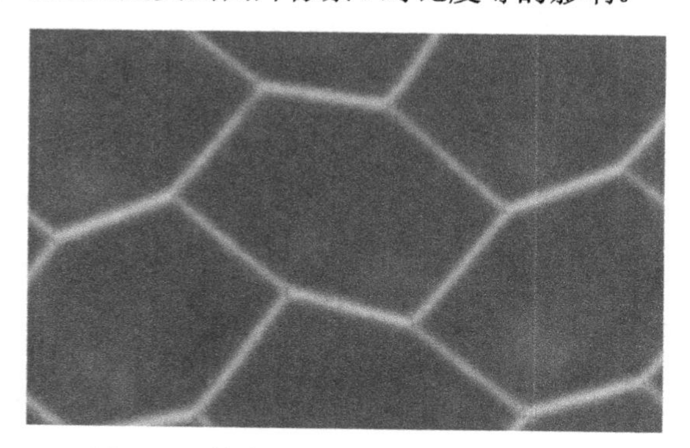

图 6.31 蜂窝角点 Harris 算法检测结果

需要说明的是，Harris 算法需要设置窗口尺寸。以图 6.32 所示为例，需要确定窗口尺寸大小，进行兴趣像素点的识别与提取。(其中 (b) 为 (a) 中小窗口的放大显示，(c) 为 (b) 中小窗口的放大显示)，对同一像素而言，不同尺度的窗口会得到角或边等截然不同的结果。窗口大小的设置需要综合考虑识别目标、图像内容、噪声水平等方面。以图 6.31 蜂窝结构图像为例，合适的窗口尺寸应大于边缘灰度过渡区域，小于薄壁厚度，综合考虑确定适合的窗口尺寸 (像素)，但是由于 Harris 算法不具备尺度不变性，该窗口尺寸在其他不同尺度的图像上不一定适用。

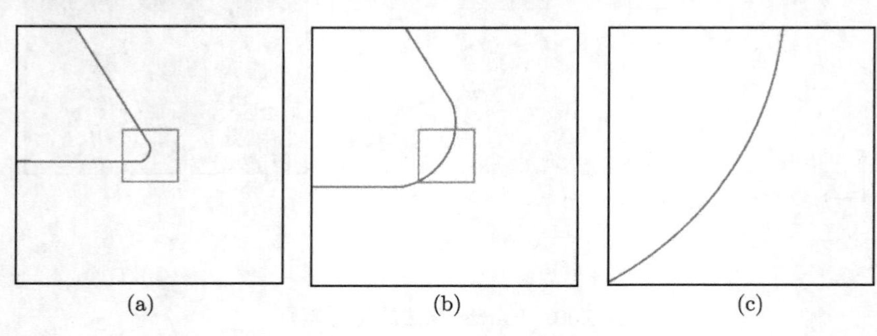

(a)　(b)　(c)

图 6.32　不同尺度窗口内容示意图

由前可知，阈值 R_1 的大小直接影响角点检测结果的数量与准确性，关系到对特征较弱的角的识别能力与对噪声的包容能力，当噪声的角点响应值 R 大于 R_1 时，将出现识别错误。而考虑到识别响应较弱的真实角点，也不能一味提高阈值，在实际运用过程中，有时很可能不存在既能识别全部角点、又能排除噪声的阈值。在原图无理想阈值的情况下，尝试使用直方图均衡化或二值化提高对比度增加角点的响应值，仍未取得良好的结果，如图 6.33 所示的片状噪声，以及壁厚增加的现象。即便采用中值滤波降噪、调整窗口尺寸与阈值 R_1 在一定程度上改善了检测结果，但仍不理想，存在大量的误识点，如图 6.34 所示。这就对原始图片提出了一定的要求，像素过低的图片可能无法获得满意的识别结果。

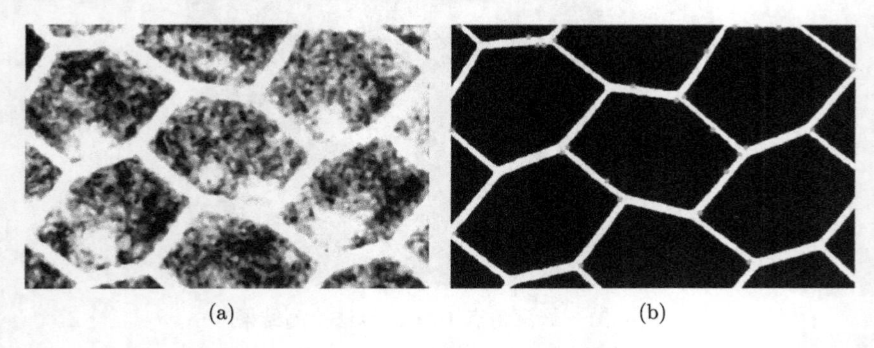

(a)　(b)

图 6.33　对原始图像预处理后结果

(a) 暗部片状噪声; (b) 二值化导致壁厚增加

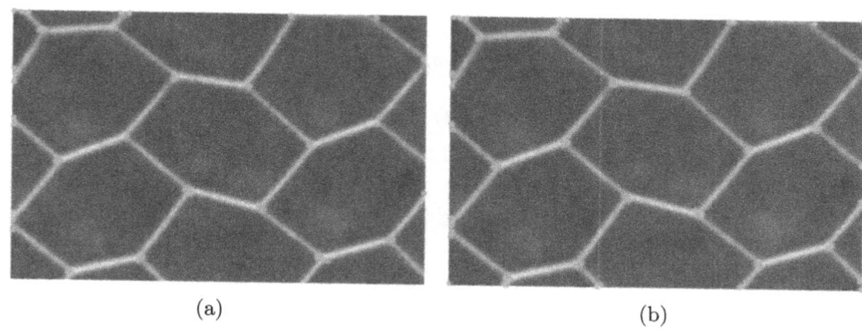

(a)　　(b)

图 6.34　中值滤波处理前后结果对比

(a) 滤波前; (b) 滤波后

4. 分枝点方法

分枝点方法是基于图像识别思想，从蜂窝结构几何角点的特征出发而发展的针对性的方法 [23]。角点检测是为了判别空腔形状，进一步识别角点。考虑薄壁厚度不影响判别，因此，将问题转变为对薄壁中轴线交点的识别。中轴线交点是一个中心向三个方向延展，其他中轴线上的点是一个中心向两个方向延展。因此，角点判断的前提是，首先根据灰度判断该像素是否在中轴线上，再根据以该点为中心的分枝数量判断该点是否为交点。

由此可知，分枝点方法的思想精髓是对处于中轴线位置的点，判断点与点之间的相对位置关系。仍以图 6.6 所示的缺陷蜂窝图片为例，首先需对蜂窝图像二值化，二值化能够保留边角信息，同时消除部分噪声。二值化的结果是蜂窝结构的图像中要么为潜在的角点或边，要么为中间空腔，简单表达为

$$I(\mu,\nu)=\begin{cases}1, & \text{目标 (角点或边)}\\ 0, & \text{背景}\end{cases} \tag{6.25}$$

其中，(μ, ν) 是当前点的像素坐标。

在分枝点识别方法中，假定图像的交点分为孤立点、端点、连结点、分枝点、交叉点五种。构造以当前像素点值为中心的邻域，该邻域可以用一个矩阵形式来表达

$$C=\begin{bmatrix} c_{11} & c_{12} & c_{13}\\ c_{21} & c_{22} & c_{23}\\ c_{31} & c_{32} & c_{33}\end{bmatrix} \tag{6.26}$$

矩阵 C 中的各元素，在图像二值化处理后，要么为 0，要么为 1，这取决于像素点所在图像中的位置。显然，在对整体图像循环遍历过程中，只有当 $c_{22}=1$ 时，当前点才可能是潜在的角点 (目标)，否则为蜂窝胞元的空腔 (背景)。对于给定的如

图 6.35 所示的任意 3 ×3(2 ×2 矩阵无法完整表达潜在的特征点) 的当前点的像素矩阵中，通过顺时针计算矩阵内各元素的跳变过程，可得到相应跳变次数。将矩阵 C 中各素 c_{11}、c_{12}、c_{13}、c_{23}、c_{33}、c_{32}、c_{31} 和 c_{21}，沿着顺时针方向计算其从 1 到 0 或从 0 到 1 的改变次数，计为 $n_{\rm c}$。无论是对于处在蜂窝结构顶点位置处的角点，还是处于棱边的点，它一定处在从左侧空腔过渡至右侧空腔的位置上，其像素值将由 0 变为 1 再变为 0，如图 6.36 所示。比如说，$n_{\rm c}=0$，意味着当前该点为孤立点；$n_{\rm c}=2$，意味着当前该点为端点；$n_{\rm c}=4$，当前该点为连结点。当且仅当 $n_{\rm c}=6$ 时，当前点为分枝点。而当 $n_{\rm c}=8$ 时，该点为交叉点。

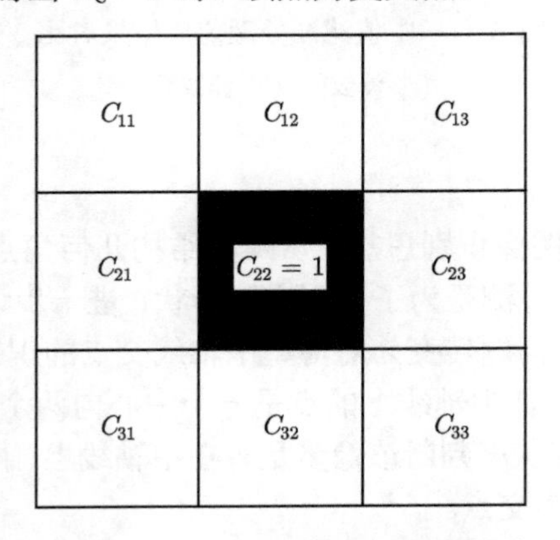

图 6.35　C 矩阵与像素点间的关系

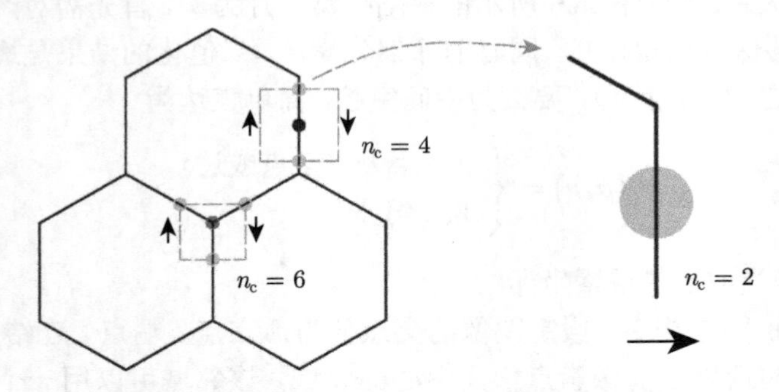

图 6.36　蜂窝胞元的连结点 ($n_{\rm c}=4$) 和分枝点 ($n_{\rm c}=6$) [23]

定义 $Q_{\rm c}$ 为不同特征点对应的状态数，考虑到对称、旋转等情况，可计算得到各种状态下孤立点、端点、连结点、分枝点、交叉点的总数。表 6.6 列出了这五种典型点的图形形态所对应的 $n_{\rm c}$ 和 $Q_{\rm c}$ 值。在 $n_{\rm c}=0$、$n_{\rm c}=2$、$n_{\rm c}=4$、$n_{\rm c}=6$ 和 $n_{\rm c}=8$ 时，$Q_{\rm c}$ 分别为 $Q_{\rm c}=2$、$Q_{\rm c}=56$、$Q_{\rm c}=140$、$Q_{\rm c}=56$ 和 $Q_{\rm c}=2$，其总数为 256，正好等于 2 的 8 次方。

表 6.6 各代表性特征点对应的 Q_c 值 [23]

/	$n_c=0$	$n_c=2$	$n_c=4$	$n_c=6$	$n_c=8$
类型	孤立点	端点	连结点	分枝点	交叉点
模式					
Q_c	$C_8^0\times 2=2$	$C_8^2\times 2=56$	$C_8^4\times 2=140$	$C_8^6\times 2=56$	$C_8^8\times 2=2$

对于每一个给定的像素坐标，以此点为当前点，循环遍历判断其在整个像素图像中所处的几何位置，可根据

$$\phi(\mu,\nu)=\begin{cases} Y, & S+T=6 \\ N, & 其他 \end{cases} \tag{6.27}$$

$$S(\mu,\nu)=\sum_{j=\pm 1}\sum_{i=0,1}\left|I(\mu+i,\nu+j)-I(\mu+i-1,\nu+j)\right| \tag{6.28}$$

$$T(\mu,\nu)=\sum_{i=\pm 1}\sum_{j=0,1}\left|I(\mu+i,\nu+j)-I(\mu+i,\nu+j-1)\right| \tag{6.29}$$

来判断。其中，$\phi(\mu,\nu)$ 为标记函数，若当前点为角点，标记为 Y；否则，标记为 N。$S(\mu,\nu)$ 和 $T(\mu,\nu)$ 是循环点在横向和纵向跳变次数。

在识别过程中，由于蜂窝结构图像整体灰度分布均匀，无明显的局部明暗差异，薄壁与空腔的灰度相对集中，适合使用最大类间方差法 (Otsu 法) 进行二值化。在二值化的基础上进行图像细化，将蜂窝结构的薄壁从多像素宽度转变为单像素宽度。图像细化能够有效地减少薄壁像素数据量，同时明确薄壁中轴线交点位置。此外，不同尺度的蜂窝图像薄壁厚度并不相同，通过细化将不同尺度的蜂窝薄壁转化为统一单像素线宽形式，实现算法的尺度不变性。薄壁结构具有明显的形态学特征，细化不会影响薄壁的连接关系、相对位置等，薄壁中轴线交点得到保留且位置不变。蜂窝结构图像二值化与细化结果如图 6.37 所示。

为提高算法鲁棒性，在二值化后进行斑块滤波与中值滤波。斑块滤波是消除面积小于阈值对象的操作，在拍摄蜂窝结构图像时，空腔内可能会因图像噪声、侧壁反光等原因出现高亮度区域，造成非薄壁结构二值化结果为 1 的情况，这些结构可能引起薄壁厚度改变，甚至在细化时形成错误分枝或空洞，斑块滤波可以修正二值化错误。中值滤波有平滑边缘的作用，对二值化图像使用中值滤波可以有效地减少边缘毛刺。上述操作能够修复因图像质量及图像处理造成的细小错误，改善细化结果，提高薄壁中轴线与中轴线交点定位精度，所得结果如图 6.38 所示。

综合以上可知，Susan 方法、CSS 方法、Harris 方法和分枝点方法都可实现蜂窝结构几何角点的识别与检测，对蜂窝结构的几何缺陷及非规则性的改善具有重

要的作用。随着计算机技术的不断发展，各类图像采集与处理新硬件、新工具的不断涌现，为图像测量技术提供了新的方法和手段，再加上处理算法自动化程度和效率的提高，极大地减少了图像处理的工作量。该方法不用加以任何干扰限制，可以独立地、客观地对被测蜂窝结构进行静态或动态的测量，对全视场中蜂窝结构的每个点的位置、几何变化精准捕捉，且自动化程度高。

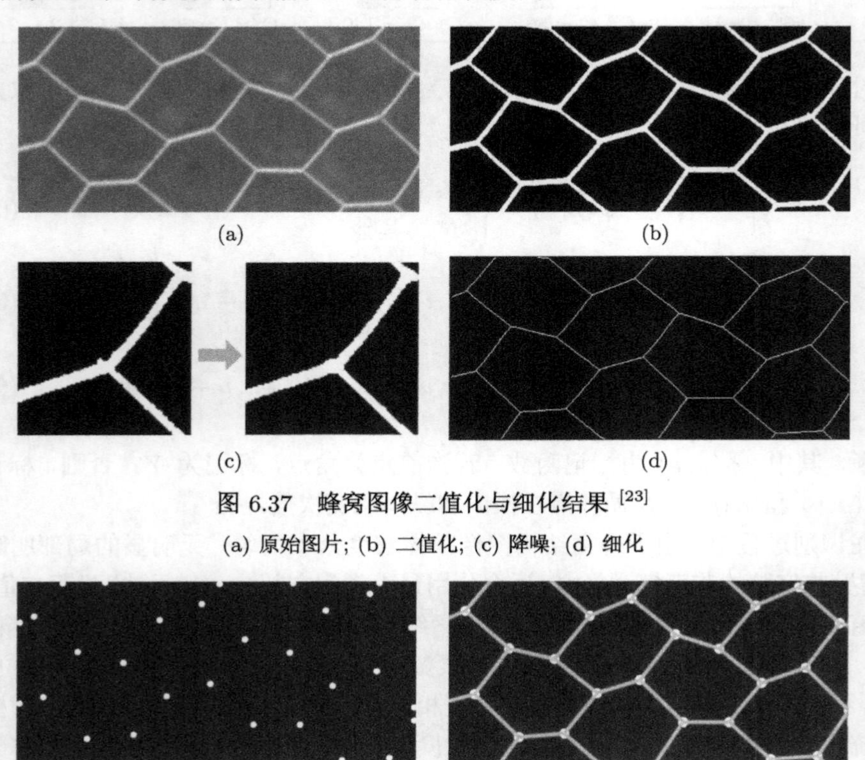

图 6.37 蜂窝图像二值化与细化结果 [23]

(a) 原始图片; (b) 二值化; (c) 降噪; (d) 细化

图 6.38 角点识别结果 [23]

(a) 角点; (b) 重构孔格

6.4 蜂窝结构局部强化对其力学性能的改进

6.4.1 蜂窝结构的预压缩

从前述系列实验与仿真名义应力–应变历程曲线均可发现，受初始屈曲载荷影响，蜂窝结构存在初始峰值力，并不像理想的能量吸收结构所希求的历程曲线那样(图 6.39)。该初始峰值是结构冲击防护面临的典型问题，低峰值载荷是蜂窝结构设计者们持续追求的目标，因而需开展蜂窝结构降初始峰值力研究。工程中通常可采用橡胶等柔性结构缓和冲击，但柔性结构的存在难以保证刚柔配比的合理过渡，可能还需借助专用的夹具设备；同时还可能引发碰撞偏心。另一种广泛采用的途径是在自身结构端部设置卸荷槽来降低初始撞击力峰值，但需对结构进行全面的细致设计。预压缩方法被提出并得到发展。

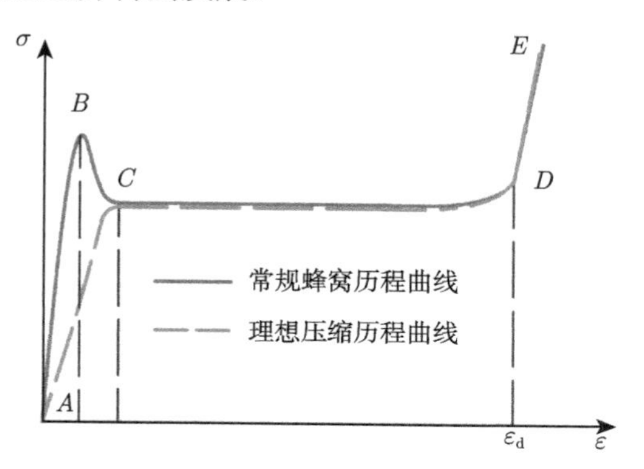

图 6.39 蜂窝结构理想压缩历程曲线

预压缩就是人为地对蜂窝结构实施初始缺陷，通过 MTS 等液压实验系统对蜂窝产品施加外部压力，迫使其达到屈服后直接进入平台区段，在后续加载过程中，即可获得几乎水平的力学性能，如图 6.39 中所绘虚线所示。对于大面积或高强度的蜂窝产品，可以采用大吨位静压加载系统进行预压缩。预压缩后的蜂窝产品如图 6.40 所示。

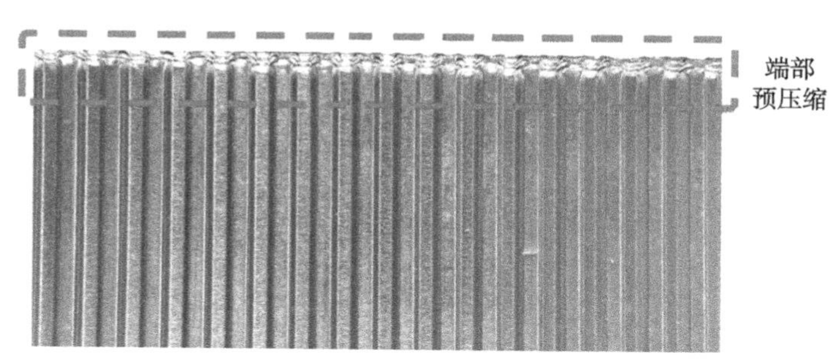

图 6.40 预压缩蜂窝产品实物图

蜂窝结构预压缩的研究主要采用仿真方法展开，该方法经济、可靠、高效。然而，蜂窝结构经预压缩处理后，在预压部位，压溃的蜂窝胞元呈现不同的几何形态，直接采用三维建模工具构建预压端部的蜂窝细部结构显然是不现实的。合理的办法是通过对预压模型进行几何信息更新来实现。具体方法为 [24]：首先构建全参数化的小规格全尺度蜂窝结构板壳离散模型，通过显式有限元求解，将蜂窝结构压缩至预设的深度阈值；继而输出当前状态下蜂窝结构的几何信息、单元信息及边界信息等；更新关键字文件，去除当前状态信息中的胞间预应力，设定蜂窝结构的加载条件、边界条件、控制选项等求解信息并进行显式有限元求解。最后利用后处理软件提取相应的仿真结果，输出所需的载荷、能量、位形变化信息等。其具体方法流程如图 6.41 所示。

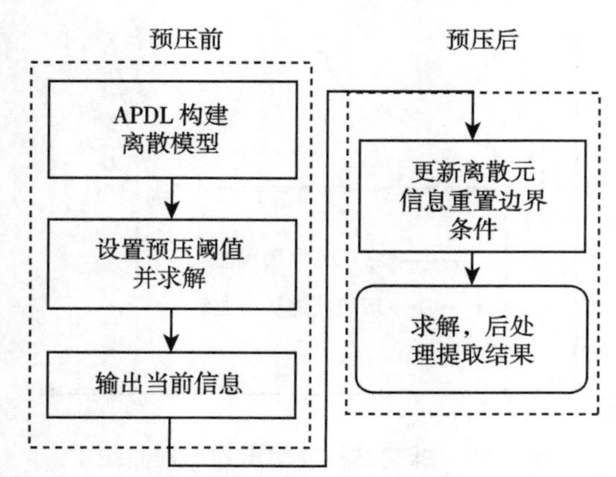

图 6.41　蜂窝结构预压缩数值仿真方法流程 [24]

以孔格规格为 $t = 0.06\,\text{mm}$、$h = l = 4\,\text{mm}$ 的蜂窝结构为样本进行预压缩数值仿真，蜂窝胞元数为 $9 \times 11\ (L \times W)$，几何尺寸分别为 90 mm × 68 mm × 40 mm $(L \times W \times T)$。分别模拟其在未预压、预压 11 mm 两种情况下压缩速度为 0.5 m/s 时蜂窝结构的力学行为，并将所得结果与相应状态下的同种蜂窝产品、同样几何尺寸、相同加载速率下实验结果对比，其应力–应变曲线如图 6.42 所示。考虑到蜂窝结构响应曲线的形态与图 6.39 基本一致，且此讨论重点在于初始峰值力的考评，因而，图示结果仅描绘了压缩初始段及部分稳定段。

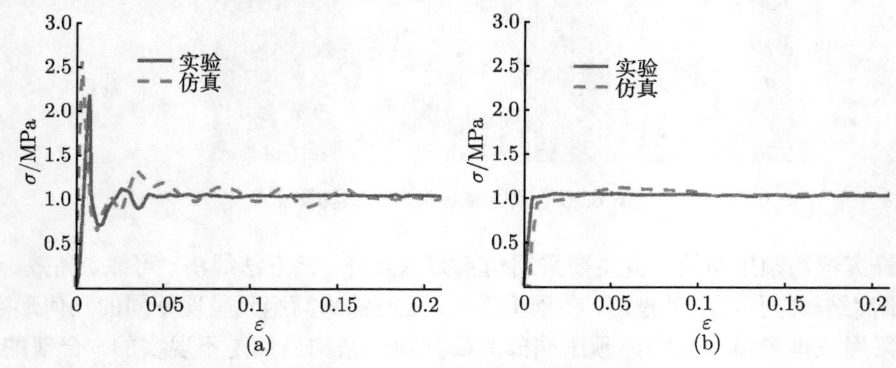

图 6.42　准静态数值仿真结果与实验结果对比 [24]

(a) 未预压处理; (b) 预压 11 mm

图 6.42 所示的实验与仿真结果均反映出预压前后蜂窝结构力学性能得到有力地改善，在图 6.42(a) 中未预压缩蜂窝结构出现了初始峰值力；而预压缩后，初始峰值力完全消失，其稳定的平台区段得到保持，如图 6.42(b) 所示。

6.4.2 蜂窝结构预压缩低敏感设计

1. 速度敏感性

选择与上述一致的蜂窝结构，同样将其预压 11mm，分别以 0.5m/s、5m/s、10m/s、20m/s、30m/s、40m/s 速度冲击蜂窝试件，分析预压缩后冲击速度对初始撞击力峰值的影响，所得名义应力随压缩应变的变化结果如图 6.43 所示。为便于比较，图中曲线在维持其形态的基础上进行了整体右移。

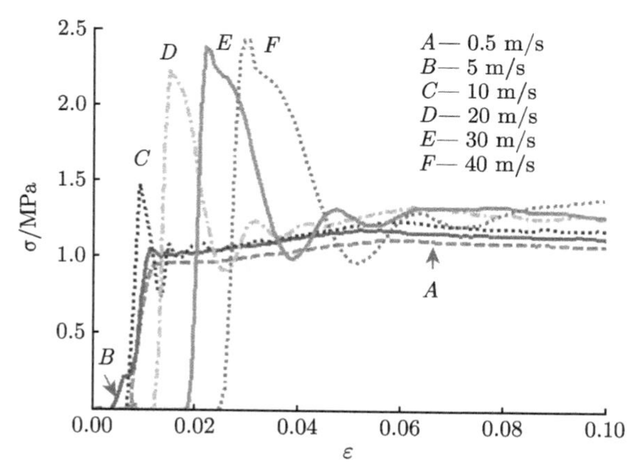

图 6.43 不同冲击速度下的敏感程度 [24]

从图 6.43 描绘结果可知，预压后蜂窝结构的初始峰值力对冲击速度十分敏感。在准静态压缩与动态冲击条件下，其初始峰值力变化明显。预压缩后的蜂窝结构，当承受准静态加载时 (或速度较低时，如图 6.43 中的 A—0.5m/s 和 B—5m/s)，其峰值几乎被完全消除，直接进入稳定的平台压缩区段；而当蜂窝结构承受动态冲击时，在 10m/s、20m/s、30m/s、40m/s 的速度冲击条件下，依然出现了初始的峰值力，且在速度高于 10m/s 后，初始峰值力跃升明显，达到 20 m/s 后，跃升量变得尤为突出。

2. 预压缩深度敏感性

预压缩深度是蜂窝结构预压缩处理最关键的因子。前述的研究已表明，蜂窝结构的主要力学行为即为平台区段的渐进屈曲模式，在该模式下，周期性的褶皱对应周期性的响应，因而，需从周期性压缩的角度分析蜂窝结构的预压缩量敏感性。

图 6.42 所示的实验与仿真结果均说明，蜂窝结构在 $\varepsilon = 0.15$ 以后已明显进入

平台区段。另外，考虑到蜂窝样品的孔格边长为 4mm，因而预压缩量的样品从预压 6~13 mm 按 1 mm 增量变化选取。压缩速度为 10 m/s，所得的名义应力–应变曲线如图 6.44 所示。

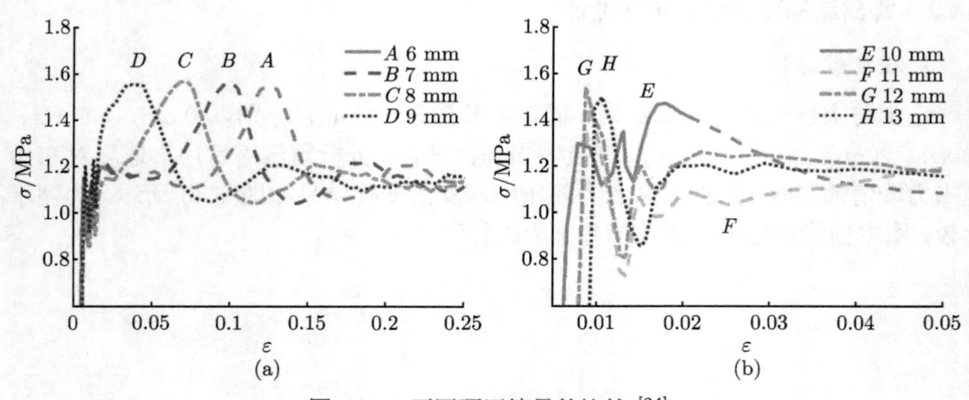

图 6.44 不同预压缩量的比较 [24]

(a) 预压 6~9 mm; (b) 预压 10~13 mm

从图 6.44 可知，不同预压缩量的蜂窝结构体现出不同的峰值特性。预压缩量在 6 ~ 9 mm 的蜂窝结构均出现了明显的二次峰值；而当预压缩量在 11 ~ 13 mm 时，在加载的初始时刻即出现了初始的峰值力；在预压缩量等于 10 mm 时，蜂窝结构的初始峰值力呈现出波动，总体不明显，处在前两种现象的过渡区。在跨 6 ~ 13 mm 预压缩量区间内的所有仿真结果中，并未观察到预压缩量与峰值力呈周期性变化的现象 (6 mm 与 10 mm、7 mm 与 11 mm、8 mm 与 12 mm、9 mm 与 13 mm)，这与预期的周期性的结果不一致。通过实验观测与数值仿真发现 (图 6.45)，在蜂窝结构承受预加载时，压缩载荷的作用不仅使其当前周期内的局部结构刚度改变，还引起其下一褶皱周期内的刚度变化。所以，对应的预压缩量的选取需考虑该现象的存在，可适当减小压缩的深度，同样能得到较理想的预压效果。

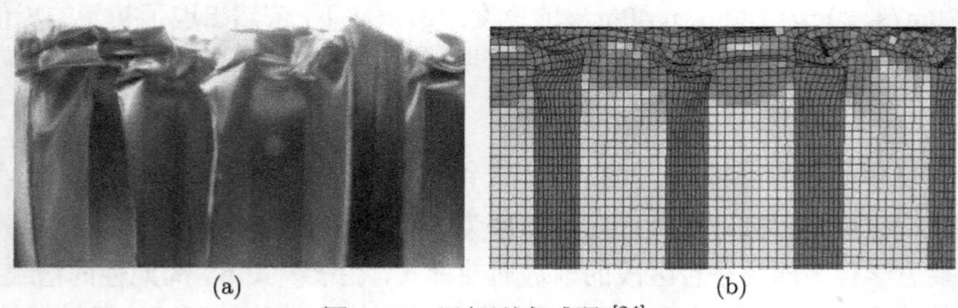

图 6.45 局部刚度减弱 [24]

(a) 准静态实验; (b) 数值仿真

3. 不同速度与预压缩量的整体敏感性

将蜂窝结构预压缩量及预压后蜂窝结构承受冲击的速度敏感性耦合考虑，分别以 10m/s、20m/s、30m/s 和 40m/s 冲击未预压处理和预压缩量为 6mm、7mm、8mm、9mm、10mm、11mm、12mm 和 13mm 的蜂窝试件，研究不同预压缩量蜂窝在不同冲击速度下的峰值力变化，所得结果如图 6.46 所示。

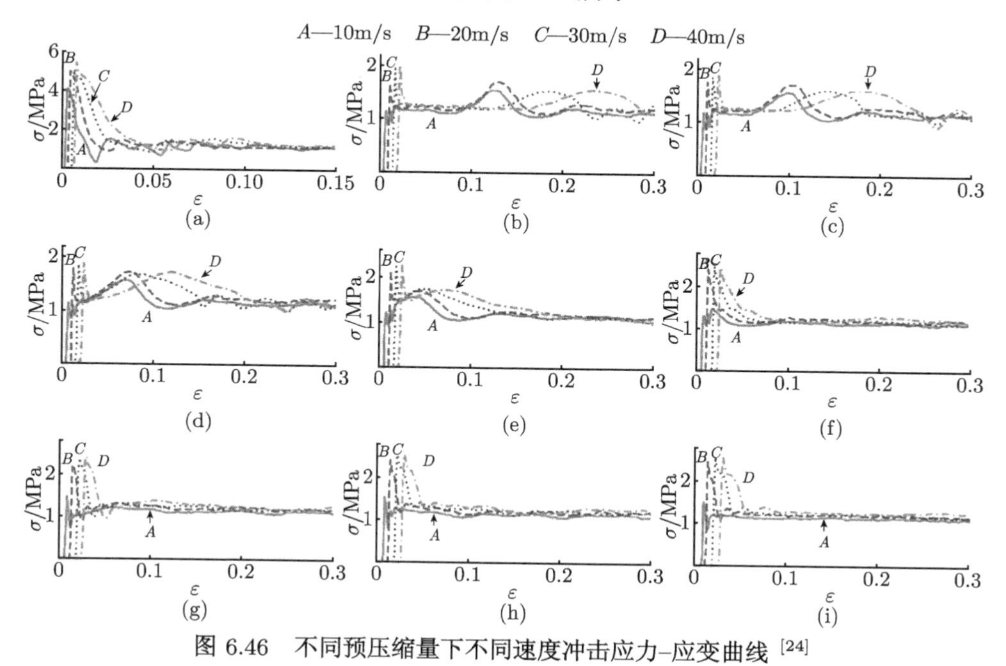

图 6.46 不同预压缩量下不同速度冲击应力–应变曲线 [24]

(a) 未预压; (b) 预压 6 mm; (c) 预压 7 mm; (d) 预压 8 mm; (e) 预压 9 mm; (f) 预压 10 mm; (g) 预压 11 mm; (h) 预压 12 mm; (i) 预压 13 mm

从图 6.46(b) ~ (i) 中的不同预压缩量下的蜂窝结构强度水平与图 6.46(a) 的结果对比，可明显发现：预压后，所有蜂窝结构的峰值力特性均得到明显改善。以出现最大峰值力的预压 13 mm 的蜂窝结构为例，当速度为 40 m/s 时，初始峰值力仅为 2.57 MPa，明显小于该型蜂窝结构未预压时对应的 40 m/s 冲击时的峰值力 5.42 MPa。

与预压缩量对应的是速度的影响，当冲击速度达到 20m/s 时，原来存在二次峰值的蜂窝结构 (预压 6 mm、7 mm、8 mm)，在二次峰值力的基础上，在加载初始时刻即出现新的初始峰值力，且该峰值力已接近甚至高于蜂窝结构的二次峰值。在此情况下，针对吸能结构的设计与选材需要考虑该峰值特性的影响。当压缩量达到 11 mm 以上，即使冲击速度高达 40 m/s，其初始峰特性变化并不明显，在该预压缩量以后的蜂窝结构将呈现稳定的初始峰值力，且该峰值力明显低于未预压的初始峰值力。

由以上分析可知，建议选择蜂窝结构孔格边长的 3 倍作为预压缩量的深度，在此范围外，蜂窝结构的初始峰值力可以得到有效抑制。

6.4.3　蜂窝结构的局部强化

部分学者尝试在蜂窝结构的给定位置预设刚性包含物 (类似于前述堵胶缺陷)，实施局部强化，试图引导其变形过程，获得所期望的变形顺序。Nakamoto [25,26] 利用 Radioss 软件分析包含物的分布对蜂窝结构变形模式的影响。他们在蜂窝结构的内部等间距地填塞了不同列的刚性包含物。蜂窝结构的材质为铝材，其屈服强度为 34 MPa，右端紧贴固定墙面，左端被一重 5.0 kg 的刚性平板以 1 m/s 的速度沿 W 方向压缩。

图 6.47 描绘了 6 列包含物填充结构承受冲击后，分别在压缩 8.39 mm、41.3 mm 和 87.6 mm 时的变形模式，与传统的 X 形变形模式相比，在孔格内填充包含物后，蜂窝的变形模式发生改变，压溃出现在近迎击端的强化部位，传统的 X 形变形模式消失了，呈现出逐层压溃的现象。

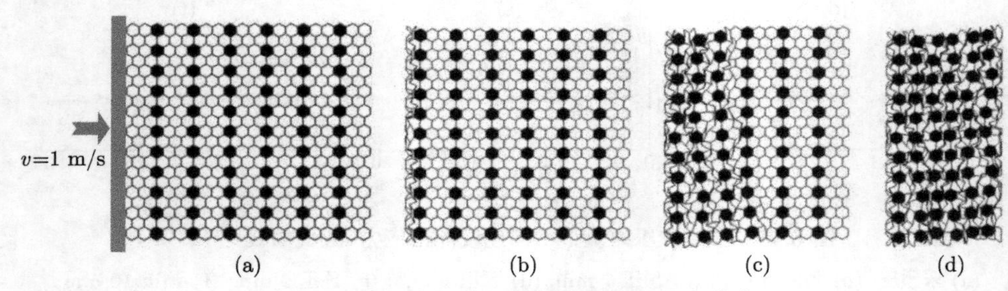

图 6.47　包含物的分布及蜂窝加载情况 [25]

(a) 压缩前; (b) 压缩 8.39 mm; (c) 压缩 41.3 mm; (d) 压缩 87.6 mm

在随后的平板落锤实验中 (平板质量 10.5 kg，速度 1.5 m/s)，含两列包含物的蜂窝芯在动态载荷作用下，变形模式并不像传统蜂窝结构在中间腰部出现 X 形，而是受强化点的影响，包含物邻域的变形要晚于加载端，在迎击端端部展现出 X 形半枝状，呈现出 K 形变形模式。强化的效果是显性的，如图 6.48 所示。

图 6.49 描绘了实验及理论预测结果的对比曲线。从曲线中可以看出，相比于常规未强化的蜂窝结构，填塞刚性包含物后，由于局部强化效应的存在，其平台力水平明显提升；另外，对于填充两层包含物的蜂窝结构，其在第一层压溃时出现了强化，在第二层压溃时再次出现强化，呈现阶梯性。基于该研究，可以预测对于局部严重堵胶的缺陷蜂窝结构，亦将引起局部强化，诱发变形模式的改变。

(a) (b) (c) (d)

图 6.48 增加局部刚性点后的压缩模式 (实验) [25]

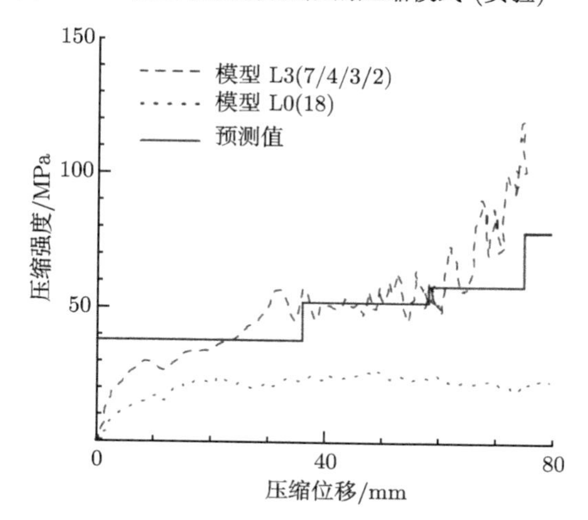

图 6.49 x_1 方向压缩的历程曲线 [25]

通过以上分析可知，蜂窝结构性缺陷是蜂窝产品制造过程中因工艺差别而相伴相生的一类问题，具有随机性、发散性和不确定性。过大的结构性缺陷容易引起蜂窝结构承载水平下降、吸能能力减弱，甚至诱发变形模式失稳。改进并控制蜂窝结构缺陷，是其力学性能保障的重要举措。目前围绕蜂窝结构性缺陷识别、评价及控制的标准、规范刚刚起步，任重而道远。

参 考 文 献

[1] Balaskó M, Sváb E, Molnár G, et al. Classification of defects in honeycomb composite structure of helicopter rotor blades. Nucl Instrum Meth A, 2005, 542: 45-51.

[2] Zhang X C, Liu Y, Wang B, et al. Effects of defects on the in-plane dynamic crushing of metal honeycombs. Int J Mech Sci, 2010, 52: 1290-1298.

[3] Ai S, Mao Y, Pei Y, et al. Study on aluminum honeycomb sandwich panels with random skin/core weld defects. Journal of Sandwich Structures and Materials, 2013, 15(6): 704-717.

[4] Guo X E, Gibson L J. Behavior of intact and damaged honeycombs: A finite element study. International Journal of Mechanical Sciences, 1999, 41(1): 85-105.

[5] Wang Z, Li Z, Zhou W, et al. On the influence of structural defects for honeycomb structure. Compos Part B-Eng, 2018, 142: 183-192.

[6] 刘杰, 郝巍. 芳纶纸蜂窝外观缺陷分析. 宇航材料工艺, 2018, 48(3): 90-93.

[7] BB/T 0016—2018. 包装材料蜂窝纸板, 2018 .

[8] Guo X D E, Mcmahon T A, Keaveny T M, et al. Finite element modeling of damage accumulation in trabecular bone under cyclic loading. Journal of Biomechanics, 1994, 27(2): 145-155.

[9] Silva M J, Gibson L J. The effects of non-periodic microstructure and defects on the compressive strength of two-dimensional cellular solids. International Journal of Mechanical Sciences, 1997, 39(5): 549-563.

[10] Wang A J, Mcdowell D L. Effects of defects on in-plane properties of periodic metal honeycombs. International Journal of Mechanical Sciences, 2003, 45(11): 1799-1813.

[11] Chen D H, Ozaki S. Stress concentration due to defects in a honeycomb structure. Compos Struct, 2009, 89: 52-59.

[12] Chen D H, Masuda K. Effects of honeycomb geometry on stress concentration due to defects. Composite Structures, 2018, 15: 55-63.

[13] Mukhopadhyay T, Adhikari S. Equivalent in-plane elastic properties of irregular honeycombs: An analytical approach. Int J Solids Struct, 2016, 91: 169-184.

[14] Chen T, Huang J. Creep-rupturing of cellular materials: Regular hexagonal honeycombs with dual imperfections. Compos Sci Technol, 2008, 68: 1562-1569.

[15] Ajdari A, Nayeb-Hashemi H, Vaziri A. Dynamic crushing and energy absorption of regular, irregular and functionally graded cellular structures. International Journal of Solids and Structures, 2011, 48(3-4): 506-516.

[16] He Y, Tian G Y, Pan M, et al. Non-destructive testing of low-energy impact in CFRP laminates and interior defects in honeycomb sandwich using scanning pulsed eddy current. Composites Part B, 2014, 59(3): 196-203.

[17] 王弈. 蜂窝芯层力学性能的图像测量研究. 南京: 南京航空航天大学, 2010.

[18] Smith S M, Brady J M. SUSAN—A new approach to low level image processing. International Journal of Computer Vision, 1997, 23(1): 45-78.

[19] Mokhtarian F, Suomela R. Robust image corner detection through curvature scale space. IEEE Trans. On Pattern Analysis and Machine Intelligence (S0162-8828), 1998, 20(12): 1376-1378.

[20] Witkin A P. Scale-space filtering [C]// International Joint Conference on Artificial Intelligence. Karlsruhe, Germany, August 8-12, 1983, 2: 1019-1022.

[21] Moravec H P. Towards automatic visual obstacle avoidance. Proc of the 5th International Joint Conference on Artificial Intelligence, 1977.

[22] Harris C, Stephens M. A combined corner and edge detector. Proc of the 4th Alvey Vision Conf, 1988: 147-151.

[23] Cui C, Wang Z, Zhou W, et al. Branch point algorithm for structural irregularity determination of honeycomb. Compos Part B-Eng, 2019, 162: 323-330.

[24] 王中钢, 鲁寨军, 夏茜. 异面预压铝蜂窝降低初始峰值力敏感性分析. 材料工程, 2013(5): 78-82.

[25] Nakamoto H, Adachi T, Araki W. In-plane impact behavior of honeycomb structures filled with linearly arranged inclusions. International Journal of Impact Engineering, 2009, 36(8): 1019-1026.

[26] Nakamoto H, Adachi T, Araki W. In-plane impact behavior of honeycomb structures randomly filled with rigid inclusions. Int J Impact Eng, 2009, 36: 73-80.

第 7 章　填充型蜂窝结构

从前述研究可知，蜂窝结构在塑性压溃时即可返回平稳可观的反作用力，还有较可观的压缩比率，但受成熟生产工艺的限制，可生产的单一蜂窝芯块的平台强度与吸能能力仍然离预期存有差距，需要开发更高吸能量的蜂窝吸能结构。蜂窝填充型复合结构即是在薄壁结构内部填充蜂窝，或在蜂窝胞孔内部填充轻质材料用以提升或改进常规纯蜂窝结构力学性能的复合式结构。

7.1　填充型蜂窝复合结构的构造

蜂窝结构的孔隙化特征不仅为其稳定的平台力发挥了重要作用，还可在其中填充其他轻质材料，充当填容器。根据蜂窝与填充物在其中充当的角色，可以将蜂窝填充型复合结构分为两种：一种情况是蜂窝充当填充物，将其填充入薄壁金属圆管、方管以及非金属复合材料管等；另一种情况则是在每一个蜂窝元胞孔内填充金属圆管、非金属复合材料薄壁管或塑料软管等。这两种结构各有特点。

7.1.1　蜂窝为填充物

图 7.1 为典型填充型蜂窝复合结构示意图，主要由外围金属薄壁与内填充蜂窝两部分组成。因其结构简单、构造方便、工艺要求低、经济性好，具有广阔的应

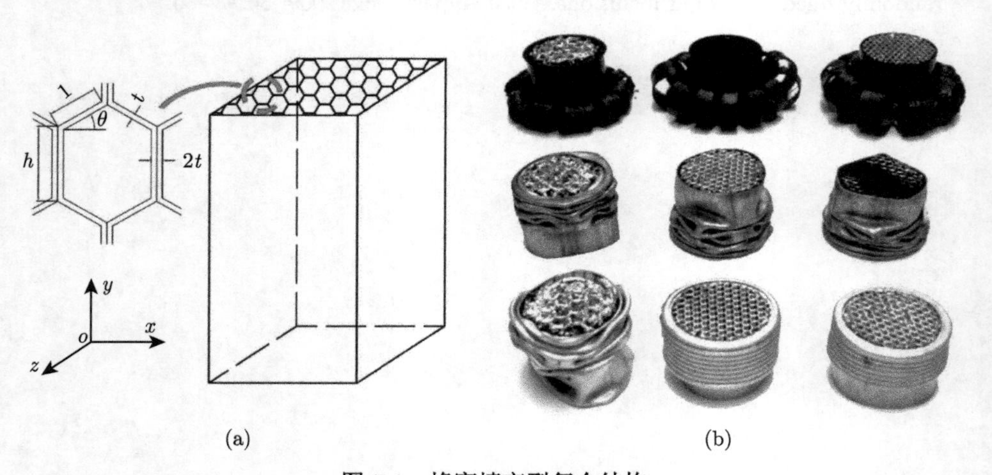

图 7.1　蜂窝填充型复合结构

(a) 示意图; (b) 常见代表性的蜂窝填充结构 [1]

用空间。外围薄壁管可以是碳钢、不锈钢、铝、铜、钛合金等金属材料，也可以是碳纤维增强复合材料 (carbon fiber reinforced polymer/plastic，CFRP)，玻璃纤维增强塑料 (glass-fibre-reinforced polymer/plastics，GFRP) 非金属材料等。其几何形式亦可以包括方管、圆管、多边形管 (三角形、五边形、六边形、八边形)[1,2]、锥形管、梯度管等，如图 7.2 所示。

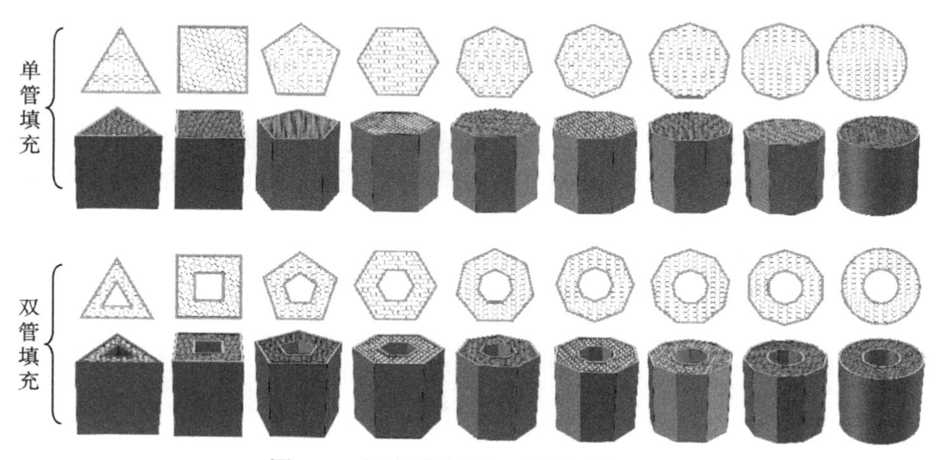

图 7.2　各种不同几何形状的填充结构

通常而言，填充型蜂窝复合结构包括内填充蜂窝与外壁金属管件两个核心要素。作为典型的薄壁金属元件，外围方管在受到纵向冲击载荷作用时，可能呈现紧凑型与非紧凑型两种破损模式，这与其几何外形参数密切相关。然而，蜂窝填充后，外套方管与内充蜂窝间存在紧密相互作用。外管向内屈曲作用于蜂窝时，蜂窝提供约束，其反作用力又将影响外围薄壁的屈曲行为。依照其相互影响的程度，可将两者的作用关系归结为两类，分别为：① 方管主导的大波长非线性屈曲行为；② 蜂窝主导的小波长非线性屈曲行为。由于填充型蜂窝结构的整体屈曲挠度方程过于复杂，直接建立其整体屈曲的理论模型难度巨大，需分别对外套方管与内充蜂窝进行独立分析。

还有一类填充型复合结构为“填嵌型”结构。由于填充结构内外两元间存在相互博弈，主导关系无法直接确定，容易引起压缩过程中变形模式发散无序。如前所述，在碰撞发生时，除需利用吸能结构的塑性大变形耗散冲击动能外，还需保证吸能过程的有序性，确保压缩模式的稳定性。尤其对于动车组列车，其头车前端为细长结构，截面面积明显小于车体中部的断面面积；车体与转向架、转向架与轨道接触作用难以抵抗较大的偏转载荷；车体结构的薄弱部位对“非对心碰撞”更加敏感，使得列车处于更不稳定的碰撞状态。在两列车对撞时，吸能结构变形模式的不稳定性可能导致车体变形模式朝不可预测的方向演化，引起吸能能力下降，吸能结构功能显著减损，甚至诱发列车行为失稳，出现列车爬车、脱轨、倾覆等后继事故。填充型蜂窝结构变形模式的发散性，增大了结构吸能功用非正常发挥的风险。需从结构本身进行设计，实现自身变形模式改进，提高吸能结构的可靠性。

填嵌型结构正是为改进结构变形模式设计的，是通过填嵌方式将蜂窝嵌装于薄壁吸能管件内部而形成的复合式吸能结构。它由外围金属薄壁与多级蜂窝组合构造而成。与简单的填充型复合结构的主要区别在于，在外围金属薄壁的中间部位焊接筋板，将外围方管分隔为一定距离的隔断结构；蜂窝呈块状，嵌装并固定于筋板之间，在蜂窝间通常还设置有定位用的导向杆，可采用多导向形式 (图 7.3(a))，也可以采用单导向形式 (图 7.3(b))。在轴向载荷作用下，主要表现为直管薄壁的塑性非线性屈曲与内嵌蜂窝塑性渐进叠缩的组合变形模式，且多由外周向的薄壁结构所主导，如图 7.3(c) 所示。

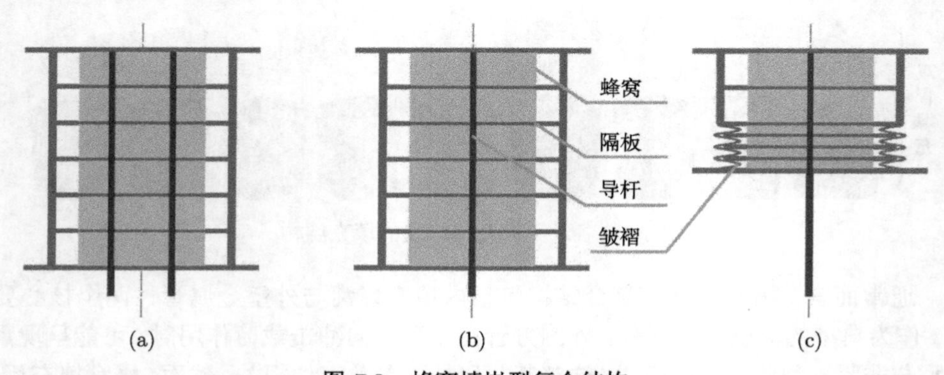

图 7.3　蜂窝填嵌型复合结构

(a) 双导向; (b) 单导向; (c) 单导向模式

此外，对填嵌型蜂窝复合式结构，在内嵌蜂窝与外周方管间通常存有一定间距，因而其横向的相互作用关系明显弱于填充型蜂窝结构，重点在于如何保持轴向行为的可控性。按照屈曲模态的理论解，外管屈曲波长近似等于外套薄壁的跨度。而实际情况中，筋板的主动设置使得该型薄壁的屈曲波长往往要远小于无隔断管件的屈曲波长，且几乎等于隔断间距。填嵌型结构的外周管壁由原有的长波长屈曲演变为短波屈曲形式，该模式转变将对蜂窝结构的力学性能产生重要影响。

7.1.2　蜂窝为填容器

与蜂窝作为内填充物的区别是，当蜂窝作为填容器时，主要考虑了在压缩过程中，蜂窝胞孔中仍存在较广阔的利用空间，即便对于已压缩的蜂窝结构，也存在大量的可继续利用的空间，如图 7.4 所示。在每一个蜂窝胞孔内填充适当的材料与结构，对蜂窝结构整体吸能水平的提升将有重要的帮助。

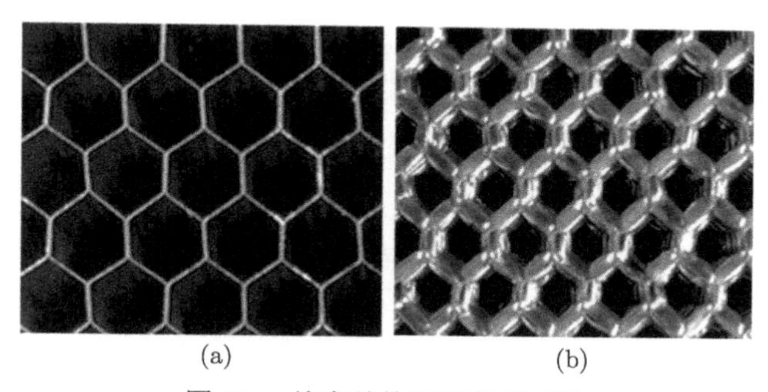

图 7.4 蜂窝结构压缩前后对比

(a) 压缩前; (b) 压缩后

图 7.5 所示为典型的蜂窝孔内填充结构。同样，这种结构的每一个基本单元都包括两部分，一个是蜂窝的孔格，另一个是内充物 (如圆管、泡沫等)。对于填充的材料主要有以下两类。

(1) 填充泡沫材料 [3]，如图 7.5(a) 所示，所用材料可以是铝制泡沫，聚氨酯泡沫等。从图 7.5(a) 蜂窝胞孔内填充金属泡沫的复合式填充结构可以明显看出，蜂窝已被泡沫完全填实，这类似于相互耦合的两种多孔金属结构。这种结构表观密度相对较大，孔隙率接近于零，剩余空间利用率相对较低。

(2) 填充金属圆管，如图 7.5(b)~(c) 所示，与胞孔内填充泡沫材料的不同之处在于，填充的圆管亦为中空结构，其体积利用率得到提升，但并非接近 100%，好处在于，通过合理的匹配胞元与内充圆管的材质、强度、刚度等，可以获得稳定的压缩过程和平稳的平台载荷。

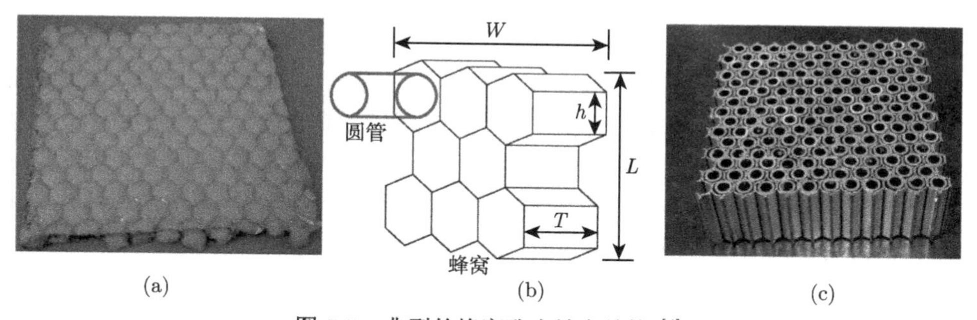

图 7.5 典型的蜂窝孔内填充结构 [4]

(a) 填充泡沫铝; (b) 填充圆管示意; (c) 填充圆管样品

除此以外，也考虑在内充圆管中填入 CFRP 圆管 [4]。由于 CFRP 圆管具有非常优越的轻量化性能，并且其侧向刚度较差、脆性强，在轴向压缩过程中呈花瓣状撕裂，如图 7.6 所示，而不会表现出与传统金属薄壁圆管类似的轴向渐进屈曲。这种特性带来的直接效果是，在压缩时，其对外的折曲作用非常弱，平台区段的载荷相对较为稳定，是较为理想的蜂窝孔内填充材料。

(a)　　(b)

图 7.6　CFRP 圆管压缩行为 [4]

(a) 实验加载过程中; (b) 花瓣状撕裂形态

与蜂窝结构为填充物时一样，当其充当填容器时，由于内填充物与胞孔为两类不同介质，在受力过程中存在典型的相互作用关系，同样面临匹配问题与结构主导性问题。

7.2　薄壁管填充型复合结构力学行为

7.2.1　外套方管轴向压缩力学行为

1. *方管直链铰折叠单元*

作为填充结构的重要元素，方管在轴向载荷作用下力学行为复杂，有关其屈曲模式已经受到业界的广泛关注，并得到了充分的研究。其在轴向载荷作用下表现为复杂的动态非线性屈曲行为。在屈曲过程中，管壁将经历严格的向内和向外塑性拉伸、弯曲，甚至折叠作用 [5,6]，历经塑性铰的形成、发展、移动与定位多个过程，且均需耗散外界能量。而事实上，管壁在渐进屈曲过程中，存在明显的预加载效应，即在当前皱褶完成后 (已叠缩区域)，下一皱褶已开始进入发展阶段 (过渡区域)，图 7.7(a) 所观察到的铝方管准静态压缩实验过程即证实了该效应的存在，并可以采用直链塑性铰模型和连续移行铰模型进行分析 [7,8] (图 7.7(b)~(c))。基于连续移行塑性铰链理论模型很难构建方管压缩过程的载荷位移曲线，对吸能量的数学表述过于复杂，且直链塑性铰模型已完全可以满足精度需求，因而通常情况下方管折曲模型多采用直链塑性铰关系建立。

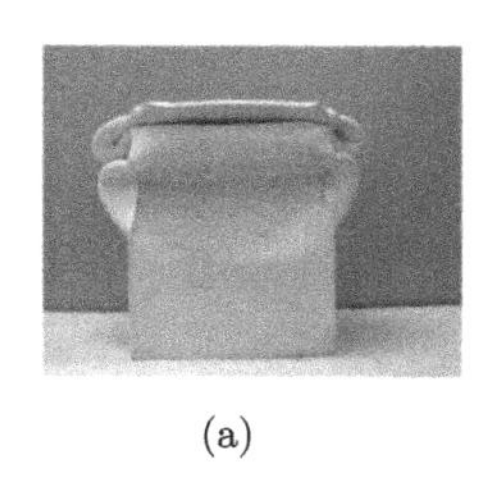
(a)

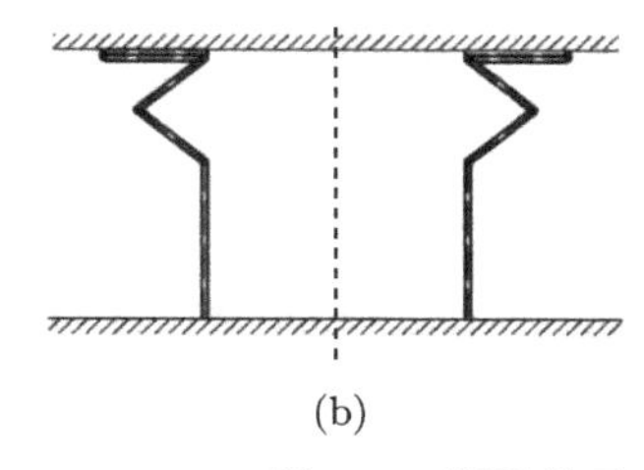
(b)

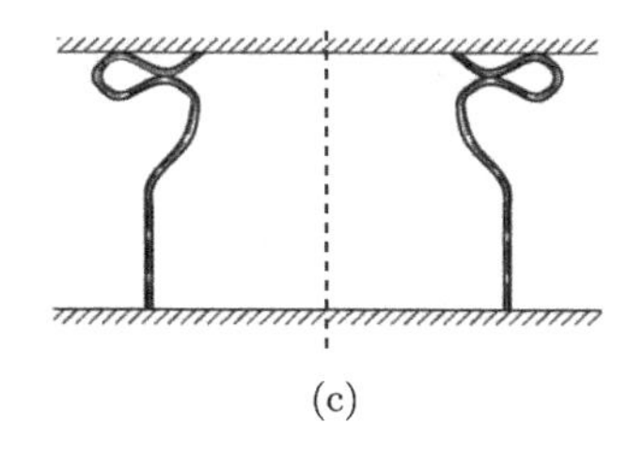
(c)

图 7.7　折叠单元

(a) 过渡区形貌; (b) 直链塑性铰单元; (c) 连续移行铰单元

不仅如此，在图 7.7(a) 所示的方管准静态压缩实验状态中，还观测到了管壁呈现的向内与向外非均匀分布的折曲现象，即与圆管类似的偏心效应 [9,10]，主要反映在过渡区域和已叠缩区域相对于未压缩管壁向内和向外翻折的比例，通过测定压缩后管壁外径 R_{out} 和内径 R_{in} 相对未压缩试件中面半径 R_0 的比值的绝对值用 m_{e} 来表达，即

$$m_{\mathrm{e}}=\left|\frac{R_{\mathrm{in}}-R_0}{R_{\mathrm{out}}-R_{\mathrm{in}}}\right| \tag{7.1}$$

m_{e} 又称为偏心因子。当 $m_{\mathrm{e}}=0$ 时，表示所有管壁均向内折曲；相应地，当 $m_{\mathrm{e}}=1$ 时，表示所有管壁均向外翻转；当 $m_{\mathrm{e}}=0.5$ 时，表示已叠缩的管壁平均分布于未压缩管壁的两侧，且呈对称分布，此时是最理想的情况。

与金属圆管不同的是，方管在轴向加载时，其塑性铰线并不像圆管那样，沿周向对称分布，而是以 90° 折角单元的形式耗散能量 (图 7.8(a))。取方管的 1/4 角结构进行行为分析 (图 7.8(b))，图 7.8(c) 详细描述了该角结构折叠过程的几何关系，在该角结构的塑性铰形成过程中，与第 3 章介绍的蜂窝结构 Y 形胞元一样，折角单元既有 AC 和 CD 的固定铰线，还有 KC 和 CG 的倾斜移行铰线，且随压缩的深入而逐渐发展。

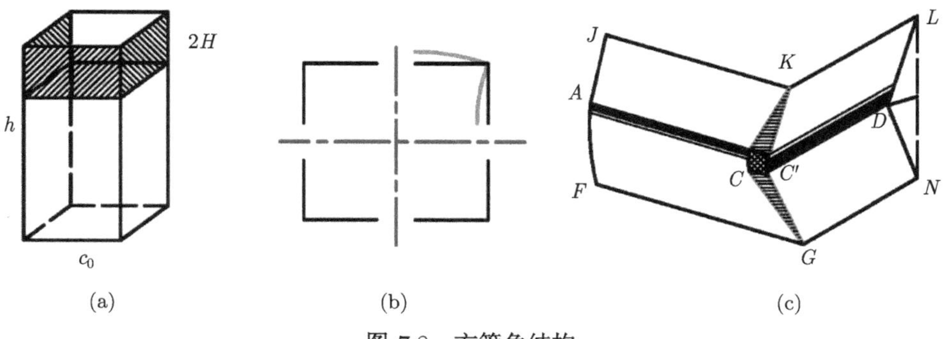

图 7.8　方管角结构

(a) 原始全角结构; (b) 1/4 角结构; (c) 折叠单元

2. 直链铰单元位形模式

方管在屈曲过程中同一褶皱周期内同时存在管壁的内折与外翻情况，且正余弦两板中分别存在独立的偏心现象。由正余弦曲线的特点及实验观测可知，以图 7.8(c) 为例，当 $JKGF$ 外翻时，$KLNG$ 内折；相应地，当 $JKGF$ 内折时，$KLNG$ 出现外翻。假设 $JKGF$ 薄板所在边的皱褶偏心因子为 m_{e}，$KLNG$ 薄板所在边偏心因子为 n_{e}，分段考虑其屈曲条件下的位形模式变化历程。

1) 前段皱褶 H

如图 7.9 所示为管壁内折与外翻的几何关系图。假定在某一典型的褶皱周期内，径宽为 c_{w} 的 1/4 方管角结构的管壁分别处于图 7.9(a)、(c) 的极限位置，且随载荷的深入，薄壁 $JKGF$ 表现为如图 7.9(b) 所示的向外翻转，α 从 α_{01} 减小至 0，直至图 7.9(c) 所示的极限位置；相应地，薄壁 $KLNG$ 表现出如图 7.9(d) 所示的向内折曲，β 从 β_{01} 逐渐减小至 0，完成内折过程，其中 $c_0 = c_{\mathrm{w}}/2$。至此一个完整的褶皱形成，对应一个完整的压缩周期。

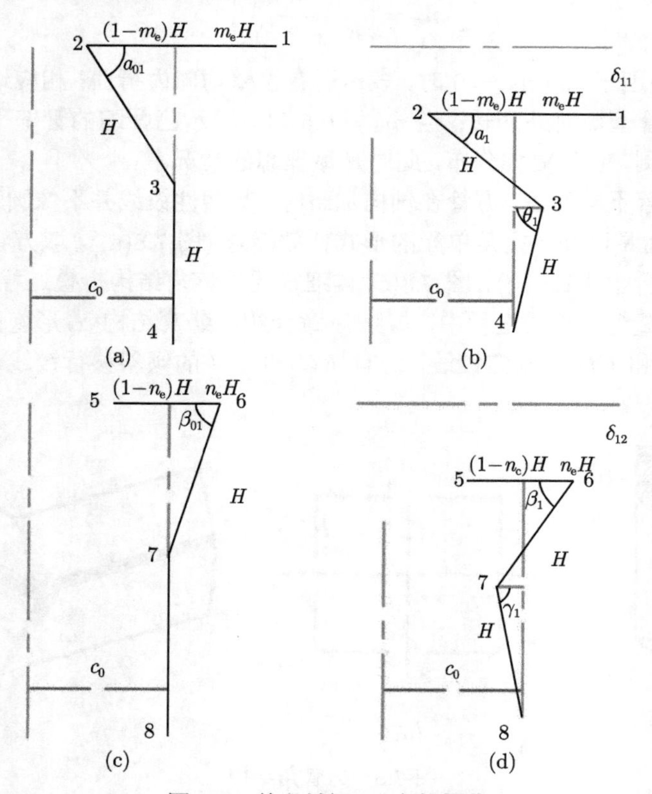

图 7.9 前段皱褶 H 内的折曲

(a) $JKGF$ 外翻初始位置; (b) $JKGF$ 外翻过程; (c) $KLNG$ 内折初始位置; (d) $KLNG$ 内折过程

参考图 7.9(a) 可知，偏心率 m_{e} 与极限角度 α_{01} 之间满足：

$$\cos\alpha_{01} = 1 - m_{\mathrm{e}} \tag{7.2}$$

根据纯几何关系，θ_1 及其变化率分别为

$$\cos\theta_1 = \cos\alpha_1 - 1 + m_{\mathrm{e}} \tag{7.3}$$

$$\dot{\theta}_1 = \sin\alpha_1[1 - (\cos\alpha_1 - 1 + m_{\mathrm{e}})^2]^{-\frac{1}{2}}\dot{\alpha}_1 \tag{7.4}$$

由几何关系可计算瞬时位移 δ_{11} 为

$$\delta_{11} = H(1 + \sin\alpha_{01} - \sin\alpha_1 - \sin\theta_1) \tag{7.5}$$

进一步可求得瞬时位移变化率

$$\left|\dot{\delta}_{11}\right| = H\left|\dot{\alpha}_1\cos\alpha_1 + \dot{\theta}_1\cos\theta_1\right| \tag{7.6}$$

由式 (7.5) 和式 (7.6) 可以看出，瞬时位移 δ_{11} 及其变化率是且仅是关于 α_1 的函数。对于内折的 $KLNG$ 薄板，满足

$$\cos\beta_{01} = n_{\mathrm{e}} \tag{7.7}$$

$$\cos\gamma_1 = \cos\beta_1 - n_{\mathrm{e}} \tag{7.8}$$

易得

$$\dot{\gamma}_1 = \sin\beta_1[1 - (\cos\beta_1 - n_{\mathrm{e}})^2]^{-\frac{1}{2}}\dot{\beta}_1 \tag{7.9}$$

同上，瞬时位移 δ_{12} 及其变化率是且仅是关于 β_1 的函数

$$\delta_{12} = H\left(1 + \sin\beta_{01} - \sin\beta_1 - \sin\gamma_1\right) \tag{7.10}$$

$$\left|\dot{\delta}_{12}\right| = H\left|\dot{\beta}_1\cos\beta_1 + \dot{\gamma}_1\cos\gamma_1\right| \tag{7.11}$$

由于初始位置处的极限点位置相同，故有 $\alpha_{01} = \beta_{01}$，继而可推得

$$m_{\mathrm{e}} + n_{\mathrm{e}} = 1 \tag{7.12}$$

该式表明：对方管而言，当管壁的一边出现偏心效应时，其邻边必然也会出现偏心效应，且两者的偏心率“互补”。

2) 后段皱褶 H

在后段褶皱 H 的变化周期内，$JKGF$ 由向外翻转转变为向内折曲，$KLNG$ 相应地转变为向外翻折，其演变过程如图 7.10 所示。

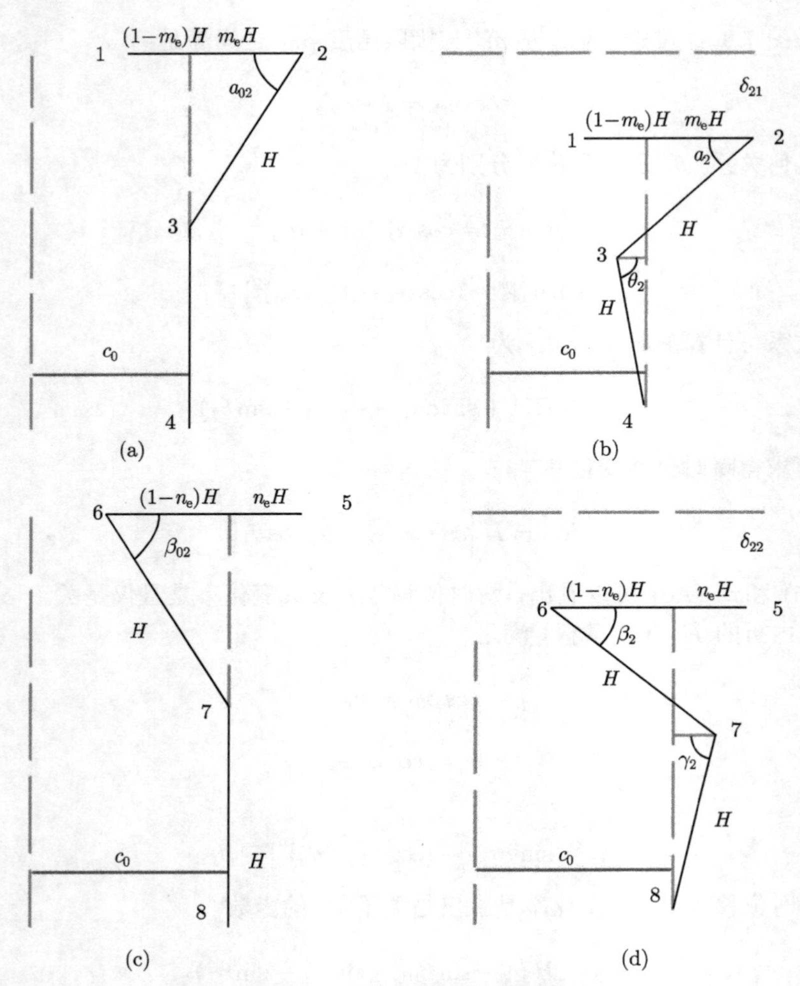

图 7.10 后段皱褶 H 内的折曲

(a) *JKGF* 内折初始位置; (b) *JKGF* 内折过程; (c) *KLNG* 外翻初始位置; (d) *KLNG* 外翻过程

与前述阶段分析类似，可以获得 θ_2 及其变化率为

$$\cos\alpha_{02} = m_{\mathrm{e}} \tag{7.13}$$

$$\cos\theta_2 = \cos\alpha_2 - m_{\mathrm{e}} \tag{7.14}$$

$$\dot{\theta}_2 = \sin\alpha_2[1 - (\cos\alpha_2 - m_{\mathrm{e}})^2]^{-\frac{1}{2}}\dot{\alpha}_2 \tag{7.15}$$

瞬时位移 δ_{21} 及其变化率是且仅是关于 α_2 的函数

$$\delta_{21} = H(1 + \sin\alpha_{02} - \sin\alpha_2 - \sin\theta_2) \tag{7.16}$$

$$\left|\dot{\delta}_{21}\right| = H\left|\dot{\alpha}_2\cos\alpha_2 + \dot{\theta}_2\cos\theta_2\right| \tag{7.17}$$

同上，可求得瞬时位移 δ_{22} 及其变化率分别为

$$\delta_{22} = H\left(1 + \sin\beta_{02} - \sin\beta_2 - \sin\gamma_2\right) \tag{7.18}$$

$$\left|\dot{\delta}_{22}\right| = H\left|\dot{\beta}_2\cos\beta_2 + \dot{\gamma}_2\cos\gamma_2\right| \tag{7.19}$$

3. 直链铰单元能量关系

而对于单个折叠单元而言，每个角结构单元间总是包括等于 $2H$ 长度的皱褶，且移行铰线的长度相同，其能量吸收并不发生改变，故仍可采用 Wierzbicki 折叠模型。方管壁面塑性能量耗散同样由如下三部分组成。

(1) 管壁弯曲耗散的能量。弯曲变形能变化率为

$$\dot{E}_{\mathrm{b}} = \sum_i M_0 c_i\left|\dot{\omega}_i\right| \tag{7.20}$$

式中，M_0 为管壁单位长度塑性极限弯矩 $M_0=\sigma_0 t^2/4$; σ_0 为管壁初始屈服应力；t 为管壁厚度；c_i 和 $\dot{\omega}_i$ 分别是铰点距轴线的径向距离和转动速率。由几何关系可得，对于 $JKGF$ 薄板，c_i 和 $\dot{\omega}_i$ 分别为

$$\begin{cases} c_2 = c_0 - (1-m_{\mathrm{e}})H \\ c_3 = c_0 + H\cos\alpha_1 - (1-m_{\mathrm{e}})H \\ c_4 = c_0 \end{cases} \tag{7.21a}$$

$$\begin{cases} \dot{\omega}_2 = -\dot{\alpha}_1 \\ \dot{\omega}_3 = -\dot{\alpha}_1 - \dot{\theta}_1 \\ \dot{\omega}_4 = \dot{\theta}_1 \end{cases} \tag{7.21b}$$

而对于 $KLNG$ 薄板，c_i 和 $\dot{\omega}_i$ 分别为

$$\begin{cases} c_6 = c_0 + n_{\mathrm{e}}H \\ c_7 = c_0 - H\cos\beta_1 + n_{\mathrm{e}}H \\ c_8 = c_0 \end{cases} \tag{7.22a}$$

$$\begin{cases} \dot{\omega}_6 = \dot{\beta}_1 \\ \dot{\omega}_7 = \dot{\beta}_1 + \dot{\gamma}_1 \\ \dot{\omega}_8 = -\dot{\gamma}_1 \end{cases} \tag{7.22b}$$

将式 (7.21)、式 (7.22) 代入式 (7.20) 可得到弯曲变形能的变化率为

$$\begin{aligned} \dot{E}_{\mathrm{b}}^1 = & M_0\{[c_0 - (1-m_{\mathrm{e}})H]\left|\dot{\alpha}_1\right| + [c_0 + H\cos\alpha_1 - (1-m_{\mathrm{e}})H]\left|\dot{\alpha}_1 + \dot{\theta}_1\right| + c_0\dot{\theta}_1\} \\ & + M_0\left[(c_0 + n_{\mathrm{e}}H)\left|\dot{\beta}_1\right| + (c_0 - H\cos\beta_1 + n_{\mathrm{e}}H)\left|\dot{\beta}_1 + \dot{\gamma}_1\right| + c_0\dot{\gamma}_1\right] \end{aligned} \tag{7.23}$$

$JKGF$ 和 $KLNG$ 角结构在相同压缩载荷模式下拥有公共 KCG 铰线位移，须满足协调关系，因而具有共同的压缩位移，即 $\delta_{11}=\delta_{12}$，联立式 (7.3)、式 (7.4)、式 (7.6) 、式 (7.8) 、式 (7.9)、式 (7.11) 和式 (7.12) 可知，当且仅当 $\alpha=\beta$ 且 $\theta=\gamma$ 时，位移协调条件成立。在此情况下，式 (7.23) 可简化为

$$\dot{E}_{\mathrm{b}}^{1}=\sum_{i}M_{0}c_{i}|\dot{\theta}_{i}|=2M_{0}c_{0}\left[|\dot{\alpha}_{1}|+|\dot{\alpha}_{1}+\dot{\theta}_{1}|+|\dot{\theta}_{1}|\right] \tag{7.24}$$

(2) 移行塑性铰耗散的能量。方管角结构单元的移行塑性铰能量耗散率为

$$\dot{E}_{\mathrm{m}}^{1}=8N_{0}b_{\mathrm{c}}H\sin\alpha_{1}\left[\frac{\sqrt{2}}{2}-\cos\left(\frac{\pi}{4}+\frac{\kappa}{2}\right)\right]\dot{\alpha}_{1} \tag{7.25}$$

其中，N_0 为极限屈服膜力；κ 是 α_1 的函数，且满足 $\tan\kappa=\cot\alpha_1/\sin\phi_0$，对方管可得到 $\tan\kappa=\sqrt{2}\cot\alpha_1$。

(3) 倾斜塑性铰耗散的能量。计算得到倾斜塑性铰的能量耗散率

$$\dot{E}_{\mathrm{k}}^{1}=4M_{0}\frac{H^{2}}{b_{\mathrm{c}}}\times\frac{\sin\alpha_{1}}{\sin\varsigma}\dot{\alpha}_{1} \tag{7.26}$$

其中，ς 满足 $\tan\varsigma=\tan\phi_0/\cos\alpha_1$，对方管，进一步可退化为 $\tan\varsigma=1/\cos\alpha_1$。

在前段皱褶 H 部分，微小变化后管壁吸收的能量等于外力所做的功，因而可依此建立平衡关系：

$$P_{1}\left(\alpha_{1},m_{\mathrm{e}}\right)\left|\dot{\delta}_{11}\right|=\dot{E}_{\mathrm{b}}^{1}+\dot{E}_{m}^{1}+\dot{E}_{\mathrm{k}}^{1} \tag{7.27}$$

分别将式 (7.6)、式 (7.24)、式 (7.25) 和式 (7.26) 代入式 (7.27)，并令 $\lambda_1=[1-(\cos\alpha_1-1+m_{\mathrm{e}})^2]^{-1/2}$，可得到瞬时压缩载荷

$$P_{1}(\alpha_{1}m_{\mathrm{e}})=\left[\frac{4M_{0}c_{0}(1+\lambda_{1}\sin\alpha_{1})}{H}+\frac{32M_{0}b_{\mathrm{c}}\sin\alpha_{1}\left[\dfrac{\sqrt{2}}{2}-\cos\left(\dfrac{\pi}{4}+\dfrac{k}{2}\right)\right]}{t}\right.$$
$$\left.+\frac{4M_{0}H\sin\alpha_{1}\sqrt{1+\cos^{2}\alpha_{1}}}{b_{\mathrm{c}}}\right]\Big/\left|\cos\alpha_{1}+\lambda_{1}\sin\alpha_{1}\left(\cos\alpha_{1}-1+m_{\mathrm{e}}\right)\right| \tag{7.28}$$

式中 $\alpha_1\in[\arccos(1-m_{\mathrm{e}}),0]$。

同上，对于第二阶段，由位移协调条件，当且仅当 $\alpha_2=\beta_2$ 且 $\theta_2=\gamma_2$ 时，才有 $\dot{\alpha}_2=\dot{\beta}_2,\dot{\theta}_2=\dot{\gamma}_2$，在此情况下可得到第二阶段的能量表达式

$$\dot{E}_{\mathrm{b}}^{2}=\sum_{i}M_{0}c_{i}|\dot{\theta}_{i}|=2M_{0}c_{0}[|\dot{\alpha}_{2}|+|\dot{\alpha}_{2}+\dot{\theta}_{2}|+|\dot{\theta}_{2}|] \tag{7.29a}$$

$$\dot{E}_{\mathrm{m}}^{2}=8N_{0}b_{\mathrm{c}}H\sin\alpha_{2}\left[\frac{\sqrt{2}}{2}-\cos\left(\frac{\pi}{4}+\frac{\kappa}{2}\right)\right]\dot{\alpha}_{2} \tag{7.29b}$$

$$\dot{E}_{\mathrm{k}}^{2}=4M_{0}\frac{H^{2}}{b_{\mathrm{c}}}\times\frac{\sin\alpha_{2}}{\sin\varsigma}\dot{\alpha}_{2} \tag{7.29c}$$

对后段皱褶 H 部分建立平衡关系：

$$P_{2}\left(\alpha_{2},m_{\mathrm{e}}\right)\left|\dot{\delta}_{22}\right|=\dot{E}_{\mathrm{b}}^{2}+\dot{E}_{\mathrm{m}}^{2}+\dot{E}_{\mathrm{k}}^{2} \tag{7.30}$$

令 $\lambda_{2}=[1-(\cos\alpha_{2}-m_{\mathrm{e}})^{2}]^{-1/2}$，同样可求得

$$P_{2}(\alpha_{2}m_{\mathrm{e}})=\left[\frac{4M_{0}c_{0}(1+\lambda_{2}\sin\alpha_{2})}{H}+\frac{32M_{0}b_{\mathrm{c}}\sin\alpha_{2}\left[\frac{\sqrt{2}}{2}-\cos\left(\frac{\pi}{4}+\frac{k}{2}\right)\right]}{t}+\frac{4M_{0}H\sin\alpha_{2}\sqrt{1+\cos^{2}\alpha_{2}}}{b_{\mathrm{c}}}\right]\Big/\left|\cos\alpha_{2}+\lambda_{2}\sin\alpha_{2}(\cos\alpha_{2}-m_{\mathrm{e}})\right| \tag{7.31}$$

其中 $\alpha_{2}\in[\arccos(m_{\mathrm{e}}),0]$

分别对单屈曲周期内 ($2H$ 管壁) 的 1/4 方管角结构的各项吸能率积分可知，单压缩周期内总吸收的能量 E_{all} 可以由各部分能量吸收叠加获得，且等于外力所做的总功 W_{ext}。由此建立能量守恒方程为

$$E_{\mathrm{all}}=\int_{\arccos(1-m_{\mathrm{e}})}^{0}P_{1}(\alpha_{1},m_{\mathrm{e}})\mathrm{d}\delta_{11}+\int_{\arccos(m_{\mathrm{e}})}^{0}P_{2}(\alpha_{2},m_{\mathrm{e}})\mathrm{d}\delta_{22} \tag{7.32a}$$

$$W_{\mathrm{ext}}=P_{\mathrm{m}}\cdot\frac{2H}{4} \tag{7.32b}$$

$$E_{\mathrm{all}}=W_{\mathrm{ext}} \tag{7.32c}$$

其中，P_{m} 为方管全截面平均压缩载荷。直接对式 (7.32) 方管全截面压缩能量平衡方程积分求解，过程非常复杂，工作量巨大。然而，从几何与力学意义上看，对比直链折叠单元从夹角 $\arccos(1-m_{\mathrm{e}})$ 外翻后再由 $\arccos(m_{\mathrm{e}})$ 内折的整个周期过程和折叠单元从 $\pi/2$ 减小至 0 的折叠过程可以发现，在这两个过程塑性铰所耗散的三部分能量中，移动铰线所耗散的能量与几何位置无关联，可完全等同，而固定铰

线 AC 和 CD 随几何位置变化，对弯曲耗能产生的影响需单独计算。对单周期内的弯曲耗能进行单独积分：

$$\begin{aligned} E_{\mathrm{b}} &= 4M_0c_0\left[\int_{\arccos(1-m_{\mathrm{e}})}^{0}(1+\sin\alpha_1\lambda_1)\,\mathrm{d}\alpha_1+\int_{\arccos(m_{\mathrm{e}})}^{0}(1+\sin\alpha_2\lambda_2)\mathrm{d}\alpha_2\right] \\ &= 4\pi M_0c_0 \end{aligned} \tag{7.33}$$

上式表明，在方管的角结构中，其积分过程与折叠单元从 $\pi/2$ 减小至 0 的折叠过程所耗能量完全相同。对于移行塑性铰线耗散的能量

$$E_{\mathrm{m}}=\frac{16M_0Hb_{\mathrm{c}}I_1\left(\dfrac{\pi}{4}\right)}{t} \tag{7.34}$$

对于倾斜塑性铰线耗散的能量

$$E_{\mathrm{k}}=\frac{4M_0H^2I_3\left(\dfrac{\pi}{4}\right)}{b_{\mathrm{c}}} \tag{7.35}$$

其中，$I_1(\pi/4)$ 和 $I_3(\pi/4)$ 可由几何关系计算求得：$I_1(\pi/4)=0.58$，$I_3(\pi/4)=1.14$。整理后的平衡方程可表达为

$$P_{\mathrm{m}}\cdot\frac{2H}{4}=4\pi M_0c_0+\frac{9.28M_0Hb_{\mathrm{c}}}{t}+\frac{4.56M_0H^2}{b_{\mathrm{c}}} \tag{7.36}$$

进一步化简为

$$\frac{P_{\mathrm{m}}}{M_0}=\frac{8\pi c_0}{H}+\frac{18.56b_{\mathrm{c}}}{t}+\frac{9.12H}{b_{\mathrm{c}}} \tag{7.37}$$

该式与偏心因子无关。这与圆管的能量关系有所区别 [10]。式 (3-37) 仅有曲率半径 b_{c} 和皱褶半波长 H 两个未知参数。由能量极小原理，联立 $\partial P_{\mathrm{m}}/\partial H=0$、$\partial P_{\mathrm{m}}/\partial b_{\mathrm{c}}=0$ 可得

$$H=1.5511\sqrt[3]{t\left(c_0\right)^2} \tag{7.38a}$$

$$b_{\mathrm{c}}=0.8730\sqrt[3]{c_0t^2} \tag{7.38b}$$

4. 直链铰单元压缩历程曲线

在前段褶皱 H 内的位移 $\varDelta_1$ 为

$$\varDelta_1=H\left[1+\sqrt{1-(m_{\mathrm{e}})^2}-\sqrt{1-(n_{\mathrm{e}})^2}\right] \tag{7.39}$$

相应地，在后段褶皱 H 内的位移 Δ_2 为

$$\Delta_2 = H\left[1+\sqrt{1-(n_{\mathrm{e}})^2}-\sqrt{1-(m_{\mathrm{e}})^2}\right] \tag{7.40}$$

显然，前段位移和后段位移满足

$$\Delta_1+\Delta_2=2H \tag{7.41}$$

这与先前的等周期压缩的假设一致，再次验证直链折叠单元从 $\arccos(1-m_{\mathrm{e}})$ 外翻后再由 $\arccos(m_{\mathrm{e}})$ 内折至夹角为 0 整个周期过程与折叠单元从 $\pi/2$ 减小至 0 的折叠过程能量等效的正确性。

综合式 (7.10) 和式 (7.28)，可描绘出单个折叠周期内前段褶皱的压缩载荷与对应的压缩位移的变化曲线。同理，综合式 (7.18) 和式 (7.31)，可描绘出后段的载荷–位移历程曲线。将前段褶皱 H 与后段褶皱 H 历程的载荷位移曲线顺接，即可构造一个完整折曲周期内的载荷位移曲线。图 7.11 分别描绘了 $m_{\mathrm{e}}=0.35$，$m_{\mathrm{e}}=0.50$，$m_{\mathrm{e}}=0.65$ 情况下，普通铝方管的整周期载荷–位移曲线。

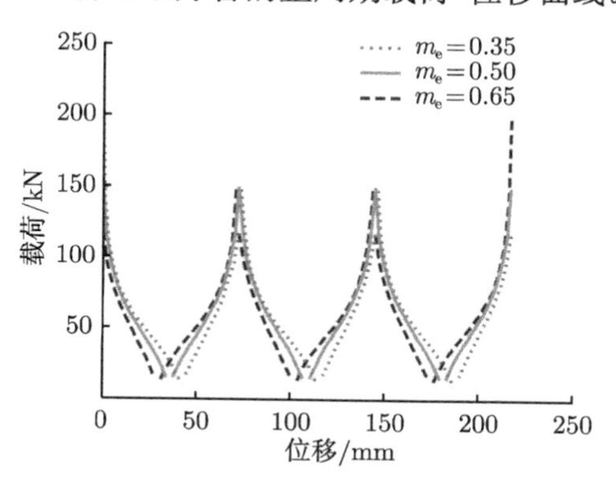

图 7.11 不同偏心折曲的载荷–位移曲线对比

从图 7.11 可知，偏心因子 m_{e} 对位移曲线的影响很大，当 $m_{\mathrm{e}}=0.50$ 时，屈曲沿轴对称分布，向左与向右方向的载荷模式完全相同；当 $m_{\mathrm{e}}<0.50$ 时，前段褶皱的历程曲线明显高于后段皱褶 H 的历程曲线，表明载荷主要在前段被消耗；而当 $m_{\mathrm{e}}>0.5$ 时，后段皱褶承担了大部分的载荷。

5. 外套方管轴压吸能模型实验验证

选择外宽 c_{w} 为 100 mm，壁厚 t_0 均为 3 mm 的铝方管进行轴压吸能模型实验验证。图 7.12 描绘了准静态实验过程中铝方管的非线性屈曲形态。

从图 7.12 所示铝方管的准静态压缩实验可明显看出，铝方管在准静态压缩载荷作用下，表现为轴对称的屈曲变形模式，正弦与余弦皱褶交叠产生，这与经典的

实验观察结果相一致。实验前后分别测定铝方管的内径与外径，并依据式 (7.1) 进行计算：$m_a = (D_{ao} - D_0)/(D_{ao} - D_{ai})$, $m_b = (D_{bo} - D_0)/(D_{bo} - D_{bi})$ 分别计算铝方管双向偏心因子。其中，D_{ao} 和 D_{bo} 为向外折曲的长度；D_{ai} 和 D_{bi} 为向外折曲的长度；D_0 为中面距离，所得结果如表 7.1 所示。

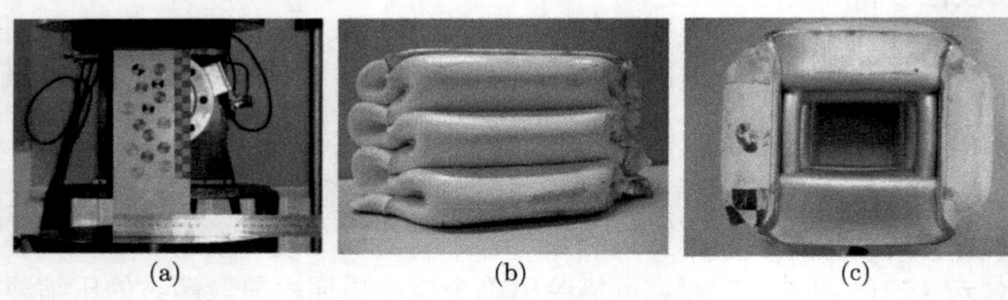

图 7.12　铝方管准静态压缩实验

(a) 试验前；(b) 侧视；(c) 俯视

表 7.1　铝方管偏心因子测定 ($c_w = 100$mm, $t_0 = 3$mm, $S_0 = 300$mm)

序号	D_{ao}/mm	D_{ai}/mm	D_{bo}/mm	D_{bi}/mm	m_a	m_b
A	152	60	137	39	0.5978	0.4082
B	153	61	136	42	0.6087	0.4149
C	157	60	135	41	0.6142	0.3948

从表 7.1 可以看出，三次实验所测的偏心因子一致性较好，外因子近乎等于 0.60，内因子为 0.40，充分反映出长边与短边的偏心率互补，与理论假定一致，该型铝方管的偏心因子为 0.60。

将确定的直链铰折叠单元的载荷位移特性曲线与实验对比，图 7.13 分别描绘了理论推导与实验结果曲线。从图中所绘曲线可以看出，基于直链塑性铰折叠单元推导的位移模型具有一定的可靠性。

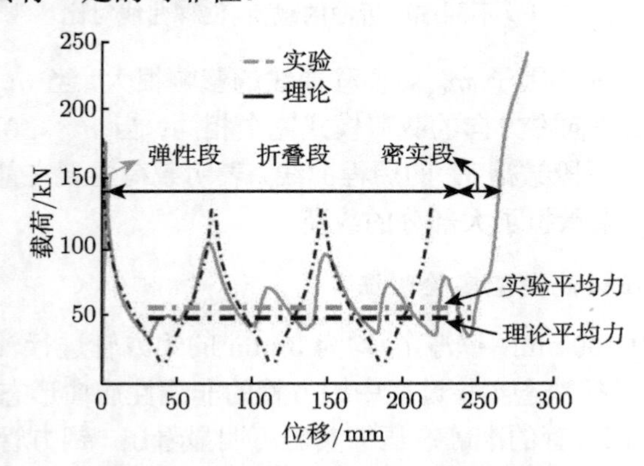

图 7.13　实验曲线与理论曲线对比

7.2.2 填充结构的屈曲模式与吸能特性

为分析填充结构的屈曲模式和吸能特性，采用准静态实验方法，将不同规格的蜂窝产品填充于普通铝方管内，观测蜂窝填充型复合结构的屈曲模式，测定其载荷–位移曲线 [11]。图 7.14 为外宽 c_{w} 为 100 mm 的铝方管与填充蜂窝样品实物图，高度 S_0 均为 300 mm，蜂窝与方管未胶接，蜂窝的 L 方向与 W 方向的宽度均为 92 mm。根据铝管的壁厚以及内填充蜂窝结构几何构型的不同，分别将实验编号为 F-A、F-B、F-C 和 F-D 四类。在 F-A、F-B 中铝管壁厚 $d = 3.5$ mm，内填蜂窝边长分别为 $h = 2$ mm 和 $h = 4$ mm；而在 F-C、F-D 中铝管壁厚 $d = 15$ mm，内填蜂窝边长也分别为 $h = 2$ mm 和 $h = 4$ mm。蜂窝结构均为正六边形 ($h = l$，$\theta = 30°$)，且铝箔壁厚 $t = 0.06$ mm。实验前分别测定蜂窝与方管的质量。实验样品参数如表 7.2 所示，其中 M_1 为铝管质量，M_2 为蜂窝样品质量，M_3 为铝管与蜂窝复合式结构的总质量。

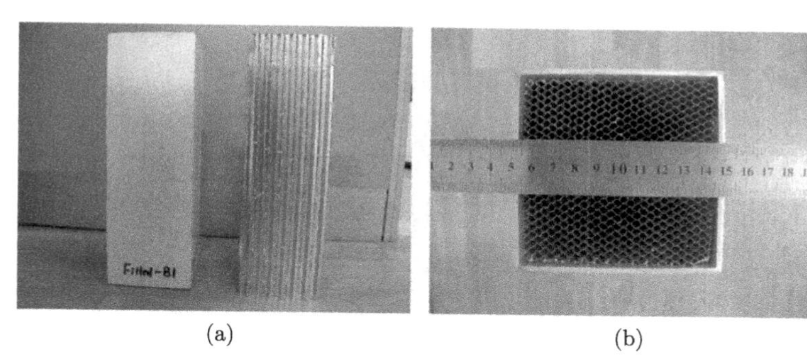

(a) (b)

图 7.14 铝方管与填充蜂窝样品实物图 [11]

(a) 填充前; (b) 填充后

表 7.2 填充蜂窝准静态实验样品参数 [11]

编号	外围铝方管				内填蜂窝						M_3/kg
	d/mm	c_{w}/mm	S_0/mm	M_1/kg	t/mm	h/mm	L/mm	W/mm	T/mm	M_2/kg	
F-A	3.5	100	300	0.975	0.06	2	92	92	300	0.255	1.230
F-B	3.5	100	300	0.975	0.06	4	92	92	300	0.140	1.115
F-C	1.5	100	300	0.435	0.06	2	92	92	300	0.270	0.705
F-D	1.5	100	300	0.440	0.06	4	92	92	300	0.140	0.580

代表性的实验结果如图 7.15 所示，从图 7.15(a)~(d) 可清晰看出，这种填充结构在准静态载荷作用下与普通方管一样，出现正、余弦交替的皱褶，屈曲沿轴向对称，逐渐沿载荷进给方向传播，直至完全折叠状态 (图 7.15(d))。图 7.15(e) 清晰描述了转角部分的铰线，与 Wierzbicki[12] 等对空方管的轴压实验观测结果一致。然而，

实验过程中还发现，方管内填充的蜂窝，在弯曲载荷作用下向内翻折的薄壁部分引起蜂窝横向压溃，并未产生如文献 [13] 观测到的蜂窝 “拉提” 现象 (图 7.15(f))。

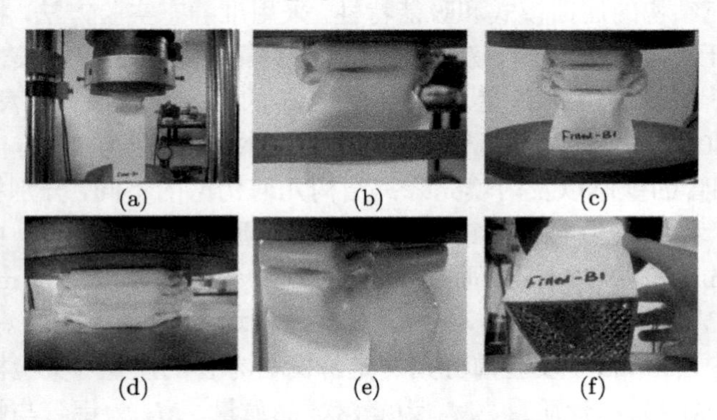

图 7.15　填充型蜂窝复合式结构准静态压缩变形模式 [11]

(a) 初始压缩; (b) 次屈曲; (c) 再屈曲; (d) 最终状态; (e) 角结构铰线; (f) 底角视图

图 7.16 描绘了填充型蜂窝复合式结构的铝方管 (F-A) 与同等规格的空方管的载荷–位移曲线，(b) 所示阴影部分即为蜂窝结构填充带来的吸能贡献。从图可以看出，在轴压作用下，填充蜂窝管与空方管的载荷–位移曲线的形态近乎一致，仅存在峰值载荷和渐进屈曲段的整体幅度的抬升，这得益于蜂窝稳定的平台力，吸能模式完全由方管主导。从压缩位形的变化可以发现，填充蜂窝后，蜂窝复合式结构的密实阶段比空方管出现得更早。

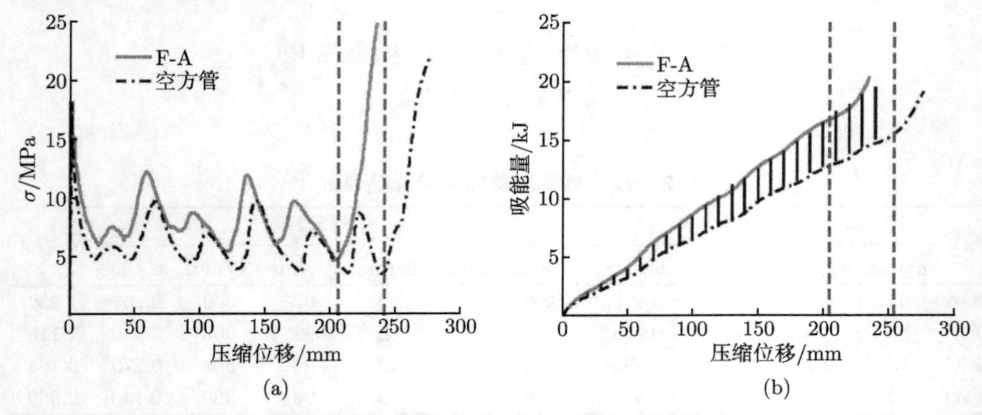

图 7.16　蜂窝填充型结构 (F-A) 与空方管对比 [11]

(a) 力特性曲线; (b) 吸能量曲线

图 7.17 描绘了 F-A、F-B、F-C 和 F-D 四种填充形式下填充型蜂窝结构的力特性曲线及吸能量对比。从图 7.17(a) 所示的力特性曲线可明显看出，蜂窝与方管

薄壁间存在明显的匹配关系，对于 F-A、F-B 两种填充形式，虽然蜂窝的孔格边长发生改变，由 $h = 2$ mm 扩大至 $h = 4$ mm，内充蜂窝结构的强度与刚度均减弱，但其平台区载荷间的波动依然十分明显；且二者体现出相同的屈曲形态；而对于 F-C、F-D 两种填充结构，当壁厚为 1.5 mm 的铝方管填充孔格边长 $h = 2$ mm 的蜂窝结构时，其平台区载荷稳定，波动小，而当填充边长 $h = 4$ mm 的蜂窝结构时，刚度的减弱反而引起平台区段载荷的波动，这充分体现了蜂窝填充型结构间的主导关系。而从图 7.17(b) 所示的吸能量随压缩位移变化曲线的光滑度可以看出，各填充结构的吸能曲线的光滑程度不相同，表现出吸能波动，反映了载荷的非平稳性。F-C 结构吸能完全呈线性，体现出优良的吸能性能，同样说明蜂窝结构与外围金属薄壁管之间存在匹配效应。

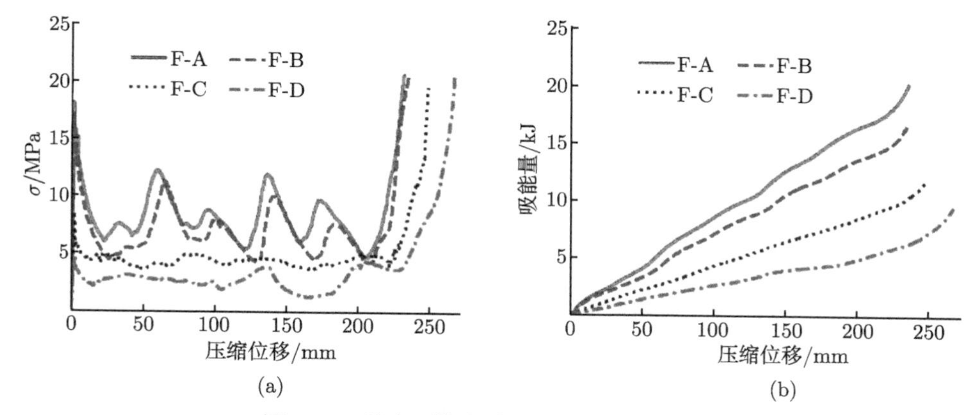

图 7.17 填充型蜂窝结构匹配特性实验 [11]

(a) 力特性曲线; (b) 吸能量

对方管主导型的填充型蜂窝结构，外套方管的屈曲模式几乎不发生改变，内充蜂窝可视为仅提供吸能的材料。在其相互作用过程中，除常规存在的未压缩区和全密实区外，还存在过渡区和干涉区，如图 7.18 所示。在干涉区，外围薄壁方管偏心压缩过程中，将会引起内嵌的部分蜂窝参与变形，蜂窝结构的轴向压缩的面积减小。在此区域中，蜂窝结构除受薄壁屈曲过程中的弯曲载荷作用导致其在共面受载外，主要表现为异面方向的变形，产生压溃式破坏。

考虑一个皱褶周期内的能量变化，其吸收的总能量等于外套方管的能量、内充蜂窝吸收的能量以及内充蜂窝与外套方管间相互作用所吸收的能量之和，可表述为

$$E_{\mathrm{TEA}} = E_{\mathrm{t}} + E_{\mathrm{h}} + E_{\mathrm{w}} \tag{7.42}$$

其中，E_{t} 为方管吸收的能量；E_{h} 为蜂窝结构吸收的能量，主要对应全密实区和过渡区蜂窝结构的塑性变形吸收的能量；E_{w} 为蜂窝结构与方管相互作用区域吸收的

能量。考虑到蜂窝结构与方管间相互作用的过程异常复杂，且其横向压缩特性远远小于轴向，构建其理论表达式的难度非常大，因而多采用实物实验与数值仿真的方法展开分析。

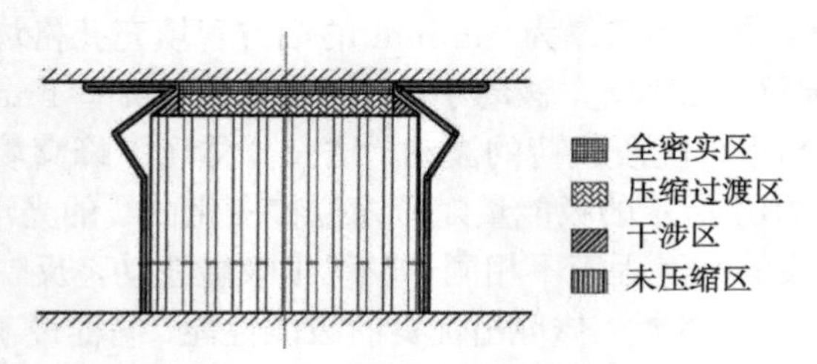

图 7.18 填充形态的吸能相互作用区域

7.2.3 填充结构的匹配效应

由于方管主导型的蜂窝填充型结构变形模式受内充蜂窝与外围薄壁方管共同影响，因而需建立方管与内充蜂窝两者间的匹配原则，得到更优匹配模式的蜂窝填充型结构几何构型。

采用显式有限元分析方法展开研究。首先进行外围方管力学参数实验，以确定数值仿真所选用的合理的材料模型及参数。根据《GB/T 228—2002 金属材料室温拉伸试验标准》进行实验，加载方式如图 7.19(a) 所示。试件取材于普通铝合金板材，厚度为 3 mm、宽度为 15 mm，实物如图 7.19(b) 所示。采用三次实测的平均结果作为本构模型的材料参数，代表性的实验结果曲线如图 7.19(c) 所示。从实验结果可知，外套方管体现为典型双线性模型特征，弹性模量为 65.24 GPa，泊松比为 0.33，屈服强度为 172.57 MPa。

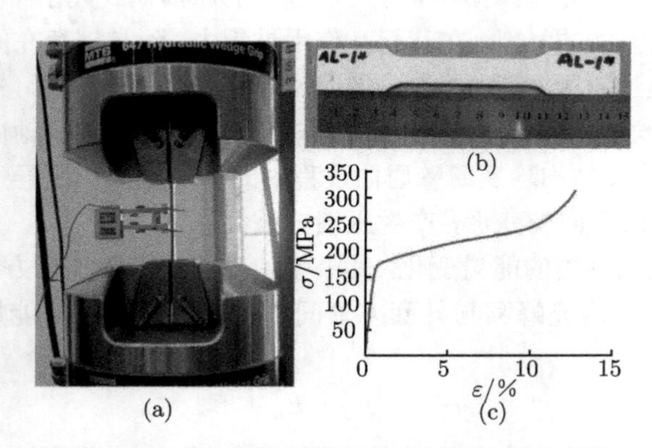

图 7.19 外套方管铝材基础力学性能实验 [11]

(a) 加载方式; (b) 试件; (c) 结果曲线

选用与前述铝箔一致的蜂窝进行数值仿真研究。采用板壳单元，建立蜂窝全尺度小规格数值模拟模型，方法与前述完全相同。图 7.20 为蜂窝、空方管及蜂窝填充方管的数值仿真模型图。

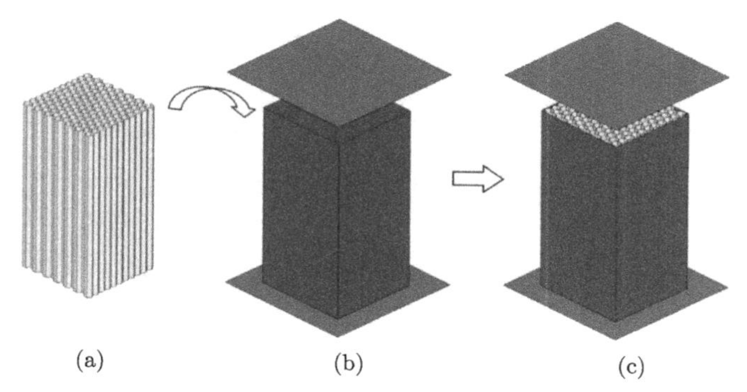

(a) (b) (c)

图 7.20 填充型蜂窝结构匹配效应数值仿真模型图 [11]

(a) 蜂窝; (b) 空方管; (c) 蜂窝填充方管

选择厚度分别为 2.0 mm、2.5 mm、3.0 mm 和 3.5 mm 的铝方管，内充孔格壁厚 $t=0.06$ mm、边长 5 mm 的蜂窝。蜂窝的孔格数目为 $11\times13(L\times W)$。外套金属薄壁方管及内填蜂窝的几何构型如表 7.3 所示。其中，M_1 为铝管质量；M_2 为蜂窝质量；M_3 为铝管与蜂窝的总质量。

表 7.3 填充型蜂窝结构规格表 [11]

序号	外套铝方管				内填铝蜂窝						M_3/kg
	d/mm	c_{w}/mm	S_0/mm	M_1/kg	t/mm	h/mm	L/mm	W/mm	T/mm	M_2/kg	
SF1	2.0	100	300	0.63913	0.06	5	99.9527	95.2224	300	0.14434	0.78347
SF2	2.5	100	300	0.79891	0.06	5	99.9527	95.2224	300	0.14434	0.94326
SF3	3.0	100	300	0.95870	0.06	5	99.9527	95.2224	300	0.14434	1.10300
SF4	3.5	100	300	1.11850	0.06	5	99.9527	95.2224	300	0.14434	1.26280

图 7.21 描绘了壁厚分别为 $d=2.0$ mm、$d=2.5$ mm、$d=3.0$ mm 和 $d=3.5$ mm 的空铝管填充壁厚 $t=0.06$ mm，孔格边长为 $h=5.0$ mm 的蜂窝所构造的复合式结构名义应力随压缩时间的变化曲线。从曲线中可以清晰地观察到，随方管壁厚的增加，填充型蜂窝结构呈现不同的载荷波动现象。当外套薄壁厚 $d\leqslant2.5$ mm 时，其撞击力特性得到明显改善，载荷幅度提升，表明其塑性变形吸收能量的能力增强；而当壁厚 $d>2.5$ mm 后，填充蜂窝对波动现象的缓解作用并不明显，其平台区的峰值相对较小。主要的模式由方管所主导，内填充蜂窝的吸能能力也明显降低，数值仿真结果再次证明了填充蜂窝间存在主导关系。

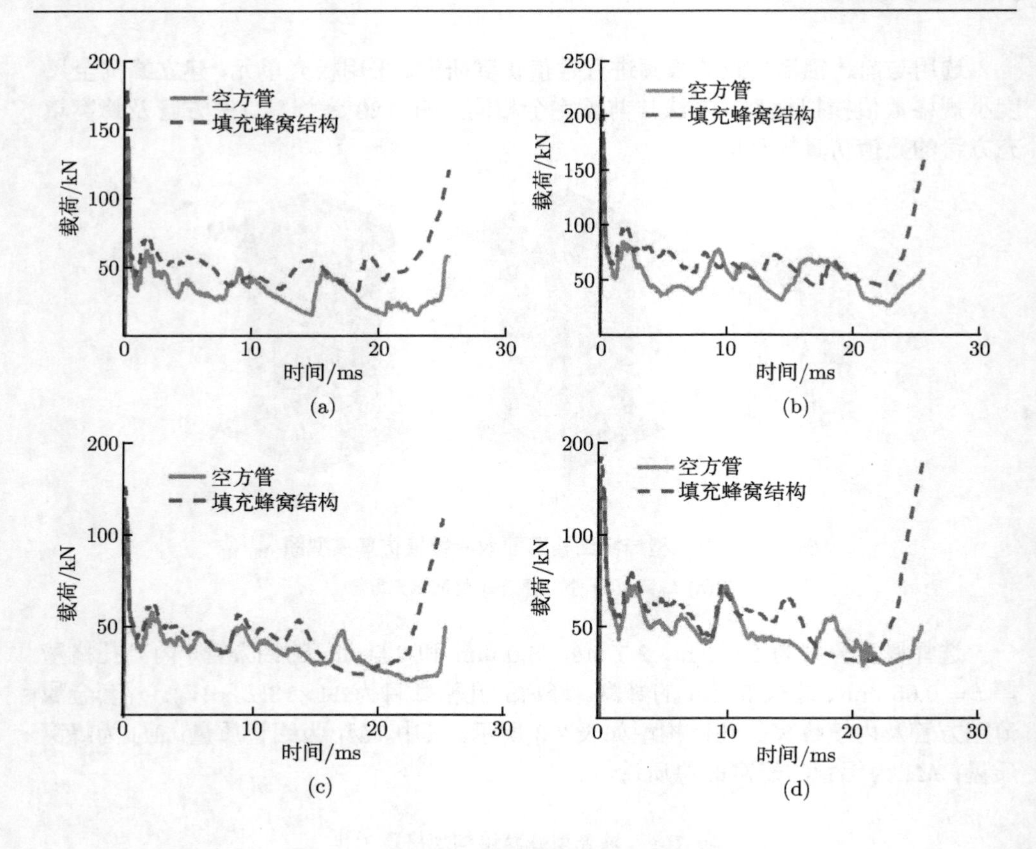

图 7.21　方管填充蜂窝结构载荷–时间曲线

(a) $d = 2.0$ mm; (b) $d = 2.5$ mm; (c) $d = 3.0$ mm; (d) $d = 3.5$ mm

当填充型蜂窝复合结构的外围薄壁为 2.5 mm 内时，结构整体的力学性能向模式相对稳定、波动平缓的方向演化，因而选定填充型结构的外壁厚为 2.5 mm，对比分析高密度的致密孔格蜂窝与低密度宽疏孔格蜂窝的变形模式与吸能特性变化。考虑到致密蜂窝小规格全尺度数值模型建立与求解较困难，采用 2.3.3 节所描述的蜂窝扩胞等效方法，将小孔格蜂窝扩为边长均为 5 mm 的蜂窝，改变其对应的铝箔厚度，以获得相同的表观密度，实现离散模型的扩胞等效。通过仿真计算，得到等效后铝箔厚度，分别对应为 t=0.30 mm 和 t=0.48 mm。图 7.22 描绘了 t=0.06 mm、t = 0.30 mm 和 t = 0.48 mm 在 10 m/s 移动刚性墙动态压缩时的变化模式 (相同视角)。

从图 7.22 的变形模式序列可知，对于外围方管壁厚为 t = 0.06 mm 的填充型结构而言，其屈曲模式总体与空方管的屈曲模式一致，且皱褶交叠生成；当压缩至 25.5 ms 时，内部蜂窝已完全被压缩，内填充蜂窝对外围皱褶生成的抵抗作用甚微。

而相比之下，内填充壁厚 $t = 0.30$ mm 及 $t = 0.48$ mm 的填充型蜂窝结构，虽产生同样的交叠皱褶，但其屈曲波长明显短于填充 $t = 0.06$ mm 的填充型蜂窝结构，在压缩进行至 17 ms 时即由原先的 2 个褶皱分别演变为 2.5 个皱褶 ($t = 0.30$ mm) 和 3 个皱褶 ($t = 0.48$ mm)，且皱褶的稳定性明显增强，皱褶长度也更加均衡，总体吸能模式得到改善。图 7.23 描绘了空方管、各填充型蜂窝 ($t = 0.06$ mm & $h = 5$ mm、$t = 0.30$ mm & $h = 5$ mm 和 $t = 0.48$ mm & $h = 5$ mm) 的复合式填充结构的撞击力特性时程曲线。

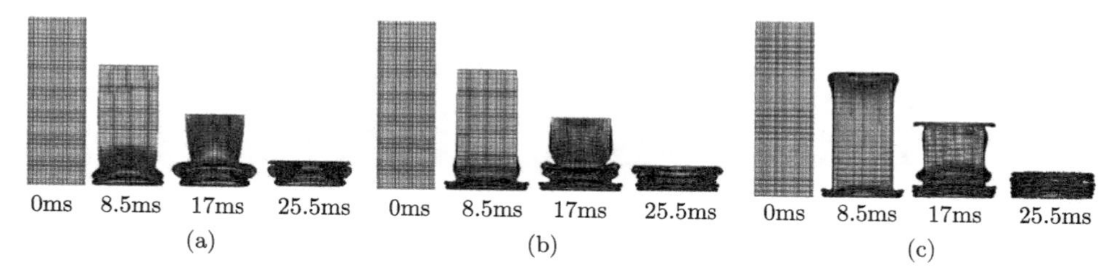

图 7.22 填充型结构变形模式对比分析

(a) $t = 0.06$ mm; (b) $t = 0.30$ mm; (c) $t = 0.48$ mm

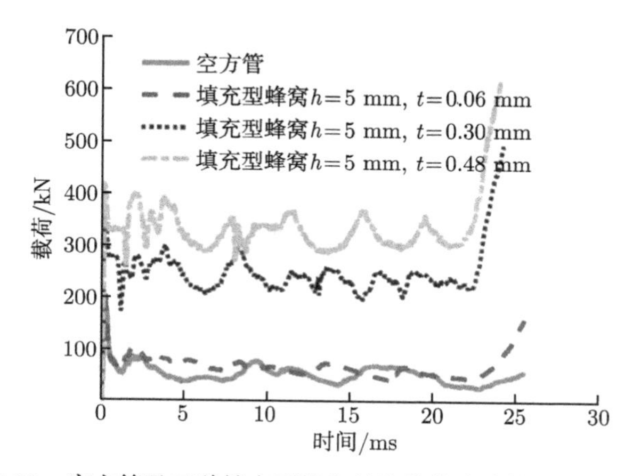

图 7.23 空方管及三种填充型蜂窝结构的撞击力特性时程曲线

从图 7.23 的撞击力特性时程曲线图可以发现，与无填充和填充厚度 $t = 0.06$ mm 的蜂窝结构两种情况相比，方管在较高密度蜂窝填充后 ($t = 0.30$ mm & $h = 5$ mm 和 $t = 0.48$ mm & $h = 5$ mm)，平台区段的载荷得到大幅提升，初始峰值载荷与均值载荷的比值明显减小，充分体现了蜂窝主导吸能模式的特点。

填充结构外围的材料对整体变形模式也存在显著的影响。与采用 6060 铝合金、CFRP 和聚酯玻璃纤维 (Ester-fiberglass) 对比，可以发现，材质间同样存在匹配效应 [14]。如图 7.24 所示，外套方管为铝合金时，尚能出现规则有序的周期性褶

皱 (图 7.24(a) 和 (b))[11,13]；而外套为碳纤维结构时，直接出现撕裂 (图 7.24(c))[15]；采用聚酯玻璃纤维管时，在方管转角处出现撕裂，呈现对称性 (图 7.24(d))[16]。

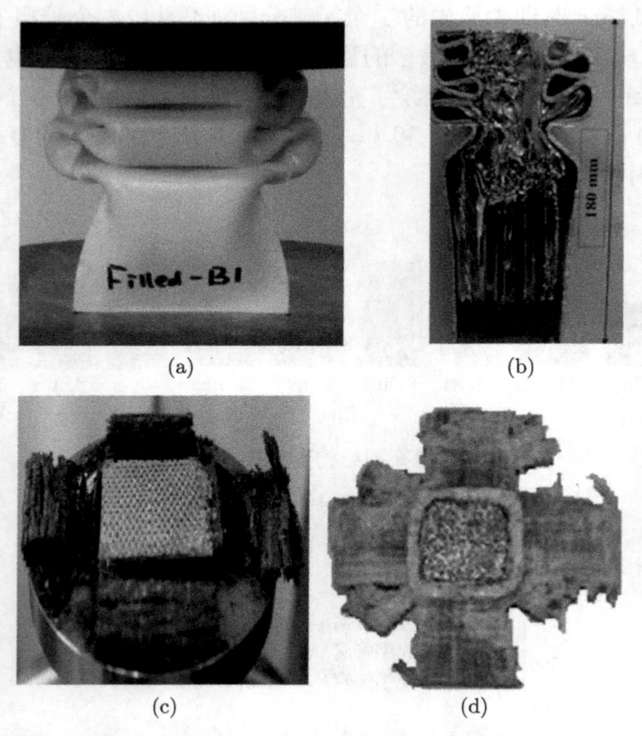

图 7.24　不同材料外围管填充型蜂窝结构压缩变形模式 [11]

(a) 铝管; (b) 6060 铝合金管 [13]; (c) CFRP 方管 [15]; (d) 聚酯玻璃纤维方管 [16]

7.3　胞孔内填充型复合结构

7.3.1　性能提升

内填充蜂窝的一大优势即在不额外增加结构体积的前提下承载能力的显著提升，通过对比具有相同尺寸规格的常规蜂窝结构及内填充型蜂窝来验证内填充模式的优越性。采用 $t = 0.06$ mm、$h = l = 2$ mm 的正边形蜂窝结构，内部填充半径为 $R = \sqrt{3}h/2$，$d = 0.10$ mm 的圆管，胞元数为 $9\times9(L \times W)$，建模方法与边界条件等均与前述相同。图 7.25 首先对比了二者的名义应力–应变曲线，内填充型蜂窝结构表现了与常规蜂窝结构相似的受载历程，展示了四个典型受载区段，即初始弹性阶段 (A-B)、塑性坍塌阶段 (B-C)、渐进屈曲阶段 (C-D)、密实阶段 (D-E)。不同的是，内填充型蜂窝在常规蜂窝基础上大幅提升了塑性平台应力 (提升超过 2 倍)，意味着内填充型蜂窝不仅保持了平稳的受载历程而且展示了优于常规蜂窝结构的能量吸收能力。

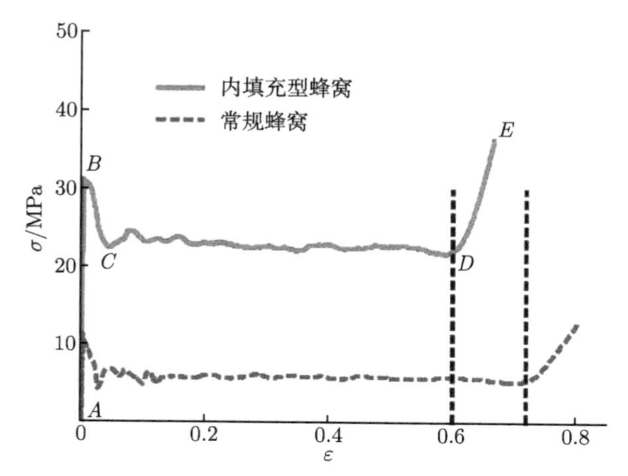

图 7.25 内填充型复合结构名义应力–应变曲线对比

图 7.26 描绘了内填充型蜂窝结构各组成部件名义应力及单位体积吸能量曲线的对比 [17]。从图中所描绘的内填充型蜂窝、常规蜂窝、组合圆管及常规蜂窝 + 组合圆管的对比可以看出，内填充型蜂窝在常规蜂窝 + 填充圆管的基础上进一步提升了塑性平台区的名义应力 (图中曲线之间的虚线部分)。表 7.4 描绘了上述结果的具体数值，内填充型蜂窝在平台名义应力上相较于常规蜂窝 + 组合圆管提升了 2.96 MPa。

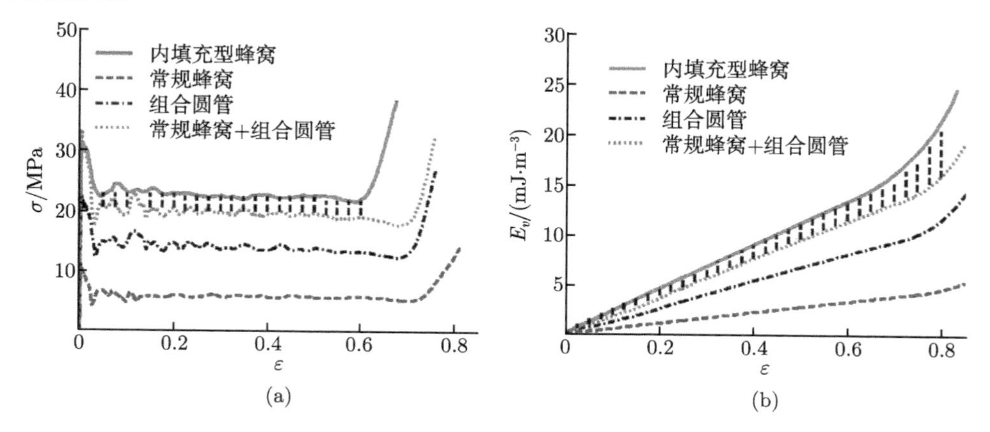

图 7.26 内填充型蜂窝结构名义应力与单位体积吸收的能量曲线对比

(a) 名义应力 [17]; (b) 单位体积吸收的能量

表 7.4　内填充型复合蜂窝结构各部件力学表现 [17]

	内填充型蜂窝	常规蜂窝	组合圆管	提升量
$\sigma_{\mathrm{m}}/\mathrm{MPa}$	22.77	5.72	14.09	2.96
$E_{\mathrm{TEA}}/\mathrm{J}$	187.72	56.57	125.43	5.72
$E_{\mathrm{SEA}}/(\mathrm{kJ}\cdot\mathrm{kg}^{-3})$	35.13	32.14	35.01	—

从图 7.26(b) 中得到了相似的结论，内填充型蜂窝结构的吸能量高于常规蜂窝 + 组合圆管，且两者之间的差距随应变增加而增大，两者之差最大可达 5.72 J (表 7.4)，同时内填充型蜂窝比吸能也高于组合圆管以及常规蜂窝，证实了内填充型蜂窝结构显著提升了结构承载和吸能能力，同时复合式的结构特点在各部件单独作用的基础上进一步提升了结构的面外承载性能。这主要由于外部蜂窝结构对内部填充圆管产生额外的限制作用以及二者之间复杂的相互作用，促使胞元在各部件折叠变形的基础上产生了更大的塑性变形，从而耗散塑性能。

7.3.2　比体积

胞孔内部填充各轻型结构，最大优点在于可显著提升其吸能的比体积。由前述研究可知，填充型结构的平台应力可以分为三部分：

$$\sigma_{\mathrm{m}} = \sigma_{\mathrm{h}} + \sigma_{\mathrm{t}} + \Delta_s \tag{7.43}$$

其中，σ_{h}、σ_{t} 和 Δ_{s} 分别代表原蜂窝的平台力，内部圆管的平台力以及两者相互作用提升的部分。同样，在压缩过程中能量吸收的总和是蜂窝结构吸收的能量、圆管吸收的能量以及二者相互作用所耗散的能量三部分的总和：

$$E_{\mathrm{TEA}} = E_{\mathrm{h}} + E_{\mathrm{t}} + \Delta_E \tag{7.44}$$

其中，E_{h}、E_{t} 和 Δ_E 分别为蜂窝吸收的能量、圆管吸收的能量和相互作用所耗散的能量增量。定义载荷提升系数 k_{t} 和能量提升系数 k_{E}：

$$k_{\mathrm{t}} = \frac{\sigma_{\mathrm{h}} + \sigma_{\mathrm{t}} + \Delta_s}{\sigma_{\mathrm{h}}} \tag{7.45}$$

$$k_{\mathrm{E}} = \frac{E_{\mathrm{h}} + E_{\mathrm{t}} + \Delta_E}{E_{\mathrm{h}}} \tag{7.46}$$

如果 Δ_s 和 Δ_E 被忽略，则 k_{t} 和 k_{E} 可简化为

$$(k_{\mathrm{t}})^* = 1 + \frac{\sigma_{\mathrm{t}}}{\sigma_{\mathrm{h}}} \tag{7.47}$$

$$(k_{\mathrm{E}})^* = 1 + \frac{E_{\mathrm{t}}}{E_{\mathrm{h}}} \tag{7.48}$$

式中，$(k_{\mathrm{t}})^*$ 和 $(k_{\mathrm{E}})^*$ 分别代表简化的载荷提升系数和能量提升系数。从式 (7.47)～式 (7.48) 可知，$(k_{\mathrm{t}})^*$ 和 $(k_{\mathrm{E}})^*$ 主要与内部填充管的平台力水平与吸能能力直接相

关。同时，对于给定的蜂窝填充结构，其面积 A_c 可以由外部蜂窝来计算：

$$A_c = \frac{3\sqrt{3}}{2}h^2 \tag{7.49}$$

因此，对于常规的正六边形蜂窝结构，其面积为 A_c。而对于内填充圆管的蜂窝结构，其等效面积 A_e 为

$$A_e = \frac{6h + 2\pi h}{6h}A_c \tag{7.50}$$

进一步可简化为

$$A_e = \frac{3 + \pi}{3}A_c \tag{7.51}$$

显然，一旦 A_c 确定，A_e 接近于常数。表 7.5 列出了壁厚分别为 $t = 0.06$ mm & $d = 0.04$ mm，$t = 0.06$ mm & $d = 0.06$ mm，$t = 0.06$mm & $d = 0.10$ mm 三种不同匹配样品的 A_e、$(k_t)^*$ 和 $(k_E)^*$ 仿真结果。

表 7.5 A_e、$(k_t)^*$ 和 $(k_E)^*$ 仿真结果

	$t = 0.06$ mm $d = 0.04$ mm	$t = 0.06$ mm $d = 0.06$ mm	$t = 0.06$ mm $d = 0.10$ mm
A_e	2.0472	2.0472	2.0472
$(k_t)^*$	1.5542	2.0297	3.4633
$(k_E)^*$	1.5603	2.0176	3.3065

正如表 7.5 所示，在填充不同管径的圆管时，填充结构的体积利用率均为常数 2.0472。然而，$(k_t)^*$ 和 $(k_E)^*$ 却随着不同的几何匹配情况而发生变化，带来不同的提升效果。当 $d = 0.04$ mm，$(k_t)^*$ 仅为 1.5542；当 $d = 0.06$ mm，$(k_t)^*$ 增至 2.0297；而当 $d = 0.10$ mm，$(k_t)^*$ 增至 3.4633。$(k_E)^*$ 呈现出同样的变化趋势：当 $d = 0.04$ mm，$(k_E)^*$ 仅为 1.5603；当 $d = 0.06$ mm，$(k_E)^*$ 增至 2.0176；当 $d = 0.10$ mm，$(k_E)^*$ 增至 3.3065。换言之，在相同的体积空间内，平台力与吸能量随着内填充圆管壁厚的增加而逐渐增大。在评价填充型结构的力学性能时，有必要考虑载荷与能量的提升效果，而不仅仅是体积的问题。如果将内填充圆管与外部蜂窝胞孔间的相互作用考虑进来，提升的效果将会更加显著。

7.3.3 匹配效应

当蜂窝结构作为填容器时，内填充圆管与蜂窝胞元之间同样存在匹配效应 [4]。为获得不同填充形式对蜂窝结构吸能特性的影响，一系列准静态实验得以开展。实验样品与填充形式如表 7.6 所示，其中 M_1、M_2 和 M_3 分别代表内圆管的质量、外蜂窝芯的质量和内填充型蜂窝复合式结构的总质量。实验中使用了 10 种孔内填充

型蜂窝复合式结构，分别标记为 F1-A、F1-B、F1-C、F1-D、F1-E、F2-A、F2-B、F2-C、F2-D 和 F3-A。对空蜂窝芯进行了 4 项必要的对比试验，分别标记为 F1-01, F2-01, F2-02 和 F2-03。根据圆管的分布，将其填充形式分为 6 种形式，分别标记为：中心棱柱填充 (Ⅰ型)，内部单正方形填充 (Ⅱ型)，边缘单正方形填充 (Ⅲ型)，外部双正方形填充 (Ⅳ型)，中心正方形填充 (Ⅴ型)，整个区域填充 (Ⅵ型)，未填充情况，见Ⅰ型示图中左上角虚线方框，如图 7.27 所示。

表 7.6　内填充 CFRP 圆管的复合式结构 [4]

类型		内填充圆管				外六边形蜂窝					M_3/g
		材料	d/mm	R/mm	M_1/g	t/mm	$h=l$/mm	$L=W$/mm	T/mm	M_2/g	
F1-01	—	—	—	—	—	0.15	2.625	60	20	17.5	17.5
F1-A	I	CFRP1#	0.5	2.0	2.0	0.15	2.625	60	20	18.0	20.0
F1-B	II	CFRP1#	0.5	2.0	3.0	0.15	2.625	60	20	18.0	21.0
F1-C	III	CFRP1#	0.5	2.0	6.0	0.15	2.625	60	20	18.0	24.0
F1-D	IV	CFRP1#	0.5	2.0	3.3	0.15	2.625	60	20	17.7	21.0
F1-E	VI	CFRP1#	0.5	2.0	28.0	0.15	2.625	60	20	17.0	46.0
F2-01	—	—	—	—	—	0.06	3.0	60	40	10.5	10.5
F2-A	V	CFRP2#	0.5	2.5	13.0	0.06	3.0	60	40	10.5	23.5
F2-B	III	CFRP2#	0.5	2.5	13.0	0.06	3.0	60	40	10.5	23.5
F2-02	—	—	—	—	—	0.06	3.0	60	80	21.5	21.5
F2-C	III	CFRP2#	0.5	2.5	26.5	0.06	3.0	60	80	21.5	48.0
F2-03	—	—	—	—	—	0.06	4.0	60	40	8.0	8.0
F2-D	III	CFRP2#	0.5	3.5	12.0	0.06	4.0	60	40	8.0	20.0
F3-A	VI	Al	0.5	2.0	49.5	0.15	2.625	60	20	18.0	67.5

所有蜂窝试样均采用铝箔拉伸工艺生产制造。内管为普通 CFRP 管 (3K) 织成，基体为环氧树脂。为了比较蜂窝强度对变形模式的影响，在该实验中采用了两种蜂窝结构。对于 F1-01、F1-A、F1-B、F1-C、F1-D 和 F1-E 的蜂窝样品，其外形尺寸为 60 mm×60 mm×20 mm ($L \times W \times T$)，箔片厚度为 0.15 mm，胞元边长为 2.625 mm，这 6 个标本被分为 F1 组。对于内管，由于蜂窝胞元的几何结构不同，采用了两种长度的 CFRP 管，分别被标记为 CFRP1#和 CFRP2#。除 F1-01 采用常规蜂窝 (未填充) 外，F1 组其他 5 个标本均填充了 $d = 0.5$ mm，$R = 2.0$ mm 的 CFRP1#圆管。同时，对于 F2-A、F2-B、F2-C、F2-D、F2-01、F2-02 和 F2-03，它们的外形尺寸与 F1 组相同，即 60 mm×60 mm ($L \times W$)，$t = 0.06$ mm。由于这组样本中的 F2-A、F2-B、F2-C 和 F2-D 均填充了 CFRP2#圆管，因此将其分为 F2 组。在这一组中，F2-A、F2-B 和 F2-01 采用了 $h = 3.0$ mm、$T = 40$ mm 的蜂窝结构。尽管在 F2-02 和 F2-C 中 $h = 3.0$ mm，但它们的 $T = 80$ mm。与 F2-A、F2-B

和 F2-01 不同，F2-03 和 F2-D 的胞元长度为 4.0 mm。F3-A 被标记为 F3 组，作为 F1-01 的对比试验。

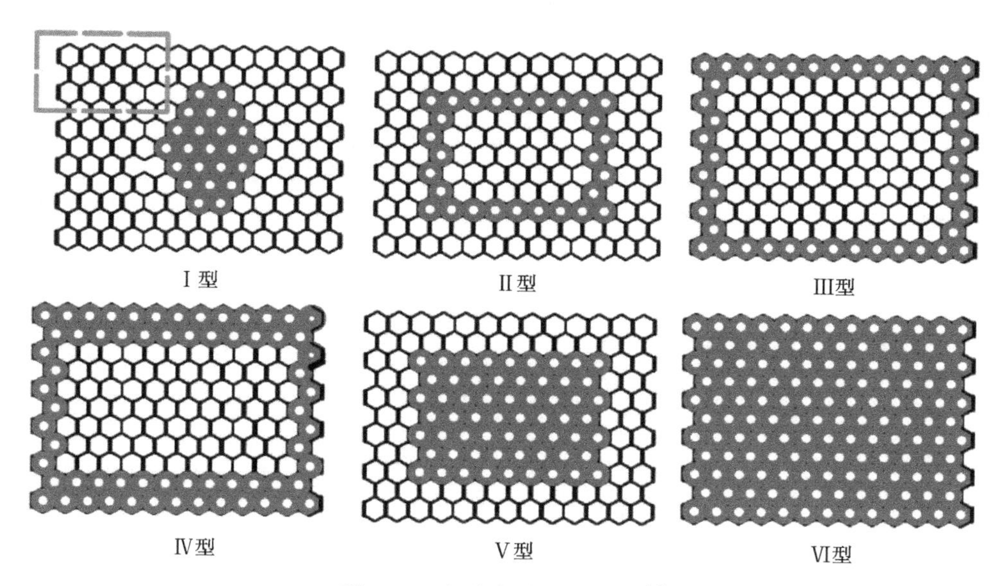

图 7.27 六种典型填充形式 [4]

表 7.7 列出了各次实验的结果，包括平台阶段的平均力 F_{m}、初始坍塌阶段的峰值力 F_{P}、吸能量 E_{TEA}、载荷压缩效率 φ_{CFE} 和比吸能 E_{SEA}。由于 F1-E、F2-A、F2-B、F3-A 的动态响应发生了剧烈波动，其在坍塌阶段出现不稳定压缩现象，因而其结果均未在表 7.7 中列出。

表 7.7 实验结果 [4]

类型	F_{m}/kN	F_{P}/kN	E_{TEA}/J	φ_{CFE}	$E_{\mathrm{SEA}}/(\mathrm{kJ}\cdot\mathrm{kg}^{-1})$
*F*1-01	45.89	60.26	463.57	0.76	26.49
*F*1-A	94.61	126.92	919.48	0.75	45.97
*F*1-B	96.24	133.42	949.80	0.72	45.23
*F*1-C	88.36	121.02	878.51	0.73	36.60
*F*1-D	125.58	135.61	1204.51	0.93	57.36
*F*2-02	5.84	14.59	235.25	0.40	10.94
*F*2-C	59.38	56.12	2203.11	1.06	45.90
*F*2-03	1.73	7.36	33.31	0.24	4.16
*F*2-D	46.82	43.22	822.54	1.08	41.13

如表 7.7 所示，填充后，孔内填充 CFRP 圆管结构的初始峰值力远高于空心结

构，F1 组的平均增幅近 2.14 倍，F2 组为 3.85 倍，F3 组为 5.87 倍。与空心蜂窝芯相比，该型结构的承载能力明显提高 (图 7.28)，致密化阶段提前出现 (图 7.28(a))。对于平台区段的平均应力，从载荷历程曲线上也观察到显著的提升作用。F1-A 升至 94.61 kN，F1-B 升至 96.24 kN，F1-C 升至 88.36 kN，F1-D 升至 125.58 kN(考虑压缩比 0.15 ~ 0.5)。因此，能量吸收可以通过计算力与压缩位移的积分得到 (仅计算从初始塑性坍塌到压缩比等于 0.5 时的能量吸收)。吸能量从 463.57 J(见 F1-01) 跃升到 919.48 J(F1-A)、949.80 J(F1-B)、878.5 J(F1-C) 和 1204.51 J(F1-D)，同样的趋势也可以在 F2 组中观察到。由此可知，孔内填充 CFRP 圆管结构是一种较为优良的能量吸收结构。

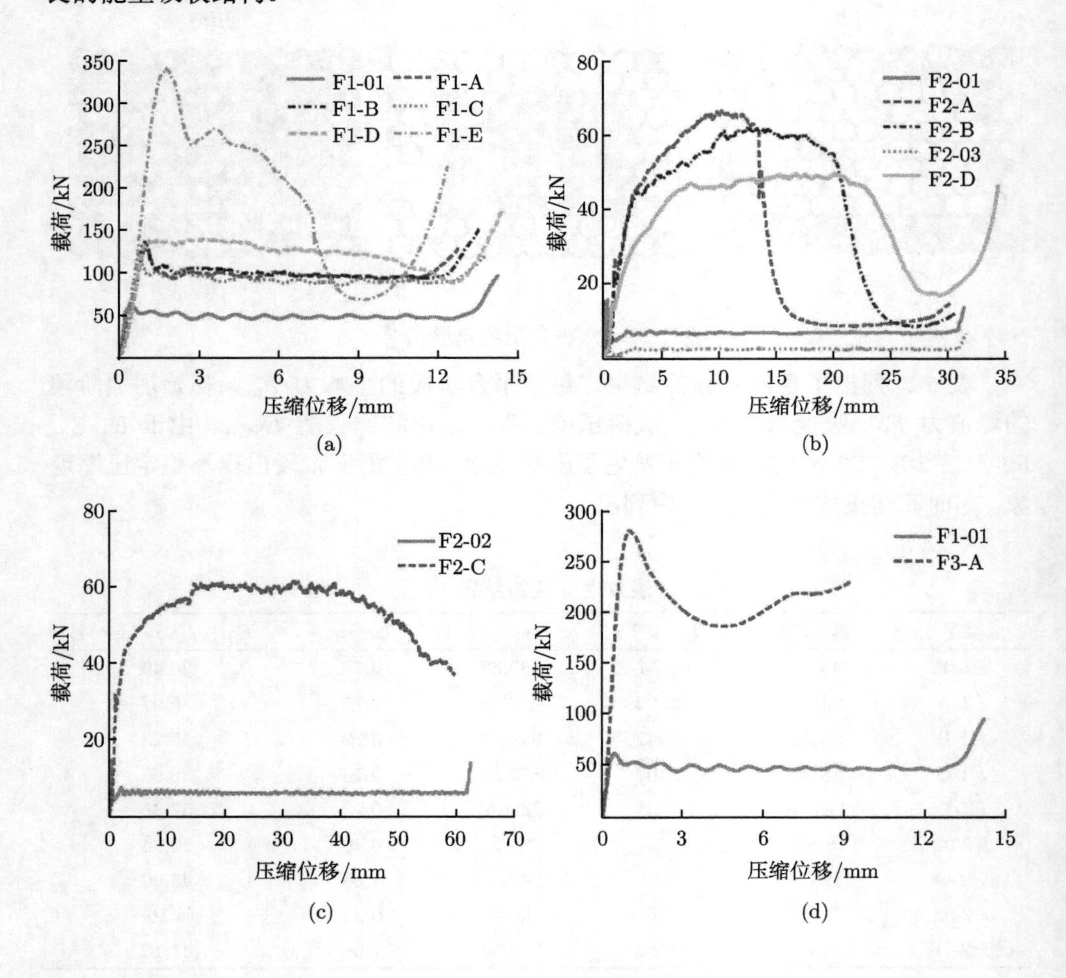

图 7.28　实验结果 [4]

(a) F1 组; (b) F2, $T = 40$ mm; (c) F2, $T = 80$ mm; (d) F3

为了便于说明，图 7.29 描绘了吸能量与压缩位移的对应曲线。与图 7.29(a) 的 F1-E 和图 7.29(b) 中 F2-A、F2-B 所呈现的不规则曲线形态不同，图 7.29(a) 中的 F1-A、F1-B、F1-C、F1-D 和图 7.29(b) 中的 F2-D 所表现出的线性特征表明它们具有良好的吸能性能。

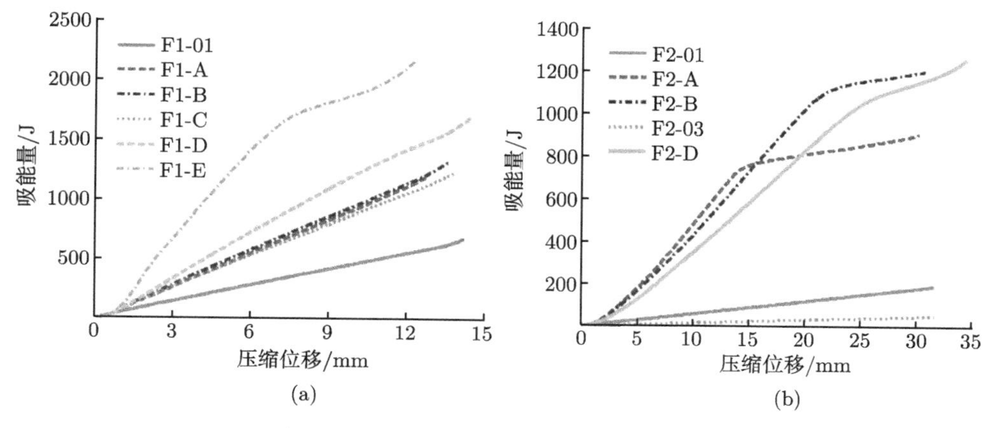

图 7.29 吸能量与压缩位移对应曲线 [4]

(a) F1 组; (b) F2 组

通过对比 φ_{CFE} 发现，除 F1-D 外，F1 组的 φ_{CFE} 保持在 0.76 以下。从图 7.28 也可以看出，虽然 F1-C、F2-C 和 F2-D 填充形式均为 III 型，但 F2-C 和 F2-D 中的 φ_{CFE} 明显高于 F1-C 中的 φ_{CFE}，这主要是由于外蜂窝与内填充圆管的匹配作用。需要指出的是，表 7.7 中的 F2-C 和 F2-D 的 φ_{CFE} 值并不完全代表它们真实的 φ_{CFE}，因为很难从压缩曲线中确定明显的初始峰值力。而图 7.28 所示的曲线中，F2-C 和 F2-D 呈稳定增长趋势，充分验证了填充效应的存在。

蜂窝胞孔内填充圆管时，能量提升不仅来自填料的塑性变形与破坏，还归因于蜂窝结构与内填充圆管的复杂相互作用。从实验观察，这两种成分之间有三种典型的相互作用关系，包括：① 蜂窝胞孔形状被内圆管挤压变形；② 蜂窝胞壁之间的黏结被内圆管挤压破坏；③ 破裂的内充 CFRP 圆管被约束，由花瓣状撕裂 (图 7.6) 转变为向内折叠。图 7.30 详细说明了这三种典型的相互作用关系。如图 7.30 (a) 所示，圆管的膨胀导致蜂窝胞元的形状由六边形向不规则演变。塑性铰在成形、移动和旋转过程中会消耗非线性塑性能量。同时，由于不可抗拒的弯曲效应，两个相邻的蜂窝单元被迫彼此分开，发生黏结失效 (图 7.30(b))，这也会消耗能量。此外，一旦填充到六边形单元中，CFRP 圆管的边界不再是自由的 (图 7.30(c))，而它们四周都会受到限制。传统的花瓣状撕裂模式 (图 7.30(d)) 消失，内充 CFRP 圆管被挤压在胞元内，能量即在此过程中被耗散了。

图 7.30　不同的相互作用模式 [4]

(a) 胞孔变形; (b) 胞壁黏结失效; (c) CFRP 管内部撕裂; (d) CFRP 管撕裂模式

7.3.4　局部强化效应

除了提升面外的承载能力与吸能性能这一优势以外，胞孔内填充圆管结构的另一大优势在于改善结构局部强度与刚度，对局部冲击载荷起到更好的抵抗作用。为获得填充型复合式结构的局部冲击响应，爆炸载荷冲击及小球冲击响应数值模拟研究得以展开 [18,19]。在工程应用中，蜂窝结构往往被用于三明治夹芯板抵抗局部冲击。在如图 7.31 所示的三明治夹芯板结构中，整体尺寸为 $L = W = 300$ mm，$T =$ 22 mm (包括上下面板厚度各 1 mm，蜂窝芯高度 20 mm，胶黏层厚度忽略不计)。蜂窝填充型夹芯的尺寸为：t = 0.06 mm、h = 4 mm、d = 0.06 mm，填充管的

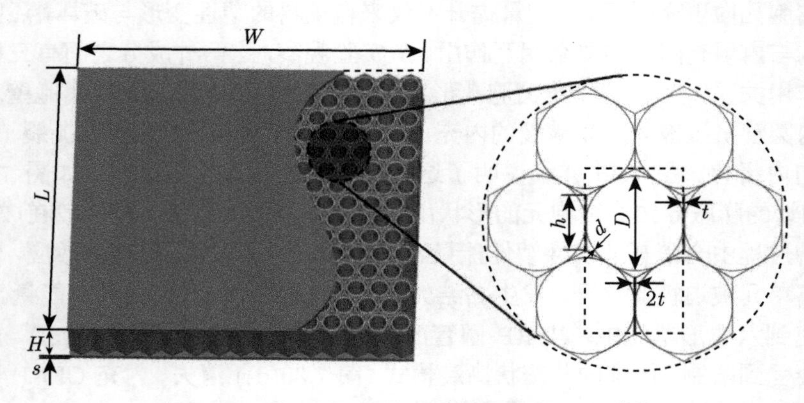

图 7.31　蜂窝填充型三明治夹芯板示意图 [18]

外径根据蜂窝孔格结构尺寸计算得到。三明治板上下面板材料均为铝材，密度为 2700 kg/m^3，弹性模量为 70 GPa，泊松比为 0.33，静态屈服应力为 140 MPa，内部蜂窝材料及其填充料均采用 5052 铝。

为了研究填充型蜂窝结构的局部强化效应，爆炸载荷采用了近场爆炸的设置方式 (起爆点距离上面板 100 mm，爆炸当量相当于 20 g TNT 炸药)。图 7.32 描绘了内填充型蜂窝三明治夹芯板与常规蜂窝三明治夹芯板在整个爆炸载荷响应过程中不同时刻变形模式对比，(a) 为三明治夹芯板剖视图，(b) 为上面板 (爆炸冲击波接触面) 应力分布图。由图 7.32(a) 可知，在爆炸载荷作用下，左侧常规蜂窝三明治夹芯板发生了更为严重的整体挠曲变形 (下面板最大位移大于右侧复合填充型蜂窝三明治夹芯板)。除此之外，从图 7.32 (b) 可知，在冲击波作用于三明治夹芯板的小段时间内 (75μs)，填充型蜂窝三明治夹芯板响应速度更快，同一时刻应力在结构上的传播范围明显大于常规蜂窝板，以上两点均得益于内填充型蜂窝夹芯更高的整体强度。表 7.8 列出了三明治夹芯结构各组成部分吸能量占结构总吸能量的百分比，可以看出，常规蜂窝夹芯板的芯材占比为 60%，而填充结构夹芯芯材吸能量占比为 75%。在图 7.32(a) 中，尽管填充蜂窝夹芯受载中心区压缩量小于常规蜂窝，但更高的强度以及蜂窝与填充物间的相互作用使填充夹芯结构吸收了受载过程中大部分的塑性变形能。

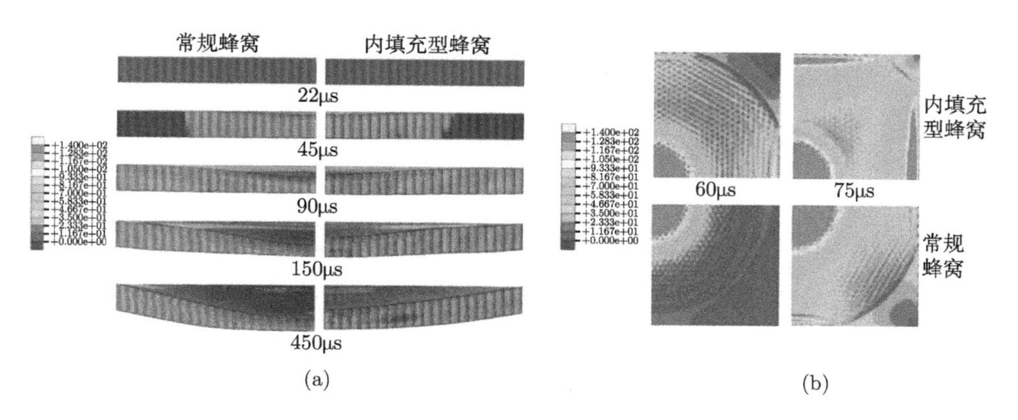

图 7.32 内填充型蜂窝结构与常规蜂窝变形模式对比 [18]

(a) 剖视图; (b) 上面板应力分布

表 7.8 三明治夹芯板能量吸收对比 [18]

	上面板	下面板	芯材
内填充型蜂窝三明治夹芯板	13%	7%	75%
常规蜂窝夹芯板	25%	12%	60%

此外，三种填充模式对爆炸载荷响应的影响，如图 7.33 所示，模式 I 为中心填充，模式 II 为过渡区域填充 (为研究芯材稍远离中心区域对结构的影响)，模式III为外围填充。从结果中发现，模式 I 由于填充区域集中在中心区域，导致该区域的惯性高于其他区域，在冲击载荷作用下，出现了惯性效应，从而导致三明治夹芯板整体变形加剧；而模式III所填充的外围区域对结构响应几乎没有影响，响应模式和常规蜂窝板相似。因此，对上述两种填充模式不再进行详细研究。图 7.34 描绘了常规蜂窝夹芯板、全填充型蜂窝夹芯板以及模式 II 填充型蜂窝夹芯板的变形模式对比图，相较于常规蜂窝及全填充型蜂窝，模式 II 填充型蜂窝进一步减小了结构在载荷作用下的变形程度，换言之，控制三明治夹芯板结构变形的关键在于提升芯材过渡区域 (稍远离受载中心区域) 的强度。

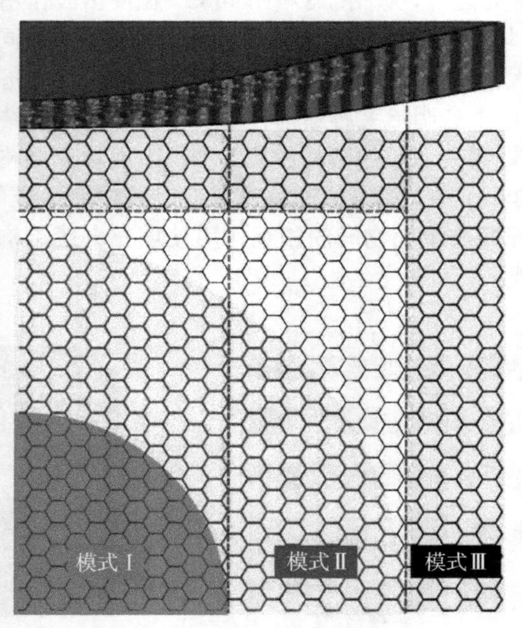

图 7.33　不同填充模式示意图 [18]

与爆炸源作用引发的局部冲击响应相区别，刚性球的冲击破坏同样以图 7.31 所示结构为对象展开，并同常规蜂窝三明治板、组合圆管式三明治板 (仅由组合圆管做芯材，又称圆形蜂窝，见第 9 章) 进行对比研究。值得注意的是，三种结构保持质量相同。换言之，在面板厚度相同的情况下，常规蜂窝以及组合圆管式夹芯的壁厚均大于填充型蜂窝夹芯的壁厚。图 7.35 描绘了三种三明治板在同一小球冲击载荷作用下的响应模式，填充型蜂窝的最大背板位移为 6.50 mm，常规六边形和组合管式分别为 7.62 mm 和 7.41 mm，同时，填充型蜂窝夹芯的压缩量 (上下面板最大位移差值) 大于其余两种结果。这表明填充型蜂窝结构相较于其他两种结构，在降低三明治板整体挠曲的前提下，进一步增加了芯材的压缩量，主要原因在于填充型蜂窝的复合式结构相较于壁厚增加的蜂窝及组合圆管结构降低了芯材局部压缩刚度，但蜂窝和圆管的相互作用增强了芯材整体的面外抗弯刚度，从而使结构在受载集中区域易压缩但三明治板不易产生挠曲。图 7.36 描绘了三种结构的吸能量对比图，填充型蜂窝总吸能量明显高于其他两个结构且提升量主要源自芯材更大的塑性变形。

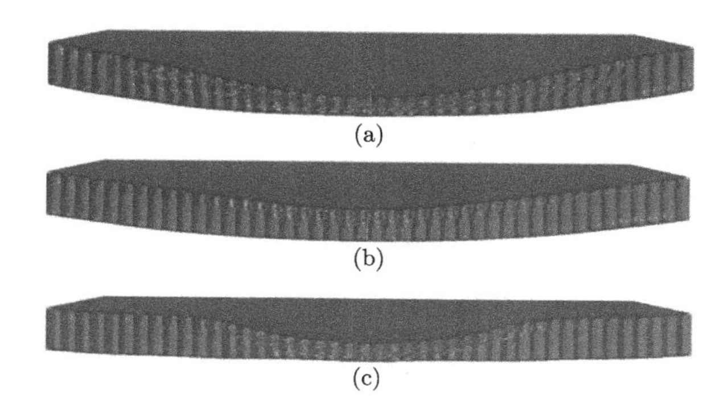

图 7.34 不同填充模式结构的变形模式 [18]

(a) 常规蜂窝板; (b) 全填充型蜂窝板; (c) 模式 II 填充型蜂窝板

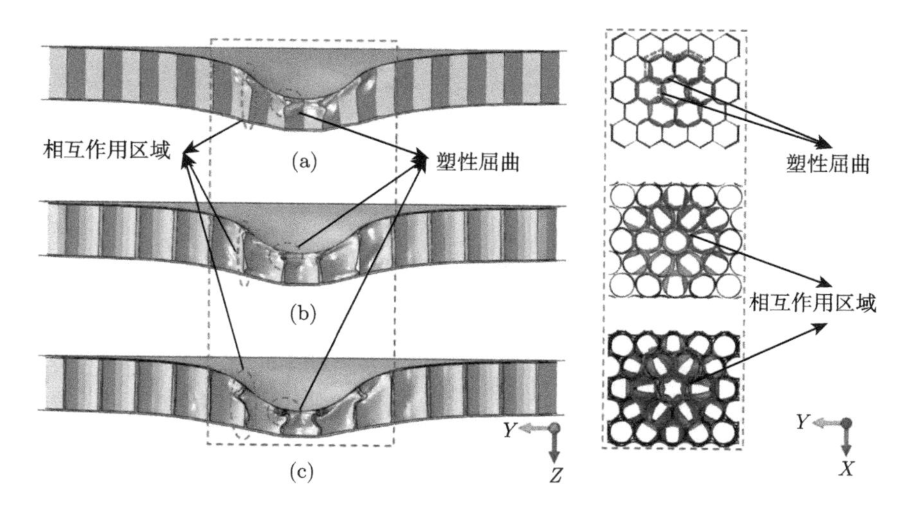

图 7.35 三明治板小球冲击载荷响应模式 [19]

(a) 常规蜂窝板; (b) 组合圆管式板; (c) 填充型蜂窝板

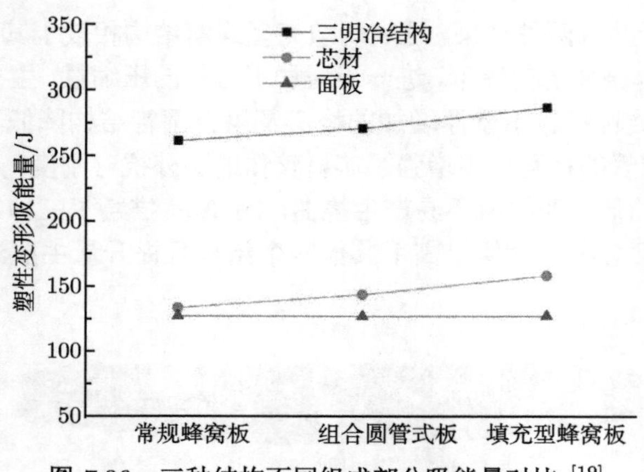

图 7.36　三种结构不同组成部分吸能量对比 [19]

内填充蜂窝结构的另一个特点在于其提高了斜向冲击的阻抗，图 7.37 与图 7.38 分别描绘了三种结构受不同角度斜向冲击载荷的变形模式及响应 (下面板最大变形，总吸能量) 对比，这三种结构具有相同的质量，因而其胞壁厚度不同。如图 7.37 所示的变形模式，填充型蜂窝以及组合圆管式结构在斜向冲击 (10°) 载荷下，芯材局部压缩变形大于常规蜂窝局部变形，这说明在等质量情况下，填充型蜂窝和组合圆管式结构 (芯层胞壁厚度更薄) 具有更深的压缩行程，进而间接减小了背板的弯曲变形。从图 7.38 可以看出，当冲击角度为 0°、10°、20°、30° 和 40° 时，填充型蜂窝 (以

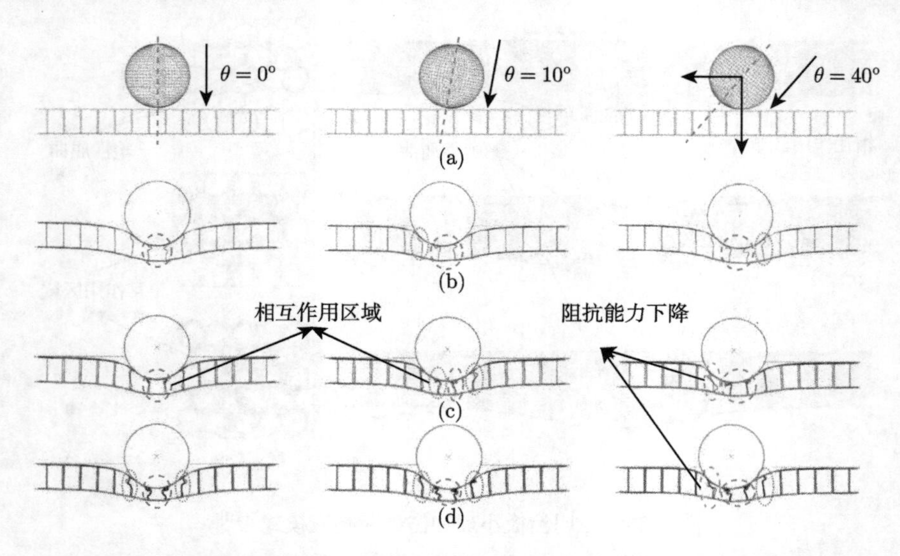

图 7.37　三种结构不同角度 (0°、10° 和 40°) 冲击变形模式 (等质量)[19]

(a) 示意图; (b) 常规蜂窝板; (c) 组合圆管式板; (d) 填充型蜂窝板

及组合圆管式结构) 的响应参数相较于常规蜂窝的提升与冲击角度成正比。此外，相较于组合圆管式结构，填充型蜂窝胞元存在圆管与蜂窝之间的相互作用，在斜向载荷下，填充管发挥了支撑骨架的作用，为胞元提供了额外强度，因此填充型蜂窝夹芯可以为三明治结构带来更好的斜向冲击抗性。

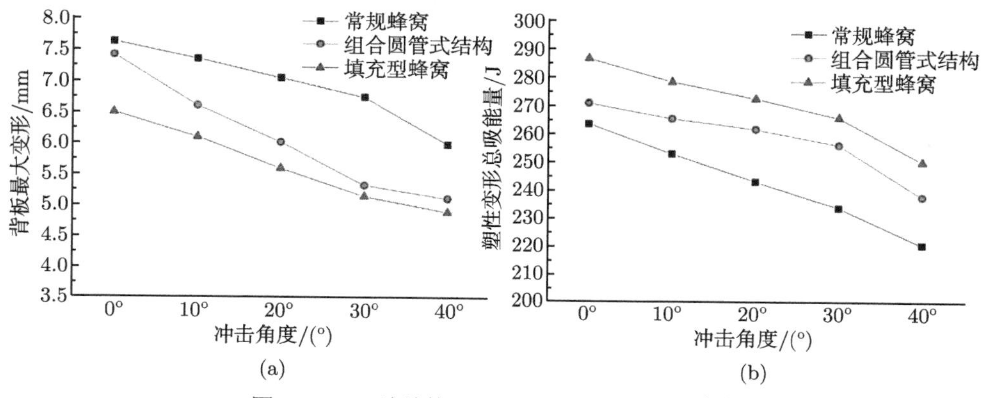

图 7.38 三种结构不同冲击角度响应对比 [19]

(a) 下面板最大位移; (b) 结构总吸能量

7.3.5 多种填充结构的对比

内填充形式相对于填充泡沫铝式结构，其变形模式具有一定的优势。虽然泡沫填充蜂窝芯 (图 7.39(a)) 在经受轴向压缩时也能表现出优异的力学性能，但它表现为像金属泡沫一样的蜂窝固体。它得到了最大的空间利用率，六边形胞元的中心几乎没有空隙了。然而，常规蜂窝六边形胞元填充圆管，在适当的空间利用率设计中，孔内填充 CFRP 圆管结构具有很大的优势。它仍然具有较高的孔隙，在压缩作用下能够产生较高的压缩比和更稳定的变形模式 (图 7.39(b)，表 7.6 中 F1-B)。同时，泡沫铝增强的填充结构在强动载作用下，泡沫可能碎裂，出现泡沫屑飞溅的现象。

图 7.39 变形模式的比较

(a) 泡沫填充的蜂窝 [13]; (b) CFRP 圆管填充

7.4　填充型蜂窝结构的工程应用

7.4.1　在轨道交通中的应用

填充型蜂窝结构在轨道交通碰撞吸能装置等方面得以广泛应用。碰撞事故造成的人员伤亡触目惊心，例如，2011 年 1 月 29 日德国萨克森–安哈尔特州迎面碰撞事故，造成客车碰撞后脱轨倾覆，导致 10 余人死亡和 40 多人受伤。“安全” 是铁路运输永恒的话题，而铁道车辆碰撞事故无法完全避免，英国、法国、美国、德国等铁路发达国家已将碰撞安全性列为铁道车辆装备的核心指标之一。

列车碰撞吸能设计是世界各国面临的共性难题，究其原因在于列车碰撞是列车、线路、乘员多因素耦合冲击过程，模式难以预测，演化过程复杂，常伴随爬车、碰撞脱轨及脱轨后倾覆等失稳形态，具体表现为：① 列车是大质量、多悬挂的多节车辆编组而成的复杂系统，发生碰撞时，车体结构、车端连接、转向架连接等都会发生非线性大变形，变形过程中不同部件之间以及结构内部的相互作用会导致列车爬车、碰撞脱轨、倾覆、掉线等附加伤亡事故；② 碰撞过程中，列车垂向通过转向架悬挂系统和轮轨相互耦合作用，属于单边开放式约束问题；③ 不同型号车辆碰撞时，两车刚度差、底架高度差、偏心连接等因素造成的端部刚度不均匀以及偏心冲击导致运动及变形的不确定性；④ 列车车辆间纵向力传递方式也具有显著特点，主要通过车钩缓冲装置刚性和柔性连接协同作用完成；⑤ 列车在发生碰撞事故前处于运动状态，各车相对位置具有随机性。列车碰撞问题是集力学、材料、机械、交通等多学科强交叉的系统性难题。

为防止轨道车辆的碰撞，需开发专用的吸能结构。轨道车辆的耐撞性设计，在轻量化的基础上，需解决位形失稳、姿态保持、减速度有效控制等系列难题，最终实现冲击动能的有效吸收。根据列车车体耐撞性设计方法和乘员保护的基本要求，耐冲击吸能安全车体主要采用多级刚度设计，在载人区采用强刚度结构，在非载人区采用弱刚度结构。针对该结构特点，可在列车头车前端 (非载人区) 加设弱刚度的蜂窝填充型复合式专用吸能结构。碰撞发生时，它先于车体结构产生塑性变形，吸收冲击动能。对于动车组，其头车前端区域长细比大，气密隔墙与车头鼻尖范围内钢结构骨架相对简单，除牵引梁间为车钩安装所需的必须空间外，其余部位均可进行相应的布局与设计。加之蜂窝填充型复合结构仅由蜂窝与方管薄壁组成，安装固定方便，可将其卡装在前端底架横梁间；亦可以悬臂梁的形式固定于底架内侧边梁内或边梁外端面处，或同时利用底架边梁内外侧空间，直接固定于边梁端沿，将其作为边梁的延长部分；甚至考虑对头车开闭机构进行改进后，外伸于底架牵引梁前端，以悬臂形式吸收冲击动能。除以上吸能设计之外，还可将蜂窝元件填充于车体纵向牵引梁、底架前端箱型梁内形成填充型复合式吸能梁件，加强车端吸能能力，提高整车耐撞性能。

到目前为止，针对轨道车辆的各型各异的专用吸能结构被相继提出并得到发展，包括薄壁型、鼓胀式、切削式等。薄壁蜂窝填充型结构，具有相对较平稳的平台力，更易实现模块化等特征，得到迅速发展与应用。图 7.40 为典型的装载于某型轨道车辆前端专用能量吸收装置，该装置由四个模块的蜂窝块填充入金属薄壁管而构成。四块蜂窝芯呈对称分布，蜂窝结构的承载方向为异面方向。

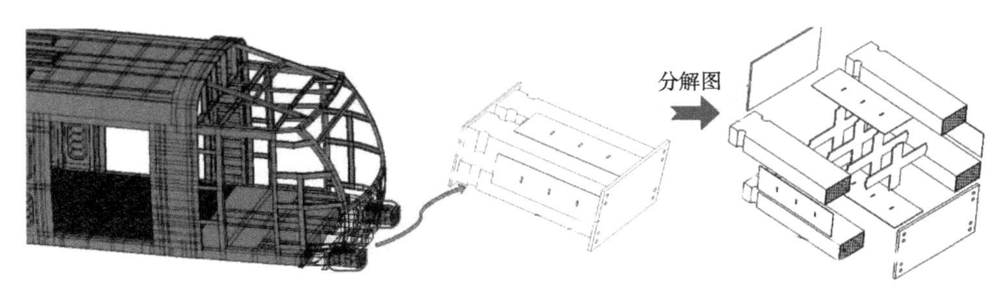

图 7.40 某型轨道车辆前端专用能量吸收装置 [20]

在填充型蜂窝复合式专用能量吸收装置的数值模拟计算中，考虑到蜂窝孔格胞元小、胞壁多、离散后的网格规模巨大，通常采用均匀化方法等效模拟 [20,21]，表 7.9 列出了 Xie 等 [20] 用于轨道车辆模拟中的三组蜂窝结构 (1 型、2 型和 3 型) 的力学参数。

表 7.9 蜂窝参数

($E_s = 68.95$ GPa, $G_s = 25.92$ GPa, $v_{xy} = 0.33$, $\sigma_0 = 220$ MPa)[20]

	$\rho/(\text{kg/m}^3)$	V_f	E_{u11}/MPa	E_{u22}/MPa	E_{u33}/MPa	G_{u12}/MPa	G_{u13}/MPa	G_{u23}/MPa
1	93.531	0.24	3184.664	4.299	4.299	448.948	673.779	0.190
2	124.708	0.25	4246.219	10.191	10.191	598.597	898.253	0.450
3	187.062	0.27	6369.328	34.394	34.394	897.895	1347.201	1.517

利用此组参数，他们采用显式有限元方法在某型城轨列车碰撞仿真中，分析了包括空方管、填充 1 型蜂窝、填充 2 型蜂窝和填充 3 型蜂窝结构四种工况下的车辆耐撞性，获得了吸能管、蜂窝结构以及增强平板、端板结构的总体吸能情况。图 7.41 描绘了蜂窝填充结构吸能量随压缩位移的变化曲线，具体结果如表 7.10 所示 [21]。

从图 7.41 与表 7.10 的结果可以看出，在以上四种碰撞工况中，蜂窝结构的吸能量均比吸能管要小，说明了该薄壁填充型蜂窝复合式结构中外周薄管起主导作用，蜂窝在其中仅作为增强物。

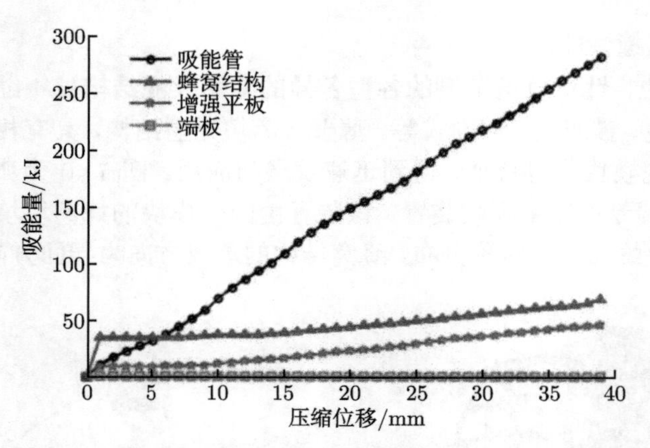

图 7.41　车端专用吸能结构的吸能量 (填充 1 型蜂窝)[21]

表 7.10　每个组件的吸能量 [21]

吸能量	未填充		填充 1 型蜂窝		填充 2 型蜂窝		填充 3 型蜂窝	
	吸能量/kJ	占比/%	吸能量/kJ	占比/%	吸能量/kJ	占比/%	吸能量/kJ	占比/%
总计	416.51	100.00	446.39	100.00	503.62	100.00	281.26	100.00
吸能管	293.23	70.40	310.22	69.50	321.44	63.83	244.85	87.05
蜂窝	75.079	18.03	88.643	19.86	138.00	27.40	—	—
增强平板	47.720	11.46	47.022	10.53	43.543	8.65	36.408	12.94
端板	0.48364	0.12	0.50267	0.11	0.63390	0.13	0.56896	0.01

另一种形式的专用吸能结构是采用“填嵌型”思路来实现的，典型结构的示意图如图 7.42 所示。所开展的碰撞实验、数值仿真如图 7.43、图 7.44 所示 [22]。在碰撞发生后的 0.01 s、0.019 s、0.035 s 和 0.058 s 的位形变化对比中，实验与仿真结果均吻合较好。同时，通过设计吸能防爬复合式结构，开展了吸能装置 A 和吸能装置 B 碰撞偏置量分析 (图 7.44)[23]，获得了比较好的结果，证明了该结构满足地铁列车耐撞性设计标准的要求。

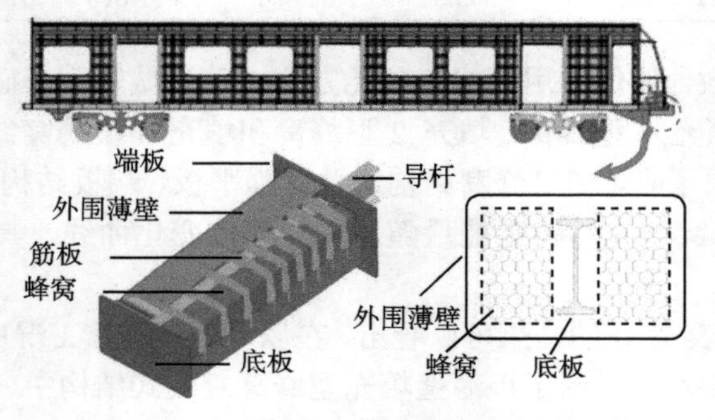

图 7.42　填嵌型蜂窝专用吸能装置 [22,23]

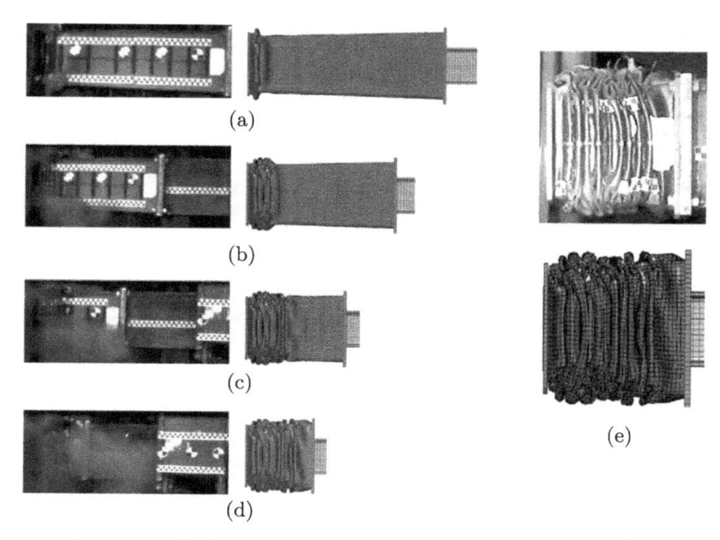

图 7.43 填嵌型蜂窝专用吸能装置碰撞实验与仿真 [23]

(a) 0.01s 时; (b) 0.019s 时; (c) 0.035s 时; (d) 0.058s 时; (e) 最终状态

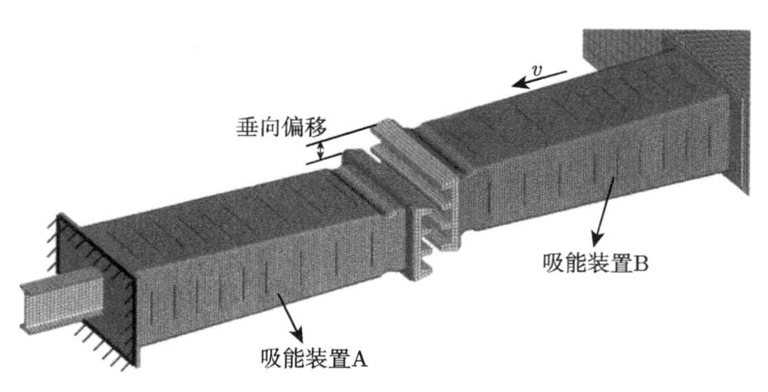

图 7.44 填嵌型蜂窝复合防爬结构 [23]

与此同时，填充型蜂窝结构也被应用于耐撞地铁列车的底架前端 [24]。在所设计的蜂窝填充型承载吸能结构中，分别采用了孔格边长为 2 mm 和 1 mm 的正六边形蜂窝，其平面强度分别为 3.13 MPa 和 10.32 MPa。它们均以矩形形状填充入车辆的底架边梁和中梁。蜂窝结构填充过程如图 7.45 所示，在内填蜂窝与梁之间，约 25% 的空间预留出来，以应对碰撞过程蜂窝的膨胀。在底架的一级、二级、三级和四级分别布置蜂窝 A、蜂窝 B、蜂窝 C 和蜂窝 D 四种样品。通过对填充蜂窝结构的正交设计，分析了从 3.0 MPa、6.5 MPa 和 10.0 MPa 三个强度级别的蜂窝对底架填充结构的适用性，每个样本的强度分别选取为 3.0 MPa、6.5 MPa 和 10.0 MPa，对这些工况进行组合研究。底架结构的材质为碳钢，其性能参数为：弹性模量 206 GPa，屈服强度 382 MPa，泊松比 0.26，切变模量 517 MPa。列车重量为 55.3 吨，列车速度为 36 km/h，参照《BS EN15227:2008 Railway applications—Crashworthiness requirements for railway vehicle bodies》[25] 标准进行碰撞仿真。

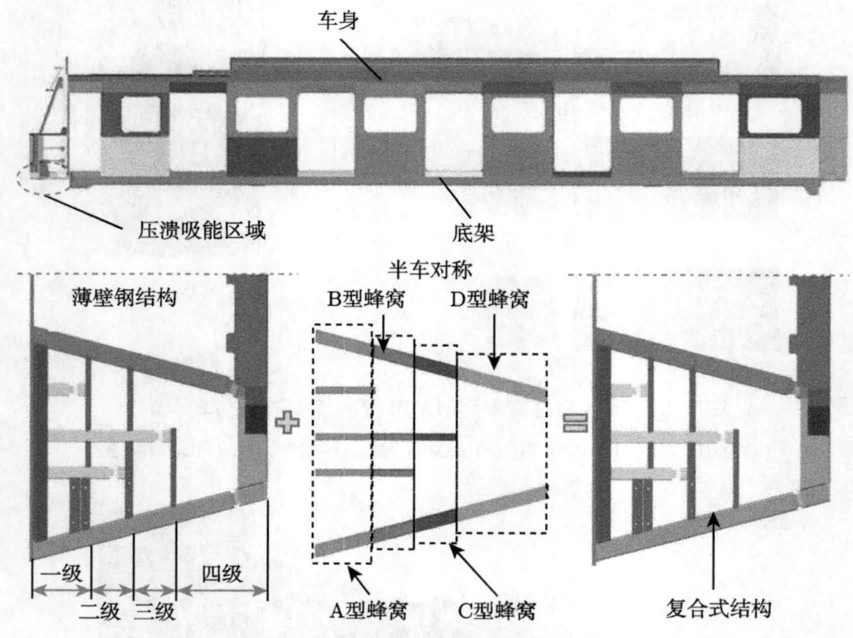

图 7.45　列车底架填充蜂窝结构的数值模型 [24]

图 7.46 描绘了填充型蜂窝前后整个底架的动态冲击结果。从图中结果可以看出：填充后，底架的受力稳定在 1500 kN 左右，载荷平稳性较未填充的底架结构显著改善，相比未填充前的阶梯段受力有更理想的能量吸收效果。

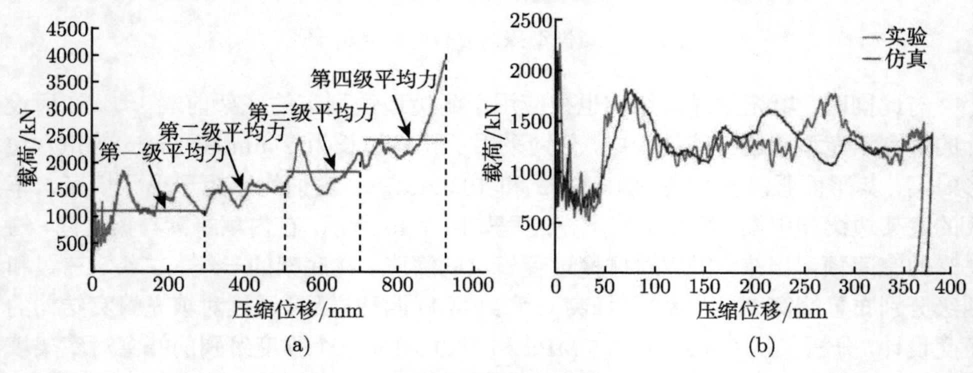

图 7.46　填充型底架结构的效果对比 [24]

(a) 未填充蜂窝; (b) 填充蜂窝

7.4.2 在汽车防撞工程中的应用

在道路交通领域，填充型蜂窝结构同样得到广泛应用。道路交通安全是一个世界性的难题。据统计，每年因为车祸有 70 多万人死亡，1000 多万人受伤。汽车安全性分为主动安全性和被动安全性，前者是指汽车防止发生事故的能力；后者是指当事故生时汽车本身对乘员及行人提供保护的能力。汽车碰撞的安全性研究为汽车吸能部件的设计提供了重要技术参考，丰富了汽车低速碰撞的内容，为减少碰撞损失以及维修成本做出了有益的贡献，并为解决实际工程中存在类似的安全性评估提供了参考依据。具有良好吸能部件的汽车，在发生低速碰撞时，可有效地提高其抗撞性能，避免与吸能部件连接的前纵梁等汽车主要部件受到损坏，减少维修费用，降低保险费率。

填充型蜂窝复合式结构亦可作为道路交通的能量吸收装置，如车端吸能装置、柔性护栏等。以蜂窝为载体的复合结构，其比吸能明显比金属结构高许多。综合来看，碳钢的比吸能为 12 kJ/kg，铝可以达到 20 kJ/kg，然而，经设计的碳纤维比吸能可达 12 kJ/kg，甚至 70 kJ/kg。蜂窝填充碳纤维结构在汽车工程中具有很好的应用前景，可应用在各个部位 [26]，如图 7.47 所示。

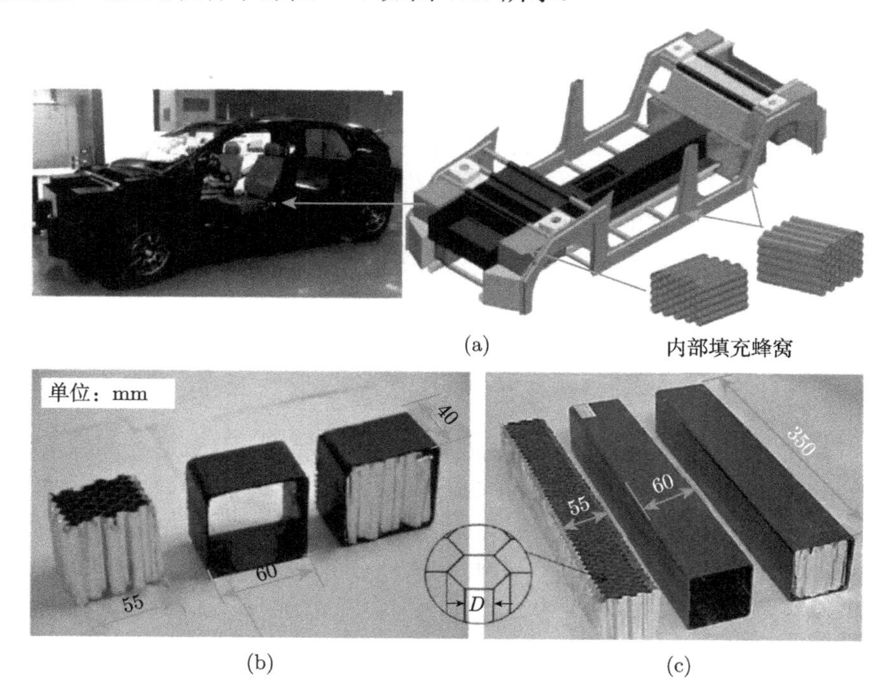

图 7.47 车辆用蜂窝复合式填充结构示意图 [26]

(a) 车身填充; (b) 和 (c) 填充样品示意

除此以外，填充型蜂窝式复合结构还应用于汽车的后盖，如图 7.48 所示。这种结构略显复杂，采用在碳纤维面板内填充铝蜂窝的结构形式，填满了整个管内部空间，起到较好的防追尾碰撞的效果。

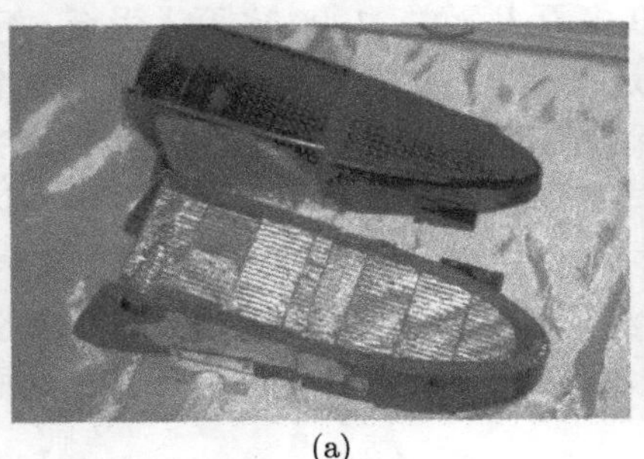
(a)

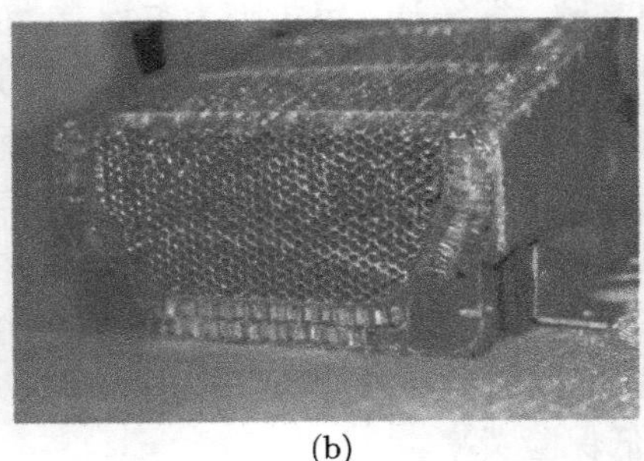
(b)

图 7.48　车辆填充结构示意图

(a) 车身填充; (b) 填充样品示意

蜂窝芯作为填充型蜂窝结构中的关键构件，无论是作为内填结构还是填容器，对变形模式的改善都有显著的贡献。同时，力学性能随着组合方式不同而变化。在现有的研究中，一般填容器包括 6060 铝合金、CFRP 和酯玻璃纤维方管。与前述蜂窝状填充结构不同，对于孔内填充 CFRP 圆管结构，蜂窝状填充物作为外部填容器而不再是填充物。这种角色的改变一方面会限制易碎蜂窝内纤维材料在压缩载荷下的撕裂，该结构的高比强度将有利于结构的能量吸收。另一方面，可以再次利用传统空心蜂窝单元中心区的空间，从而获得更出色的能量吸收性能。对于填充型蜂窝结构，其存在典型的匹配效应，如果匹配关系协调不好，可能引起不可预期的吸能模式。因此，在该类型结构的设计与应用过程中，需优化考量，实施合匹配设计，争取其吸能贡献的最大化。

参 考 文 献

[1] Sun G, Li S, Liu O, et al. Experimental study on crashworthiness of empty/aluminum foam/honeycomb-filled CFRP tubes. Composite Structures, 2016, 152: 969-993.

[2] Yin H, Wen G, Hou S, et al. Crushing analysis and multiobjective crashworthiness optimization of honeycomb-filled single and bitubular polygonal tubes. Materials & Design, 2011, 32 (8-9): 4449-4460.

[3] Mahmoudabadi M Z, Sadighi M. A study on the static and dynamic loading of the foam filled metal hexagonal honeycomb-theoretical and experimental. Mat Sci Eng A-Struct, 2011, 530: 333-343.

[4] Wang Z, Liu J. Mechanical performance of honeycomb filled with circular CFRP tubes.

Compos Part B-Eng, 2018, 135: 232-241.

[5] Alexander J M. Approximate analysis of the collapse of thin cylindrical shell under axial loading. Q J Mech Appl Math, 1960, 13 (1): 10-15.

[6] Abramowicz W, Jones N. Dynamic progressive buckling of circular and square tubes. International Journal of Impact Engineering, 1986, 4(4): 243-270.

[7] Wierzbicki T, Bhat S U. A moving hinge solution for axisymmetric crushing of tubes. Int J of Mech Sci, 1986, 28 (3): 135-151.

[8] Wierzbicki T, Bhat S U, Abramowicz W, et al. Alexander reviseid-a two folding elements model of progressinve crushing of tubes. International Journal of Solids and Structures, 1992, 29(24): 3269-3288.

[9] Singace A A, Elsobky H, Reddy T Y. On the eccentricity factor in the progressive crushing of tubes. International Journal of Solids and Structures, 1995, 32(24): 3589-3602.

[10] Singace A, Elsobky H. Further experimental investigation on the eccentricity factor in the progressive crushing of tubes. International Journal of Solids and Structures, 1996, 33(24): 3517-3538.

[11] Wang Z, Yao S, Lu Z, et al. Matching effect of honeycomb-filled thin-walled square tube—experiment and simulation. Compos Struct, 2016, 157: 494-505.

[12] Wierzbicki T. Crushing analysis of metal honeycombs. International Journal of Impact Engineering, 1983, 1(2): 157-174.

[13] Zarei H, Kroger M. Optimum honeycomb filled crash absorber design. Mater Design, 2008, 29(1): 193-204.

[14] Wang Z. Recent advances in novel metallic honeycomb structure. Composites Part B: Engineering, 2019, 166: 731-741.

[15] Hussein R D, Ruan D, Lu G, et al. Axial crushing behavior of honeycomb filled square carbon fibre reinforced plastic (CFRP) tubes. Compos Struct, 2016, 140: 166-179.

[16] Mamalis A G, Manolakos D E, Ioannidis M B, et al. On the crashworthiness of composite rectangular thin-walled tubes internally reinforced with aluminium or polymeric foams: experimental and numerical simulation. Compos Struct, 2009, 89(3): 416-423.

[17] Wang Z, Liu J. Numerical and theoretical analysis of honeycomb structure filled with circular aluminum tubes subjected to axial compression. Composites, Part B: Engineering, 2019, 165: 626-635.

[18] Liu J, Wang Z, Hui D. The blast resistance and parametric study of sandwich structure consist of honeycomb core filled with circular metallic tubes. Compos Part B-Eng, 2018, 145: 261-269.

[19] Liu J, Chen W, Hao H, et al. Numerical study of low-speed impact response of sandwich panel with tube filled honeycomb core. Composite Structures, 2019, 220: 736-748.

[20] Zhou H, Xu P, Xie S. Composite energy-absorbing structures combining thin-walled metal and honeycomb structures. Proceedings of the Institution of Mechanical Engineers, Part F: Journal of Rail and Rapid Transit, 2017, 231(4): 394-405.

[21] Xie S, Liang X, Zhou H. Design and analysis of a composite energy-absorbing structure for use on railway vehicles. Proceedings of the Institution of Mechanical Engineers, Part F: Journal of Rail and Rapid Transit, 2016, 230(3): 825-839.

[22] Peng Y, Deng W, Xu P, et al. Study on the collision performance of a composite energy-absorbing structure for subway vehicles. Thin-Walled Structures, 2015, 94: 663-672.

[23] Yao S, Xiao X, Xu P, et al. The impact performance of honeycomb-filled structures under eccentric loading for subway vehicles. Thin-Walled Structures, 2018, 123: 360-370.

[24] Yang C, Xu P, Yao S, et al. Optimization of honeycomb strength assignment for a composite energy-absorbing structure. Thin-Walled Structures, 2018, 127: 741-755.

[25] BS EN15227:2008. Railway applications — Crashworthiness requirements for railway vehicle bodies.

[26] Liu Q, Xu X, Ma J, et al. Lateral crushing and bending responses of CFRP square tube filled with aluminum honeycomb. Composites Part B: Engineering, 2017, 118: 104-115.

第 8 章　串联型蜂窝结构

基于“以距离买力”的吸能策略，将多孔蜂窝元件相互串联形成级串形式的蜂窝复合式结构是理想的设计选择。然而，这种蜂窝结构去除金属薄壁后，并不能像蜂窝填充型复合式结构那样，依靠外围金属薄壁的横向与侧向抗弯刚度来抵抗非轴向的载荷扰动。对于各向异性明显的蜂窝结构而言，其横向与侧向抗弯刚度相比轴向明显减弱，受载条件下能否体现出与单块短蜂窝元件一致的力学行为与吸能特性，如何控制串联型蜂窝结构的整体压缩稳定性等成为了多级串联型蜂窝结构设计及应用亟待解决的难点问题。

8.1　串联型蜂窝结构介绍

串联蜂窝复合式吸能结构由多节单块蜂窝元件级串而成，中间采用轻质隔板相隔，形成一个体系化的组合式吸能部件，吸收能量 (图 8.1)。此隔板一方面是为了传递纵向力，另一方面是为了防止蜂窝元件与蜂窝元件之间的穿透。隔板的材质可以是钢板、轻质铝板、塑料板，亦可以是木板、聚四氟乙烯等。薄而轻、刚度大、强度高的隔板比较适用于制作串联型蜂窝的隔板 [1]。

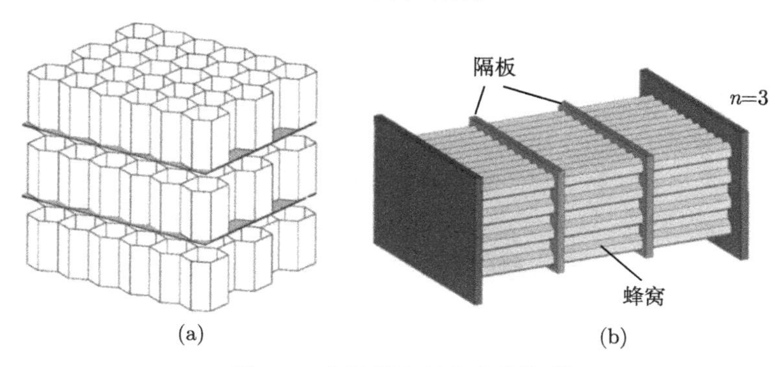

图 8.1　串联蜂窝复合式结构 [1]

(a) 示意图; (b) 代表性结构

根据蜂窝结构的特点，目前已提出了多种串联型蜂窝结构方案 (图 8.2)，主要有以下几种。

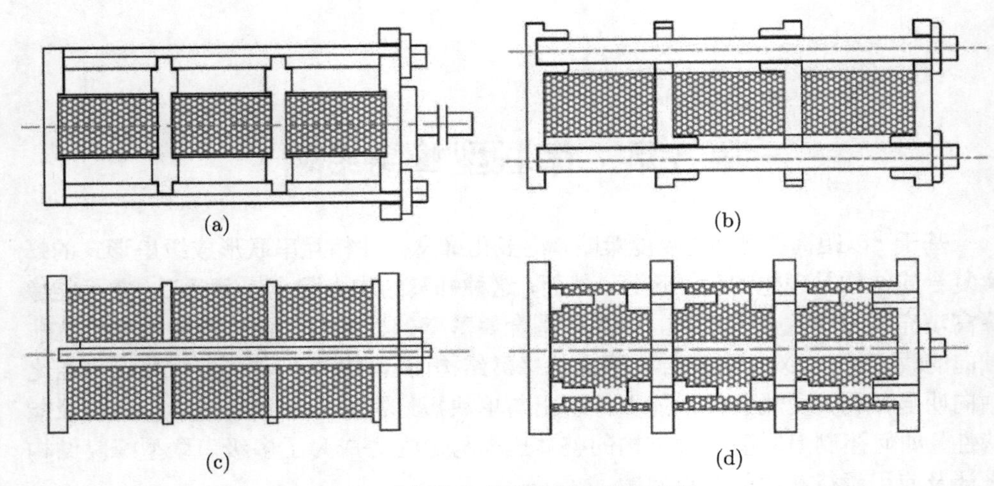

图 8.2　各种串联型蜂窝结构示意图

(a) 导轨式; (b) 啮合式; (c) 套筒式; (d) 插销式

(1) 隔板导轨式串联型蜂窝结构，如图 8.2(a) 所示。在相连的蜂窝间设置活动的隔板，将蜂窝元件安装在通孔端板、导轨和导轨端板之间；在位于通孔端板外侧导轨端安装起预紧作用的扣件；在导轨上设置滑行的导槽。当隔板间串联的蜂窝结构受到外力作用被压缩时，蜂窝元件及其活动隔板和通孔端板在导杆上滑行，蜂窝元件在载荷作用下压溃变形，耗散能量。

(2) 隔板啮合式串联型蜂窝结构，如图 8.2(b) 所示。相邻蜂窝元件之间设置活动隔板，串联蜂窝元件被预紧件夹持在通孔端板、导杆和盲孔端板之间；导杆至少为两根；导杆上套装通孔端板、活动隔板和盲孔端板；在导杆的中心轴线上，相邻的活动隔板配对设置环形凸台和凸台啮合孔，两个端板上设置环形凸台；当蜂窝元件受到外力作用被压缩到一定尺寸时，相邻的环形凸台和凸台啮合孔彼此啮合，活动隔板和通孔端板在导杆上滑动。蜂窝元件在载荷作用下压溃变形，耗散能量。

(3) 隔板套筒式串联型蜂窝结构，如图 8.2(c) 所示。由蜂窝块和圆形套筒组成，套筒的一端突出在蜂窝元件之外，另外一端沉没在蜂窝元件之中，在套筒突出的外端安装隔板，套筒中插入导杆；导杆一端与盲孔端板刚性连接，另外一段穿过通孔端板，其尾部安装预紧件；当盲孔端板接触撞击源时，盲孔端板挤压蜂窝元件的同时，带动导杆和套筒滑动；当蜂窝组件被压缩到一定尺寸时，部分套筒被挤离。蜂窝元件在载荷作用下压溃变形，耗散能量。

(4) 隔板插销式串联型蜂窝结构，如图 8.2(d) 所示。蜂窝元件安装在套筒端板、导杆和插销端板之间，在导杆位于套筒端板外侧的一端安装预紧件；导杆上套装套筒端板、活动隔板和插销端板；活动隔板的一侧设置插销座和插销，另一侧设置插销座的延伸体和插销套筒；套筒端板上设置插销座的延伸体，其体内设置插销套筒；插销端板上设置插销座和插销；当受外力被压缩时，蜂窝块及其活动隔板在导杆上滑行一定尺寸时，插销插入插销套筒的内腔。蜂窝在载荷作用下压溃变形，耗散能量。

除上述四种结构外，还有一些因适用场景不同而提出的串联方案，但都需依赖周向结构定位，增加位形约束，以保障串联蜂窝的压缩稳定性。

8.2 串联型蜂窝复合结构力学行为与吸能特性

8.2.1 串联型蜂窝结构理论吸能水平

假定串联型蜂窝复合结构的总节数为 n，隔板厚度为 D_s，单块蜂窝的异面高度 (T 方向) 均为 s_0，串联总长度为 T_0，如图 8.3(a) 所示 ($n = 6$)。在承受初速度为 v_0 的冲击载荷作用后，被压缩至如图 8.3(b) 所示状态，单块蜂窝剩余长度为 s_1，串联型蜂窝总剩余长度为 T_1，由此便可计算出压缩后串联型蜂窝结构的总长度 $T_0 = ns_0 + (n+1)D_s$。依据第 2 章的分析结果，设单件蜂窝的压缩率均为 ε_D，则总压缩量为 $ns_0\varepsilon_D$，进一步可计算得到串联型蜂窝的压缩率 ε_{DT} 为

$$\varepsilon_{DT} = \frac{ns_0\varepsilon_D}{T_0} \tag{8.1}$$

将 T_0 代入后，上式可表达为

$$\varepsilon_{DT} = \frac{ns_0}{(n+1)\,D_s + ns_0}\varepsilon_D \tag{8.2}$$

由式 (8.2) 可知，串联型蜂窝结构的压缩比率不仅受蜂窝自身压缩率的影响，还与隔板的厚度密切相关，即隔板越厚，压缩率 ε_{DT} 越低。

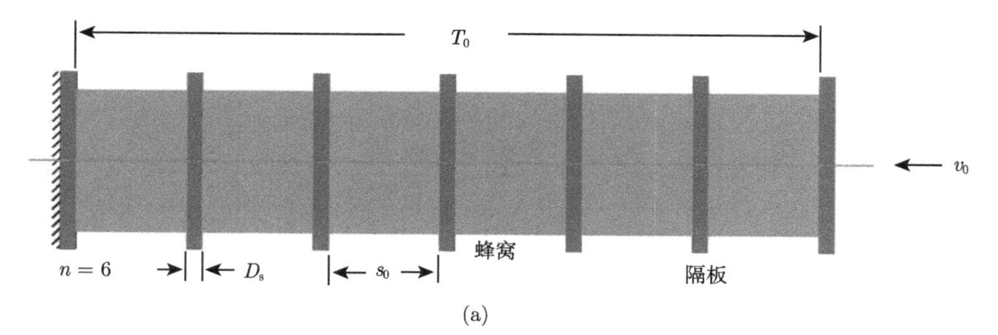

(a)

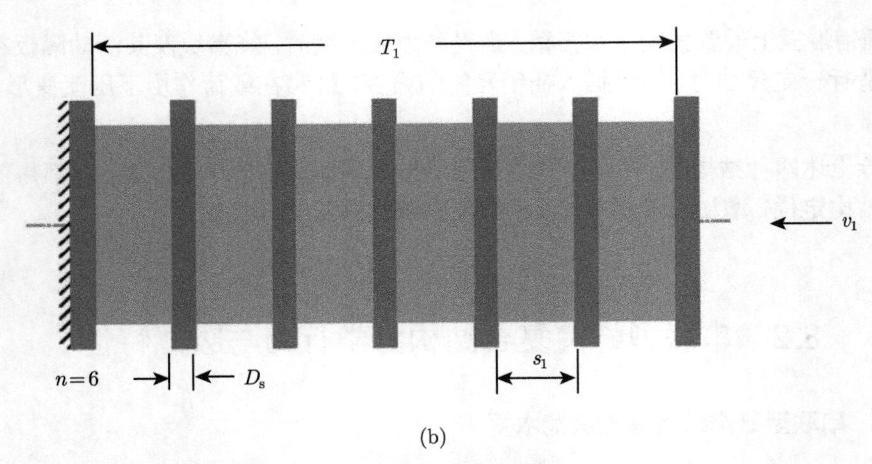

(b)

图 8.3　串联型蜂窝示意图 ($n = 6$)

(a) 压缩前; (b) 压缩后

当隔板刚度足够时，隔板在冲击载荷作用下不易发生弯曲变形，隔板仅起到传递载荷与防止胞间穿透的作用。由此，可计算得到串联型蜂窝的整体平台强度 σ_{DT} 和总吸能量 E_{DT} 分别为

$$\sigma_{\mathrm{DT}} = \sigma_{\mathrm{m}} \tag{8.3}$$

$$E_{\mathrm{DT}} = nE_{\mathrm{D}} \tag{8.4}$$

式中，σ_{m} 和 E_{D} 分别为单块蜂窝的平台力与吸能能力，它们均是与蜂窝的基材属性、孔格构型及加载条件相关的量。从式 (8.3) 和式 (8.4) 的理论表达式可以看出，串联蜂窝的力学特性优越，吸能能力非常强。

8.2.2　串联型蜂窝结构准静态压缩行为

采用准静态压缩实验方法，研究串联型蜂窝结构轴向压缩力学行为 [1]。实验所用蜂窝样品 (拉伸延展法生产)，材质为铝 5052H18，铝箔壁厚均为 0.06 mm，孔格边长分别为 2 mm、3 mm、4 mm，编号分别为 s2、s3、s4，其长、宽、高为 100 mm×100 mm×40 mm($L \times W \times T$)，如表 8.1 所示。

表 8.1　实验样品参数 [1]

类型	材质	几何构型				
		t/mm	$h = l$/mm	L/mm	W/mm	T/mm
s2	5052H18	0.06	2	100	100	40
s3	5052H18	0.06	3	100	100	40
s4	5052H18	0.06	4	100	100	40

为了研究隔板厚度对串联型蜂窝结构的影响，在实验过程中，串联型蜂窝节数均为 $n=3$，分别采用 2.0 mm、0.3 mm 和 0.1 mm 三种厚度的铝板分隔各串联型蜂窝组件。如表 8.2 列出了详细的实验工况，共 9 组实验，分别编号为 G-a、G-b、G-c、G-d、G-e、G-f、G-g、G-h 和 G-i。他们被分为三组，包括常规厚度的隔板、薄隔板以及常规隔板蜂窝预压缩三类。根据蜂窝的强度，还考虑了等强度 (工况 I，平台强度相同) 与顺次强度 (工况 II，平台强度顺次变化)、逆次强度 (工况 III，平台强度逆次变化) 的串联型蜂窝。对顺次强度分布的串联型蜂窝结构，靠近活塞行进端的蜂窝为强度最弱的蜂窝，位于活塞远端的蜂窝为强度最强的蜂窝，中间为中等强度的蜂窝。

实验在 MTS Landmark 万能材料力学性能试验机上进行，加载速度为 1 mm/min，实验实景如图 8.4 所示，具体实验安排如表 8.2 所示。表 8.2 中布置顺序描述了各节次蜂窝的排布情况，比如，G-d 中的 “s4-s3-s2-R”，代表该样品自底向上，顺序分别为 3#蜂窝 (边长为 4 mm)，隔板，2#蜂窝 (边长为 3 mm)，隔板，1#蜂窝 (边长为 2 mm)，再是顶部的刚性平板。该组串联蜂窝是按照顺次

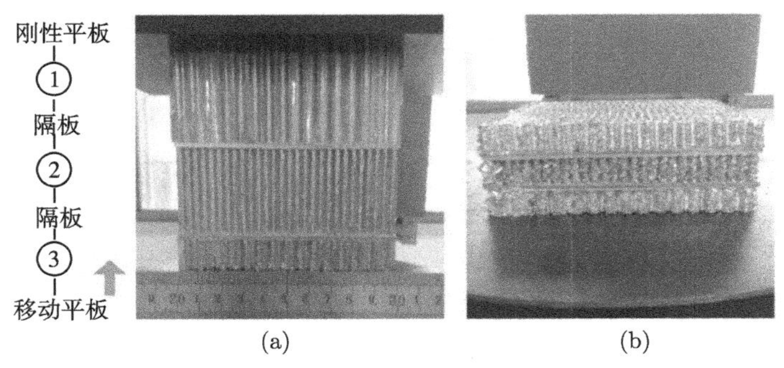

图 8.4 多级串联型蜂窝结构准静态压缩实验实景 [1]

(a) 实验前; (b) 实验过程中

表 8.2 实验样品参数 ($n=3$)[1]

序号	类型	工况	板厚/mm	顺序	布置顺序
G-a	常规隔板	I	2.0	s4-s4-s4-R	M-a3-a2-a1-R
G-b			2.0	s3-s3-s3-R	M-b3-b2-b1-R
G-c			2.0	s2-s2-s2-R	M-c3-c2-c1-R
G-d		II	2.0	s4-s3-s2-R	M-d3-d2-d1-R
G-e		III	2.0	s2-s3-s4-R	M-e3-e2-e1-R
G-f	薄隔板	II	0.3	s4-s3-s2-R	M-f3-f2-f1-R
G-g		I	0.1	s2-s2-s2-R	M-g3-g2-g1-R
G-h	蜂窝预压缩	I	2.0	s2-s2-s2-R	M-h3-h2-h1-R
G-i		II	2.0	s4-s3-s2-R	M-i3-i2-i1-R

梯度排列的，迎击端为强度最弱的蜂窝，远击端为强度最高的蜂窝。同理，G-e 则是强度逆次排列的串联蜂窝。为了方便区别，这些实验也被编为 a、b、c、d、e、f、g、h 和 i，样品序号可对应性地采用字母进行编号，如 G-a，编号为 “M-a3-a2-a1-R”；G-d 则编号为 “M-d3-d2-d1-R”，M 代表前述的底部移动平板，其他实验可参照此编号。与 G-a ~ G-e 所不同的是，在 G-f 与 G-g 中，蜂窝间的隔板厚度仅为 0.3 mm 和 0.1 mm。而对于 G-h 与 G-i，每一节蜂窝均被预压缩了 10 mm。

图 8.4(b) 展示了串联型蜂窝结构的典型变形模式。从图 8.4(b) 可以看出，对于按 “s2-s2-s2” 排列的样品，压缩后，试样保持良好的压缩形状，就像常规单蜂窝结构一样。表 8.3 列出了所有实验的结果。在表 8.3 中，σ_m 代表每个试件的平均应力，E_{ms} 是指各部分吸收的能量。对于受压的第一节和第二节样品，E_{ms} 由 “零应变点” 开始计算到致密段；而对于第三个压缩部分，E_{ms} 仅从 “零应变点” 到 “初始致密化” 计算。对于 G-a、G-b、G-c、G-g 和 G-h，它们属于等强度蜂窝，所以表 8.3 中的 σ_m 和 E_{ms} 为三段的平均值。

表 8.3 等强度多级串联蜂窝准静态实验 ($n = 3$)[1]

编号	布置	节次	σ_m/MPa	E_{ms}/J	变形顺序
G-a	M-a3-a2-a1-R	—	1.02	333.04	M-a2-a3-a1-R
G-b	M-b3-b2-b1-R	—	1.69	516.19	M-b3-b1-b2-R
G-c	M-c3-c2-c1-R	—	3.21	981.47	M-c3-c2-c1-R
G-d	M-d3-d2-d1-R	d3	1.02	389.97	M-d3-d2-d1-R
		d2	1.60	674.88	
		d1	3.20	892.54	
G-e	M-e3-e2-e1-R	e3	1.02	391.46	M-e1-e2-e3-R
		e2	1.67	694.71	
		e1	3.27	972.78	
G-f	M-f3-f2-f1-R	f3	1.05	380.87	M-f3-f2-f1-R
		f2	1.79	686.72	
		f1	3.43	1002.29	
G-g	M-g3-g2-g1-R	/	3.36	1052.94	M-g3-g2-g1-R
G-h	M-h3-h2-h1-R	/	3.23	785.13	M-h3-h2-h1-R
G-i	M-i3-i2-i1-R	i3	1.06	328.07	M-i3-i2-i1-R
		i2	1.65	578.24	
		i1	3.25	804.01	

注：R 代表顶部固定刚性墙，M 代表底部进给活塞加载端

显然，在表 8.3 中，对于每一种情况，平台应力以及能量吸收几乎保持在同一水平。在所有实验中，s2 的最大平台应力为 3.43 MPa(G-f)，最小值为 3.20 MPa(G-d)；s3 的最大平台应力为 G-f 中的 1.79 MPa，最小值为 G-d 中的 1.60 MPa；对于 s4，G-f 中的最大平台应力为 1.06 MPa，最小值为 G-a、G-d、G-e 中的 1.02 MPa。

在能量吸收中上也可以观察到类似的、较好的一致性。

图 8.5 描绘了对应的实验结果曲线。其中，图 8.5(a)～(c) 分别为常规隔板的串联蜂窝 G-a～G-c、较薄隔板的串联蜂窝 G-d～G-e、预压缩处理的串联蜂窝 G-f～G-g 的名义应力–压缩位移曲线。图 8.5(d) 展现了代表性的各串联蜂窝 G-a～G-e 的吸能量与压缩位移。从图 8.5 可以看出，无论对于哪一种排列，在轴压作用下，每一分段均出现弹性、塑性坍塌、渐进屈曲，以及密实化四个阶段，且在每个分段，蜂窝结构的平台强度近乎相等，特别是对于强度均匀的样品。从整体上看，对于各节强度不相等的串联蜂窝，每一段之间存在明显的阶梯性。它们只有在前序蜂窝完全压缩密实以后，后序蜂窝才开始出现坍塌。这是串联蜂窝的一种独特现象。从载荷强度来看，对于等强度蜂窝，其载荷一致性好，峰值强度与平台强度均基本维持在相同水平。而顺次排列的蜂窝，其载荷水平呈现出阶段性，与单块蜂窝的强度水平一致。

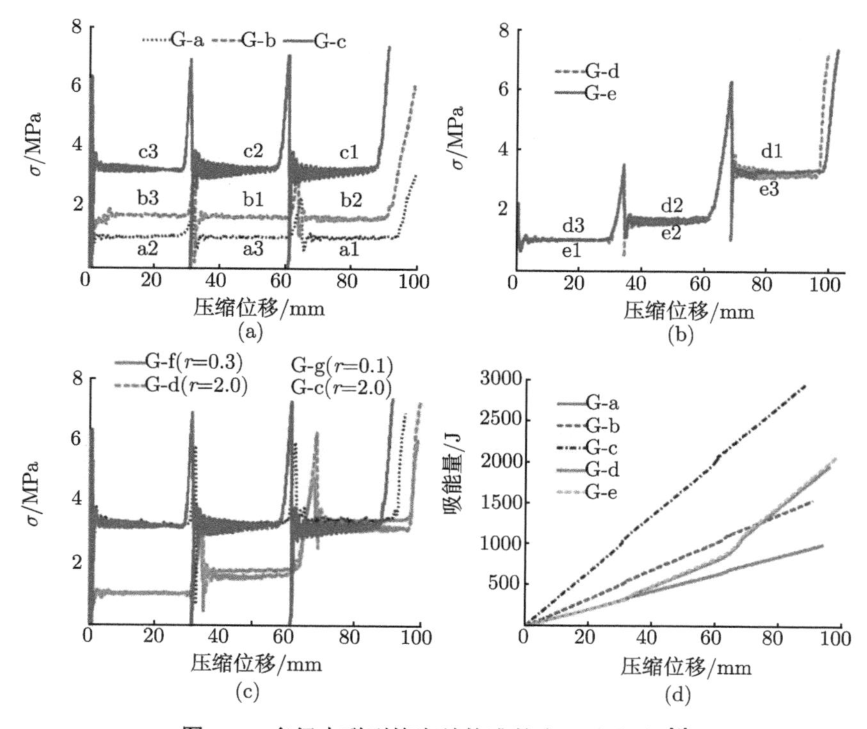

图 8.5 多级串联型蜂窝结构准静态压缩曲线 [1]

(a) 等强度排列; (b) 顺次强度排列; (c) 隔板影响; (d) 吸能量

在图 8.5(d) 中，G-a、G-b 和 G-c 三条曲线的斜率相近，显示出蜂窝结构和串联型蜂窝结构之间能量吸收特性的一致性。各段直线在各个部分显示出优越的渐进平台阶段。与单块蜂窝结构相比，串联型蜂窝结构吸能量略有所提升。这种提升是上述提到的串联蜂窝额外的致密化阶段带来的。

正如图 8.5 所示，在压缩过程中，串联蜂窝出现了变形顺序随机的情况。虽然在准静态情况下，分段蜂窝一块一块地相继坍塌，但是对于强度均匀的试件，其变形模式同样难以预测。从表 8.3 给出的实验结果可以看出，尽管它们相同的节段具有相同的几何结构和材料属性，变形顺序却与实验前排布并不完全一致。例如，在 G-a (图 8.6(a)) 中，实验之前，序列为 “M-a3-a2-a1-R”，然而在实验中，变形顺序转变为 “M-a2-a3-a1-R”；对 G-b，实验前，序列为 “M-b3-b2-b1-R”，然而在实验中，变形顺序变为 “M-b3-b1-b2-R” (图 8.6(b))。这种现象主要归因于蜂窝结构几何边界或内部存在的微小缺陷。简而言之，弱的部分更加容易变形。与均匀强度试样不同，强度梯度或反向梯度蜂窝结构表现为阶梯式变形，由弱段向强段依次变形。这一现象与实验前的预期完全吻合。

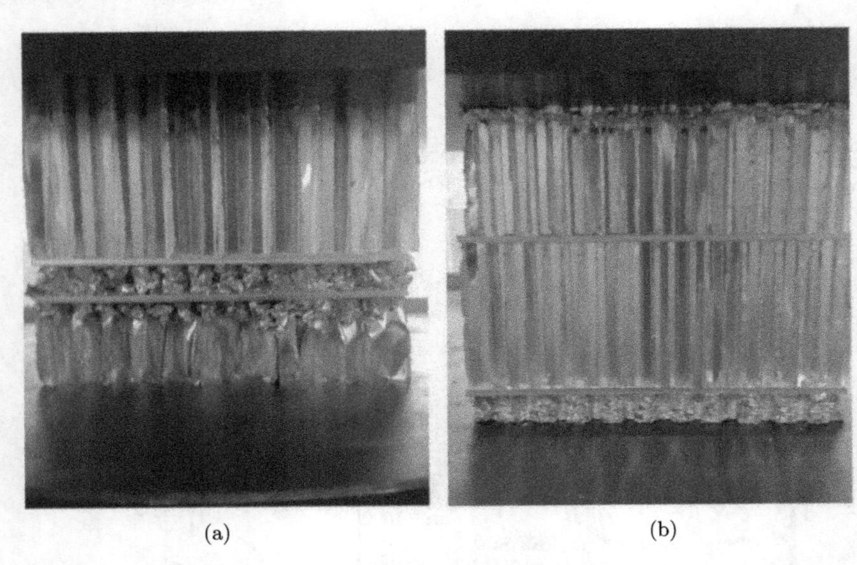

(a)　　(b)

图 8.6　串联型蜂窝结构的压缩变形顺序 [1]

(a) G-a; (b) G-b

以下分析隔板对变形模式的影响，图 8.7 显示了 G-c、G-f 和 G-g 三组样品的实验结果。如图 8.7 所示，隔板刚度影响了串联蜂窝的力学性能。从压缩开始后半段紧跟前一段，对隔板提出了很高的刚度和强度要求。如预期，在 0.3 mm 和 0.1 mm，尽管采用了强度较弱的蜂窝块，第二段和第三段的渐进压缩不像隔板厚度为 2.0 mm 时那样顺畅 (图 8.7(b) 和 (c))。有规律的、渐进的串联蜂窝变形模式在隔板厚度为 2.0 mm 中被观察到。这意味着，对于实验所用样品，金属薄板厚度大

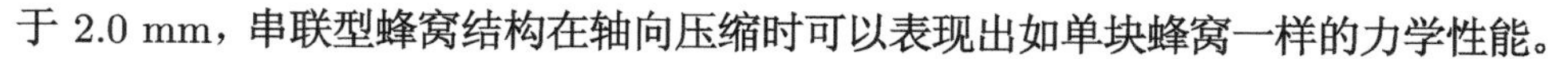

于 2.0 mm，串联型蜂窝结构在轴向压缩时可以表现出如单块蜂窝一样的力学性能。

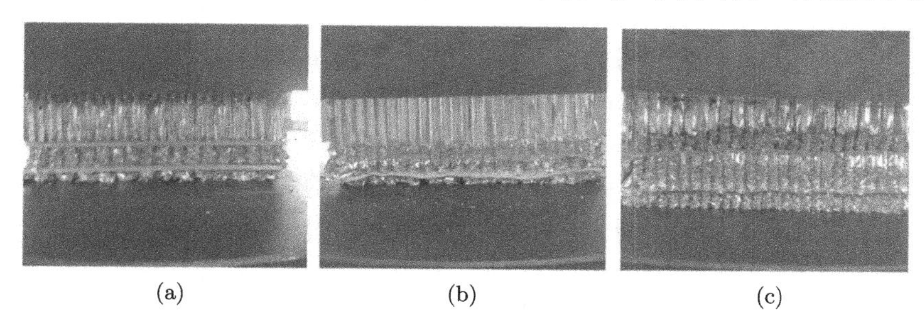

(a) (b) (c)

图 8.7 不同隔板厚度对串联蜂窝压缩的影响 [1]

(a) 2.0 mm (G-c); (b) 0.3 mm (G-f); (c) 0.1 mm (G-g)

如第 6 章所述，对蜂窝结构进行预压缩可以获得如理想吸能历程曲线的效果。图 8.8 详细地描绘了分别采用常规蜂窝与预压缩处理蜂窝相串联的复合式蜂窝结构的实验加载历程曲线。对于强度相等的串联型蜂窝结构 (G-h)，一旦预压缩 10 mm，它就会显现出更好的压缩过程。弹性、稳定的渐进叠缩，继而密实化 (节间过渡情况下的密实化) 压缩过程由典型的弹性–坍塌–渐进压溃–密实，演变为弹性–坍塌–渐进压溃–密实–渐进压溃–密实 ……，与普通串联型蜂窝结构 G-c 相比，其峰值力不仅在初始位置而且在节间过渡阶段消失，未观察到任何剧烈载荷波动，得到了一种理想的类矩形压缩过程。由此可见，对串联蜂窝预压缩，有望实现完全平滑过渡的串联型蜂窝结构。同样，对于具有顺次强度的串联结构 G-i，将出现一个短暂的致密化阶段。一旦该阶段的应力大于下一级蜂窝的坍塌应力，那么下一级蜂窝将开始坍塌，峰值力近乎消失，获得了较理想的变形历程。

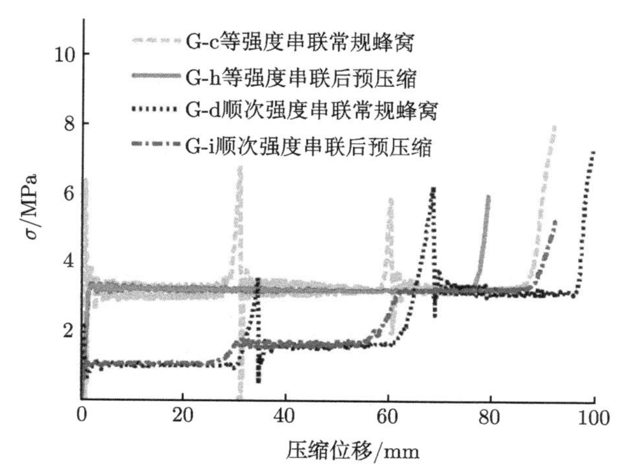

图 8.8 常规蜂窝与预压缩处理蜂窝相串联结构的实验加载历程曲线 [1]

8.2.3　串联型蜂窝结构动态冲击行为

串联蜂窝在动态加载时将呈现与静态相区别的力学表现，采用水平冲击实验系统开展实验研究。将蜂窝串联后布置于刚性墙前端。蜂窝样品为 5052H18 铝箔延展法生产的正六边形蜂窝，$t = 0.06$ mm，几何规格均为 400 mm × 200 mm × 245 mm ($L \times W \times T$)，在蜂窝中间采用板厚 10 mm 的实心平整钢板隔离。为防止动态冲击时蜂窝出现大幅偏斜，分别采用无限位隔板间隔等强度蜂窝 (编号为 D-j)、采用横向限位隔板间隔等强度蜂窝 (编号为 D-k) 和采用横向限位隔板间隔顺次强度蜂窝 (编号为 D-m) 展开撞击实验，台车质量均为 1.43t，各次实验的结果如表 8.4 所示。

表 8.4　串联型蜂窝结构低速动态冲击实验结果

NO.	次序	节	$h=l$/mm	质量/kg	残余率/%	速度/(m/s)	回弹速度/(m/s)	σ_m/MPa	变形次序
D-j	R-j1-j2-j3-M	j1	4	1.195	15.9	12.73	0.073	1.330	j3-j1-j2
		j2	4	1.200	15.9				
		j3	4	1.225	15.5				
D-k	R-k1-k2-k3-M	k1	4	1.240	19.6	12.59	0.144	1.255	k3-k1-k2
		k2	4	1.215	17.1				
		k3	4	1.205	13.9				
D-m	R-m1-m2-m3-M 多级强度	m1	2	2.215	58.0	13.70	0.117	2.98	m3-m2-m1
		m2	4	1.195	14.3				
		m3	5	1.060	8.60				

注：R 代表顶部固定刚性墙，M 代表加载端

从各次实验记录的回弹速度可推知，每次实验的能量均近乎已被全部耗尽。通过实验发现：在采用无限位隔板间隔等强度蜂窝 (D-j) 实验中，位于各节蜂窝间起到传力与防穿透作用的隔板出现位移失稳的现象。而采用横向限位隔板间隔等强度蜂窝实验 (D-k) 却避免了该现象的出现，主要是横向限位隔板上下沿的复合导向作用控制了该失稳现象的出现。但在横向限位隔板间隔顺次强度蜂窝 (D-m) 实验中却观察到了严重的隔板弯曲变形，产生此现象的原因在于，当限位块宽度大于蜂窝结构的横向残余变形时，引起横向刚性受载，不可避免地产生过大的横向力，导致隔板与支架内侧摩擦加剧；加之隔板刚度较弱，在过大的冲击载荷作用下，隔板弯曲变形进一步恶化，引起串联蜂窝“卡死”。

从轴向压缩量来看，采用无限位隔板间隔等强度蜂窝 (D-j) 实验中，各节蜂窝均压缩至 84%以上，表明各节蜂窝块均已完全进入密实段，吸能能力得到充分发挥；采用横向限位的隔板间隔等强度蜂窝 (D-k) 进行实验时，前端承受冲击载荷的 k3 蜂窝压缩率高达 86.1%，而 k1 蜂窝仅压缩 80.4%；而在改进横向限位隔板间隔

顺次强度蜂窝 (D-m) 实验中，m3 蜂窝压缩率高达 91.4%，蜂窝压缩严重过量，而 m1 号蜂窝则仅有 42%，吸能能力远未得到充分发挥，主要是前述“卡死”现象所致。各次实验的冲击载荷–时程曲线如图 8.9 所示。

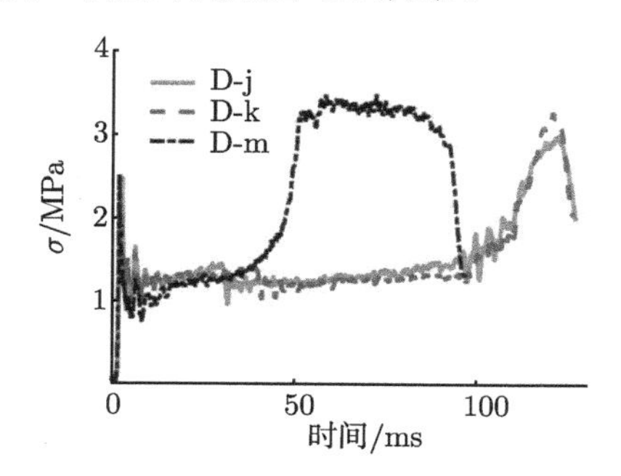

图 8.9 串联型蜂窝结构动态冲击载荷–时程曲线

从图 8.9 可以看出，在采用无限位隔板间隔等强度蜂窝 (D-j) 实验与横向限位隔板间隔等强度蜂窝 (D-k) 实验中，蜂窝结构呈现出与单块蜂窝相同的受载历程，且平台区段载荷稳定均匀，平台强度分别为 1.330 MPa 和 1.255 MPa；但在横向限位的隔板间隔顺次强度蜂窝 (D-m) 实验中，其平台区却呈现出明显的分级现象，对应边长为 $h = 5$ mm 的蜂窝的平台历程非常短暂。当加载至 45 ms 时，串联结构的前两级弱蜂窝结构均已进入密实阶段，开始步入 $h = 2$ mm 的蜂窝的平台区。整个压缩过程持续至 91 ms 时结束 (“卡死” 时刻)。分析三次实验的平台强度可以发现，三次串联型蜂窝结构的载荷水平均略低于同规格单块蜂窝的平台强度。主要原因在于，对动态加载的细长串联结构，部分动载用于克服结构整体惯性力，使后续结构加速运动，加之各试件间摩擦面增多，因而在远端刚性墙面监测到的载荷变小了。

图 8.10 描绘了 D-j、D-k、D-m 三次实验的吸能量随位移的变化曲线，从曲线

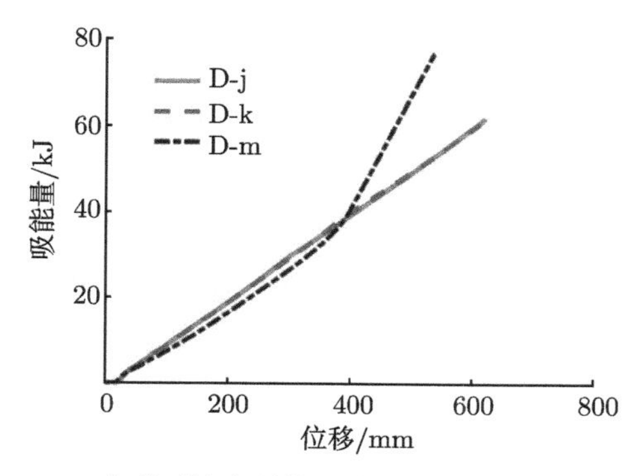

图 8.10 串联型蜂窝结构动态冲击吸能量–位移曲线

中可以看出，对于等强度的蜂窝，其吸能随压缩的深入线性地增加；而对于梯度强度的串联结构，吸能曲线陡增，与准静态加载时所观察到的规律一致。三者的吸能量分别为 61.70 kJ，60.50 kJ，76.76 kJ。

8.3　串联型蜂窝结构行为失稳机制

8.3.1　串联型蜂窝结构的失稳行为

通过准静态实验与低速动态冲击实验可以发现，在压缩载荷作用下，串联型蜂窝结构的各节呈现出不一致的变形现象，各节蜂窝的变形顺序也各不相同，这主要由蜂窝结构的受载条件与各节蜂窝自身的缺陷形式来决定，体现出弱约束边界下蜂窝的自由运动和强约束边界下蜂窝的挤压卡死两类现象 [2]，如图 8.11 所示。串联蜂窝复合式结构由多节蜂窝元件串联而成，节间简单的弱耦合或无耦合连接关系为蜂窝块的偏转提供了自由空间，引起元件间的不可控空间运动，甚至出现宽间隙条件下的大转动，导致串联型蜂窝结构的位形失稳，对应图 8.11(a) 所示的弱约束边界下蜂窝的自由运动；而动态冲击时输入载荷与蜂窝受载端面间的非严格垂直引起的小角度偏载导致蜂窝块受力失衡，在扭矩作用下引起结构整体的偏转效应，加之单节蜂窝的横向抗弯刚度远远弱于其纵向抗弯刚度，该各向异性特征使得串联蜂窝的偏载效应尤为突显，进一步诱发整体串联结构不规则变形的产生，加剧蜂窝块与边界结构的摩擦，引起如图 8.11(b) 所示的强约束边界下蜂窝的挤压卡死现象。

这两类典型蜂窝行为均不利于串联型蜂窝结构的功用发挥，它不仅会直接引起串联蜂窝复合式结构变形模式的不可预测、承载水平下降、吸能能力损失，更为糟糕的是，当周向结构的强度远远强于蜂窝强度时，周向结构近似刚性状态，强摩擦作用导致蜂窝与结构间卡死，使得吸能结构的作用失效，甚至丧失；与此同时，强摩擦将返回巨大的反力，导致待保护物的附加反作用力增大，易引起待保护物体的破坏，这是能量吸收设计过程中最不愿意出现的现象。

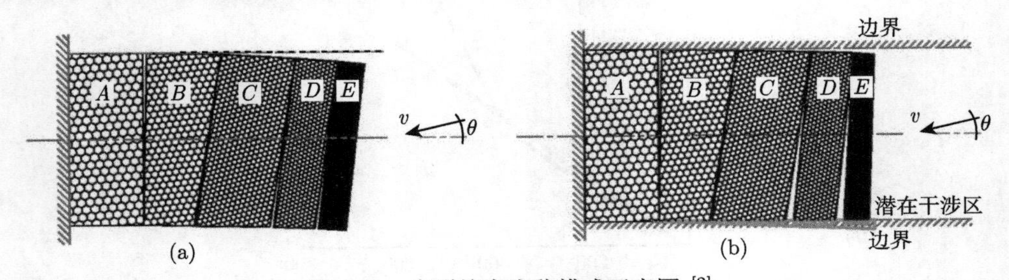

图 8.11　串联蜂窝失稳模式示意图 [2]

(a) 弱约束边界下自由运动; (b) 强约束边界下挤压卡死现象

另一个非常有趣的现象即是串联蜂窝各节变形的非顺次性，其主要表现为强度最弱的结构首先开始破坏，次强度部位后继发生破坏，呈现出典型的依强度强弱顺次破坏的现象并不按排列顺序逐一变形。但在工程应用中弱强度与次强度结构并非严格地按蜂窝结构的强度依次排列，可能出现交替排列的情况。例如，弱强度蜂窝可能出现在串联蜂窝的头部、尾部、甚至中部，还有可能出现次强度蜂窝破坏至密实后，局部应力提升，再引起已部分变形的试件继续变形。

显然，对串联蜂窝复合式结构而言，串联的蜂窝节数越多，串联体越长，出现弱约束边界导致的自由运动、强约束边界导致的挤压卡死和变形次序无序性的可能性越大，引起的失稳现象也更加严重，这些都将直接导致串联型蜂窝结构行为模式随机、偏载效应恶化；另外，潜在的“挤压卡死”引发隔板拱曲，导致蜂窝受载不均，大大损耗串联型蜂窝结构的吸能作用。串联型蜂窝结构的动态失稳行为、失效机制及控制方法是其功能发挥的重要保障。

8.3.2 偏载诱发失稳机制

采用显式有限元分析方法，建立 8 节串联型蜂窝结构的数值离散模型，将蜂窝视为均匀化模型，各节蜂窝块的几何尺寸均为 400 mm×200 mm×245 mm ($L \times W \times T$)，其间相隔的七块隔板厚度均为 10 mm，材料均为铝材，其密度、弹性模量、泊松比均假设与蜂窝铝箔材质相同，但其屈服强度要远高于蜂窝铝箔的屈服强度。分析无限大刚性墙面 0°、水平偏斜 15° 两种情况下串联蜂窝的动态响应，冲击初始速度为 17.5 m/s。图 8.12 为刚性墙水平偏斜 15° 时串联型蜂窝受载示意图。

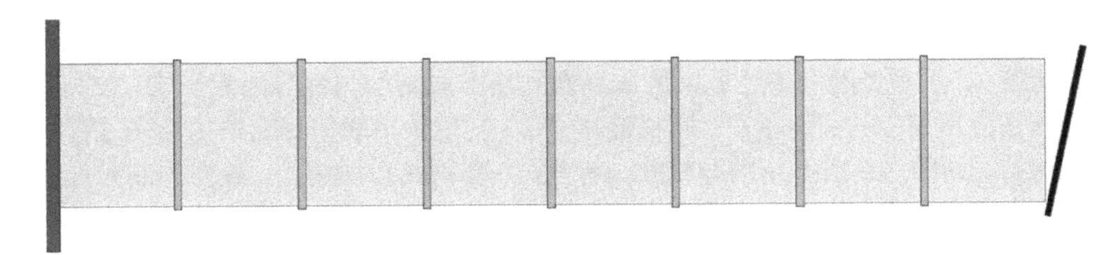

图 8.12 刚性墙水平偏斜 15° 时串联型蜂窝受载示意图 (从左至右：1# ~ 8#)

图 8.13(a) 和 (b) 分别描绘了 0° (轴向压缩) 和水平偏斜 15° 情况下 8 节蜂窝串联后的冲击响应模式。

从图 8.13(a) 可以看出，串联蜂窝在无偏角轴向压缩情况下 (0°)，变形模式稳定，蜂窝块顺次产生变形，且均是待当前蜂窝块压缩近密实后，其紧邻的下节蜂窝才开始长距离的压缩模式，这与串联蜂窝的静态压缩实验中观测到的蜂窝行为一致，但在首节蜂窝长距离压缩前，各节蜂窝均发生了初始的变形。与轴向压缩相比，在蜂窝水平偏斜 15° 情况下，单块蜂窝及串联结构整体均出现沿偏斜方向的移动，且该偏移现象直接发生在载荷输入的初始时刻。可以预见，在该串联型蜂窝结构中，任何微小的局部缺陷都可能诱发失稳。然而，如第 6 章所述，材料非均匀性和加工工艺等结构性缺陷均易引发蜂窝强度的不均匀性。控制蜂窝缺陷、提升蜂窝产品品质、保障蜂窝强度均匀性对串联型蜂窝结构尤为重要。

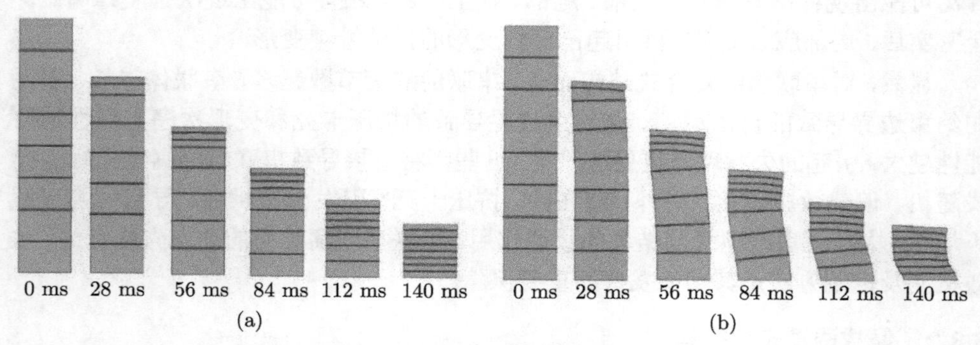

图 8.13 串联蜂窝的冲击响应模式对比

(a) 0°; (b) 水平偏斜 15°

8.4 串联型蜂窝结构失稳主动控制

8.4.1 导向控制

针对蜂窝结构失稳最直接有效的方法便是通过约束关系，限制蜂窝结构的位形变化，控制蜂窝结构偏载效应和自身缺陷引起的整体失稳。既然蜂窝结构缺陷无法完全避免，且受胞壁缺失、胞间脱胶以及孔格非规则均匀性等因素影响，较高效的措施是应用相应的强迫手段，控制整体位移，实现长串联型蜂窝结构冲击过程的轨迹保持。如图 8.2 所介绍的导轨式、啮合式、套筒式和插销式，导向控制元件在设计过程中也应考虑两个核心问题：一个是要求质量更轻，以便于运动过程中的加速，避免质量过大时的附加惯性效应；另一个则是要求其强度较高，以承受巨大的冲击载荷和保持传力过程中的低变形水平，确保隔板本身传递载荷时的平面性。

以啮合式导向控制为例 (图 8.2(b))，通过实验来评价该导向方法的可行性。准静态实验所用隔板的基本结构为一块平整的刚度大、强度高的平板，外观总体尺寸与所需的蜂窝尺寸相适应，外框采用四根钢条，由螺栓连接，可严格限制其垂向与横向的运动。在平板的两侧各铣削出一组圆柱孔；导杆具有很高的刚度、强度，以避免相互间的作用力引起导杆弯曲，激化失稳，诱发卡死。准静态实验分为两组，如表 8.5 所示，Q-1 和 Q-2 为第 I 组，Q-3 和 Q-4 为第 II 组。在每一组内，蜂窝的串联节数均为 7，且所有的蜂窝的几何结构型均完全相同。在外观尺寸方面，第

I 组实验的样品为 400 mm×160 mm×245 mm ($L \times W \times T$)，而第 II 组的外观尺寸为 200 mm×80 mm×245 mm ($L \times W \times T$)。第 I 组蜂窝的几何外观尺寸正好为第 II 组蜂窝的 4 倍。

表 8.5 串联型蜂窝结构准静态实验样本参数及加载工况 [2]

组号	序号	节数	几何构型/mm					V_0/(mm/min)
			t/mm	$h=l$/mm	L/mm	W/mm	T/mm	
I	Q-1	7	0.06	4	400	160	245	400
	Q-2	7	0.06	4	400	160	245	
II	Q-3	7	0.06	4	200	80	245	
	Q-4	7	0.06	4	200	80	245	

将串联蜂窝试件一端固定后，由控制终端控制活塞进给，实现准静态加载。由于受实验设备的限制，准静态实验的压缩行程仅有 500 mm 长，有三节蜂窝可得到长距离压缩，即便如此，它已经具备了充分观察串联蜂窝变形模式演变过程的条件。在实验过程中，将 7 节蜂窝采用隔板相隔，夹装于专用夹具内，并以 400 mm/min 的速度进行压缩实验。

在动态冲击实验中，共有 3 组蜂窝进行动态实验，分别编号 III、IV 和 V，如表 8.6 所示，其中 V_0 为初始冲击速度。

表 8.6 串联型蜂窝结构动态冲击实验样本参数及加载工况 [2]

组号	序号	节数	几何构型/mm					V_0/(m/s)
			t/mm	h=l/mm	L/mm	W/mm	T/mm	
III	D-1	3	0.06	4	400	160	245	11.36
	D-2	3	0.06	4	400	160	245	11.43
	D-3	3	0.06	4	400	160	245	11.28
IV	D-4	4	0.06	4	400	160	245	12.64
V	D-5	4	0.06	4	200	80	245	5.11
	D-6	4	0.06	4	200	80	245	5.03
	D-7	4	0.06	4	200	80	245	5.63
	D-8	4	0.06	4	200	80	245	5.53

表 8.6 中所列的试件的孔格构型均完全相同，不同之处在于其几何外观尺寸，第 III 组和第 IV 组采用了几何外观尺寸与第 I 组准静态实验相同的蜂窝，其外观尺寸为 400 mm×160 mm×245 mm ($L \times W \times T$)；而第 V 组却与第 II 组所用蜂窝相同，均为 200 mm×80 mm×245 mm ($L \times W \times T$)。同时，在节数排布上也有差异，第 III 组采用了 3 节蜂窝的布置方案，而第 IV 和第 V 组均排布了 4 节。对于每一组，初始冲击速度相近。所有的蜂窝试件均安放在撞击墙的前端，冲击杆被一以速

度 V_0 的小车水平撞击后，吸收台车运动的动能，并撞向串联蜂窝。实验过程中采用高速摄影系统和动态撞击力测试系统捕捉蜂窝试件的位形变化与力特性响应，除此以外，还在导杆、隔板端沿、支座等关键部分布设有动态应变片，以监测其形变情况。

代表性 (第 II 组) 的准静态名义应力–时间历程曲线如图 8.14 所示。从图 8.14(a) 可以看出，其平台强度值在 0.99 MPa 附近波动。而动态冲击条件下，平台强度则体现出不同的力学特征，在压缩的初始阶段出现了明显的峰值载荷，输出了更高的稳定的长历程的平台强度，仅有细小的波动出现，且在尾部能清楚地看到密实化力的陡升，如图 8.14(b) 所示。

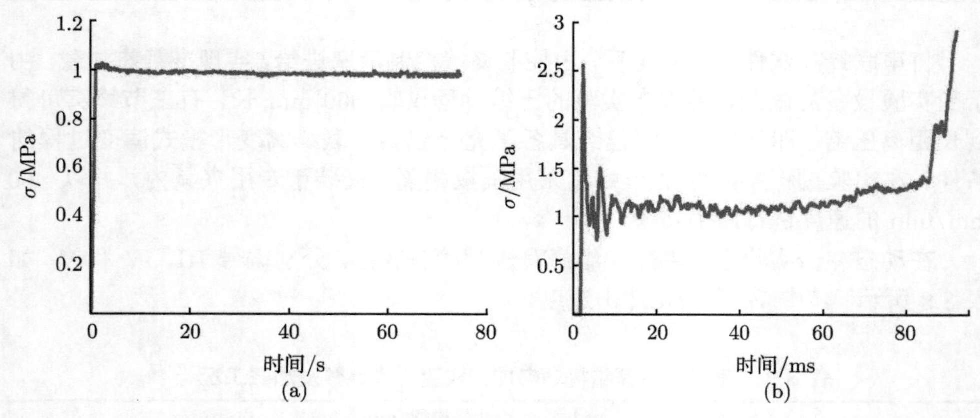

图 8.14 串联蜂窝实验的名义应力–时间历程曲线 [2]

(a) 准静态; (b) 动态冲击

对串联蜂窝而言，讨论的重点不在于它详细的屈曲发生时刻、塑性铰生成与移动路径、密实率等，而在于其压缩过程和整体模式的稳定性。从图 8.14 所绘的名义应力–时间历程曲线可以看出，在准静态条件下，蜂窝压缩历程曲线几乎无大的“毛疵”，非常平稳；在动态冲击条件下，蜂窝平台区也仅有细小的波动，载荷响应总体上较平稳，这体现出串联蜂窝复合式结构优良的力学特性。

图 8.15 描绘了相应的准静态实验与动态加载实验的能量吸收曲线。从图 8.15 可知，吸能量随压缩位移呈线性增长，呈现出优良的吸能特性，同时也间接地反映出串联蜂窝优越的平台力。在每次动态冲击实验中，仅有微小的小车回弹出现，串联蜂窝几乎吸收了所有的撞击动能，间接反映出串联蜂窝良好的能量吸收能力。

在准静态条件下，所有的串联蜂窝均处于稳定的压缩状态，并未观察到不稳定的现象，从各次实验序列可以看出，失稳现象并未出现，由此可确定，多功能隔板对串联蜂窝的稳定性保持是比较成功的。甚至在冲击过程中，因微小偏载诱发的明显偏斜效应出现时，隔板因其自纠正的能力，最终得到平整的压缩过程。而在动态冲击实验中，高速摄影捕捉的序列对串联蜂窝的变形模式是最有利的记录工具，因其完整地记录了整个变形的过程。为方便比较，表 8.7 列出了准静态实验与台车冲击实验的各节变形次序 (表中变形次序中的数字为 7 节串联蜂窝各自所处的位置，“1” 即为次序中的紧靠刚性墙的蜂窝)。

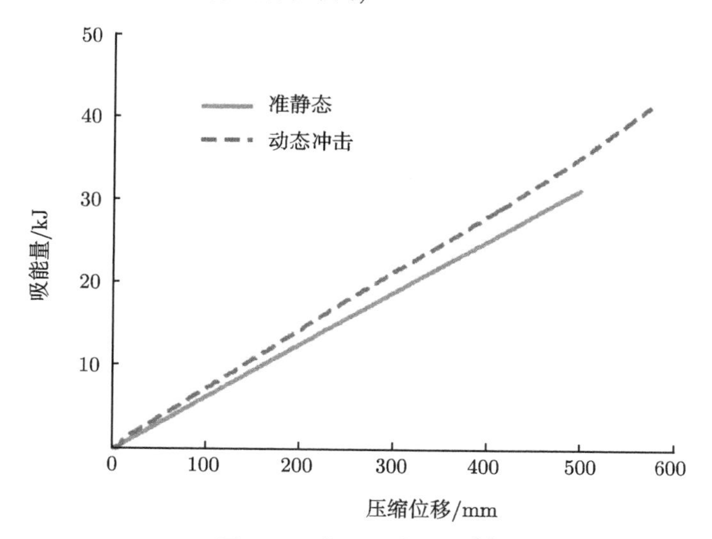

图 8.15 能量吸收曲线 [2]

表 8.7 整体变形次序 [2]

准静态			动态冲击					
序号	n	变形次序	序号	n	变形次序	序号	n	变形次序
Q-1	7	A6-A3-A4	D-1	3	a3-a1-a2	D-5	4	e4-e3-e1-e2
Q-2	7	B1-B7-B2	D-2	3	b3-b1-b2	D-6	4	f4-f1-f3-f2
Q-3	7	C7-C1-C5	D-3	3	c3-c1-c2	D-7	4	g4-g1-g2-g3
Q-4	7	D1-D7-D2	D-4	4	d4-d1-d2-d3	D-8	4	h4-h1-h3-h2

从表 8.7 可知，在准静态条件下，蜂窝块的变形次序随机，以第三节次变形为例，在 Q-1 实验中是 A4 节，在 Q-2 实验中是 B2 节，而在 Q-3 实验中却是 C5 节。同样的现象也出现在动态冲击实验中，无论是 3 节串联还是 4 节串联，首先发生屈曲的蜂窝都是紧连撞击源的那节，但对于中间节的蜂窝却是无序的，例如，在 D-6 实验中，f3 先于 f2 压缩；而在 D-7 实验中，g3 却是迟于 g2 出现变形的。从已有经验看，最弱的部分必将首先被压溃，继而沿力流路径顺次压缩。在实际工程中，不可能在构造串联型蜂窝结构后进行每一节蜂窝强度的精确评估，更不可能直

接测定出每节蜂窝试样的最弱部位后依其排序，唯有通过工艺改进，最大限度地克服所用蜂窝产品的生产制造、运输安装过程中的任何结构性缺陷，减小蜂窝结构之间的强度差异，以提升冲击过程的变形稳定性。可以肯定的是，无论哪一节是最弱的，在导向控制装置应用后，串联蜂窝复合式结构冲击过程的位形稳定性得到了大幅改善。

8.4.2 多胞结构控制

串联型蜂窝结构位形失稳的最主要问题是其横向强度不够，必须采用相应的手段进行横向强化。试想，在串联蜂窝的外围包裹一层极薄的铝箔，其对串联型蜂窝复合式结构的横向强化作用将如何？借助第 7 章填充型蜂窝结构的匹配效应的研究成果，若能找到与内部串联蜂窝强度、刚度相匹配的外围薄壁，可实现串联蜂窝的失稳控制，最大限度地发挥串联蜂窝的吸能效果。该思路是值得探讨的。对外围薄壁结构实施多胞设计就属于该思路。

首先分析多胞结构力学性能及其收敛性，如图 8.16 所示。所采用的多胞管是具有 n_a 个横截面形状的棱柱形管，其特征为壁厚 t、宽度 c_0、高度 S_a (图 8.16(a))。根据几何结构，每个单元的宽度可计算为 $c_a = c_0/n_a$。通过分析 11 种不同的多胞管结构 (1×1、2×2、3×3、4×4、5×5、6×6、7×7、8×8、9×9、10×10 和 15×15)，对比多胞结构的效果。代表性的多胞管结构如图 8.16(b) 所示。

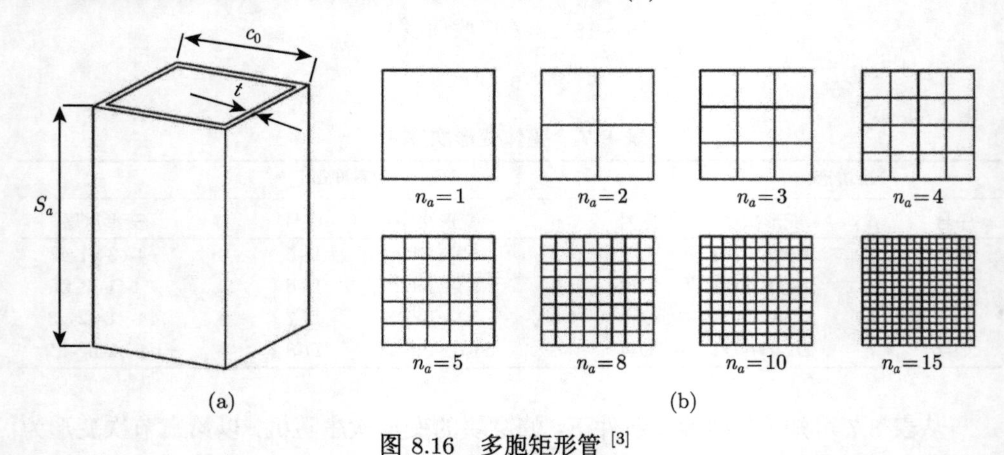

图 8.16 多胞矩形管 [3]

(a) 方管示意图; (b) 代表性的多胞管结构

文献 [3] 对截面宽度 $c_0 = 200$ mm，高度 $S_a = 480$ mm 的方管进行建模，这种截面宽度范围可满足 1×1、2×2、3 ×3、4×4、5×5、6×6、7×7、8 ×8、9×9、10×10 和 15×15 单元的试样的要求。为保证质量相等，各截面的壁厚在 0.38~3.0 mm 范围内随胞数变化。模型采用壳单元。为了平衡高精度和高效率，经过网格收敛性分析，确定所用网格尺寸为 2.0 mm。仿真中采用了沙漏控制，避免了分析过程中沙漏能量的产生。各褶皱间的接触关系设置为自动单面接触。图 8.17 展示了一些具有代表性的模型，包括 1×1、2×2、3×3、4×4、5×5、8×8、10×10、15×15。

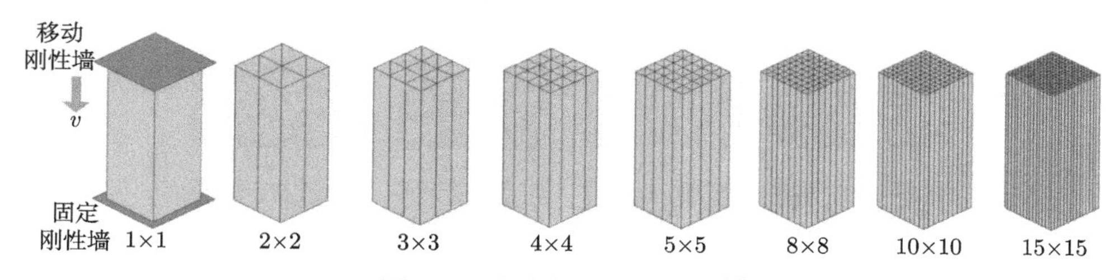

图 8.17 代表性的多胞结构 [3]

所有数值模型被放置在两个刚性板之间。方管底端为固定刚性墙，顶端移动刚性板沿轴向以 10 m/s 的恒定速度撞击。根据图 7.19 外套方管铝材基础力学性能实验结果，其本构关系考虑为典型双线性模型，材料参数为：杨氏模量 65.24 GPa，泊松比 0.33，屈服应力 172.57 MPa，切线模量 933.83 MPa。方管动态压缩的实验验证是采用前述“轨道车辆部件撞击试验系统”进行的。所用试样的尺寸为：宽 100 mm，高 500 mm，厚 3.5 mm。通过 18 ms、36 ms、54 ms、72 ms 和 90 ms 的数值和实验结果同一时刻褶皱形状和数量的比较，证明数值方法和实验方法几乎一致。同时 2×2、3×3 多胞管均已被证实显式有限元方法应用的可靠性 [4,5]。

通过数值仿真发现，随着分胞数量的增加，渐进压缩段的载荷波动逐渐柔和，1×1 样品与 15×15 样品之间存在显著差异。例如，在 1×1 的情况下，在完全折叠过程中会出现巨大的载荷波动；在 2×2 的情况下，这种波动变得明显稳定；当单元总数达到 10 及以上时，即在 10×10 和 15×15 的情况下，曲线已非常平稳。另外，随着胞元数量的增加，平均力越来越高。以 15×15 为例，其平均力 (218.85 kN) 几乎是 1×1 试样 (80.43 kN) 的 2.7 倍以上。

为了在数值模拟中清楚地显示多胞效应，图 8.18 描绘了代表性的多胞管的典型变形模式，由图可见，褶皱数随着分胞数量的增加而显著增加。与 2×2、3×3、4×4、5×5 的大褶皱不同，在 6×6、8×8、10×10、15×15 分胞情况下，小褶皱模式压缩变形更稳定。

采用以上多胞设计思路与理念，综合前述填充型结构，对串联填充型结构进行多胞处理，分析其对串联蜂窝的强化效果。串联蜂窝的样品，宽 360 mm、高 360 mm、长 970mm，加载速度 10 m/s。内部填充的蜂窝采用均匀化方法建模，共有 6 节蜂窝串联，单块蜂窝芯的外观参数为 357 mm×357 mm×160 mm ($L\times W\times T$)，蜂窝的孔格边长为 4.0 mm、1.5 mm 和 1.0 mm，在内充蜂窝与外围薄壁之间，周向各有 1.5 mm 的间隙。外套方管采用铝管，其材料参数取自图 7.19 的方管铝材基础力学性能实验的结果。

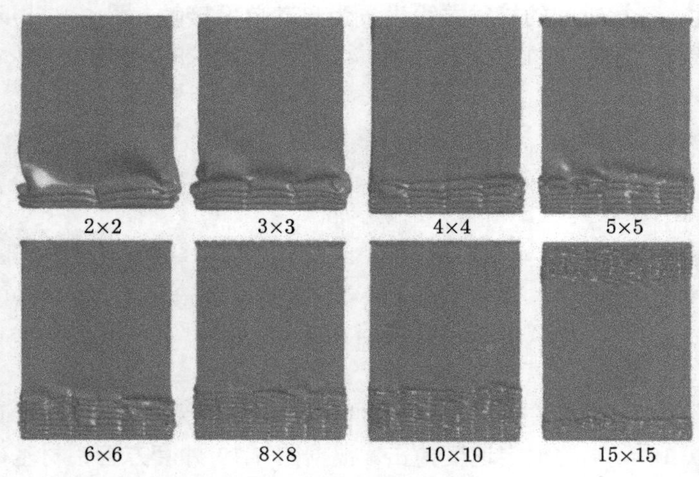

图 8.18　代表性多胞管的典型变形模式 (压缩 200 mm)[3]

图 8.19 描绘了 2×2 和 3×3 两种多胞状态的对比结果 (铝管壁厚 2 mm)。从图中可知，不管是蜂窝孔格边长为 1.5 mm 还是 4.0 mm，内部串联蜂窝与外部薄壁间都表现出比较好的匹配关系 (图 8.19(a))。最主要还在于对其变形模式的影响，如图 8.19(b)～(g) 所描绘的，在 2×2 多胞结构中填充入边长为 $h = 4$ mm 的蜂窝时，串联蜂窝受外围薄壁的影响，各个皱褶呈发散状态，混杂交叠，表现为混合模式；而在 $h =$ 4 mm，3×3 情况下，皱褶依次有序，表现为手风琴模型 (图 8.19(f) ∼ (g))。内部蜂窝的失稳现象得到有效控制，吸能能力也得到提升。

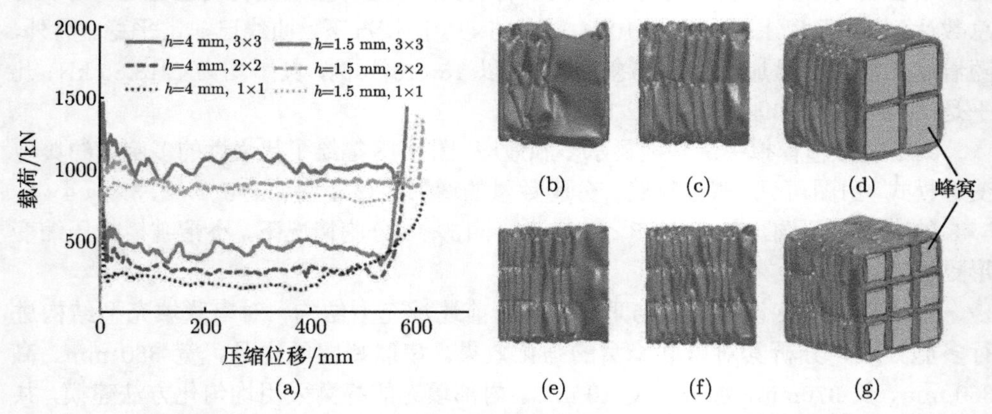

图 8.19　2×2 和 3×3 两种多胞状态对比结果 [3] (详见书后彩图)

(a) 结果曲线; (b) $h = 4$ mm, 2×2; (c) $h = 1.5$ mm, 2×2; (d) $h = 1.5$ mm, 2×2 等轴视图; (e) $h = 4$ mm, 3×3; (f) $h = 1.5$ mm, 3×3; (g) $h = 1.5$ mm, 3×3, 等轴视图

8.5 串联型蜂窝结构的工程应用

8.5.1 在轨道交通中的应用

前述蜂窝与金属薄壁复合的填充、填嵌型吸能结构，其吸能能力得到大幅提升，是动车组碰撞吸能需求设计中可供选择的方案。然而，以人为本的列车碰撞安全保护设计原则，不仅需保证车辆碰撞过程中，吸能结构充分发挥功能、尽可能多地吸收冲击动能、保证稳定有序吸能模式，还需充分考虑乘员耐受度的要求，保证能量吸收过程中适宜的碰撞减速度。铁路列车乘员数量众多，且均为非约束状态；乘员就座、站立或在过道上行走的状态随机性大；客室内座椅布置具有多样性，表现为乘员面对面布置 (中间有桌子或无桌子)、乘员背对背布置和乘员面对背布置等；行李架上一般都有大小不一、质量不等的非约束行李、货物等。这些复杂乘员分布特点需要碰撞吸能结构或司机室前端结构在压缩过程中返回平稳的反作用力，即在专用吸能结构塑性变形过程中，需保证载荷的平稳性。串联型蜂窝复合结构在此类问题中的应用更具潜力。

当然，直接以裸露形式将串联型蜂窝结构安装在轨道车辆前端同样需考虑结构安装加固难题。目前，此类串联型蜂窝结构更多地应用于局部。图 8.20 即为乌克兰某型高速电动客运机车前端的碰撞吸能装置。该型机车运行在轨距 1520 mm 的铁路线路上，头车前端安装了由蜂窝结构与金属薄壁相组合的多级吸能装置 (EAD 系统)[6]。该装置总体呈阶梯矩形，由前后两个模块组装而成。前端模型中布置了两块串联的钢蜂窝芯，每块蜂窝黏接在平板上，材质为 08U 号钢；后段为整体成型的类蜂窝状多孔薄壁骨架，如图 8.20(a) 所示。该型吸能装置布置在司机室的底部外侧，如图 8.20(b) 所示。一旦列车碰撞事故发生，端部的 EAD 装置吸收碰撞过程中

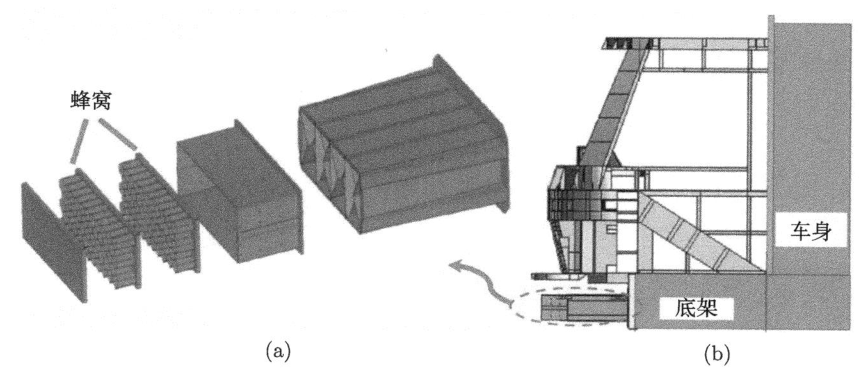

图 8.20 乌克兰某型高速电动客运机车前端碰撞吸能装置 [6]

(a) 多级吸能装置; (b) 吸能装置安装于机车底架

的动能，吸能能力可达 1.1 MJ。目前，乌克兰的多数电力机车和内燃机车的被动安全保护策略均是按此方案执行的，其结构强度与耐撞能力需满足欧盟标准：BS EN 12663：Railway applications-Structural requirements of railway vehicle bodies[7] 和 BS EN15227:2008 Railway applications—Crashworthiness requirements for railway vehicle bodies[8]。

串联型蜂窝结构在轨道交通的另一用途是在列车碰撞过程位形姿态缩比模拟实验中。由于列车碰撞过程复杂，受限于实验规模与成本，对整列车碰撞过程的认识主要依赖数值仿真展开。列车碰撞等效缩模实验方法 [9,10] 被提出并得到发展。在该方法中，考虑了一列 8 车编组列车以 25 km/h 的速度撞击另一列 8 车编组的列车的情况，在列车端部 (车 8，车 9)、车辆间的界面 (1~7) 和 (9~15) 采用蜂窝结构来等效，如图 8.21 所示。

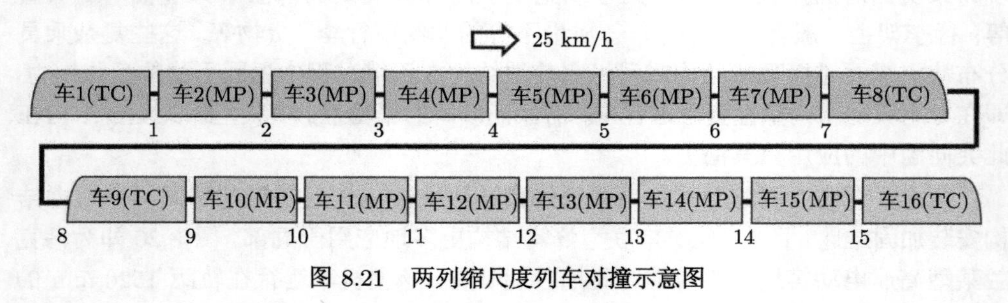

图 8.21 两列缩尺度列车对撞示意图

Li 等 [9] 运用该方法验证了所采用的缩尺模型的 π 理论。在验证过程中，模型车重 100 kg，台车重 750 kg，采用了三车缩尺模型，比例因子为 1/8，如图 8.22 所示，台车的冲击速度为 6.5 m/s。整个模拟车四周都设置了限位，仅考虑轴向方向的冲击过程。图 8.23 描绘了具体的缩尺列车编组情况，其中车 1、车 2、车 3 分别代表列车的编组。MED-H、MED-R、CD-H 和 CD-R 分别代表头车主吸能装置、中间车主吸能装置、头车专用吸能装置和中间车专用吸能装置，具体参数如表 8.8 所示。通过缩尺模型实验发现，列车碰撞过程中的大部分能量被头车主吸能结构所耗散。

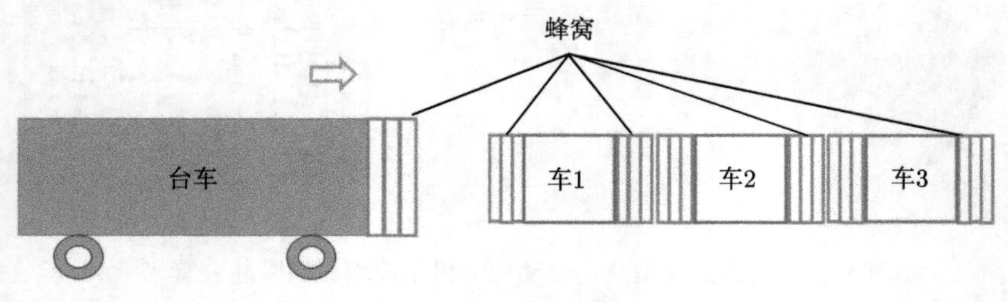

图 8.22 三车缩尺模型 [9]

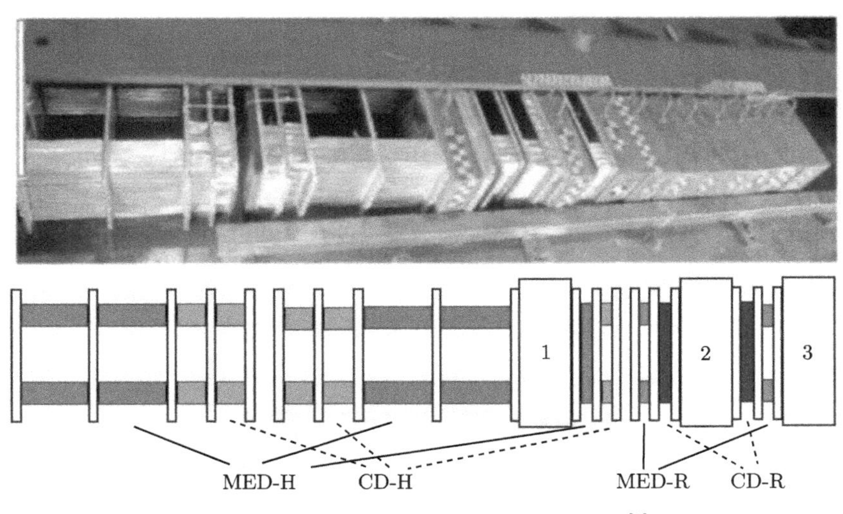

图 8.23 实验实景以及各组件布置情况 [9]

表 8.8 各组件所用蜂窝结构的基本参数 [9]

组件	边长/mm	壁厚/mm	强度/MPa	压缩载荷/kN	高度/mm
MED-H	5	0.06	0.56	17.188	300
CD-H	10	0.06	0.182	9.375	77
MED-R	6	0.06	0.436	15.625	20
CD-R	7.5	0.06	0.273	23.4	55

Gao[11] 发展了列车等效缩模分析方法，基于 Matlab 仿真、实验及理论分析，建立了列车主被动碰撞一维动力学仿真模型，碰撞场景为一运动列车以 25 km/h 碰撞另一列静止的列车，获得了各车的吸能量分布及整车能量耗散规律。

8.5.2 在航天返回舱中的应用

串联型蜂窝结构因其轻质、高强、比吸能优越的诸多优势，可作为航天飞船着陆器的吸能缓冲装置 [12]。以成功登陆月球的“阿波罗”系列着陆器的腿式月球着陆器为例，该着陆器具有四条主着陆腿及八条辅助着陆腿，每个着陆腿内填充了铝蜂窝缓冲器。主着陆腿为圆形套筒结构 (图 8.24)，内径 140 mm，可压缩行程 812 mm，这两数值限定了蜂窝缓冲结构的外形尺寸。

考虑到月球表面着陆环境及着陆姿态等因素，为更有利保证着陆器软着陆时所搭载的实验设备受冲击力最小，NASA 提出了着陆腿内缓冲器串联型蜂窝复合结构方案，其中一级铝蜂窝缓冲器强度较弱，用于吸收理想着陆情况下着陆器的全部能量，二级铝蜂窝缓冲器强度较强，单腿内一级缓冲器与二级缓冲器组合以吸收极限工况下着陆器着陆过程的全部能量。图 8.25 给出了某型着陆缓冲装置压溃后的柱状蜂窝形态。

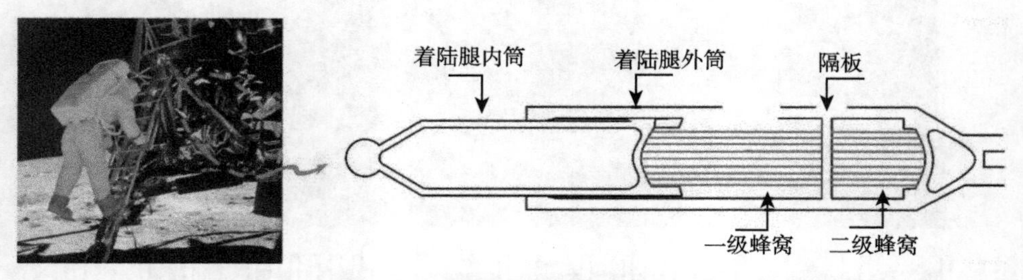

图 8.24　“阿波罗” 11 号着陆器结构示意图 (网络公开图片)

图 8.25　某型着陆缓冲装置压溃后的柱状蜂窝形态 (网络公开图片)

除此以外，所用蜂窝结构的强弱选择还需综合考虑其约束、加速度响应及着陆状态等复杂条件。部分着陆器的缓冲机制除以上两级强度蜂窝串联外，有些也采用三种蜂窝串联的形式。这三种蜂窝应具有不同的压缩强度。在 Lin[13] 设计的月球软着陆器中，使用了三种强度不同的蜂窝，分别为一级强蜂窝、一级弱蜂窝和二级蜂窝，如图 8.26 所示。这些蜂窝采用了 LF2Y 形铝箔经拉伸工艺生产，产品满足《HB5443—90 铝蜂窝芯材规范》标准，节点强度大于 1.5 kN/m，形态为柱状。表 8.9 列出了这三种蜂窝结构的基本参数。

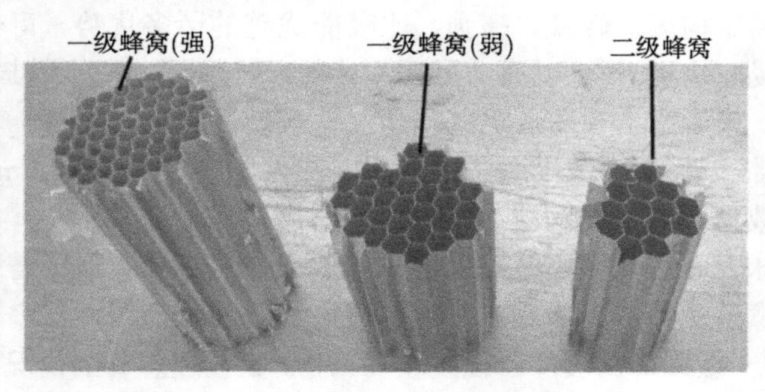

图 8.26　用于实验的三种蜂窝样品 [13]

表 8.9 三种蜂窝结构的基本参数 [13]

类别	壁厚/mm	边长/mm	高度/mm	直径/mm	强度/MPa
一级强蜂窝	0.03	3	100	50.8	1.06
一级弱蜂窝	0.03	5	67	50.8	0.45
二级蜂窝	0.03	4	67	37	0.675

我国"嫦娥四号"着陆器亦采用了蜂窝式缓冲着陆方案 [14,15](新京报、中华网等公开报道)，着陆器的主腿和副腿外壳为又长又薄的圆筒结构。圆筒中填充缓冲蜂窝结构。着陆时在巨大冲击下，主腿和副腿都能依靠挤压多级蜂窝吸收冲击力，让着陆器平稳地着陆。

8.5.3 在道路防护中的应用

串联蜂窝装置也已被应用到道路安全领域，借助其长吸能行程实现汽车碰撞过程中的被动安全保护，尤其对于长大货车、道路清扫车等。众所周知，对于普通家用汽车，前端和尾部的吸能行程相对比较短，单块蜂窝即可达到较高的吸能能力，满足设计需求。当然，亦有学者提出在汽车蒙皮、横向主梁以及背板间适当布置短串联型蜂窝结构的车端耐撞性技术方案 [16]，将传统的二级吸能 (冲压成型的金属件) 换成多孔蜂窝结构，进一步降低车身质量。而对于特种作业车，串联型蜂窝结构的作用非常大。

以道路清扫车为例，当其在高速公路、城市干线作业时，经常受到本道或旁道车辆的冲撞。为此，需研究可承受高速冲撞的专用作业车辆或专用可移动式防撞吸能装置 (TMA)。此装置需可灵活安装于各型卡车、清扫车、作业车、起重车等的尾部，在后方车辆和施工区域中间形成一个缓冲器，当施工区域移动时，装置也将同步移动。与此同时，一体化的大型电子箭头反光标志牌对道路车辆提供主动安全引导，并确保安全，避免被保护人员及设备遭到碰撞，同时最大限度地保护撞击车辆内人员的安全。在很多国家和地区，防撞缓冲车还被强制性规定作为压道车紧跟在扫地车、划线车、割草机和隧道清洗车等慢速移动车辆尾后一同工作，是一种"影子车"。

我国徐工牌防撞缓冲车，即是这样一种在移动施工或者临时性道路施工工程中给工作组提供被动安全防护的特种专用机械，它选用东风天锦底盘，车尾安装荷兰 Vedegro 全进口新型的防撞缓冲包 [17]，可昼夜灵活作用于高速、市政快线等道路，具有较好的防尾部碰撞功能。除荷兰 Verdegro 公司外，美国 TrafFix Devices Inc. 公司等均开发了多款性能优异的防撞吸能包及其相应的车辆 [18]。该型缓冲吸能模块外壳采用轻质铝合金材料制成，中间填充有蜂窝吸能结构。由于车尾防撞缓冲装置在蜂窝结构高度方向的尺寸非常长，目前国内外鲜有厂家可采用拉伸法直接生产面外高度 1 米以上的蜂窝产品，必须采用串联式蜂窝复合式结构，如图 8.27

所示。部分防撞模块在蜂窝吸能装置外部安装了共八条双段式弧形铝管结构。当碰撞发生时，双段式弧形铝管将首先受力变形，抵御并吸收部分巨大冲击能量。当能量克服了铝管的变形后，接下来串联型蜂窝结构继续吸收剩余能量。缓冲模块可以被自动升降并且锁定于两种位置。当处于工作状态时，模块将被锁定在水平位置。当行驶状态时，模块将被锁定于竖立位置以提高行驶机动性能。

图 8.27　防撞缓冲车中的蜂窝 [17]

串联蜂窝复合式结构在道路防护中的另一个应用即是在实验模拟台车方面。由于持续高发的道路交通事故，美国一直注重道路交通安全及车辆耐撞性方面的科学研究。美国联邦高速公路管理署 (federal highway administration, FHWA)、田纳西交通局、田纳西交通研究中心 (texas transportatin institute, TTI) 以及德州农工大学 (Texas A & M University) 联合成立了交通计算力学中心，主要开展道路两侧撞击安全问题的力学分析研究，包括道路交通安全附属物、护轨、驾驶室栏杆、道路中间路障以及道旁的信号板、光座等用于引导变向、降低车速以及谨防冲击提醒的信号设施的撞击防护等 [19]。

以往的思路主要依赖单次撞击实验开展车身、护栏及防护装置耐撞性设计与评估，给出是否合乎技术要求的结论。然而，随着分析技术的不断进步，对防护设施的设计也在不断完善与优化。如若每一次细小的修改均开展场地实验，则费时费力、价格高昂。在 NCHRP 350 标准规范中 [20]，各种道路两侧附属设施的耐撞安全性评价允许使用台车。实验台车是主要的费钱的装置，如果能够重新使用台车，这对实验而言可节约一笔非常可观的费用。另外，新造台车需要花费大量的时间，而延误测试实验。为节约成本，平衡力学设计与更换费用之间的关系，实验台车前端采用了串联型蜂窝结构模拟车端的各级刚度。待碰撞实验结束后，下次实验开始前，只需替换这些蜂窝结构即可，无需改变车身骨架，省时省力、节约高效。

图 8.28 所示即为德州农工大学交通计算力学中心所研建的道路防护设施碰撞实验系统，图示为台车撞击道路侧沿墩柱的实验场景。台车前端为 10 节串联型蜂窝结构，呈阶梯分布，撞击速度为 35 km/h。表 8.10、表 8.11 分别列出了各组件中

所用蜂窝块的基本力学参数[21]。

该型结构的碰撞冲击实验所测的加载变形响应、能量吸收特征及碰撞后历程等均与仿真结果吻合较好，如图 8.29 所示。为道路防护设施耐撞安全性设计提供了重要的技术参考。

图 8.28 串联蜂窝专用吸能装置应用于汽车碰撞实验[21]

表 8.10 试验台车前端 10 节蜂窝情况[21]

序号	总体尺寸	类型	静态压缩强度/MPa
1	70×406×76	HC 130	0.896
2	102×127×51	HC 025	0.172
3	203×203×76	HC 230	1.585
4	203×203×76	HC 230	1.585
5	203×203×76	HC 230	1.585
6	203×203×76	HC 230	1.585
7	203×203×76	HC 400	2.756
8	203×203×76	HC 400	2.756
9	203×203×76	HC 400	2.756
10	203×254×76	HC 400	2.756

表 8.11 实验台车前端所用蜂窝的力学参数[21]

序号	25#蜂窝	130#蜂窝	230#蜂窝	400#蜂窝
弹性模量/MPa	0.68950×10^5	0.68950×10^5	0.68950×10^5	0.68950×10^5
剪切模量/MPa	0.25921×10^5	0.25921×10^5	0.25921×10^5	0.25921×10^5
泊松比	0.33	0.33	0.33	0.33
屈服强度/MPa	0.220683×10^3	0.220683×10^3	0.220683×10^3	0.220683×10^3
密度/(t/mm^3)	0.16018×10^3	0.49657×10^3	0.68880×10^3	0.91350×10^3
体积应变	0.120	0.200	0.220	0.240
三向弹性模量/MPa	0.68950×10^2	0.51711×10^2	0.96527×10^2	0.15168×10^2
G_{abu}/MPa	0.48263×10^2	0.15168×10^2	0.20822×10^2	0.27579×10^2
G_{bcu}/MPa	0.89630×10^2	0.20822×10^2	0.42058×10^2	0.57916×10^2
G_{cau}/MPa	0.48263×10^2	0.15168×10^2	0.20822×10^2	0.27579×10^2

图 8.29 汽车碰撞实验与仿真 [21]

综上分析可知，串联型蜂窝复合式结构虽然可以得到与单块蜂窝结构近乎相同的压缩历程、贡献更大的吸能能力，然而多块蜂窝芯长串联后带来的潜在的冲击失稳问题也必须在设计过程中予以全面系统地考虑，只有这样，才能为串联型蜂窝复合式结构的工程应用提供更广阔的空间。

参考文献

[1] Wang Z, Liu J, Lu Z, et al. Mechanical behavior of composited structure filled with tandem honeycombs. Compos Part B-Eng, 2017, 114: 128-138.

[2] Wang Z, Gao G, Tian H, et al. A stability maintenance method and experiments for multi-player tandem aluminium honeycomb array. International Journal of Crashworthiness, 2013, 18: 483-491.

[3] Wang Z, Liu J, Yao S. On folding mechanics of multi-cell thin-walled square tubes. Composites Part B Engineering, 2018, 132: 17-27.

[4] Zhang X, Zhang H. Energy absorption of multi-cell stub columns under axial compression. Thin-Walled Structures, 2013, 68: 156-163.

[5] Fang J, Gao Y, Sun G, et al. On design of multi-cell tubes under axial and oblique impact loads. Thin-Walled Structures, 2015, 95: 115-126.

[6] Sobolevska M, Telychko I. Passive safety of high-speed passenger trains at accident collisions on 1520 mm gauge railways. Transport Problems, 2017, 12(1): 51-62.

[7] BS EN 12663. Railway Applications—Structural Requirements of Railway Vehicle Bodies.

[8] BS EN15227: 2008. Railway Applications—Crashworthiness Requirements for Railway Vehicle Bodies.

[9] Li R, Xu P, Peng Y, et al. Scaled tests and numerical simulations of rail vehicle collisions for various train sets. Proceedings of the Institution of Mechanical Engineers, Part F:

Journal of Rail and Rapid Transit, 2016, 230(6): 1590-1600.

[10] Shao H, Xu P, Yao S, et al. Improved multibody dynamics for investigating energy dissipation in train collisions based on scaling laws. Shock and Vibration, 2016: 1-11.

[11] Gao G J. The energy distribution of a train impact process based on the active-passive energy-absorption method. Transportation Safety and Environment, 2019, dol: 10.1093/transpltd2002.

[12] Li M, Deng Z, Liu R, et al. Crashworthiness design optimisation of metal honeycomb energy absorber used in lunar lander. International Journal of Crashworthiness, 2011, 16(4): 411-419.

[13] Lin Q, Kang Z, Ren J, et al. Investigation on soft landing impact test of scale lunar lander model. Journal of Vibroengineering, 2014, 16(3): 1114-1139.

[14] 王永滨, 蒋万松, 王磊. 载人登月舱月面着陆缓冲装置设计与研制. 深空探测学报, 2016, 3(3): 262-267.

[15] 卢志强. 载人登月飞行器用多级蜂窝缓冲器及全机软着陆冲击研究. 哈尔滨: 哈尔滨工业大学, 2015.

[16] Aksel L, Akbulut S, Yildiz H, et al. A new hybrid rear crash beam development phase for lightening of body structure weight instead of conventional steel solutions. International Journal of Advances on Automotive and Technology, 2017, 1: 137-143.

[17] Verdergo. A leader not a follower, manufacturer of traffic crash and led lighting systems. Verdergo Group, 2019.

[18] Attenuator Product Guide. TrafFix Devices Iinc, 2019.

[19] Bligh R P, Abu-Odeh A Y, Hamilton M E, et al. Evaluation of roadside safety devices using finite element analysis. Design, 2004.

[20] Ross J H E, Sicking D L, Zimmer R A, et al. Recommended Procedures for the Safety Performance Evaluation of Highway Features, 1993.

[21] Eskandarian A, Marzougui D, Bedewi N E. Finite element model and validation of a surrogate crash test vehicle for impacts with roadside objects. International Journal of Crashworthiness, 1997, 2(3): 239-258.

第 9 章　蜂窝结构创新构型

更轻、更强、更优蜂窝结构设计既是前沿热点，亦是科学难点，蜂窝结构的不断创新与发展是本领域从业人员不懈的追求。蜂窝结构的一个显著特点是它灵活多变的可设计性，这很大程度上依赖于蜂窝结构的几何拓扑与空间排列，尤其体现在以新型胞元构型驱动的蜂窝微结构设计带来不同蜂窝结构的力学表现。伴随着相关制造工艺不断推陈出新，蜂窝结构设计策略的演变也具有很强的时代性。蜂窝结构的创新构型主要有类蜂窝、梯度蜂窝、层级蜂窝和负泊松比蜂窝等。

9.1　类蜂窝结构的力学性能

9.1.1　典型类蜂窝结构

蜂窝结构原被定义为连续固体作多边形二维周期有序排列，孔隙相应地呈柱状分隔存在。广义的蜂窝则将二维周期有序排列的结构阵列均定义为蜂窝结构，包括以六边形为原型的类蜂窝，以三角形、四边形、五边形、八边形等多边形排列的类蜂窝，以及圆形、弧形等曲线型的类蜂窝等。部分学者亦称此类蜂窝结构为“格栅”。如今，新型异形蜂窝结构不断被开发出来，学者们通过理论计算、仿真模拟以及实验验证等方法纷纷证实了这些“类蜂窝”结构的优良性能。图 9.1 描绘了几种典型的类蜂窝结构 (图 9.1(b)～(d))。

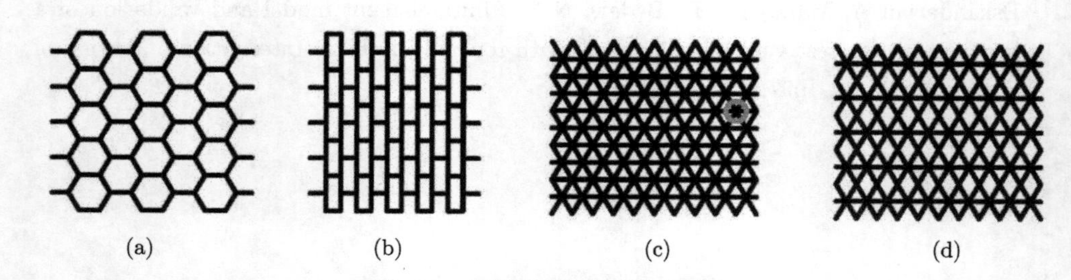

图 9.1　典型类蜂窝结构示意图

(a) 正六边形胞元; (b) 矩形胞元; (c) 三角形胞元; (d) 菱形胞元

在不同的外部载荷作用下，类蜂窝结构的胞壁中可能有三种应力状态：弯曲、拉伸/压缩/膜力、剪切作用。根据其变形机制的不同，这些类蜂窝结构又可以分为轴力、膜力主导型结构和弯曲主导型结构 [1]。如果所有的胞壁都用铰接的桁架单元来代替，轴力主导型类蜂窝通常是静不定结构。以图 9.1(c) 中的三角形类蜂窝为例，其每个节点上均有 6 根杆 (图 9.1(c) 中虚线圆圈)，显然为静不定结构；而弯曲主导型结构，如六边形蜂窝或者受主轴方向压缩的菱形蜂窝结构 (图 9.1(d))，在铰链连接的情况下会具有可以变形的机构。因此，如果节点是固结的，弯曲主导型类蜂窝结构的节点处会承受很大的弯矩作用。在 Qiu 等准静态加载情况下，取代表单元对以上结构进行分析，可以得到它们的等效性能 [1]，如表 9.1 所示，其中 E_1^* 为结构在 x_1 方向的弹性模量，$(\sigma_{\rm pl}^*)_1/\sigma_0$ 和 $(\sigma_{\rm pl}^*)_2/\sigma_0$ 分别为各类型蜂窝结构在 x_1 与 x_2 两个方向上的塑性坍塌临界应力。

表 9.1 四种多边形类蜂窝结构力学性能 [1]

	三角形	矩形	菱形	正六边形
$\rho_{\rm c}/\rho_0$	$2\sqrt{3}t/l$	$2t/l$	$2t/l$	$2t/(\sqrt{3}l)$
$E_1^*/E_{\rm s}$	$(\rho_{\rm c}/\rho_0)/3$	$(\rho_{\rm c}/\rho_0)/2$	$(\rho_{\rm c}/\rho_0)^3/4$	$3(\rho_{\rm c}/\rho_0)^3/2$
$(\sigma_{\rm pl}^*)_1/\sigma_0$	$(\rho_{\rm c}/\rho_0)/3$	$(\rho_{\rm c}/\rho_0)/2$	$(\rho_{\rm c}/\rho_0)^2/4$	$(\rho_{\rm c}/\rho_0)^2/2$
$(\sigma_{\rm pl}^*)_2/\sigma_0$	$(\rho_{\rm c}/\rho_0)/2$	$(\rho_{\rm c}/\rho_0)/2$	$(\rho_{\rm c}/\rho_0)^2/4$	$(\rho_{\rm c}/\rho_0)^2/2$

由表可知，弯曲主导型结构的等效模量与相对密度的三次方成正比，而轴力主导型结构与相对密度呈线性关系。此外，对比塑性坍塌临界应力 $(\sigma_{\rm pl}^*)_1/\sigma_0$ 和 $(\sigma_{\rm pl}^*)_2/\sigma_0$ 可知，弯曲主导型结构与相对密度呈平方关系，而轴力主导型结构仍然具有和相对密度呈线性关系的塑性坍塌临界应力。由于类蜂窝结构的相对密度远小于 1，显然在相同相对密度情况下，弯曲主导型结构等效刚度更小，而且等效屈服应力更低。在综合考虑了初始的弹性阶段和进入大变形阶段后变形机构的变化，Qiu 等 [2] 给出了以上几种蜂窝结构代表性单元的等效应力–应变曲线，如图 9.2 所示。图中曲线印证了表 9.1 的结果：在小应变情况下，轴力主导型结构比弯曲主导型结构具有更高的等效弹性模量，以及初始等效屈服应力；但当应变继续增加时，由于塑性变形机构的大变形，轴力主导型结构的等效应力随应变增加而急剧下降；弯曲主导型结构的等效应力却基本不随应变增加而变化。正如第 5 章惯性效应中所描述的那样，轴力主导型结构与第 I 类能量吸收结构类似；而弯曲主导型结构代表单元的响应曲线和第 II 类能量吸收结构类似。也就是说，虽然由等效静力学分析得到轴力主导型结构的初始屈服应力更高的结论，但它属于惯性敏感的第 I 类结构，在能量吸收方面具有不受欢迎的更大的峰值应力。

除此以外，以 Hexcel 公司为代表的蜂窝产品拓新企业通过不断创新，研制了一系列构型新颖、功能独特的类蜂窝结构，它们的孔格构型各异，主要包括 OX 型、增强型和 Acousti-Cap 型等 [3]。

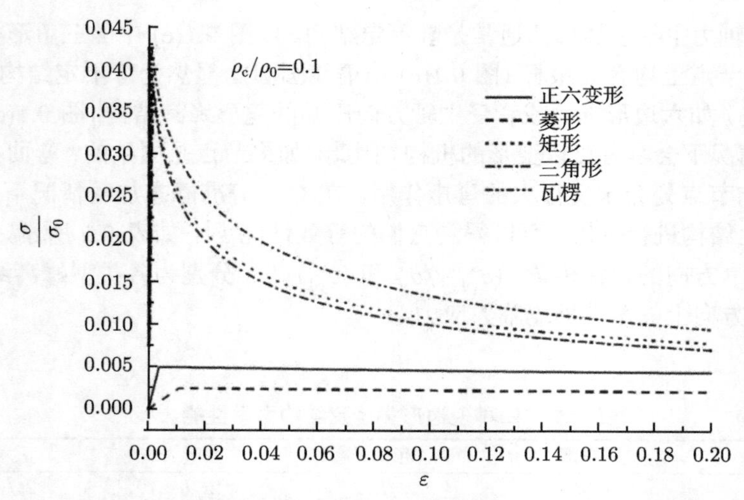

图 9.2　几种蜂窝结构代表性单元的等效应力–应变曲线 [2]

1) OX 型

该结构示意图及实物如图 9.3 所示，其可以看成是传统正六边形蜂窝结构在 W 方向的过拉伸，看起来类如矩形构型。与常规的正六边形蜂窝相比，该结构提升了 W 方向的剪切性能，降低了 L 方向的剪切性能。

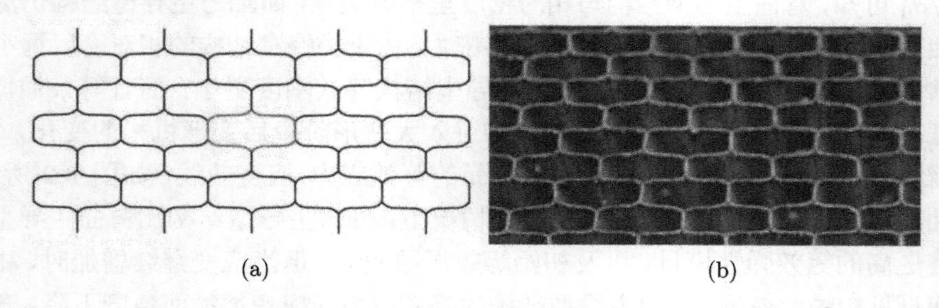

图 9.3　OX 型类蜂窝结构 [3]

(a) 示意图; (b) 实物

2) 增强型

3.3 节已提及蜂窝的增强型结构，通过在蜂窝胞孔间增加薄板，实现增强效果。根据增强位置不同，可以分为单增强型与双增强型两种。Hexcel 公司目前已实现了该型蜂窝结构的批量化生产。通过增强，可大幅提升传统蜂窝结构的承载水平与吸能能力，如图 9.4 所示为增强型蜂窝结构示意图及实物。

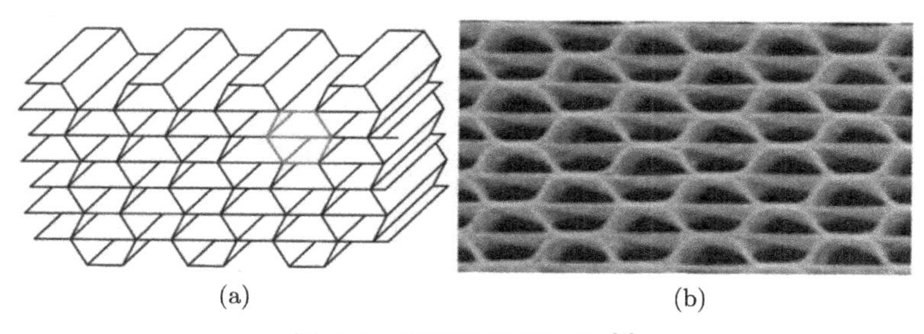

(a) (b)

图 9.4 增强型蜂窝结构 [3]

(a) 示意图; (b) 实物

3) Acousti-Cap 型

Acousti-Cap 型蜂窝是为满足降噪需求而专门研制的新型蜂窝结构。该型蜂窝可以使航空发动机实现较好的降噪效果，降低起飞和着陆时的巨大噪声穿透轻质结构所向外辐射的声音，以及在飞行过程中舱内的噪声。这代表着当前技术的显著进步，尤其在权衡轻量化和降噪两要素的前提下。这种蜂窝结构的技术核心在于，与传统蜂窝夹芯结构不同，它通过在每一个单独的蜂窝胞元中插入透水层，形成声学隔膜，吸收噪声，其结构如图 9.5(a) 所示。

(a) (b)

图 9.5 (a) Acousti-Cap 型蜂窝结构 [3]; (b) HFT 蜂窝 [3]

除此以外，还有一些由复合材料制成的蜂窝结构，它们基于微结构设计的思想，通过改变铺层布局，实现蜂窝结构的多功能设计，如 HFT 蜂窝 (图 9.5(b))。该产品是玻璃纤维增强型复合蜂窝结构，采用 ±45° 铺层编织形式，通过热塑性树脂调控密度制造而来。该结构可在 350°F 温度下稳定工作；同时，内部的纤维铺层极大地加强了结构的剪切性能。而 HRH327 型蜂窝可以在高达 500°F 环境下长期服役，甚至在 700°F 条件下短暂工作，抗高温能力突出。

9.1.2 六边形类蜂窝结构

除了正六边形的蜂窝以外，以此为基础，一系列形式新颖的蜂窝结构不断提出，包括双六边形构型、内充圆形构型、全加筋六边形构型以及圆加筋型等 [4]。它们均保持壁厚 t 不变，内部强化六边形边长 h_1 为常规蜂窝结构边长 h_0 的 λ_k 倍，即 $\lambda_k = h_1/h_0, 0 < \lambda_k < 1$；对于内充圆形构型和圆加筋型，圆的半径 R 等于强化六边形的边长，即 $R = h_1$。这些构型的提出继承了体积效率的思想，力图在更优的质量比吸能和体积比吸能的前提下，再次利用蜂窝孔格内部的剩余体积，进一步提升蜂窝的承载水平与吸能能力。其结构示意图如图 9.6 所示。

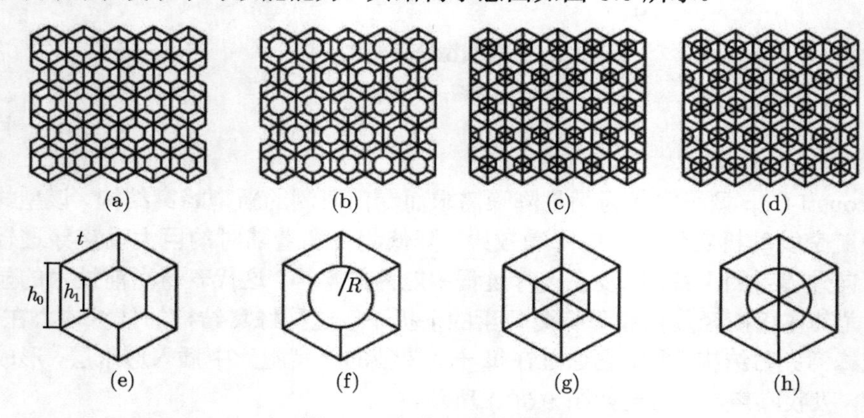

图 9.6　六边形类蜂窝结构

(a) 双六边形构型; (b) 内充圆形构型; (c) 全加筋六边形构型; (d) 圆加筋型; (e) ～ (h) 对应的子胞

采用与前述相同的显式有限元分析方法，分析上述四种六边形类蜂窝结构的耐撞性，$t = 0.06$ mm，$h = l = 4$ mm，$\lambda_k = 0.5$，即内部强化六边形和圆形均加设在棱边与六边形中心连线的正中点处，所得力–位移曲线如图 9.7 所示，具体的平台强度 σ_{m}、比载荷强度 σ_{sm}、体积比吸能 E_v、质量比吸能 E_{SEA} 结果如表 9.2 所示。

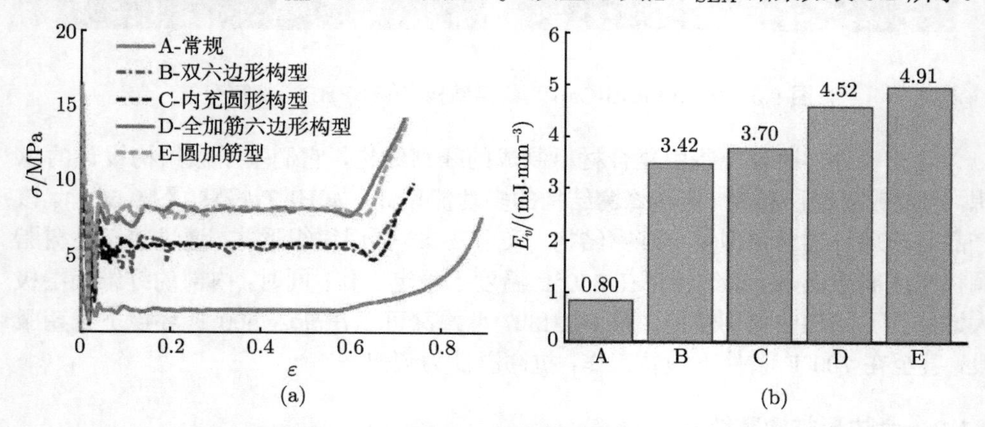

图 9.7　六边形类蜂窝结构对比 (详见书后彩图)

(a) 响应曲线; (b) 吸能量

表 9.2 六边形类蜂窝耐撞性对比

类型	σ_{m}/MPa	σ_{sm}/(kN·m·kg^{-1})	E_v/(mJ·mm^{-3})	E_{SEA}/(kJ·kg^{-1})
A-常规	1.48	30.88	0.80	16.62
B-双六边形构型	5.61	40.25	3.42	24.56
C-内充圆形构型	5.83	41.23	3.70	26.22
D-全加筋六边形构型	8.09	43.76	4.52	24.72
E-圆加筋型	8.17	43.70	4.91	26.27

图 9.8 描绘了 4 种结构及常规蜂窝结构的比载荷强度与质量比吸能对比情况。从图 9.7、图 9.8 和表 9.2 可知，几何构型极大地影响着类蜂窝结构的平台载荷与能量吸收。从原始的常规蜂窝 (A 型) 到最后的圆加筋型 (E 型)，平台强度从 1.48 MPa 增至 8.17 MPa，体积比吸能从 0.80 mJ/mm^3 增加至 4.91 mJ/mm^3，比载荷强度从 30.88 kN·m·kg^{-1} 提升至 43.70kN·m·kg^{-1}，质量比吸能从 16.62 kJ/kg 增加至 26.27 kJ/kg，增幅明显。这主要归因于强化结构自身的材料比重。更多的用料参与变形将发挥更大的能量吸收能力。

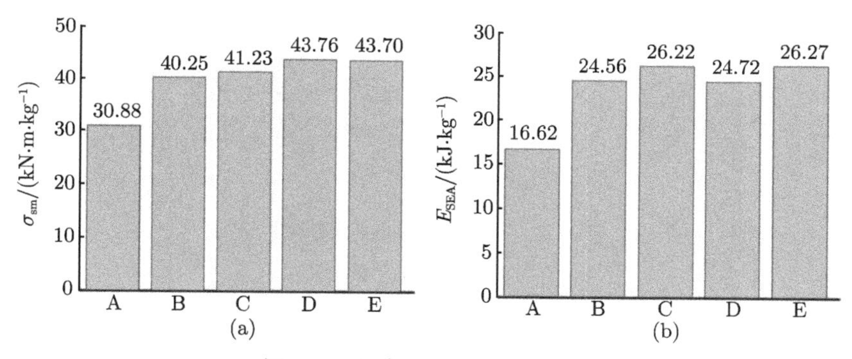

图 9.8 六边形类蜂窝结构对比

(a) 比载荷强度; (b) 质量比吸能

综合对比上述双六边形构型、内充圆形构型、全加筋六边形构型以及圆加筋型的蜂窝结构的力学表现，可以看出，圆加筋型结构比其他几种结构都要好。同时，全加筋六边形构型与圆加筋型的样品的比载荷强度、体积比吸能相当，但明显高于其他结构。

9.1.3 多边形格栅型类蜂窝结构

1. 三角形蜂窝结构

三角形蜂窝结构，顾名思义，胞元构型为三角形而组成的蜂窝结构，如图 9.9 所示，其周期性特征单元参数主要包括两斜边 l、壁厚 t、孔深 T，以及底边与斜边的夹角 θ。每六个三角形可以组成一个内部加筋的六边形。

假设 ρ_c 和 ρ_0 分别为三角形蜂窝及其母材的密度，则三角形蜂窝结构的相对密度 ρ_c 为

$$\rho_c = \frac{(1+\cos\theta)}{\sin\theta\cos\theta}\frac{t}{l}\rho_0 \tag{9.1}$$

若将三角形蜂窝孔壁视为梁，则三角形蜂窝的有效弹性屈曲强度 σ_e 为

$$\sigma_e = \frac{\pi^2}{3}\left(\frac{t}{l}\right)^3 E_s \tan\theta \tag{9.2}$$

其有效塑性屈曲强度 σ_{pl} 为

$$\sigma_{pl} = \sigma_0 \tan\theta\left(\frac{t}{l}\right) \tag{9.3}$$

其中，E_s 和 σ_0 分别为三角形蜂窝壁材料的杨氏模量和屈服应力。

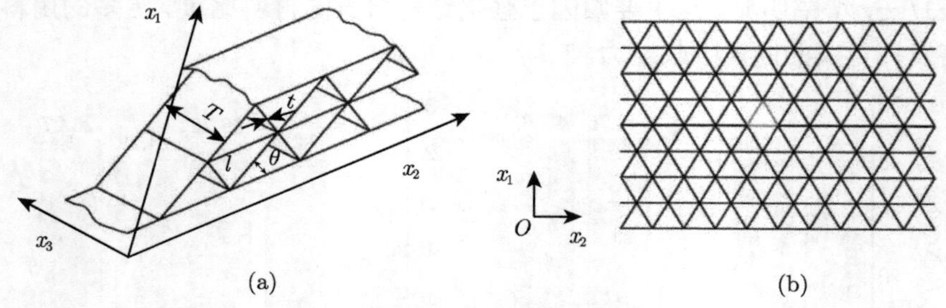

图 9.9　三角形蜂窝结构示意图

(a) 立体视图; (b) 平面视图

三角形蜂窝结构在共面冲击情况下，体现出与蜂窝结构相近的变形模式。对于 $t = 0.06$ mm，$l = 4$ mm，$\theta = 60°$ 的三角形蜂窝结构 (材质与 5.2.1 节同) 在 x_1 方向加载时，呈现出层状压溃式变形，此变形既发生在迎击端，也出现在远击端，如图 9.10 所示。而在 x_2 方向加载时，在低速条件 ($v = 3$ m/s) 时，即表现为层状变形，该变形模式不随速度改变。但随着速度的提升，变形部位由中部转变为向迎击端端部靠近，逐步演化为 I 模式，如图 9.11 所示。

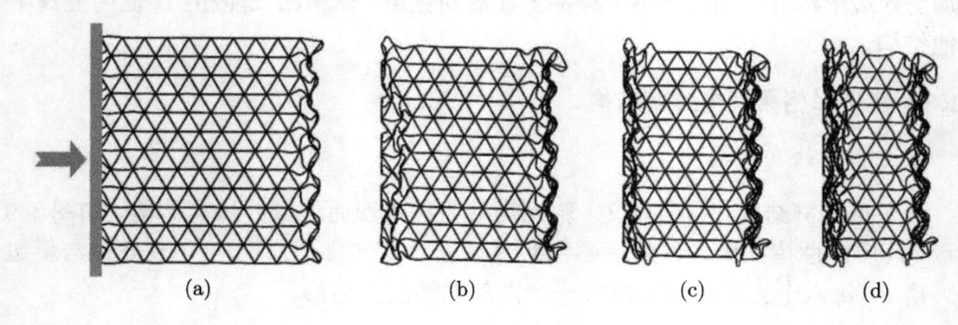

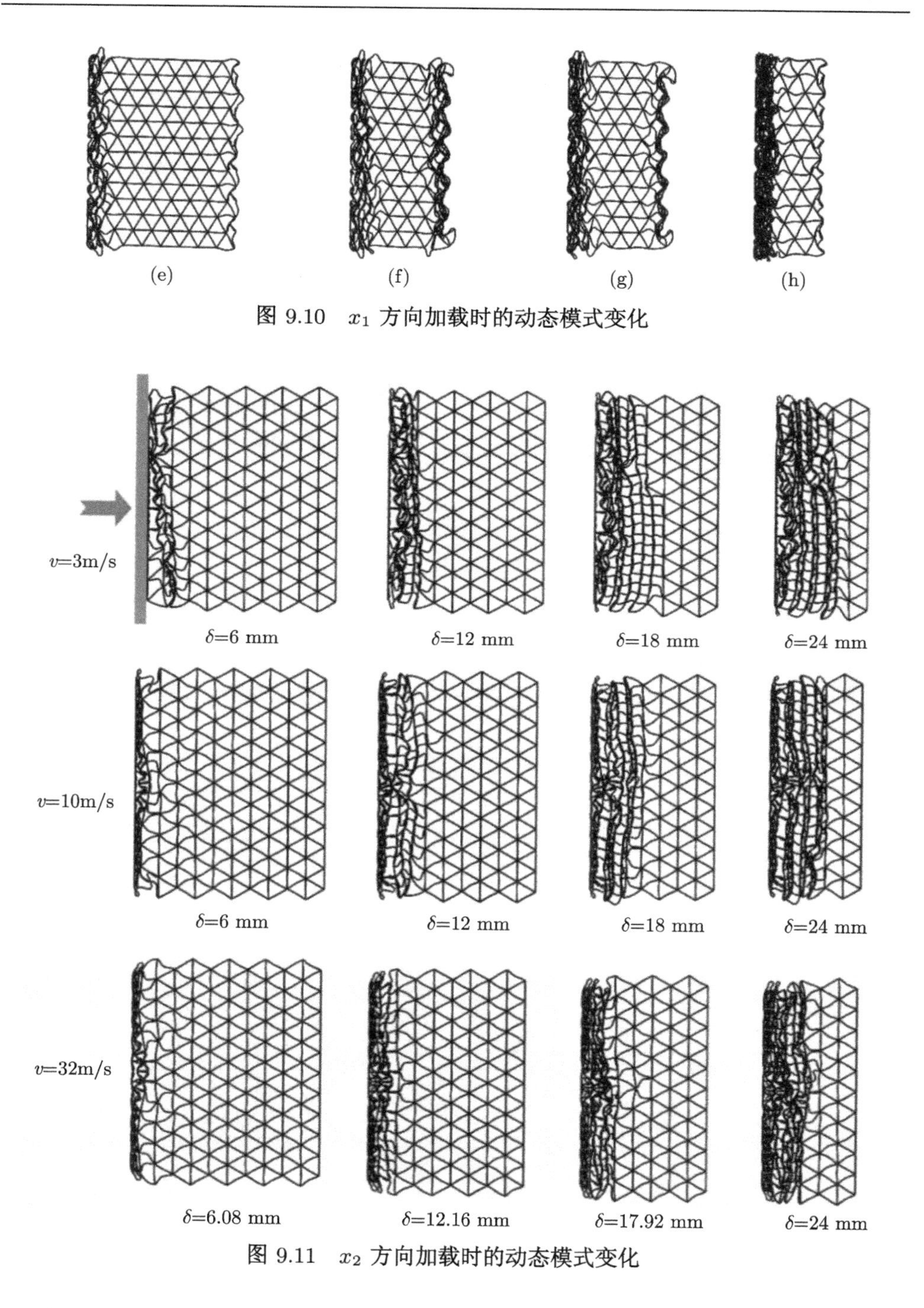

图 9.10 x_1 方向加载时的动态模式变化

图 9.11 x_2 方向加载时的动态模式变化

在不同的排布下，三角形蜂窝结构亦会表现出不同的力学性能。如图 9.12 所示的规则排布和交错排布两种形式，通过数值计算发现两种蜂窝结构的变形均随着冲击速度的增加或胞壁厚度的减小而向迎击端集中。规则排布的蜂窝结构沿着局部变形带逐行压溃直至密实，而交错排布蜂窝结构的变形模式却出现了多种情况。规则排布的蜂窝结构比交错排布的蜂窝具有更高的承载力和能量吸收能力，且该差值在交错排布蜂窝结构“核区”形成后逐渐减小。

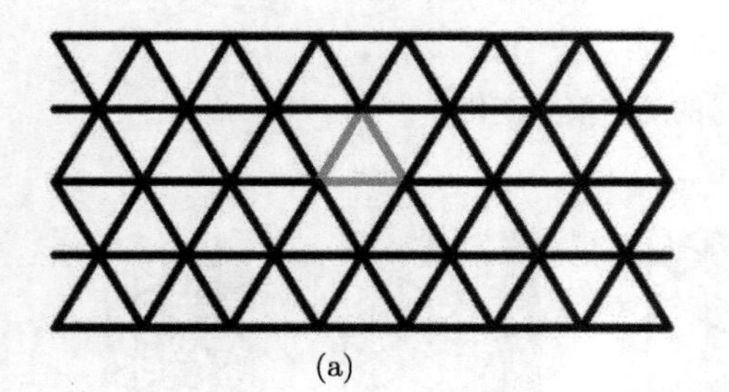

(a)

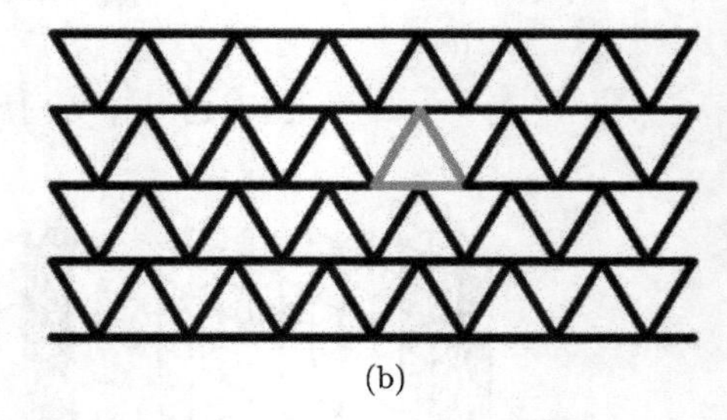

(b)

图 9.12　不同排布的三角形蜂窝结构

(a) 规则排布; (b) 交错排布

进一步改变三角形的布置方式，将其变更为旋转型，如图 9.13 所示，旋转三角形蜂窝结构的变形过程将分为旋转变形和坍塌变形两个阶段，其应力–应变曲线具有“两段式应力平台”特征，且表现出明显的动态拉胀效应；当旋转角增大或冲击速

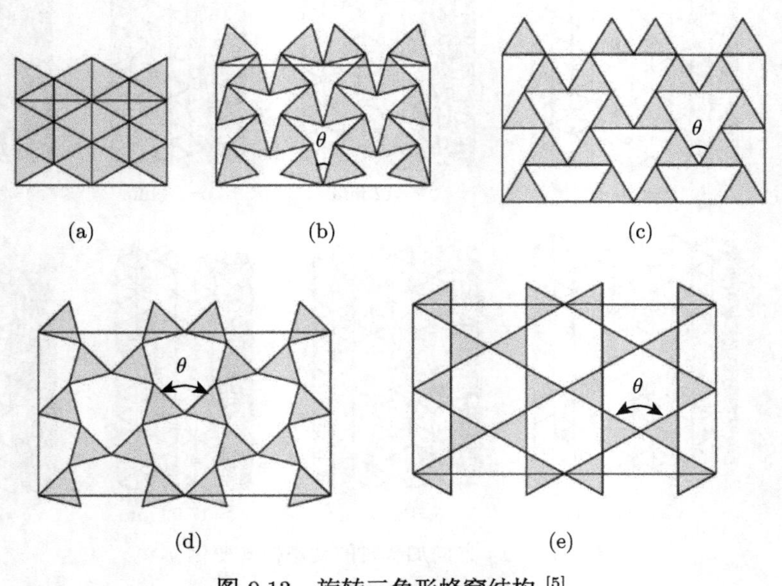

图 9.13　旋转三角形蜂窝结构 [5]

(a) $\theta = 0$; (b) $\theta = 30°$; (c) $\theta = 60°$; (d) $\theta = 90°$; (e) $\theta = 120°$

度提高到某个临界值后，其应力–应变曲线只具有一个平台段，动态拉胀效应逐渐减弱；在不同冲击速度下，通过与相对密度相同的正六边形蜂窝相比较，旋转三角形蜂窝具有更好的能量吸收能力 [5]。

2. 四边形蜂窝结构

四边形蜂窝结构包括正方形蜂窝结构与菱形蜂窝结构两种。正方形蜂窝芯材的结构见图 9.14，其周期性特征单元的边长为 l、壁厚为 t、孔深为 T。假设 ρ_c 和 ρ_0 分别为正方形蜂窝及其母材的密度，则正方形蜂窝结构的相对密度为

$$\rho_c = \frac{2t}{l}\rho_0 \tag{9.4}$$

当四边形的构型为菱形时，其相对密度为

$$\rho_c = \frac{t}{l\sin\theta\cos\theta}\rho_0 \tag{9.5}$$

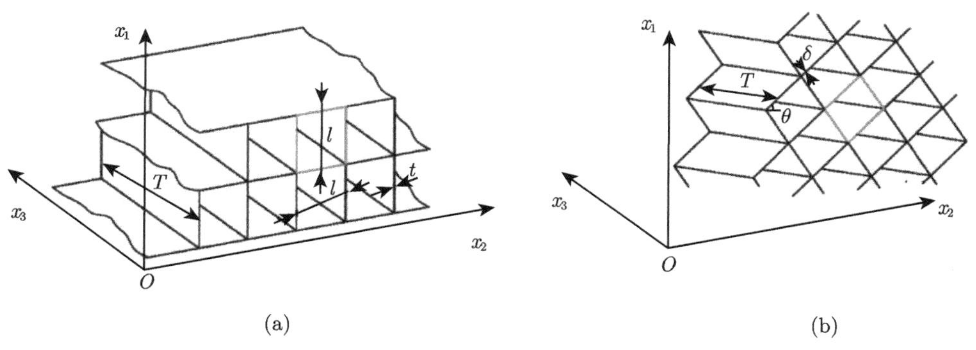

图 9.14 四边形蜂窝结构及参数

(a) 正方形; (b) 菱形

对于 $t = 0.06$ mm, $l = 4$ mm，材质与 5.2.1 节相同的正方形金属蜂窝芯材，在低速压缩时表现为局部坍塌的变形模式；中速时表现为腰部压溃的过渡坍塌模式；速度提升后，压溃区向迎击端靠近 (图 9.15)。在共面方向上，各结构参数固定时，正方形金属蜂窝芯材的峰应力 (或单位体积密实化能量吸收) 与压缩速度的平方呈线性关系；压缩速度固定时，共面峰应力 (或单位体积密实化能量吸收) 与厚跨比呈幂指数关系。当胞壁厚度一定时，边长越长，其承载强度迅速下降；当边长一定时，随着胞壁厚度增加，承载强度逐渐增加。正方形蜂窝芯材的动态峰应力，是其静态峰应力和因惯量引起的峰应力增量之和；静态峰应力与正方形蜂窝芯材的相对密度成正比，峰应力增量与冲击速度的平方成正比 [6]。

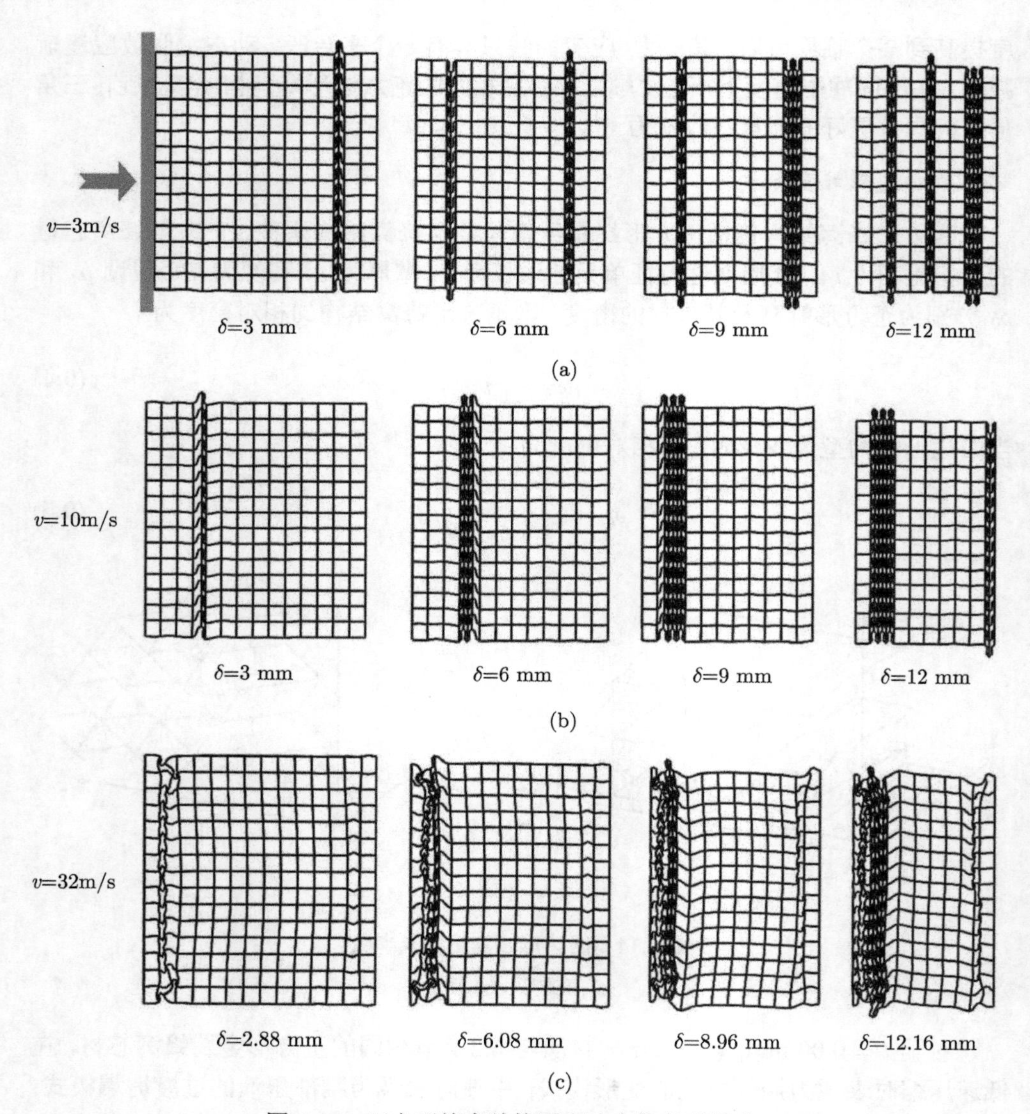

图 9.15 正方形蜂窝结构面内冲击的变形模式

而采用相同几何构型参数和材质的菱形蜂窝芯材的力学表现略有不同。根据坍塌带的不同形状，大致可分为以下 3 种典型情况：低速冲击下的多重 X 形坍塌 (图 9.16(a))；中速冲击下的 V 形坍塌 (图 9.16(b))；高速冲击下的 I 形坍塌 (图 9.16(c))。对于不同厚跨比的蜂窝结构，当其他结构参数固定时，动态峰应力与冲击速度的平方呈线性关系；在不同冲击速度下，其他参数固定时，动态峰应力与厚跨比呈幂指数关系。

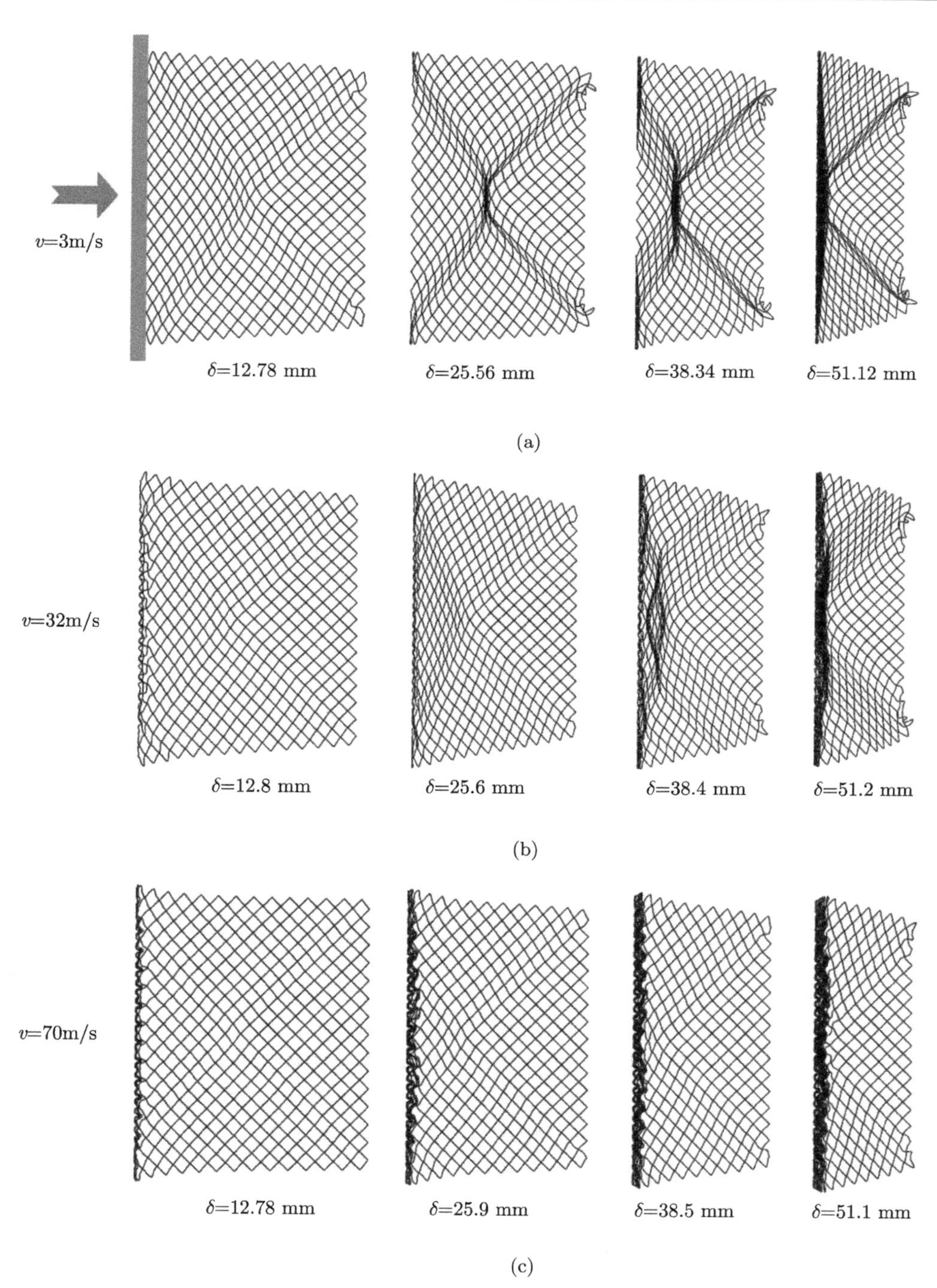

图 9.16 菱形蜂窝结构加载时的动态模式变化 (x_1 方向)

3. Kagome 蜂窝结构

Kagome 蜂窝结构是近年来得到众多国内外学者关注的一类蜂窝构型。它是正六边形和正三角形两种形态的“组合”结构, 正是由于该孔形的特殊性，其具备了多功能和潜在的可设计性。周期性 Kagome 单胞的几何构型可以有多种形式。图 9.17 列出了两种典型形式：等边三角形且形心重合的各向同性结构和全等腰三角形且形心不重合的正交各向异性结构。

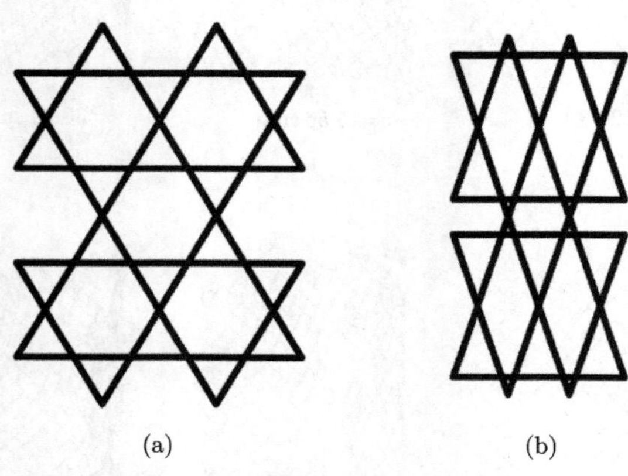

图 9.17　典型 Kagome 蜂窝结构

(a) 各向同性结构; (b) 正交各向异性结构

Kagome 结构的力学特性及相对密度与形状的各向异性有关。在所有等长度壁杆的各向同性蜂窝结构中，Kagome 蜂窝拥有最优的面内刚度 [7]，且该蜂窝结构对集中微裂纹的破坏抗力要优于正六边形蜂窝和正三角形蜂窝 [8]。对于存在缺陷的 Kagome 蜂窝结构的力学响应，在缺陷周围 Kagome 蜂窝壁以弯曲变形为主，远离缺陷的蜂窝壁呈现拉压变形 [9]。

4. 其他多边形类蜂窝结构

除常见的三角形、四边形及六边形的类蜂窝结构外，其他多边形形式的类蜂窝主要以五边形、八边形蜂窝结构为代表，其示意图如图 9.18 所示。五边形的蜂窝结构是由 W 方向和 L 方向横竖交错排布的系列五边形构成的，其实质为细分的六边形结构。从图 9.18(a) 可知，每四个周向对称分布的五边形可构造一个六边形。而对于八边形结构，考虑到各邻近八边形间均存在一个菱形框，因而有些八边形蜂窝结构在八边形内部中心增强布置一菱形框，菱形框的四个顶点与八边形四条相间的棱边中点互相连接，形成周期有序结构，如图 9.18(b)。仔细观察可以发现，该结构的每个八边形胞元亦是由四个六边形周向对称分布、首尾互相连接构造而来，具有明显的对称性。

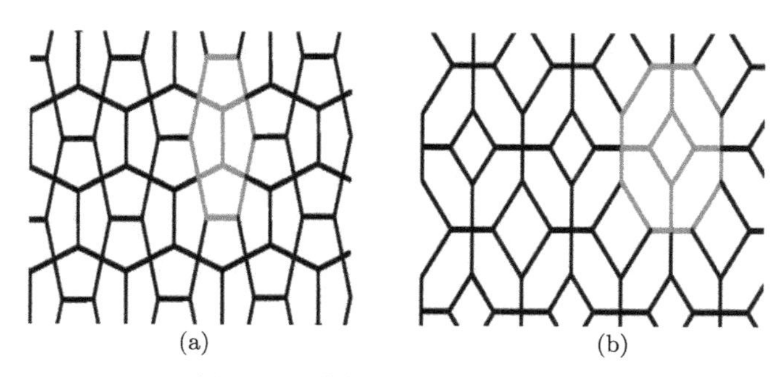

(a) (b)

图 9.18 其他多边形类蜂窝结构

(a) 五边形蜂窝结构; (b) 八边形内嵌菱形蜂窝结构

对于正八边形内嵌菱形类蜂窝结构 (图 9.18(b))，在面内冲击情况下，在低速冲击时，该蜂窝结构先后表现出 V 形、X 形、K 形及 I 形等局部变形特征；在中高速冲击下，该蜂窝结构中的六边形与四边形胞元交替压溃，并从冲击端的 I 形局部变形逐步扩展到固定端；随着冲击速度增大，表现出更强的能量吸收能力 [10]。

9.1.4 曲线形类蜂窝结构

1. 圆形蜂窝结构

圆形蜂窝结构是直接将圆管按周期有序列排布的一类阵列式多孔“格栅”，由于其采用了天然蜂窝孔格布局的思想，亦可视为蜂窝结构 [11]。根据圆形的相对位置，圆形蜂窝结构按排列顺序可分为规则排列和交错排列两种，如图 9.19 所示。对于单元壁厚为 t、半径为 R 的规则排列圆形蜂窝结构，其相对密度 ρ_c 为

$$\rho_c = \frac{\pi}{2}\frac{t}{R}\rho_0 \tag{9.6}$$

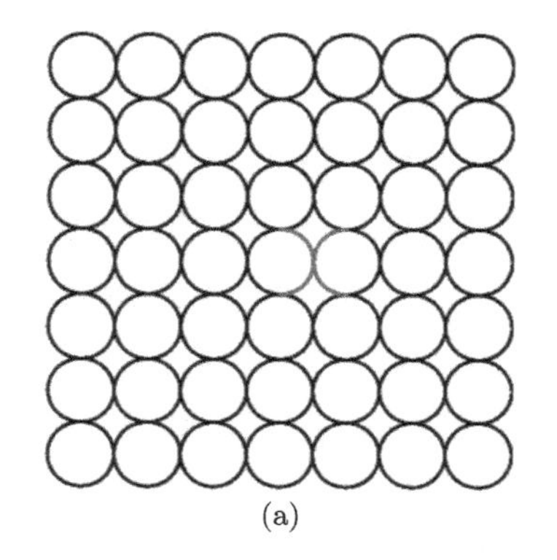

(a)

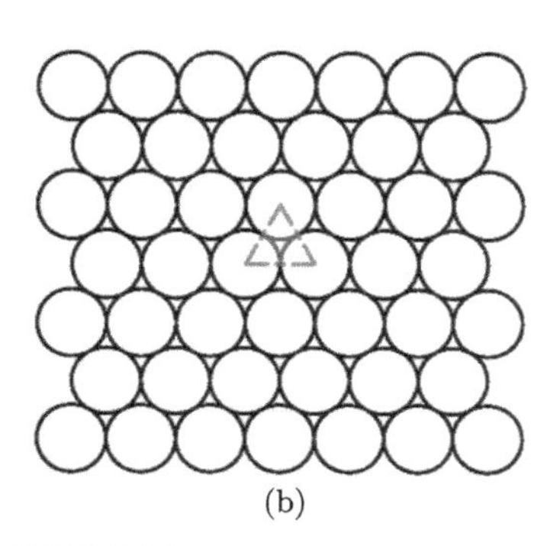

(b)

图 9.19 多层排列圆形蜂窝

(a) 规则排列; (b) 交错排列

圆形蜂窝结构的变形模式与厚度半径比 (t/R) 均会影响动态密实应变，而变形模式与加载速度 v 相关。对于 $t = 0.06$ mm, $R = 4$ mm, 材质与 5.2.1 节相同的圆形蜂窝结构在共面动态冲击载荷作用下，随着冲击速度的增加，规则排列圆形蜂窝结构会出现 X 形变形模式、V 形变形模式和 I 形变形模式，分别如图 9.20～ 图 9.22 所示。与六边形蜂窝结构面内冲击类似，圆形蜂窝从准静态模式到过渡模式的临界速度 v_{c1} 与 t/R 无关，过渡模式到动态模式的临界速度 $v_{\mathrm{c2}} \propto \sqrt{t/R}$。

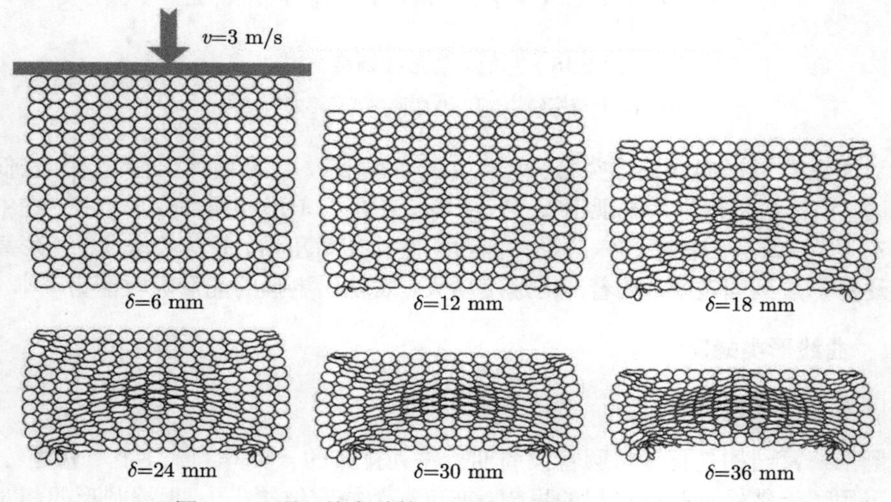

图 9.20　圆形蜂窝结构 X 形变形模式 $(v = 3$ m/s$)$

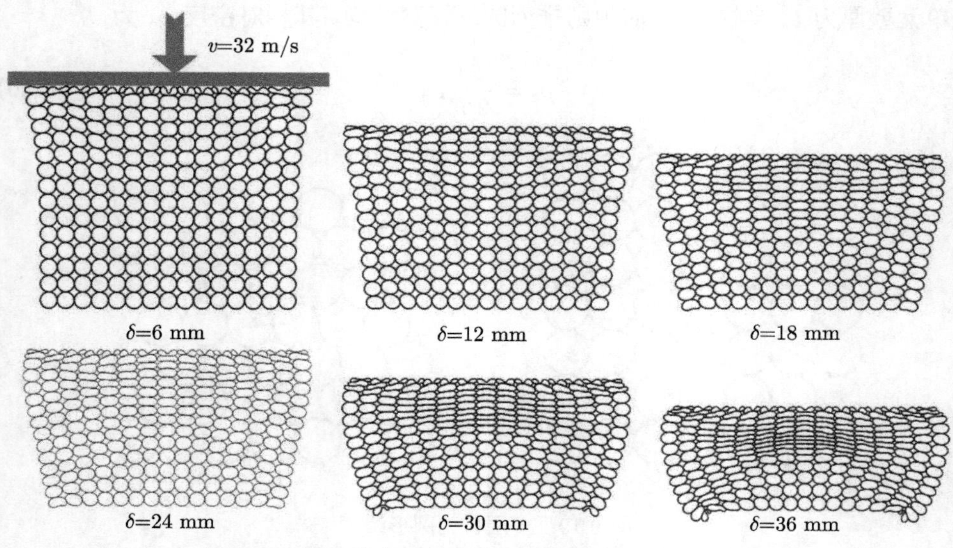

图 9.21　圆形蜂窝结构 V 形变形模式 $(v = 32$ m/s$)$

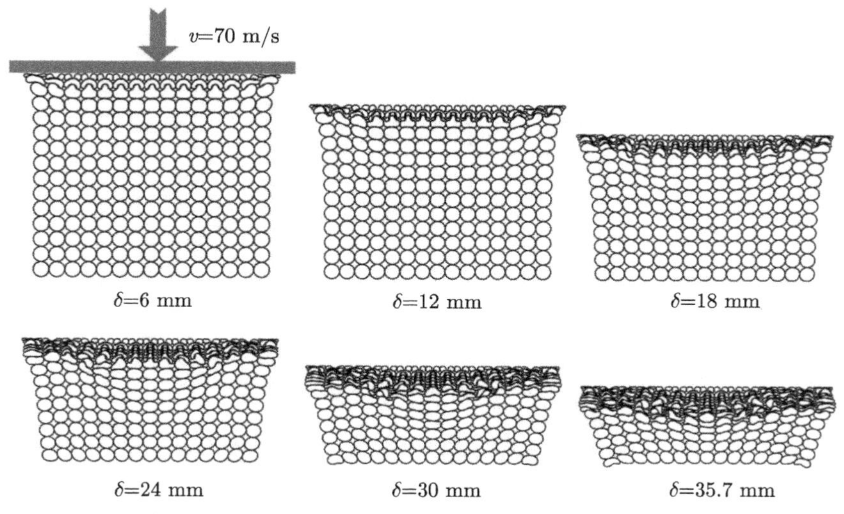

图 9.22 圆形蜂窝结构 I 形变形模式 ($v = 70$ m/s)

而对于交错排列的圆形蜂窝结构，其在 x_1 方向和 x_2 方向加载时，也表现出不同的变形模式，如图 9.23 和图 9.24 所示。在 x_1 方向加载时，以逐层压溃模式为主，而在 x_2 方向加载时，呈现出 K、X、V、I 的变形模式。

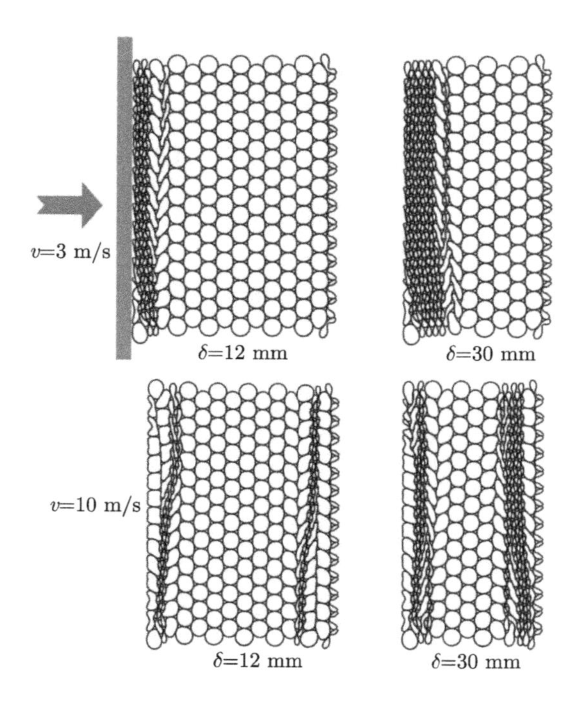

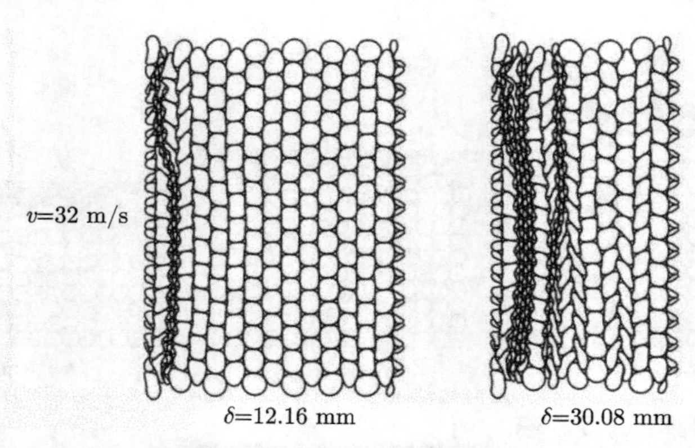

图 9.23　交错排列圆形蜂窝结构 x_1 方向变形模式

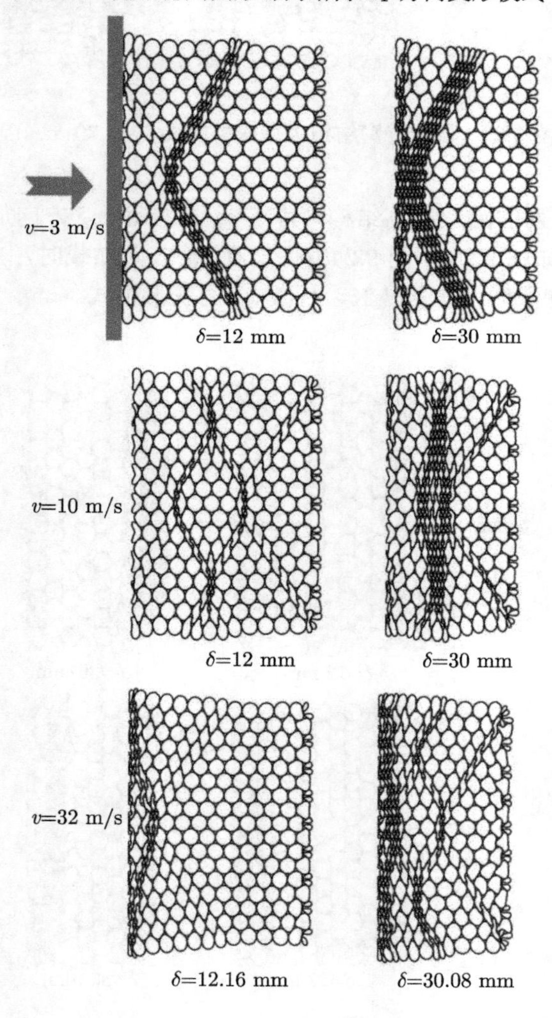

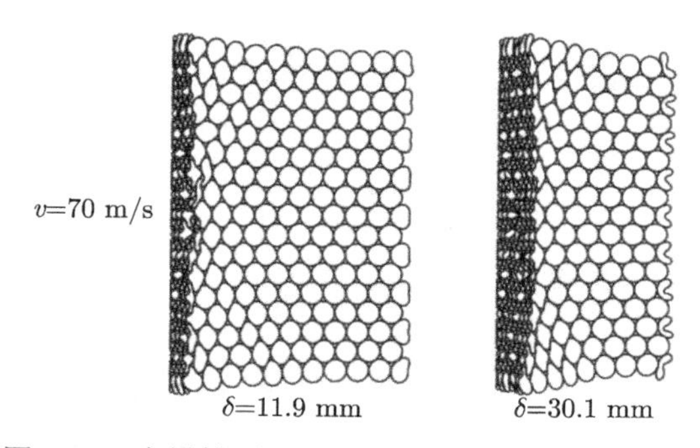

图 9.24 交错排列圆形蜂窝结构 x_2 方向变形模式

2. 弧形蜂窝结构

弧形蜂窝结构主要有单弯曲型、双弯曲型及正弦曲线型等。

1) 单弯曲型 (flex-core)

该结构通过采用较小的互反曲率，将绷紧的曲率半径的曲面连接成型，形成一种特殊的结构构型，如图 9.25 所示。与等密度的蜂窝相比，该绷紧曲线提供了更高的剪切强度，且更易形成曲面 [12]。Hexcel 公司研制的 CR III 型防腐蚀型蜂窝即采用了此构型。该型蜂窝结构主要由铬酸盐基涂层和有机金属高分子聚合物组成。另有 CR-PAA 蜂窝，其上涂有磷酸阳极氧化涂层，该型蜂窝结构连接强度更强、盐雾环境适用性更好、裂纹扩展抵抗力更高、热温性环境耐用性更优。制造材质可以是铝、芳纶纸和玻璃纤维等。

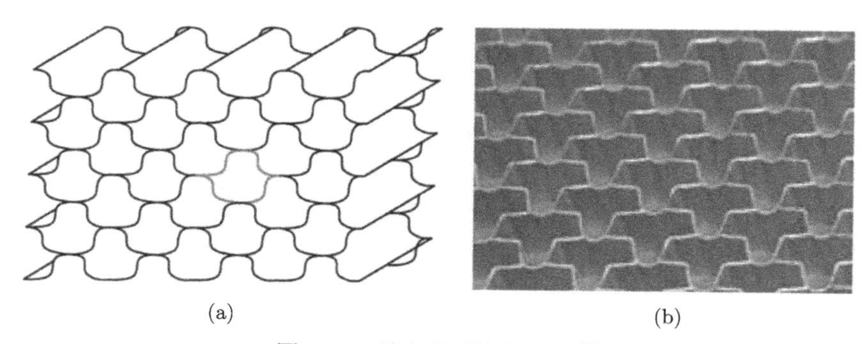

(a) (b)

图 9.25 单弯曲型蜂窝结构 [3]

(a) 示意图; (b) 实物

2) 双弯曲型 (double flex-core)

双弯曲型的蜂窝结构与单弯曲型的结构相类似，不同之处在于，双弯曲型结构比单弯曲型增加了一个弯曲阶数，在 W 方向和 L 方向均出现曲线形态，如图 9.26 所示。

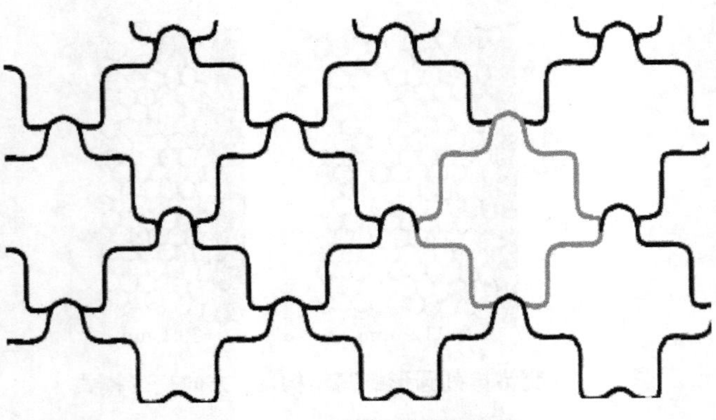

图 9.26　双弯曲型蜂窝结构

3) 其他构型

还有一些其他形式的蜂窝构型，如铃形构型和正弦曲线型等。铃形蜂窝结构是单弯曲型蜂窝的一种，曲面曲率偏小、过渡更光滑。正弦曲线型是由上面对称分布的正弦形曲面在连接点处黏接而成，如图 9.27 所示。正弦形式不仅可以出现在面内，亦可在设计面外呈正弦曲线型的蜂窝结构 [13]，如图 9.27(b) 所示。

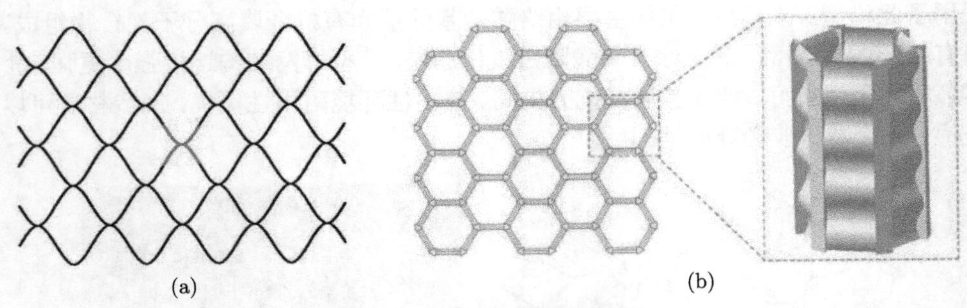

图 9.27　正弦曲线型蜂窝结构

(a) 面内; (b) 面外 [13]

3. 曲面型蜂窝结构

还有一类蜂窝结构呈曲面状，马鞍状曲面是其中的典型代表。由于曲面型蜂窝结构的孔径大小不一，同一胞元边长尺度在厚度方向也会随着曲面曲率的变化而变化，其建模过程相对于常规蜂窝结构要复杂得多。创建马鞍状曲面蜂窝结构前，首先应构建两个辅助曲面，两个辅助曲面皆由圆弧轮廓线沿圆弧引导线扫掠而成，两个辅助曲面位于蜂窝结构上下两侧。上下辅助曲面构建好后，连接上下辅助曲面的交点，得到蜂窝胞元的两条边线，重复此方法得到蜂窝胞元的六条边线，并将边线阵列，依次连接边线得到整个曲面蜂窝结构。

图 9.28 描述了采用六边形蜂窝构建的曲面蜂窝情况，图中结构的上层辅助曲面轮廓线与引导曲线曲率半径均为 200 mm，下层辅助曲面轮廓线与引导线曲率半径均为 170 mm。从轮廓线曲率中心引出两条直线分别与上下辅助面相交，两条直线夹角为 4°。胞元平均边长为 13 mm，孔壁厚度为 0.06 mm(材质与 5.2.1 节中蜂窝结构相同)。曲面蜂窝结构四周固定，在鞍面正中心上方有一钢制小球，直径为 100 mm，质量为 4.1 kg，以 3 m/s 的速度竖直撞击曲面蜂窝结构。

图 9.28 所示鞍状曲面蜂窝结构承受冲击后的 30 ms 过程中，位于曲面蜂窝结构正中心的蜂窝壁最先接触钢球并随即发生弹塑性变形，小球继续运动，冲击域附近蜂窝胞壁产生皱褶且相互拉挤，蜂窝壁与球体表面接触面逐步增大，小球速度衰减，冲击能量逐步被曲面蜂窝结构吸收并转化为应变能。当应变达到材料的最大承受极限时，蜂窝胞元开始破坏失效，最终在小球冲击部位形成比球体直径稍大的破坏圆孔。受曲面蜂窝形状、曲率和胞元孔径影响，该冲击变形仅发生在小球冲击位置附近，曲面蜂窝大部分区域未发生明显塑性变形。

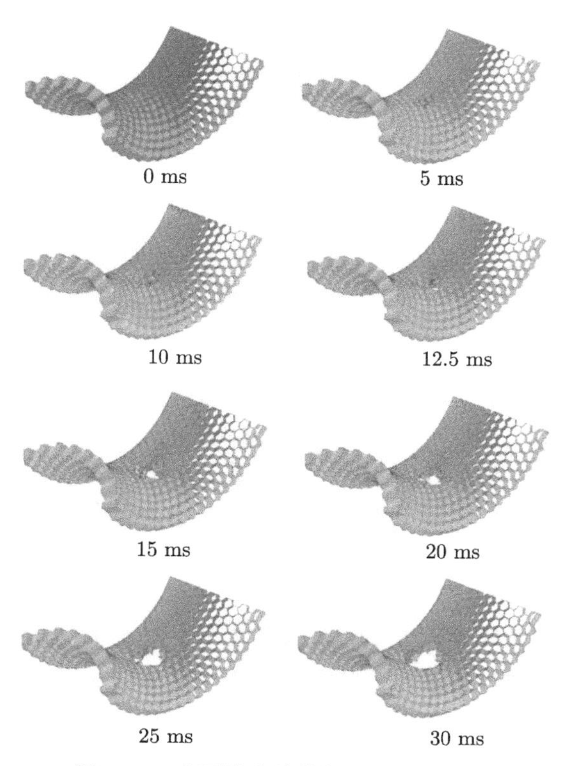

图 9.28 曲面蜂窝结构抗局部冲击破坏

9.2　梯度蜂窝结构的力学性能

在工程中，许多结构件会遇到各种服役条件，往往要求材料的性能应随构件中的位置而不同。例如，要求机床刀具刃部坚硬，而其他地方具有高强度和韧性；一个齿轮轮体必须有好的韧性，而其表面则必须坚硬和耐磨；涡轮叶片的主体必须高强度、高韧性和抗蠕变，而它的外表面必须耐热和抗氧化等。这些特殊的功能性要求使得材料和结构设计时需具有可变性，因此功能梯度材料应运而生。

梯度蜂窝结构是借助功能梯度的概念而提出的适应各种复杂运用环境而逐渐发展的一种新型结构，亦是为应对强冲击载荷的初始峰值力、一定程度上改善压缩的变形模式而实施的结构布局。它主要通过渐进改变胞元形状、尺寸、胞壁厚度、强度等，实现结构宏观层面承载能力、响应过程等的梯度变化。当然，过大的梯度也易引起局部结构的塌陷，诱发更为不利的失稳模式。因而，梯度仅是指有限梯度的情况。

9.2.1　梯度蜂窝结构特点与分类

根据梯度层之间过渡的形式，梯度蜂窝结构可分为分层梯度型蜂窝和连续梯度型蜂窝结构。从概念上看，分层梯度蜂窝结构是指由黏结不同均匀密度层所形成的阶梯式、不连续的梯度蜂窝结构，而连续梯度型蜂窝结构即为在梯度方向上呈连续性分布的结构。

按照梯度的构造方式的不同，梯度蜂窝结构主要可分为几何梯度型和强度梯度型蜂窝结构两类。

1) 几何梯度型

几何梯度型结构即通过渐进改变蜂窝胞元的厚度、边长和角度三方面来实现。厚度梯度型蜂窝结构是通过改变蜂窝壁厚构建而来，如图 9.29 所示。将试件厚度沿压缩方向增加视为正梯度蜂窝 ($t_1 < t_2 < t_3$)；沿压缩方向减小视为负梯度蜂窝。厚度梯度型六边形蜂窝结构往往沿压缩方向划分为不同部分的几个层次，各层内蜂窝单元的胞壁厚度是相同的。除了常见的 W 方向和 L 方向布置的梯度，还可以沿轴向 (T 方向) 改变蜂窝壁面的几何厚度，形成厚度梯度型蜂窝结构 [14]。

当保持胞壁的厚度不变时，可以通过改变胞元尺寸的大小来改变该胞元的相对密度。因此，可以通过渐进改变胞元尺寸大小构建边长梯度型蜂窝结构，如图 9.30 所示。边长梯度六边形蜂窝材料的相对密度可由下式给出：

$$\rho_{\mathrm{c}} = \frac{\sum\limits_{i=1}^{N} h t_i}{A_0} \rho_0 \tag{9.7}$$

其中，t_i 为第 i 层胞壁的厚度；h 为正六边形蜂窝孔格的边长；N 为边总数。

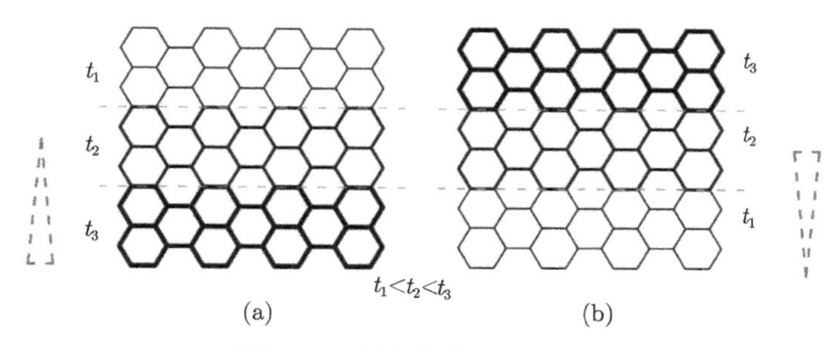

图 9.29 厚度梯度型蜂窝结构

(a) 正梯度; (b) 负梯度

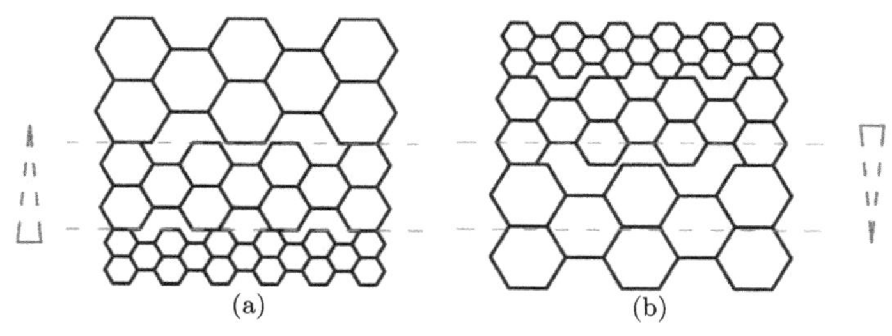

图 9.30 边长梯度型蜂窝结构

(a) 正梯度; (b) 负梯度

另外，通过改变胞元角度，可构造角度梯度型蜂窝结构，如图 9.31 所示。

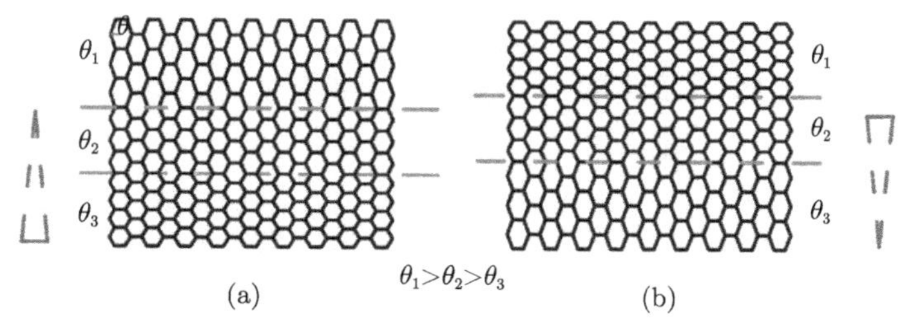

图 9.31 角度梯度型蜂窝结构

(a) 正梯度; (b) 负梯度

2) 强度梯度型

强度梯度型蜂窝结构是指构成其各层材质的屈服强度呈梯度变化。合理地调节屈服强度梯度的变化可以减小初始峰值应力，并能够有效把控被保护结构所承受的冲击峰值，同时实现蜂窝结构单位质量能量吸收率的控制。图 9.32 为六边形和圆形排列的屈服强度递变梯度型蜂窝结构 [15]。

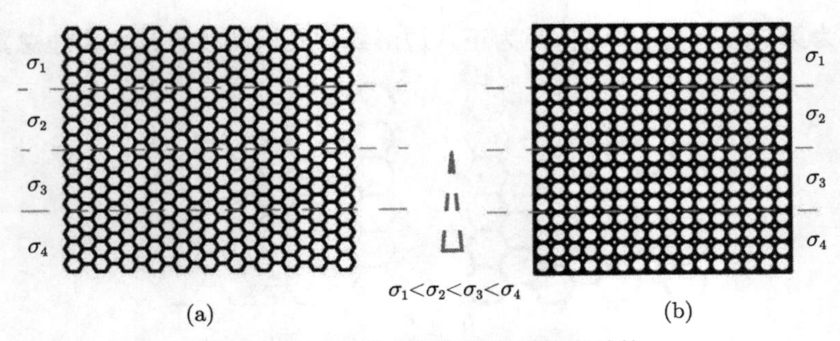

图 9.32　屈服强度递变梯度型蜂窝结构

(a) 六边形; (b) 圆形

对于几何梯度型蜂窝，无论是改变壁厚、边长还是角度，都很难在工程实际中制造出内部呈连续梯度分布的蜂窝结构产品。在数值模拟中，可借助梯度函数等数学方法来表征，例如，采用式 (9.8) 构造的几何参数或材料参数沿厚度方向梯度渐变的蜂窝结构，其各层蜂窝结构的胞元壁厚或母体材料屈服强度沿厚度方向呈指数变化 [16]，具体表达式为

$$\gamma(z) = \gamma_{\max} - (\gamma_{\max} - \gamma_{\min})\left(\frac{z - \Delta T}{T - \Delta T}\right)^n \tag{9.8}$$

式中，$\gamma(z)$ 为第 i 层 $(i = z/\Delta T)$ 蜂窝结构的壁厚或强度；$\gamma_{\max}$ 和 $\gamma_{\min}$ 分别为顶层和底层 $\gamma(z)$ 的值；z 为各层蜂窝结构底部与原点的距离；T 为蜂窝整体的厚度；n 为梯度指数。

除此以外，还可以采用随机方法实现梯度蜂窝结构的参数表征。Voronoi 技术即是诸多随机技术中的一种，它已被广泛应用于生成具有均匀密度的随机不规则蜂窝结构。在此基础上，可采用数学函数形式，根据各蜂窝胞元角点的几何坐标，生成与控制胞元分布，实现梯度设计，如图 9.33 所示。

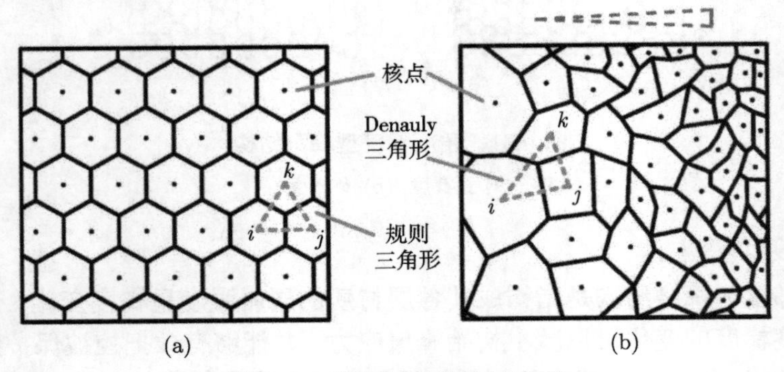

图 9.33　蜂窝结构构造示意图

(a) 规则六边形; (b) Voronoi 随机梯度

9.2.2　梯度蜂窝结构力学行为

动态载荷作用下梯度蜂窝结构表现出来的性能与均匀蜂窝的性能总体上相似 [17]。以厚度梯度六边形蜂窝结构的面内冲击响应为例，采用前述显式有限元分析方法，所用蜂窝结构的胞壁长度为 $h = 4$ mm，材质为 5052H18，具体参数与 5.2.1 节相同。参照图 9.29 构造的厚度梯度型蜂窝，共分为五层，胞元壁厚分别为 $t_1 = 0.04$ mm, $t_2 = 0.06$ mm, $t_3 = 0.08$ mm, $t_4 = 0.10$ mm 和 $t_5 = 0.12$ mm，沿冲击方向为正梯度分布，迎击端胞壁最薄，远击端胞壁最厚，在远击端后背设置固定刚性墙，具体分布如图 9.34 所示。

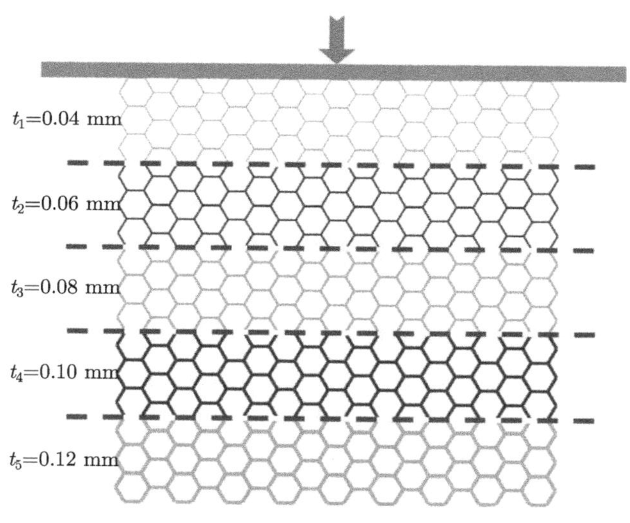

图 9.34　厚度梯度型蜂窝结构具体分布

图 9.35 描绘了此结构沿 x_1 方向承受 10 m/s 冲击时的变形过程。从图中描绘的 $\delta = 10\sim90$ mm 的压缩模式图可以观察到，在 $v = 10$ m/s 时，该梯度结构并未表现出原常规非梯度分布蜂窝结构所表现的 X 形局部变形带，而是在迎击端邻域出现了弱 V 形变形模式。变形带主要集中在冲击端，随着名义应变的增加，试件表现为从较薄层 ($t_1 = 0.04$ mm) 到较厚层 ($t_5 = 0.12$ mm) 的逐层压溃，在中心轴线处成核。

为了进一步查看厚度梯度蜂窝结构的力学响应，图 9.36 描绘了上述分层厚度梯度型蜂窝结构载荷–压缩位移变化曲线。与前述蜂窝结构表现的典型弹性、塑性坍塌、渐进屈曲和密实四个阶段相比，该响应曲线保留了弹性段、坍塌段和密实段，而其渐进平台段的载荷却随加载位移的增加持续增大，并未像传统平台段那样平稳地维持在一个相对恒定的值。当然，合理的梯度分布可以改善这种情况，甚至完全实现“分段平台”(图 9.36 中虚线所示)。

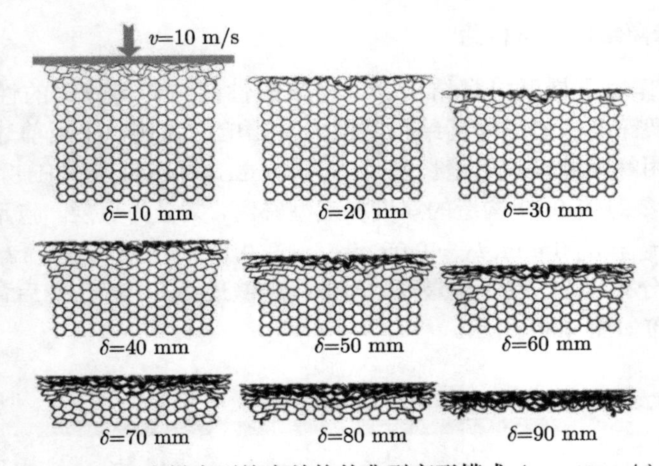

图 9.35　厚度梯度型蜂窝结构的典型变形模式 ($v = 10$ m/s)

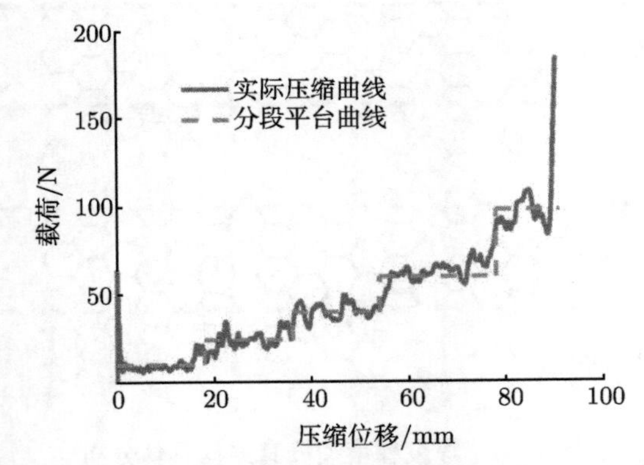

图 9.36　分层厚度梯度型蜂窝结构的载荷–压缩位移变化曲线

9.3　层级蜂窝结构的力学性能

9.3.1　层级结构的仿生学及其分类

层级结构是自然界赋予人类伟大的创举，它广泛存在于自然中，如人的骨骼及牙齿、壁虎足趾和树木等 (图 9.37)。它们通过自然界亿万年的选择、不断进化，呈现出物理、生理方面更优更强的自然适应性。Lakes[18] 曾对层级结构进行了定义：层级结构就是在不同尺度上都有力学特性的结构。结构或材料在 Q_n 个尺度上有力学特性就定义为 Q_n 级层级结构或材料。

众所周知，对生物结构进行仿生设计和分析有助于进一步改善当前工程应用中的某些局限性。随着对自然界层级结构研究的不断深入，学者们基于仿生思想相继提出并发展了层级结构，层级的概念逐渐在工程结构领域被广泛应用。埃菲尔铁塔就是伟大案例，其力学承载结构即为网状钢架层级结构，具备多个结构层级特性，在轻质、高强两方面突显出鲜明的优势。不难发现，相对于单一尺度结构而言，结构的分级能显著提高结构的比强度和比刚度，使其具有稳定性、可靠性及更小的表观密度。为此，国内外掀起了层级多孔结构研究的热潮。层级蜂窝结构即是在传统蜂窝结构的基础之上，利用蜂窝结构的对称性、周期性、稳定性特征构造的具有层次关系的新颖构型。

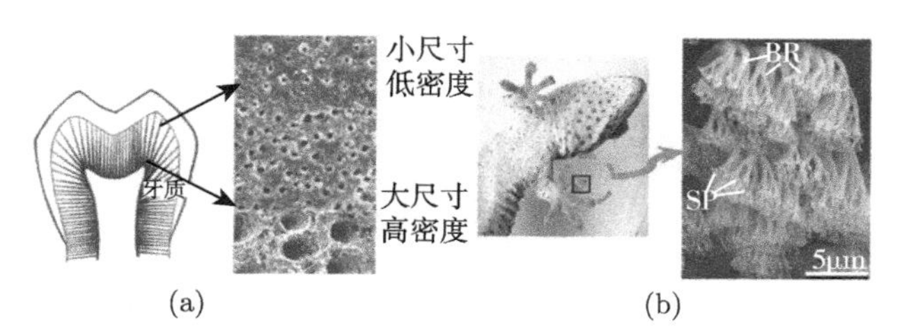

图 9.37 自然界的层级结构

(a) 人类牙齿; (b) 壁虎足趾

根据结构几何构型的特点，层级蜂窝结构主要可以分为胞壁内嵌式、胞壁自复制式和顶点基式三类。

1) 胞壁内嵌式

胞壁内嵌式是指将下一级蜂窝子胞元内置于蜂窝胞壁中形成的层级式蜂窝结构。在此类结构中，每一条棱、每一条边均由结构中的基础胞元再构造而来。图 9.38(a) 展示了蜂窝内壁填充层级迭代的子胞元结构 [19]，图 9.38 (b) 展示了内壁填

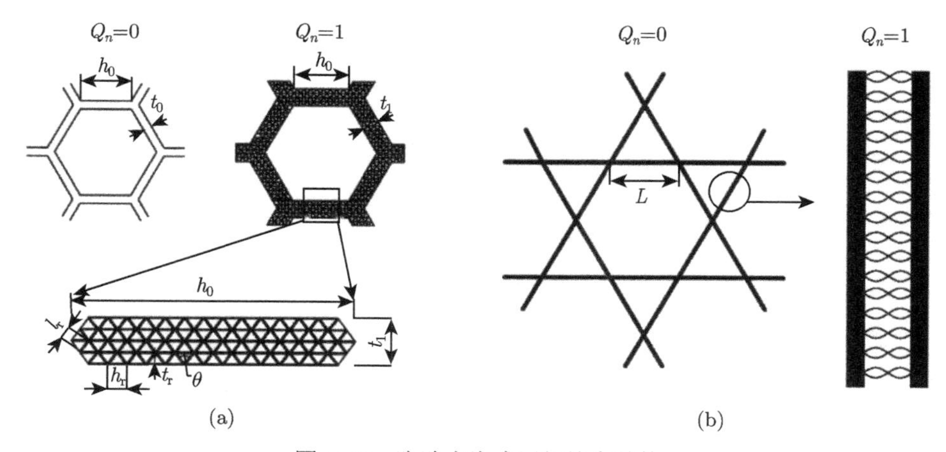

图 9.38 胞壁内嵌式层级蜂窝结构

(a) 层级迭代 [19]; (b) 内嵌 Kagome 胞元 [20]

充 Kagome 胞元的层级形式蜂窝结构 [20]。此类结构比常规蜂窝结构显著提升了其面内刚度、吸能能力以及变形过程的稳定性，但在制造方面存在一定难度，尤其是当原始胞元尺寸足够小的时候，意味着子胞元的尺寸更小，达到微米级甚至纳米级。

2) 胞壁自复制式

胞壁自复制式层级蜂窝结构，即是将形貌相同的小尺寸正六边形首尾相接，代替传统蜂窝结构胞元的棱边，形成新的棱边的构型方法。类似地，继续使用形貌相同的更小尺寸的正六边形首尾相接代替一级 ($Q_n = 1$) 蜂窝结构胞元的所有棱边，得到二级 ($Q_n = 2$) 蜂窝结构 [21−23]。以此类推，可以构造出高阶胞壁自复制式层级蜂窝结构，其构造示意图及层级蜂窝结构实物 (一级，$Q_n = 1$) 如图 9.39 所示。

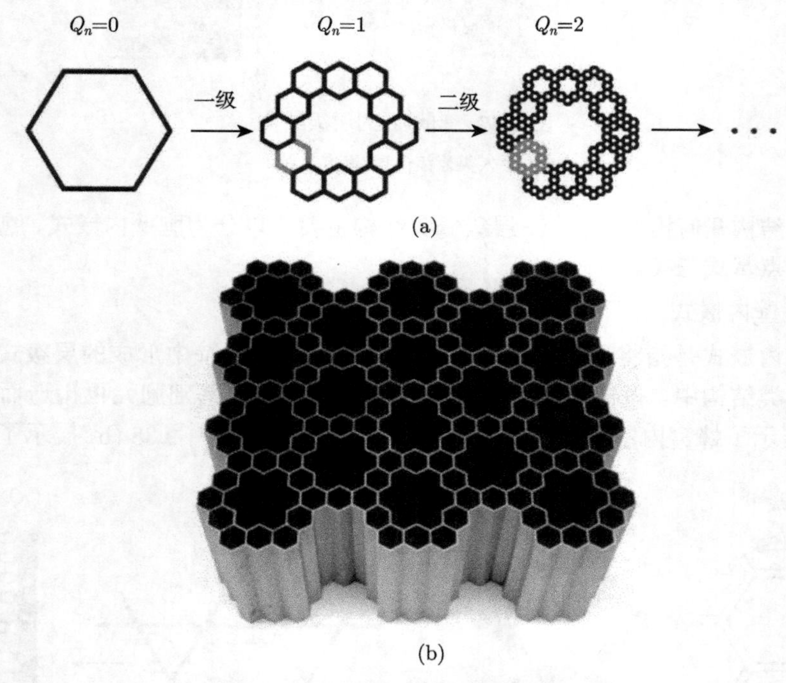

图 9.39　胞壁自复制式层级蜂窝结构 [21]

(a) 构造示意图; (b) 层级蜂窝结构实物 ($Q_n = 1$)

3) 顶点基式

顶点基式层级蜂窝结构，是指在每个蜂窝胞元的顶点用其缩小的自身结构来代替的一类层级结构 [24−26]，如图 9.40(a) 所示。可以发现，该结构在每一次顶点的替换过程中，胞元的边长都在成比例地减小。由此，其局部刚度将明显增大。受生产工艺的限制，此结构一般层级数较小。图 9.40(b) 列出了采用 3D 打印技术生产的顶点基式层级蜂窝的原级 (零级)、一级和二级蜂窝结构实物 [27−30]。

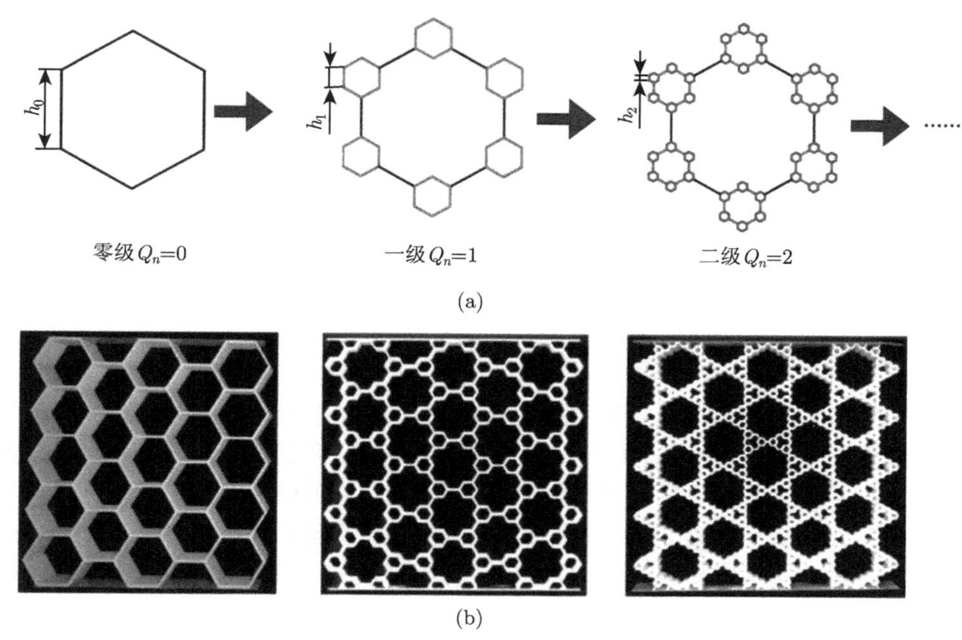

图 9.40 顶点基式层级蜂窝结构 [27]

(a) 示意图; (b) 3D 打印实物

9.3.2 层级蜂窝结构优势与特点

层级蜂窝结构是一种全新的自复制式的周期性多胞结构，是将分级概念引入工程领域的全新尝试和发展，与传统蜂窝结构相比，表现出更优越的力学性能。它不仅保留了多胞结构的轻质、变形稳定的优点，其比吸能、比强度进一步得到提升；同时，层级的产生使得结构局部形成了强化区，承载能力、抗弯、抗剪水平大幅提高，可应用于轨道车辆、航空航天、国防装备等方面的吸能、承载、抗爆装置等。由于此种特色构造形式，层级蜂窝结构展现出结构自相似性、结构周期性以及力学性能快速收敛性三个典型特点。

1. 结构自相似性

结构自相似性是指某种结构的特征从不同的空间尺度来看都是相似的，或者结构局域性质与整体类似。层级结构来自于自然灵感，其最大的特点在于其结构的自相似性。通过观察自然界物质，发现物理、化学、天文、经济、生物多种科学范畴都可以找到具体物质或概念的自相似性特征，这种特征实际上是物质运动、发展的一种普遍的表现形式，是自然界的普适性定律，存在于物质系统的各个层次之上。

比如，自然界中的蕨类植物，它与叶子在结构形式上存在一定尺度上的相似，都由各自的茎和叶组成；而对于蕨类植物的叶子而言，其上分叉长出的更细小的叶，仍具有整颗植物构型的特点。凡此种种，不胜枚举，这些结构都具有严格的自相似性。

可以发现，如胞壁自复制式和顶点基式的层级蜂窝结构，第 Q_n+1 级结构是由第 Q_n 级结构通过缩小尺度构造而来，必然存在结构的自相似性。这个概念亦可以适当地放宽，比如，胞壁内嵌式层级蜂窝结构，三角形子胞元的胞壁可继续采用等边三角形作为子结构，由此其不同级的子胞元结构间必然具有相似性。在结构设计过程中，亦可以考虑将其他相近的结构嵌入替代，构造出性能更优越的层级蜂窝结构。

2. **结构周期性**

对于层级蜂窝结构而言，周期性必然存在，主要由子胞元几何构型和排布序列两个要素决定。呈周期排布的结构除了利于理论建模、数值仿真及样件试制外，核心在于，周期结构设计本身具有可重复性，利于变形模式的稳定。以图 9.41 (a) 为例，对于顶点基蜂窝结构，在每一个角点用自身小比例胞元代替时，既可以直接替换，又可以考虑将其旋转 45° (图 9.41(b))，甚至可以采用相近的正四边形、圆形来代替，如图 9.41 (c) 和 (d) 所示。这两者结构混杂后，亦可获得较理想的层级效果。

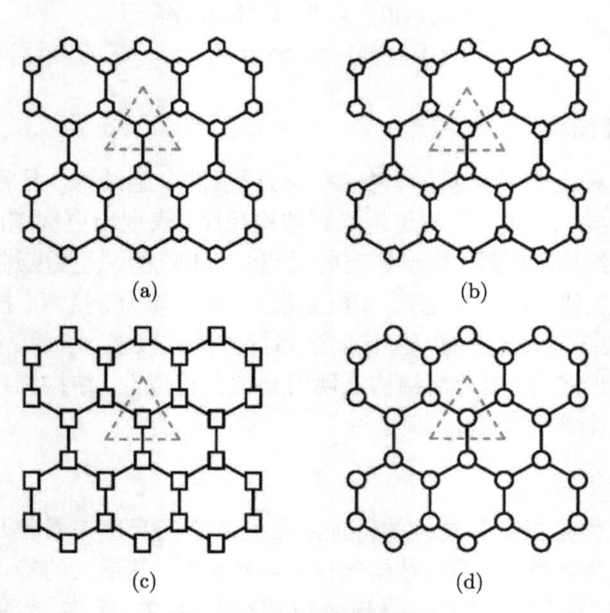

图 9.41　层级结构周期性

(a) 原子胞; (b) 转角度子胞; (c) 矩形子胞; (d) 圆形子胞

3. 力学性能快速收敛性

层级结构由于其采用继承方式构造多级结构，在第 Q_n 阶至 Q_n+1 阶的构造过程中，采用的均是比自身尺度缩小的比例结构。在此过程中，层级蜂窝结构胞元数目随着层级阶数增大呈爆炸式增长，吸能能力剧增的同时导致结构本身质量增加。同时，过高的级数必然带来制造的困难。在这样的约束条件下，可以预见，层级结构的阶次不能太高，将快速收敛。

另外，在结构几何层面，以传统单壁厚蜂窝结构为例，假定新引入的正六边形边长与传统蜂窝结构的边长之比为 λ_a (层级因子)，边长 h_i 和层级因子 λ_a 应满足以下约束条件：

$$\lambda_a = \frac{h_i}{h_{\mathrm{i}+1}} \quad (i = 0, 1, 2, 3, \cdots) \tag{9.9}$$

$$0 \leqslant \sum_{i-1}^{i} h_i \leqslant \frac{l_0}{2} \tag{9.10}$$

$$0 \leqslant \sum_{i-1}^{i} (\lambda_a)_i \leqslant 0.5 \tag{9.11}$$

其中，h_i 表示 i 级蜂窝胞元边长；h_0 即为常规蜂窝胞元边长；$(\lambda_a)_i$ 表示第 i 级的层级因子。

从力学层面来看，层级阶数增加对力学性能的提升是有限的，并不是随着阶数增加无限提升。以吸能能力为例，在顶点基式层级结构低速冲击问题分析中 [24]，在一定的层级因子下，发现一级和二级顶点基层级蜂窝结构分别提升了 81.3 %和 185.7 %。随着级数增加，该结构胞元数呈爆炸式增长，级数越高则结构越接近一个实心体。当级数从零趋向于无穷大时，可以预见到其比吸能会呈现一个上升—顶点—下降的过程，因此，不宜选择过高的阶数来构造层级蜂窝结构。

9.3.3 层级蜂窝结构力学行为

由前述研究可知，蜂窝结构的面内和面外力学性能相差较大，受载后的变形模式不一致，因此，相关力学表达式也存在差异。以胞壁填充式层级蜂窝结构为例，Qiao 等 [31] 针对图 9.42 所示的层级结构研究其力学行为，获得了不同方向受载时的变形模式，以及准静态、动态受载条件下的平均应力理论表达式。

首先，这种结构的相对密度表达式可以表示为

$$\rho_{\mathrm{c}} = \frac{2(7N-4)}{\sqrt{3}N^2}\frac{t}{l}\rho_0 \tag{9.12}$$

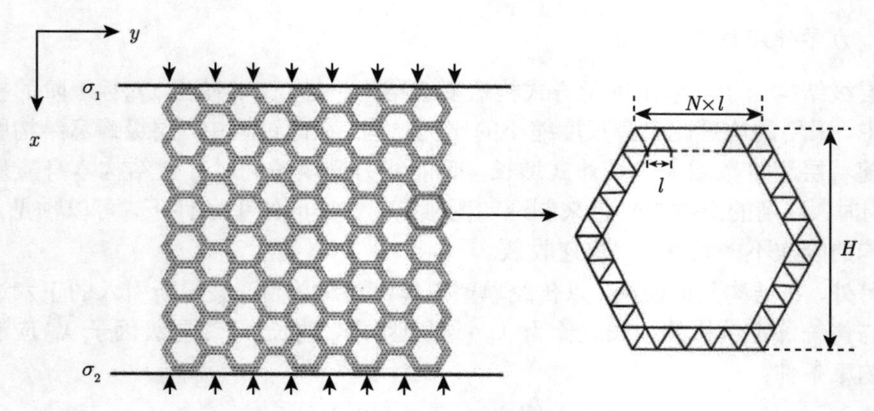

图 9.42 胞壁填充式层级蜂窝结构 [31]

其中，ρ_0 是材料密度；N 是一条边中的子胞元个数；t 是子胞元壁厚；l 是子胞元的边长。在 x 方向受压时，以数值仿真的变形模式作为参考，只考虑宏观变形中的塑性铰线所消耗的能量，可以得到外部功计算公式：

$$W_{\mathrm{ex}} = \frac{3NlT}{2}\sigma_x \varDelta_x = \frac{3\sqrt{3}N^2l^2T}{4}\sigma_x \tag{9.13}$$

其中，σ_x 表示在 x 方向施加的载荷。同理，可以得到塑性变形所耗散能量的计算公式：

$$W_{\mathrm{h}} = \frac{\pi l^2 T}{2}(\sigma_0)^{\mathrm{tri}} \tag{9.14}$$

$$W_{\mathrm{d}} = \frac{\sqrt{3}Nl^2T}{2}(\sigma_0)^{\mathrm{tri}} \tag{9.15}$$

其中，$(\sigma_0)^{\mathrm{tri}}$ 是三角形单元的破坏应力值；T 是整个结构的面外宽度。最终，可以计算得到该结构在 x 方向承载的塑性平均应力值表达式：

$$\sigma_{x0} = \sigma_x = \frac{2\left(\pi+\sqrt{3}N\right)}{3\sqrt{3}N^2}(\sigma_0)^{\mathrm{tri}} = \frac{2.518\left(\pi+\sqrt{3}N\right)N^2}{(7N-4)^2}\sigma_0\left(\frac{\rho_{\mathrm{c}}}{\rho_0}\right)^2 \tag{9.16}$$

同理，与 x 方向受载类似，可以得到 y 方向受载时的平均应力值：

$$\sigma_{y0} = \sigma_y = \frac{7\pi+24N\left(\sqrt{3}-1\right)}{12\sqrt{3}N^2}(\sigma_0)^{\mathrm{tri}} = \frac{0.315\left[7\pi+8\sqrt{3}\left(3-\sqrt{3}\right)N\right]N^2}{(7N-4)^2}\sigma_0\left(\frac{\rho_{\mathrm{c}}}{\rho_0}\right)^2 \tag{9.17}$$

但是，上述公式推导都是在准静态的加载条件下进行的，考虑到动态问题时存在应变率效应，此时有

$$\sigma_{\mathrm{d}}=\sigma_{x0}+\rho_{\mathrm{c}}\frac{V^2}{\varepsilon_{\mathrm{d}}} \tag{9.18}$$

$$\sigma_{\mathrm{d}}=\sigma_{y0}+\rho_{\mathrm{c}}\frac{V^2}{\varepsilon_{\mathrm{d}}} \tag{9.19}$$

其中，ρ_{c} 是材料密度；V 是冲击速度；ε_{d} 是密实化应变。

顶点基层级蜂窝结构目前来说是层级蜂窝结构中研究最多、最深入的，主要集中在承载能力、吸能特性以及刚度的提升上。在低阶结构中新引入的胞元尺寸不会特别小，因此，从工艺上来说，其实现难度比前两种提到的层级蜂窝结构要小。此外，这种层级形式显然能够增大结构的面内刚度，已经有许多学者通过对一阶、二阶结构的模量推导，从力学上对这种提升做出了解释 [29]。

超出一阶结构以后，有两类子胞元出现，此时，定义一阶子胞元的边长与原始胞元比值为 λ_1，二阶子胞元的边长与原始胞元比值为 λ_2。易得一阶顶点基蜂窝结构的面内杨氏模量 E^*[29]：

$$\frac{E^*}{E_{\mathrm{s}}}=\left(\frac{t}{l_0}\right)^3 f\left(\lambda_1\right) \tag{9.20}$$

$$f\left(\lambda_1\right)=\frac{\sqrt{3}}{2.9\lambda_1^3+3.6\lambda_1^2-3.525\lambda_1+0.75} \tag{9.21}$$

t 是胞元壁厚，l_0 是常规蜂窝胞元边长。同理，可以得到二阶顶点基层级蜂窝结构的面内杨氏模量：

$$\frac{E^*}{E_{\mathrm{s}}}=\left(\frac{t}{l_0}\right)^3 f\left(\lambda_1,\xi\right) \tag{9.22}$$

其中，

$$\xi=\frac{\lambda_2}{\lambda_1} \tag{9.23}$$

$$f\left(\lambda_1,\xi\right)=\frac{A}{\lambda_1^3 B+\lambda_1^2 C+\lambda_1 D+E} \tag{9.24}$$

其中，A、B、C、D 和 E 是关于 ξ 的系数。

对于顶点基蜂窝层级结构，其承受轴向冲击时呈现出较优越的承载水平与吸能特性。图 9.43 描绘了顶点基式层级蜂窝结构与常规蜂窝结构的载荷–位移曲线对比结果。在该对比中，所用的常规蜂窝结构边长为 6 mm、壁厚 0.06 mm；顶点基式层级蜂窝结构基础边长亦为 6 mm，壁厚同为 0.06 mm，一级子结构的缩放因子为 0.3，顶点处一级子蜂窝胞元边长为 1.8 mm。为保证对比合理性，所有层级蜂窝结构皆采用壁厚变换来保证各级结构质量相同。因此，图中所示一级顶点基式层级蜂窝结构壁厚为 0.0375 mm。从层级蜂窝结构与常规蜂窝结构的载荷大小可以看出，层级蜂窝结构相比常规蜂窝结构具有更高的承载水平。

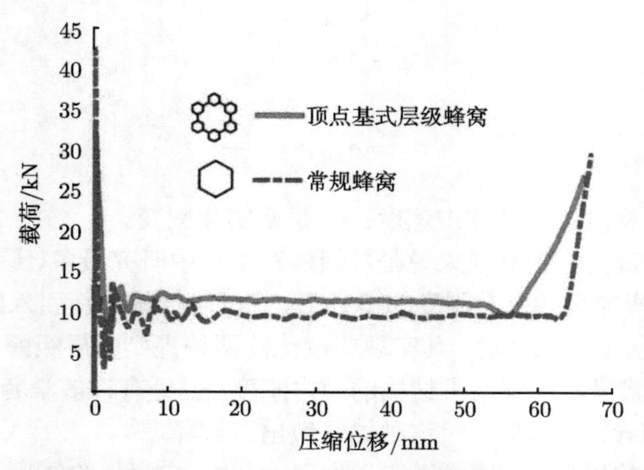

图 9.43　顶点基式层级蜂窝结构与常规蜂窝结构的载荷–位移曲线对比

为进一步分析顶点基式层级蜂窝结构相比常规蜂窝结构承载水平提升的原因，图 9.44 描绘了两种结构的变形模式及其子胞压溃形态 (图 9.44(b) 和 (d))。对比发现，正是由于顶点基式层级蜂窝结构中更多的子胞折叠参与到变形过程中，所以

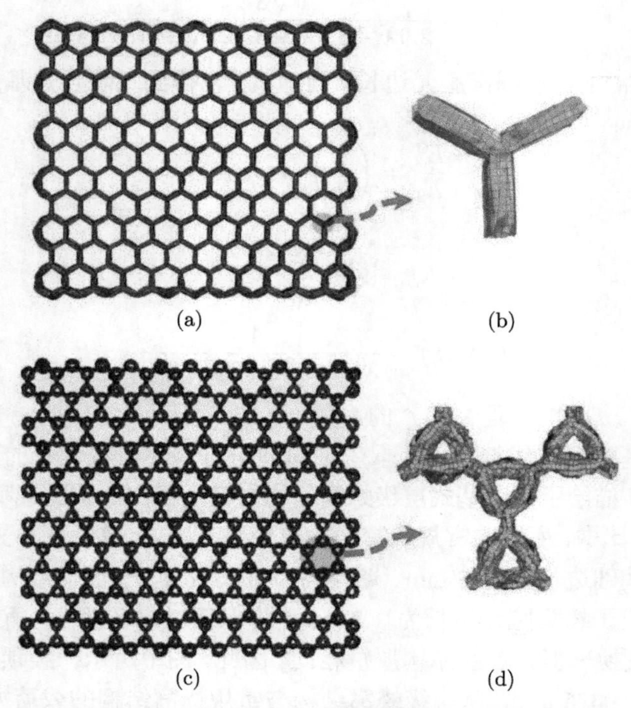

图 9.44　顶点基式层级蜂窝结构的变形模式

充分利用了蜂窝胞壁折曲后中间部分的剩余空间，提高了承载的水平。如图中一级顶点基式层级蜂窝结构，它在原有 Y 形单元处多出了 4 个小蜂窝胞元，故其吸能单元的数目随之增多，并在顶点处获得局部强化。由此可知，在相同质量下顶点基式层级蜂窝结构的承载能力、吸能能力、稳定性都要比传统蜂窝结构更为优异。

9.4 负泊松比蜂窝结构的力学性能

9.4.1 负泊松比蜂窝结构的思想之源

泊松比是用来表征材料在垂直于作用力方向的横向变形特性。对于各向同性材料而言，泊松比 ν 可以与材料体积模量 B^* 和剪切模量 G^* 联系起来 [32]：

$$\nu = \left(\frac{3B^*}{G^*} - 2\right) \Big/ \left(\frac{6B^*}{G^*} + 2\right) \tag{9.25}$$

该公式可以定义均匀各向同性材料的泊松比的取值区间。根据上述公式，在 $0 \leqslant B^*/G^* \leqslant \infty$ 的前提下，三维各向同性材料的泊松比极限值分别为 -0.1 和 0.5，体积模量为 0 和剪切模量为 0.5(液体)。二维各向同性材料的泊松比取值为 $-1.0 \sim 1.0$。事实上，对于各向异性材料，泊松比的取值可能超出上述范围。

传统材料在受到冲击载荷作用下将发生压缩变形，一般表现为在垂直于冲击载荷方向上，材料会向冲击部位四周扩散。而负泊松比材料则向受冲击部位的附近收缩，使材料的局部密度增大，这样就会在变形过程中吸收部分冲击产生的能量，进而更有效地抵抗冲击载荷的作用。除此以外，其在抗剪承载力、抗断裂性能、能量吸收、压陷阻力能等方面比传统材料更有优势，因而负泊松比材料在生物医疗设备、冲击防护装置、航空航天及军工国防工程等领域有广泛的应用前景。

图 9.45 描绘了具有正、负泊松比弹性参数的材料变形模式对比图，在单轴压力作用下，正泊松比材料在垂直于载荷方向上发生膨胀，而负泊松比材料却沿横向收缩。

自从黄铁矿晶体中发现负泊松比结构以后，在大量生物材料中观察到了负泊松比结构，但对它们加以利用存在较大困难。因此在过去三十年的研究中，人工负泊松比材料 (结构) 才不断刺激着科研人员的研究热情，由于负泊松比材料整体性能由自身微结构决定，因此给研究者提供了广阔的力学性能设计空间，各式各样的人工结构不断被提出，所得重要成果不胜枚举。负泊松比蜂窝结构即是诸多成果中的亮点之一，受到了同行的青睐。由于一系列特殊的力学特性，负泊松比蜂窝在航空航天结构件、车辆与舰船防护安全装置、体育运动设备、传感器以及生物医疗等诸多工程领域具有广阔的应用前景。

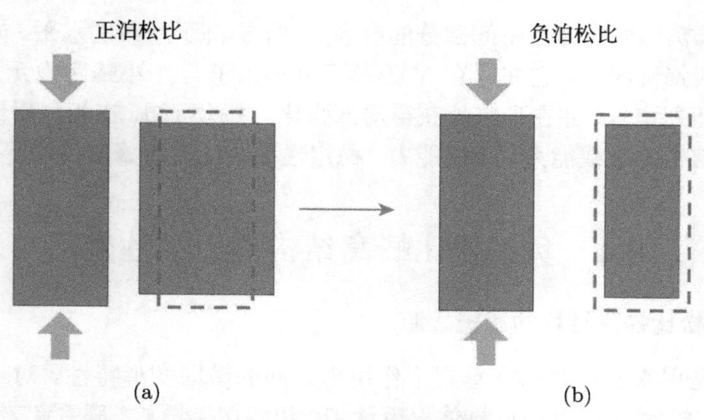

图 9.45　材料受载变形模式对比图

(a) 正泊松比材料; (b) 负泊松比材料

9.4.2　二维负泊松比蜂窝结构分类及其特点

通常意义上的负泊松比结构可以在大体上概括为以下四类：天然负泊松比结构、胞状负泊松比结构、金属负泊松比结构、复合式负泊松比结构。负泊松比的蜂窝结构主要为胞状负泊松比结构，多由规则薄壁孔格在多方向上自重复形成，且孔格类型广泛，变形机制也各不相同。根据胞元构型的不同，负泊松比的蜂窝结构主要分为内凹多边形式、手性结构式、连锁多边形式以及穿孔板式四种类型。

1. 内凹多边形式

内凹多边形式胞元结构最早是由 Gibson 和 Ashby[33] 提出，他们从六边形蜂窝中得到灵感，改变正六边形的棱边夹角 (见图 9.46)，形成了如图 9.46 所示的内凹型六边形蜂窝结构。在受到纵向 (图 9.46 中 x_2 方向) 的拉伸力作用时，斜向杆件在铰链旋转作用下向外扩张，横向杆件相应地向外运动，产生负泊松比效应；同时在受到横向力 (图 9.46 中 x_1 方向) 作用时，产生类似的受载行为。

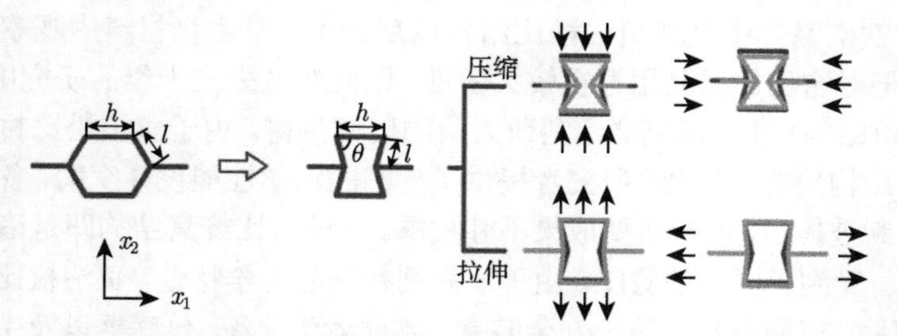

图 9.46　内凹型六边形蜂窝结构受载变形模式

根据式 (3.12) 和式 (3.13) 取正交和平行于载荷方向应变的负比例计算泊松比，正六边形蜂窝结构：$\theta=\pi/6$，在 x_1 方向上：

$$v_{12}^{*}=-\frac{\varepsilon_2}{\varepsilon_1}=\frac{\cos^2\theta}{\left(\dfrac{h}{l}+\sin\theta\right)\sin\theta}=1 \tag{9.26}$$

同样地，在 x_2 方向：

$$v_{21}^{*}=-\frac{\varepsilon_1}{\varepsilon_2}=\frac{\left(\dfrac{h}{l}+\sin\theta\right)\sin\theta}{\cos^2\theta}=1 \tag{9.27}$$

采用类似的方法可得内凹蜂窝结构泊松比为 (凹角 $\theta=-\pi/6$)

$$v_{12}^{*}=v_{21}^{*}=-1 \tag{9.28}$$

除此之外，常见的二维内凹型类蜂窝结构包括双箭头型、星型、十字交叉型、交叉肋型。它们的典型结构如图 9.47 所示。此类结构产生负泊松比效应的机制和内凹型六边形蜂窝结构类似，均由连接胞壁的铰链的面内旋转和胞壁的面内折叠所主导。需要注意的是，图 9.47(a) 所示的双箭头型蜂窝仅在压缩载荷作用时才产生有效的负泊松比效应，该结构被主要应用于局部抗冲击防护三明治夹层中 [34,35]。图 9.47(c) 和 (d) 所示的十字交叉型和交叉肋型结构由于具有相似的胞壁

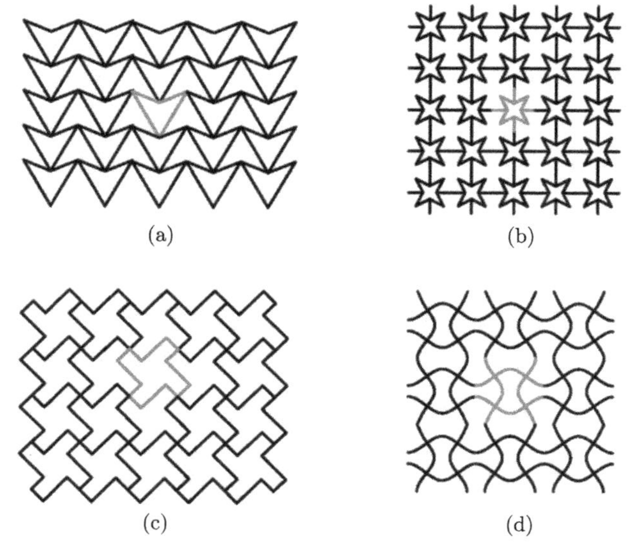

图 9.47 二维内凹型负泊松比类蜂窝结构

(a) 双箭头型; (b) 星型; (c) 十字交叉型; (d) 交叉肋型

变形机制，在压缩载荷下，该结构的胞壁较易发生接触干涉。因此，压缩负泊松比效应十分有限，目前研究的重点聚焦于其拉胀效应。这一特质使其在制作医疗微型植入元件中具备巨大潜力，而被广泛应用于血管支架、筛选设备以及药物投放胶囊中 [36]。另有一种全参数化的正弦曲线的交叉肋型蜂窝结构 (图 9.47(d)[37])，该结构成网状特征，具有面内双向负泊松效应，是当前研究的热点。

还可将负泊松比蜂窝与梯度型蜂窝结构相耦合，形成梯度负泊松比蜂窝结构，如图 9.48 所示。通过改变内凹蜂窝胞壁的厚度，构造具有几何梯度的内凹六边形负泊松比蜂窝结构。

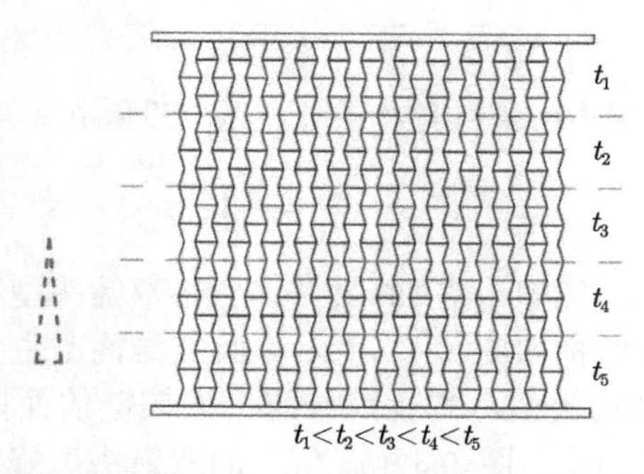

图 9.48　梯度负泊松比蜂窝结构 ($\theta = 10°$)

2. 其他二维形式

(1) 手性结构式。手性结构最早来源于分子结构领域，指与其镜像不相同、不能互相重合的具有一定构型或构象的分子。手性等于左右手的关系，彼此不能互相重合。这一概念在力学结构领域运用最早是由 Lakes[38] 提出的，他指出手性多联微结构具有负泊松比特性。手性单元是通过将直线链 (杆) 沿切线方向连接到中心刚性节点。根据每个刚性节点连接的切线杆的数量可将手性结构分为三切向杆手性结构、四切向杆手性结构和六切向杆手性结构等。当结构受到压力作用时，刚性节点受力旋转，切向杆也随之旋转收缩 (拉扭耦合效应) 产生负泊松比效应。在最近的研究中，反手性结构 (由手性单元与其镜像单元连接而成) 同样被证实具有负泊松比效应。事实上，手性单元的排列形式并不会对结构的负泊松比效应产生显著影响，构成结构的基体材料与连接杆的结构参数 (长细比) 才是影响整体泊松比的关键所在。

(2) 连锁楔块式。连锁楔块式结构运用了与之前的两类蜂窝结构完全不同的变形机制，最早是从工程实际中得到启发。在核反应堆中，为了尽可能增加结构抗剪能力，工程师在石墨楔块间设置连接块，使整体结构在受拉伸载荷时产生泊松比达到 -1 的拉胀效果，从而使剪切模量趋于无穷大 [40]。在之后的研究中，在楔块上增加凹凸块代替连接块，当受拉伸载荷时，各刚体发生横向移动带动结构各连接处发生相对滑动，引起结构的整体扩张，从而产生负泊松比效应 [41]。

(3) 穿孔板式。前述的蜂窝结构往往在单元结构上具有较为复杂的几何构形，随之而来工艺成本上的增加显而易见。因此，在平面板上切除特定孔格形状是近年研究较多的负泊松比构形设计方法，该方法利用几何缺陷引入应力集中从而导致材料不稳定性变形 (弹塑性材料中屈曲诱导模式)，对不稳定性加以利用使其出现在特定区域就能控制结构整体变形行为从而产生负泊松比效应 [42−44]。整体结构可以视为由一个刚性单元和多个空格单元所组成的基本胞元叠加而成，基本胞元的变形模式决定了整体结构的负泊松比特性，在压缩载荷作用下，基本胞元中空格圆形单元被挤压成椭圆形，并伴随着刚性单元的旋转，从而在受载的垂直方向产生收缩效应。

9.4.3 三维负泊松比蜂窝结构分类及其特点

大多数的胞元式负泊松比结构均可通过二维胞元间的连接转化形成三维结构，实现多个方向的负泊松比特性。与此同时，三维结构也往往继承了二维胞元的变形机制，它们在负泊松比效应的产生方式上具有共性。根据结构特点的差异，三维负泊松比蜂窝结构主要包括三维内凹式多边形式、三维切除材料式和折叠结构式三种。

1. 三维内凹多边形式

三维内凹式模型最早由 Evans[45] 提出，如图 9.49(a) 和 (b) 所示。从这种多面体立体模型出发，在多面体棱边上安置杆件，并除去平面，得到如图 9.49(c) 所示的三维内凹式连杆蜂窝结构。

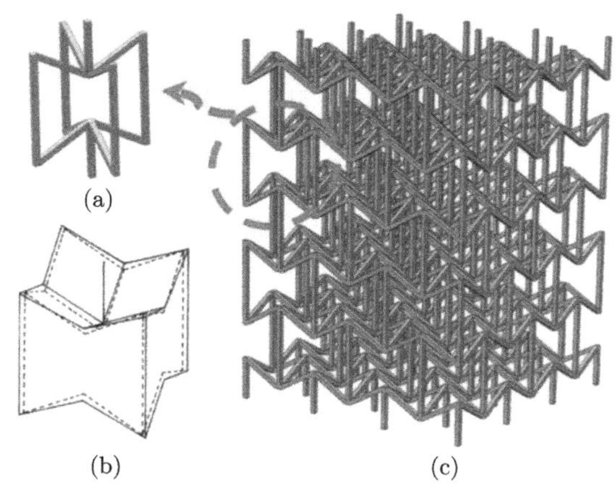

图 9.49 三维内凹式负泊松比蜂窝结构

(a)、(b) 胞元; (c) 空间构型

这类结构产生负泊松比效应的机制在于连接杆件的挠曲和旋转，在受到压缩载荷作用时，平行于载荷的平面和垂直于载荷的平面内连杆均产生绕连接点的旋转并伴随有杆件的挠曲，使胞元所连接的平面向胞元中心靠近，以此在三个坐标轴 (x, y, z) 方向上产生各向同性负泊松比效应。影响这种结构负泊松比效应的关键在于杆件的结构参数 (即杆件的长细比) 和内凹的角度，通过参数设计可以实现结构较大的弹性力学参数取值范围，通过杆件几何结构的梯度分布，甚至可以实现结构在不同方向的不同面内刚度。

2. 其他三维形式

(1) 三维切除材料式。三维切除材料式结构往往通过在立方体基材中切除特定孔格达到负泊松比效应，可以视为穿孔板式结构在三维空间上的延伸。因此，该构形具有和穿孔板结构相似的变形机制，均由胞元在屈曲诱导作用下产生既定变形模式，促使整体结构在载荷作用下产生收缩或膨胀效应，开始时多采用球形孔格来构造 [46]，如图 9.50(a) 所示。Ren 等 [47,48] 通过研究发现，基材对三维负泊松比材料和管状结构的负泊松比行为有着显著的影响，当采用金属作为基材时，球形孔格结构所具备的负泊松比效应将消失，结构在准静态载荷下出现失稳。为此，管状椭圆孔格结构的方案得以提出，通过调整图中左侧球形孔格胞元为椭球形孔格 (图 9.50(b))，充分利用了屈曲诱导变形机制，在初始状态就给予胞元特定变形趋势，获得了负泊松效应，避免了金属材料的弹塑性对结构变形响应的影响，取得了良好的效果。

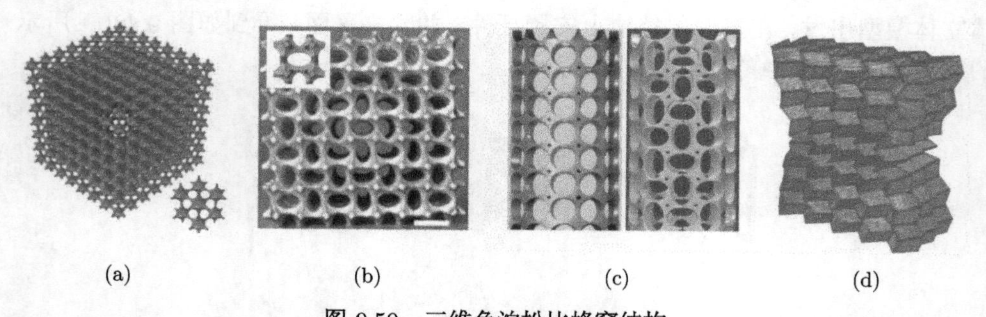

(a)　(b)　(c)　(d)

图 9.50　三维负泊松比蜂窝结构

(a) 球形 [46]; (b) 椭球形 [47]; (c) 管状椭圆孔格型 [48]; (d) 折叠结构式 [49]

(2) 折叠结构式。折叠结构式负泊松比蜂窝结构源于折纸 (origami) 构形的力学研究 [49]。已有研究表明，由基本折叠单元在空间坐标系中周期性叠加形成的三维周期结构具有各向异性的负泊松比效应，其变形机制源自基本折叠胞元的特殊变形模式 [50,51]。当叠加至三维构形后，尽管在面外方向结构没有表现出明显的负泊松效应，但面内的负泊松效应依然得到了保留。

9.4.4 负泊松比蜂窝结构力学行为

1. 动态载荷响应特性

采用相同胞壁厚度、胞元数量以及整体尺寸的常规及内凹蜂窝结构分析负泊松比内凹蜂窝变形模式的特征及其与常规蜂窝变形模式的差异。内凹蜂窝壁厚为 $t = 0.2$ mm，边长 $h = 10$ mm，宽 $l = 5$ mm。常规六边形蜂窝结构的壁厚同为 0.2 mm，边长为 5 mm；常规及内凹六边形胞元均具有 $\pi/6$ 胞壁倾角，保证了两者具有相同的弹性模量和初始泊松比 (符号相反)。常规蜂窝结构在受到冲击载荷作用时，一般表现为沿垂直于冲击载荷方向，胞元向受载部位四周扩散；而内凹蜂窝结构则向受载部位的附近收缩。图 9.51 给出了两者典型面内压缩变形模式对比图，冲击速度均为 15 m/s (等效应变率为 200 s^{-1})。从图中可以明显观察到内凹蜂窝结构随着压缩应变增加，胞元逐步收缩；在压缩应变达到 0.84 时，压缩后的内凹蜂窝结构尺寸明显小于常规蜂窝结构。此外，常规蜂窝结构在压缩过程中塑性变形带集中于受载端，而内凹蜂窝结构却随着应变增加，远端胞元也逐渐形成塑性变形带，主要原因在于受载区变形带由于收缩效应引起材料的局部密度增大，在变形过程中伴随着结构局部强度提升，因此动态应力要高于常规蜂窝结构，更强的应力波传播至远端胞元时导致胞壁屈曲。

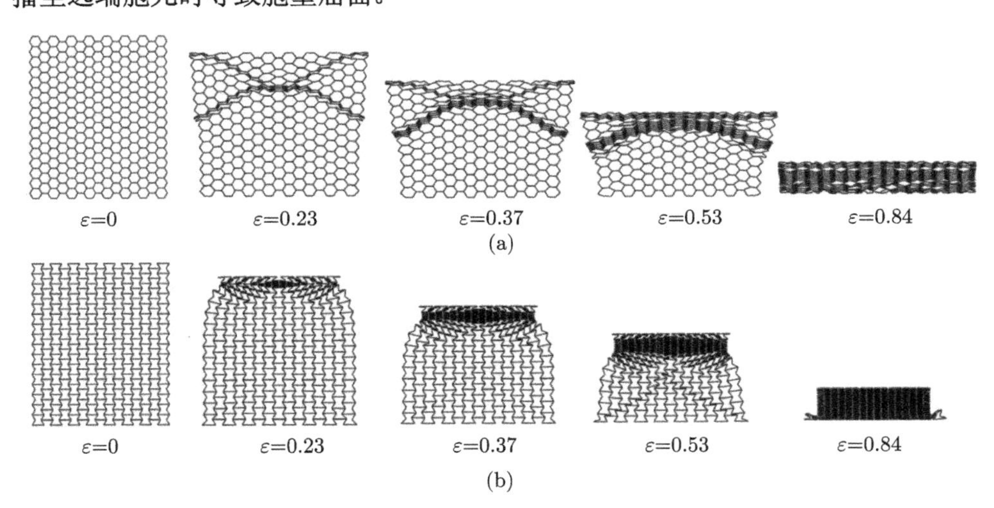

图 9.51 负泊松比蜂窝结构的常规蜂窝结构与面内压缩变形模式对比

(a) 正六边形蜂窝; (b) 内凹蜂窝

图 9.52 描述了常规及内凹蜂窝结构在面内压缩载荷作用下的应力–应变曲线对比，可以发现内凹蜂窝结构进入平台期后，由于收缩效应引起的结构局部强度提升，其平台应力逐渐高于常规蜂窝结构；然而，内凹蜂窝结构应力–应变曲线波动

比常规蜂窝结构更加严重，主要是由于胞元的收缩效应导致胞壁间的接触更加频繁从而对应力产生了更大的扰动。胞元的收缩效应显著提升了内凹蜂窝结构的压痕阻力。

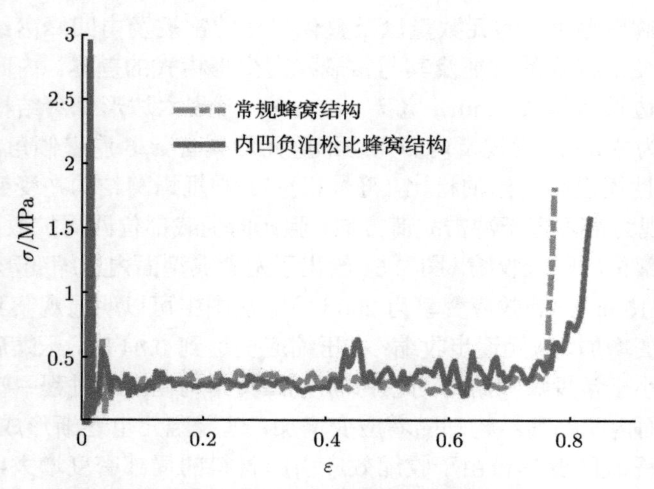

图 9.52　常规及内凹蜂窝结构面内压缩应力–应变曲线

图 9.53 给出了内凹及常规蜂窝夹芯板的局部冲击变形模式对比图 (初速度

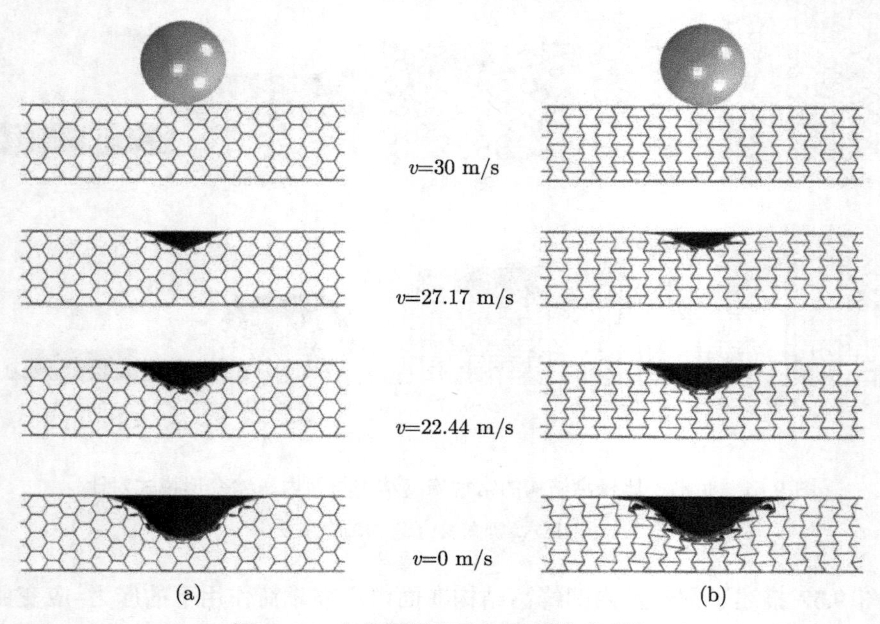

图 9.53　夹芯板局部冲击变形模式对比

(a) 常规蜂窝夹芯板; (b) 内凹蜂窝夹芯板

30m/s)。当内凹蜂窝受到局部载荷作用时，胞元向受载部位收缩聚集，局部刚度瞬间增大，承载能力得到显著提高。因此，当夹芯板产生最大位移时 (小球速度为 0)，内凹蜂窝三明治板上面板产生的凹陷区域小于常规蜂窝三明治板。从理论上看，负泊松比效应越明显，结构局部压痕阻抗提升越明显。

2. 同向曲率弯曲特性

以负泊松比结构的曲面蜂窝结构体现出较优越的同向曲率弯曲特性。曲面结构的设计一直是科研人员无法避开的难题，特别是采用多孔结构芯材的夹芯板而言，常规蜂窝结构往往无法直接加工成曲面构形，若采用成型工艺对三明治板进行整体卷曲，容易形成较大的应力集中并引起部分胞元的破损，板材力学性能大大降低。此时，负泊松比结构所表现出的同向曲率特性有望解决这一关键问题。

图 9.54 描绘了采用图 9.47(d) 构造的负泊松比曲面蜂窝结构，胞壁为圆弧状，

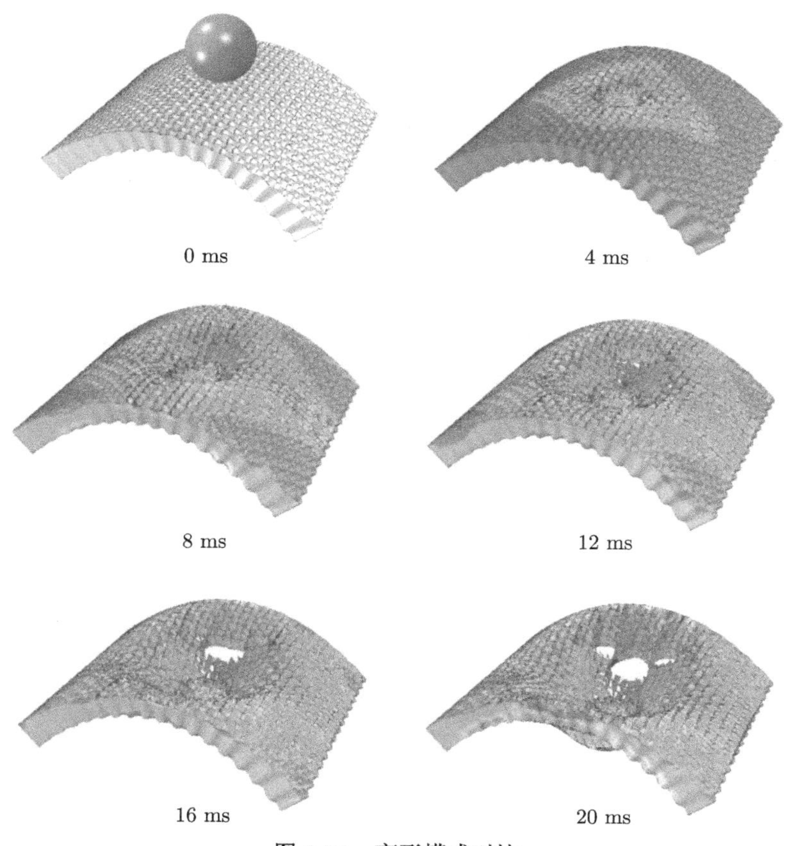

图 9.54 变形模式对比

单个胞元最小胞壁间距为 6.7 mm，最大胞壁间距为 16 mm，各胞壁间距随曲率变化而变化。蜂窝孔壁壁厚 0.06 mm，其两侧为固支，另外两侧为对称约束。与图 9.28 一样，在其曲面中心正上方有一钢制小球。小球直径为 100 mm，质量为 4.1 kg，以 70 m/s 的速度撞击顶面正中心。从图示响应结果可以看出，负泊松比胞元的曲面蜂窝结构抵抗异物局部冲击能力较强，当钢球垂直冲击屋顶中心时，屋顶顶部的蜂窝壁受曲率影响在塌陷变形过程中逐步向中心聚拢，形成负泊松比效应，应力波以菱形形状逐步向四周传播，中心凹陷加剧导致外部边缘区域受到较大拉应力影响，结构达到破坏极限出现撕裂，最终在冲击区域外部形成大规模损伤，结构的局部阻抗能力要强于常规蜂窝构型。

在过去的二十年间，各国研究人员设计出各种二维及三维的负泊松比结构，现有研究主要着眼于多孔结构胞元微结构设计，但这其中绝大多数对于工业制造能力提出了极高的要求。如何设计低成本，适用于不同尺度范围同时具有高效负泊松比效应的胞元结构仍是未来针对负泊松比蜂窝研究的主要挑战。其次，特殊的多孔结构形式导致负泊松比蜂窝结构自身刚度和强度不足，在很大程度上制约着该结构的应用。如何在保持结构负泊松比效应的前提下提高其承载能力是一个亟待解决的问题。目前，虽然负泊松比构型对于结构力学性能的增强从理论层面得到了论证，一系列潜在的应用领域也得到了拓展，但与其他成熟工程材料/结构的研究状况相比，其整体研究状态仍处于起步阶段。

综上，从有关蜂窝创新构型的类蜂窝结构、梯度蜂窝结构、层级蜂窝结构以及负泊松比蜂窝结构的研究中可知，蜂窝结构的创新构型意义非凡，任重道远，尚有一系列的问题有待我们去深入发掘和探索，诸如类蜂窝的最优体积比率、梯度蜂窝结构的连续性表征及位形导向控制、层级蜂窝比例因子与力学性能的收敛准则、三维负泊松比蜂窝结构的微观/宏观多尺度设计等，已悄然成为轻质、高强复合式蜂窝结构创新之旅的新航向。

参 考 文 献

[1] Qiu X M, Zhang J, Yu T X. Collapse of periodic planar lattices under uniaxial compression, part II: Dynamic crushing based on finite element simulation. International Journal of Impact Engineering, 2009, 36(10-11): 1223-1230.

[2] Qiu X M, Zhang J, Yu T X. Collapse of periodic planar lattices under uniaxial compression, part II: Dynamic crushing based on finite element simulation. International Journal of Impact Engineering, 2009, 36(10-11): 1231-1241.

[3] HexWeb. Honeycomb Attributes and Properties, 2019.

[4] Wang Z, Zhang Y, Liu J. Comparison between five typical reinforced honeycomb structures. In 2015 International Conference on Advanced Engineering Materials and Tech-

nology. Paris: Atlantis Press, 2015.

[5] Xue Z, Hutchinson J W. Crush dynamics of square honeycomb sandwich cores. International Journal for Numerical Methods in Engineering, 2006, 65(13): 2221-2245.

[6] Niu B, Wang B. Directional mechanical properties and wave propagation directionality of Kagome honeycomb structures. European Journal of Mechanics - A/Solids, 2016, 57: 45-58.

[7] Hyun S, Torquato S. Optimal and manufacturable two-dimensional, Kagome-like cellular solids. Journal of Materials Research, 2002, 17(1): 137-144.

[8] Fleck N A, Qiu X M. The damage tolerance of elastic–brittle, two-dimensional isotropic lattices. Journal of the Mechanics & Physics of Solids, 2007, 55(3): 562-588.

[9] Wicks N, Guest S D. Single member actuation in large repetitive truss structures. International Journal of Solids and Structures, 2004, 41(3-4): 965-978.

[10] 谢黄海. "类蜂窝" 夹层结构材料力学性能分析及仿真研究. 宜昌: 三峡大学, 2015.

[11] Sun D, Zhang W, Zhao Y, et al. In-plane crushing and energy absorption performance of multi-layer regularly arranged circular honeycombs. Composite Structures, 2013, 96(4): 726-735.

[12] Ozdemir N G, Scarpa F, Craciun M, et al. Morphing nacelle inlet lip with pneumatic actuators and a flexible nano composite sandwich panel. Smart Materials and Structures, 2015, 24(12): 125018.

[13] Yang X, Ma J, Sun Y, et al. Ripplecomb: A novel triangular tube reinforced corrugated honeycomb for energy absorption. Composite Structures, 2018, 202: 988-999.

[14] Ajdari A，Canavan P，Nayeb-Hashemi H，et al. Mechanical properties of functionally graded 2-D cellular structures: A finite element simulation. Materials Science & Engineering A, 2009, 499(1): 434-439.

[15] 何强，马大为，张震东. 分层屈服强度梯度蜂窝材料的动力学性能研究. 工程力学，2015, 32(04): 191-196.

[16] 樊喜刚，尹西岳，陶勇，等. 梯度蜂窝面外动态压缩力学行为与吸能特性研究. 固体力学学报, 2015, 36(02): 114-122.

[17] 张新春, 刘颖. 密度梯度蜂窝材料动力学性能研究. 工程力学, 2012, 29(08): 372-377.

[18] Lakes R. Materials with structural hierarchy. Nature, 1993, 361(6412): 511-515.

[19] Sun Y, Pugno N M. In plane stiffness of multifunctional hierarchical honeycombs with negative Poisson's ratio sub-structures. Composite Structures, 2013, 106: 681-689.

[20] Zhao L, Zheng Q, Fan H, et al. Hierarchical composite honeycombs. Materials and Design, 2012, 40(40): 124–129.

[21] Chen Q, Pugno N M. In-plane elastic buckling of hierarchical honeycomb materials. European Journal of Mechanics - A/Solids, 2012, 34: 120-129.

[22] Chen Q, Pugno N M. In-plane elastic properties of hierarchical nano-honeycombs: The role of the surface effect. European Journal of Mechanics - A/Solids, 2013, 37: 248-255.

[23] Yin H, Huang X, Scarpa F, et al. In-plane crashworthiness of bio-inspired hierarchical honeycombs. Composite Structures, 2018, 192: 516-527.

[24] Sun G, Jiang H, Fang J, et al. Crashworthiness of vertex based hierarchical honeycombs in out-of-plane impact. Materials & Design, 2016, 110: 705-719.

[25] Wang Z, Li Z, Shi C, et al. Mechanical performance of vertex-based hierarchical vs square thin-walled multi-cell structure. Thin-Walled Structures, 2019, 134: 102-110.

[26] Zhang Y, Lu M, Wang C H, et al. Out-of-plane crashworthiness of bio-inspired self-similar regular hierarchical honeycombs. Composite Structures, 2016, 144: 1-13.

[27] Mousanezhad D, Babaee S, Ebrahimi H, et al. Hierarchical honeycomb auxetic metamaterials. Scientific Reports, 2015, 5: 18306.

[28] Oftadeh R, Haghpanah B, Papadopoulos J, et al. Mechanics of anisotropic hierarchical honeycombs. International Journal of Mechanical Sciences, 2014, 81(4): 126-136.

[29] Ajdari A, Jahromi B H, Papadopoulos J, Nayeb-Hashemi H, Vaziri A. Hierarchical honeycombs with tailorable properties. International Journal of Solids and Structures, 2012, 49(11-12): 1413-1419.

[30] Combescure C, Elliott R S. Hierarchical honeycomb material design and optimization: Beyond linearized behavior. International Journal of Solids and Structures, 2017, 115: 161-169.

[31] Qiao J, Chen C. In-plane crushing of a hierarchical honeycomb. International Journal of Solids & Structures, 2012, s85-86: 57-66.

[32] Poirier J P. Introduction to the Physics of the Earth's Interior. Cambridge: Cambridge University Press, 2000.

[33] Gibson L J, Ashby M F, Schajer G, et al. The mechanics of two-dimensional cellular materials. Proceedings of the Royal Society of London. A: Mathematical and Physical Sciences, 1982, 382(1782): 25-42.

[34] Chen Z, Wang Z, Zhou S, et al. Novel negative poisson's ratio lattice structures with enhanced stiffness and energy absorption capacity. Materials, 2018, 11(7): 1095.

[35] Wang Y, Zhao W, Zhou G, et al. Analysis and parametric optimization of a novel sandwich panel with double-V auxetic structure core under air blast loading. International Journal of Mechanical Sciences, 2018, 142-143: 245-254.

[36] 任鑫, 张相玉. 谢亿民. 负泊松比材料和结构的研究进展. 力学学报, 2019(0459-1879): 01-36.

[37] Dolla W J, Fricke B A.Becker B R. Structural and drug diffusion models of conventional and auxetic drug-eluting stents. Journal of Medical Devices, 2007, 1(1): 47-55.

[38] Lakes R. Deformation mechanisms in negative Poisson's ratio materials: structural aspects. Journal of Materials Science, 1991, 26(9): 2287-2292.

[39] Rossiter J, Takashima K, Scarpa F, et al. Shape memory polymer hexachiral auxetic structures with tunable stiffness. Smart Materials and Structures, 2014, 23(4): 045007.

[40] Alderson A. A triumph of lateral thought. Chemistry & Industry, 1999, 17: 384-391.
[41] Ravirala N, Alderson A, Alderson K. Interlocking hexagons model for auxetic behaviour. Journal of Materials Science, 2007, 42(17): 7433-7445.
[42] Li J, Slesarenko V, Rudykh S. Auxetic multiphase soft composite material design through instabilities with application for acoustic metamaterials. Soft Matter, 2018, 14(30): 6171-6180.
[43] Hu H, Silberschmidt V. A composite material with Poisson's ratio tunable from positive to negative values: An experimental and numerical study. Journal of Materials Science, 2013, 48(24): 8493-8500.
[44] Bertoldi K, Reis P M, Willshaw S, et al. Negative Poisson's ratio behavior induced by an elastic instability. Adv Mater, 2010, 22(3): 361-366.
[45] Evans K E, Nkansah M A, Hutchinson I J. Auxetic foams: Modelling negative Poisson's ratios. Acta Metallurgica Et Materialia, 1994, 42(4): 1289-1294.
[46] Shen J, Zhou S, Huang X, et al. Simple cubic three-dimensional auxetic metamaterials. Physica Status Solidi (b), 2014, 251(8): 1515-1522.
[47] Ren X, Shen J, Ghaedizadeh A, et al. Experiments and parametric studies on 3D metallic auxetic metamaterials with tuneable mechanical properties. Smart Materials and Structures, 2015, 24(9): 095016.
[48] Ren X, Shen J, Ghaedizadeh A, et al. A simple auxetic tubular structure with tuneable mechanical properties. Smart Materials and Structures, 2016, 25(6): 065012.
[49] Schenk M, Guest S D, McShane G J. Novel stacked folded cores for blast-resistant sandwich beams. International Journal of Solids and Structures, 2014, 51(25-26): 4196-4214.
[50] Song Z, Ma T, Tang R, et al. Origami lithium-ion batteries. Nature Communications, 2014, 5: 3140.
[51] Schenk M, Guest S D. Geometry of Miura-folded metamaterials. Proc Natl Acad Sci U S A, 2013, 110(9): 3276-3281.

彩　　图

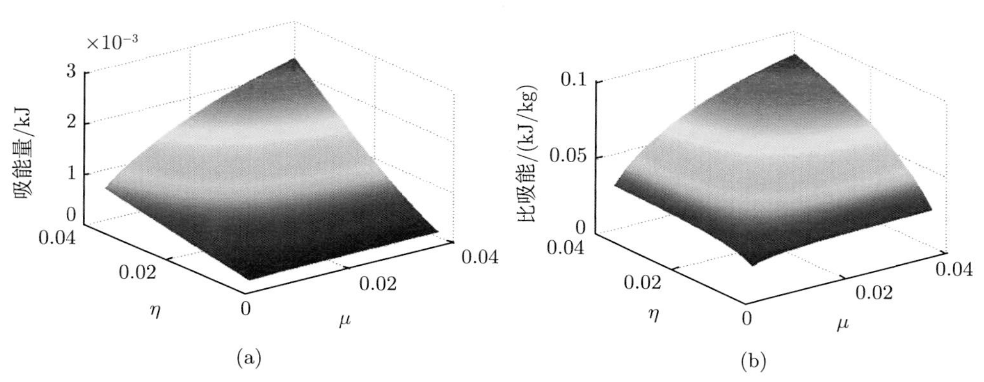

图 3.18　能量关于厚跨比的归一化特性曲线 [18]

(a) 总吸能量; (b) 质量比吸能

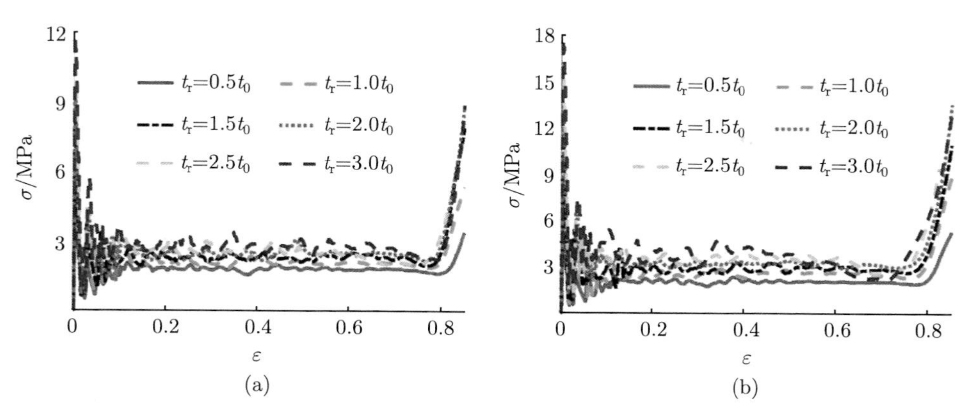

图 3.26　不同加筋板厚的应力–应变响应曲线 [19]

(a) R1; (b) R2

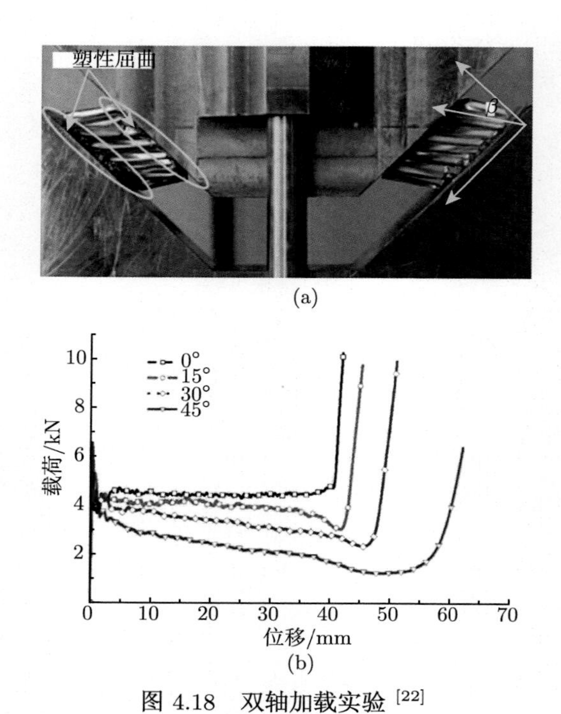

(a)

(b)

图 4.18 双轴加载实验 [22]

(a) 45° 角准静态压剪典型失效模式; (b) 不同角度的压剪曲线

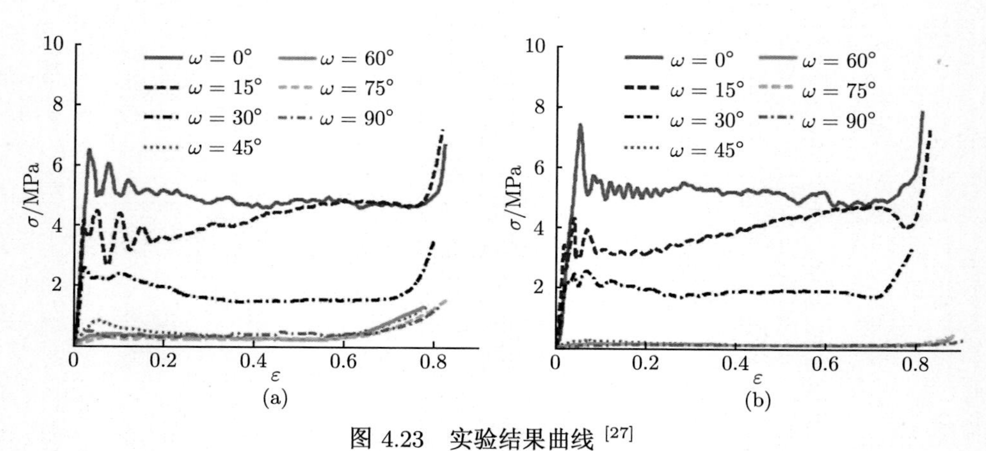

(a) (b)

图 4.23 实验结果曲线 [27]

(a) 沿 L 方向; (b) 沿 W 方向

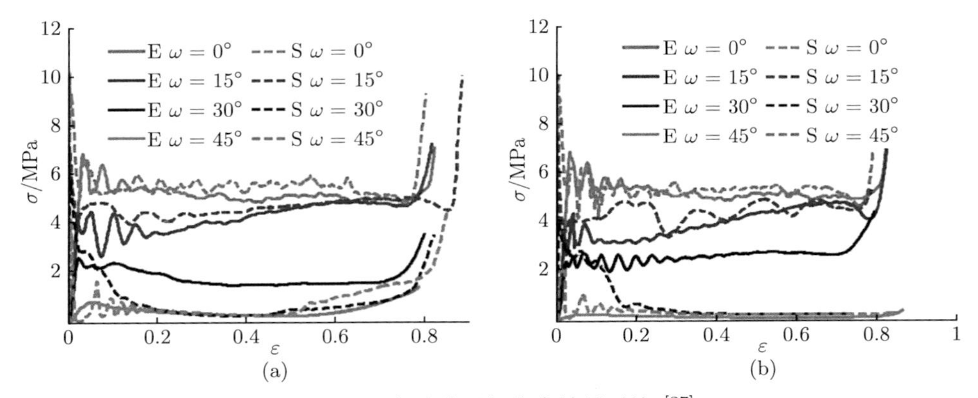

图 4.25　实验结果与仿真结果对比 [27]

(a) 沿 L 方向; (b) 沿 W 方向

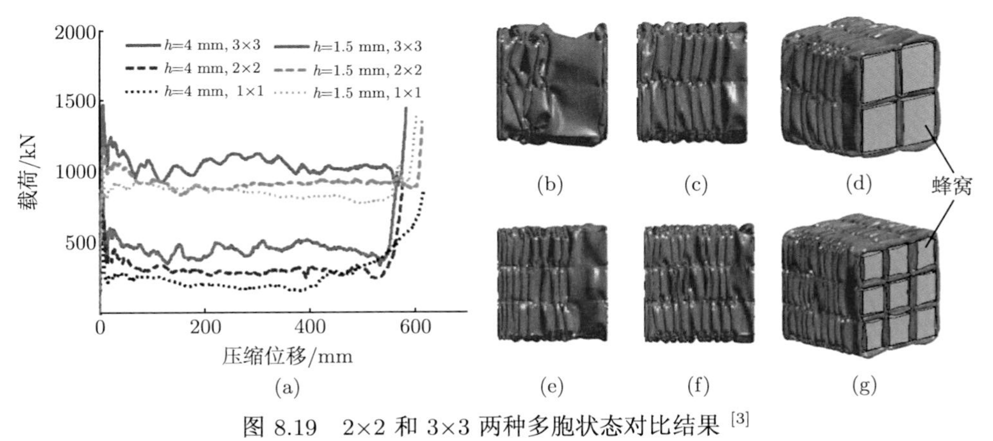

图 8.19　2×2 和 3×3 两种多胞状态对比结果 [3]

(a) 结果曲线; (b) $h = 4$ mm, 2×2; (c) $h = 1.5$ mm, 2×2; (d) $h = 1.5$ mm, 2×2 等轴视图;

(e) $h = 4$ mm, 3×3; (f) $h = 1.5$ mm, 3×3; (g) $h = 1.5$ mm, 3×3, 等轴视图

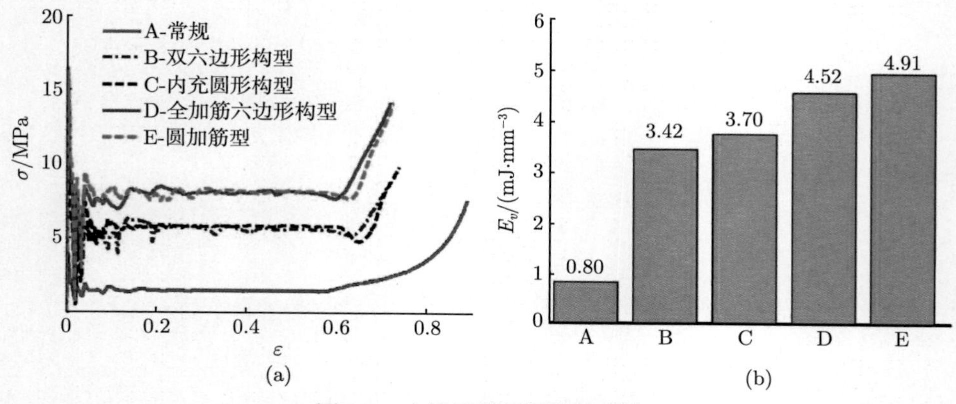

图 9.7　六边形类蜂窝结构对比

(a) 响应曲线; (b) 吸能量